重点大学计算机专业系列教材

多媒体技术与网页设计
（第2版）

陈新龙 主编

清华大学出版社
北京

内 容 简 介

本书按照“媒体是基础、压缩是手段、存储是保障、应用是重点”的思路进行编写，从多媒体的特征、多媒体系统组成出发，讲述了数字音频、图像、视频的基本概念、实现原理；介绍了 WAV 音频格式、BMP 图像格式、Cool Edit 音频编辑、Photoshop 图像处理、Premiere 视频编辑、Flash 动画制作基础及其应用实例，并制作了相关有声视频教程；介绍了多媒体数据压缩、存储及其管理技术；在此基础上，从超文本的概念、HTML 语言出发，介绍网站设计规划、FrontPage 2007 静态网页制作基础、JavaScript 与 VBScript 脚本设计语言、FrontPage 2007 静态网页教学实例与同步流媒体静态网页实现实例；介绍了动态网站运行开发环境、ASP 开发基础、ASP.NET 环境中 C#开发基础及其实例。

本书为立体化的教材，提供免费的 PPT 课件和开放式的网上课程，配书光盘为本书中制作应用单元知识点涉及的相关素材、最终作品及其实现视频教程。

本书编写时充分考虑了各个层次的教学，配备了丰富的例题与习题，可作为高等院校多媒体技术、网页设计及相关课程的教材，也可作为普通读者快速掌握多媒体技术、Web 网页设计的参考书。其中的应用部分结合光盘素材、视频教程，已作为重庆大学“多媒体作品创作与鉴赏”课程参考。

图书在版编目（CIP）数据

多媒体技术与网页设计 / 陈新龙主编. —2 版. —北京：清华大学出版社，2012.1（2016.10 重印）
（重点大学计算机专业系列教材）
ISBN 978-7-302-26175-9

Ⅰ. ①多…　Ⅱ. ①陈…　Ⅲ. ①多媒体技术－高等学校－教材　②网页制作工具－高等学校－教材
Ⅳ. ①TP37　②TP393.092

中国版本图书馆 CIP 数据核字（2011）第 136853 号

责任编辑：付弘宇
责任校对：时翠兰
责任印制：沈　露

出版发行：清华大学出版社
　　网　　址：http://www.tup.com.cn, http://www.wqbook.com
　　地　　址：北京清华大学学研大厦 A 座　　邮　　编：100084
　　社 总 机：010-62770175　　邮　　购：010-62786544
　　投稿与读者服务：010-62776969，c-service@tup.tsinghua.edu.cn
　　质 量 反 馈：010-62772015，zhiliang@tup.tsinghua.edu.cn
印 装 者：虎彩印艺股份有限公司
经　　销：全国新华书店
开　　本：185mm×260mm　　印　张：20.25　　字　数：509 千字
　　　　　附光盘 1 张
版　　次：2012 年 1 月第 2 版　　印　次：2016 年 10 月第 2 次印刷
印　　数：3001～3200
定　　价：45.00 元

产品编号：039067-02

INTRODUCTION

出版说明

随着国家信息化步伐的加快和高等教育规模的扩大，社会对计算机专业人才的需求不仅体现在数量的增加上，而且体现在质量要求的提高上，培养具有研究和实践能力的高层次的计算机专业人才已成为许多重点大学计算机专业教育的主要目标。目前，我国共有16个国家重点学科、20个博士点一级学科、28个博士点二级学科集中在教育部部属重点大学，这些高校在计算机教学和科研方面具有一定优势，并且大多以国际著名大学计算机教育为参照系，具有系统完善的教学课程体系、教学实验体系、教学质量保证体系和人才培养评估体系等综合体系，形成了培养一流人才的教学和科研环境。

重点大学计算机学科的教学与科研氛围是培养一流计算机人才的基础，其中专业教材的使用和建设则是这种氛围的重要组成部分，一批具有学科方向特色优势的计算机专业教材作为各重点大学的重点建设项目成果得到肯定。为了展示和发扬各重点大学在计算机专业教育上的优势，特别是专业教材建设上的优势，同时配合各重点大学的计算机学科建设和专业课程教学需要，在教育部相关教学指导委员会专家的建议和各重点大学的大力支持下，清华大学出版社规划并出版本系列教材。本系列教材的建设旨在"汇聚学科精英、引领学科建设、培育专业英才"，同时以教材示范各重点大学的优秀教学理念、教学方法、教学手段和教学内容等。

本系列教材在规划过程中体现了如下一些基本组织原则和特点。

1．面向学科发展的前沿，适应当前社会对计算机专业高级人才的培养需求。教材内容以基本理论为基础，反映基本理论和原理的综合应用，重视实践和应用环节。

2．反映教学需要，促进教学发展。教材要能适应多样化的教学需要，正确把握教学内容和课程体系的改革方向。在选择教材内容和编写体系时注意体现素质教育、创新能力与实践能力的培养，为学生知识、能力、素质协调发展创造条件。

3．实施精品战略，突出重点，保证质量。规划教材建设的重点依然是专业基础课和专业主干课；特别注意选择并安排了一部分原来基础比较好的优秀教材或讲义修订再版，逐步形成精品教材；提倡并鼓励编写体现重点大学计算机专业教学内容和课程体系改革成果的教材。

4. 主张一纲多本，合理配套。专业基础课和专业主干课教材要配套，同一门课程可以有多本具有不同内容特点的教材。处理好教材统一性与多样化的关系；基本教材与辅助教材以及教学参考书的关系；文字教材与软件教材的关系，实现教材系列资源配套。

5. 依靠专家，择优落实。在制订教材规划时要依靠各课程专家在调查研究本课程教材建设现状的基础上提出规划选题。在落实主编人选时，要引入竞争机制，通过申报、评审确定主编。书稿完成后要认真实行审稿程序，确保出书质量。

繁荣教材出版事业，提高教材质量的关键是教师。建立一支高水平的以老带新的教材编写队伍才能保证教材的编写质量，希望有志于教材建设的教师能够加入到我们的编写队伍中来。

教材编委会

FOREWORD

第 2 版前言

本书为“重庆大学精品课程”与“重庆大学十一五规划教材”相结合的研究成果，延续了第 1 版“媒体是基础、压缩是手段、存储是保障、应用是重点”的编写思路；具体组织上，强调多媒体设计首先是一种思想，而不是单纯地介绍应用软件，故而将较新的软件平台应用技巧嵌入到案例分析、创作思想技术实现路线中。

与第 1 版相比，本版进一步增强了应用，更为具体地介绍了 Cool Edit 音频编辑、Photoshop 图像处理、Premiere 视频编辑、Flash 动画制作基础，制作了“电影《大兵小将》主题曲油菜花自制歌曲”、“小人物之歌：电影《大兵小将》主题曲油菜花 MV”等应用实例，以及应用部分相关视频教程(目录中带**的知识点为包含视频教程的知识点)。已上网的视频教程网址如下：

http://dgdz.ccee.cqu.edu.cn/dmtjp/luxiang.aspx

本版从超文本的概念、HTML 语言出发，介绍网站设计规划、FrontPage 2007 静态网页制作基础、JavaScript 与 VBScript 脚本语言、FrontPage 2007 静态网页制作教学网站与同步流媒体静态网页实现实例；介绍了动态网站运行开发环境、ASP 开发基础、ASP.NET 环境中 C#开发基础及其实例，进一步加强了网页设计的内容。所有静态网站、动态网站除光盘中提供的原始素材外，均可通过教材网站、课程网站在线浏览效果，以帮助读者进一步理解。

本书教材网站地址如下：

http://dgdz.ccee.cqu.edu.cn/e4.asp

本书对应的课程“多媒体技术”已获得“重庆大学精品课程”称号，该课程网址如下：

http://dgdz.ccee.cqu.edu.cn/dmtjp

还可以到上面的课程网站中浏览编者指导的学生制作的多媒体、网页设计方面的作品，部分学生作品案例网址如下：

http://dgdz.ccee.cqu.edu.cn/dmtjp/shijianhuanjie.aspx?shijianID=8

由于作者水平及见解有限，不妥甚至错误之处在所难免，欢迎读者批评指正。作者的联系信箱为 cxltx@cqu.edu.cn，QQ：422260250。

陈新龙
2011 年 5 月
于重庆大学

FOREWORD

第1版前言

21 世纪是知识与信息的社会，是知识经济的时代。在知识经济的大背景下，如何迅速掌握知识、获取信息，如何高效率地利用信息，传播信息，直接决定着竞争者在知识与信息化社会中的竞争能力。

多媒体计算机技术是一种迅速发展的综合性电子信息技术，是基于计算机、通信和电子技术发展起来的新型学科领域，是目前高效率地掌握知识、获取信息、利用信息、传播信息的有效手段。它的兴起给传统的计算机系统、音频和视频设备带来了方向性的革命，对人们的工作、生活和娱乐产生了深刻的影响，引起了信息、出版等诸多领域的一场新的革命，也正在影响并改变着我们的教学改革与教材规划，多媒体技术、计算机音频编辑、多媒体教学软件设计与开发、网页设计等课程逐渐成为了国家规划教材的指南项目。

自 20 世纪 90 年代以来，媒体处理工具、多媒体著作工具、可视化网页设计工具等多媒体领域的工具软件逐渐流行，基于各类工具不同版本的科技书成千上万。在浩瀚的书海中，更多渴望学习多媒体与网页设计技术的人们收获的只能是对多媒体技术、网页设计工程师的敬仰，并赐给他们一个时髦的名字——IT 精英。

从学科的角度看，任何课程均有其自身的研究对象、理论基础。多媒体技术与网页设计作为一门课程也不例外，存在着“变”与“不变”两个因素。变化的是日新月异的工具与技术，“不变”的是媒体特性及其实现原理、网页设计的理念、网页设计作品是一个超文本系统的本质特性。

自电工电子技术远程教育网络（http://dgdz.ccee.cqu.edu.cn）于 2001 年 12 月开通以来，笔者一直想写一本综合多媒体、网页设计方面的教材，并在该教材中较好地处理课程基础与最新工具的关系，倡导打好基础、树立理念，而后学习最新工具的学习方式，以帮助读者快速掌握多媒体与网页设计技术。在清华大学出版社的帮助下，经笔者两年多的辛勤劳动，本书得以与读者见面。

本书从多媒体的特征、多媒体计算机系统组成出发，讲述了音频、图像、视频、动画等常见媒体在计算机中的实现思路；介绍了 WAV 音频、BMP

图像媒体格式分析、GoldWave 音频编辑、Photoshop 图像处理、Windows Movie Maker、“会声会影”视频编辑等技术；介绍了多媒体数据压缩及其存储技术；介绍了 Authorware、Director 多媒体制作工具的使用及其制作实例；从多媒体数据管理出发介绍了超文本的概念、实现思路；结合电工电子技术远程教育网的建设实践介绍了 HTML 语言、静态网页制作方法、网页设计语言及网站设计规划；最后介绍了多媒体通信。

本书以电工电子技术远程教育网为依托，按照“媒体是基础、压缩是手段、存储是保障、应用是重点”的思路进行编写。具体组织上，不单纯地介绍工具，将最新的工具应用技巧嵌入到技术路线中，避免了读者学习完本书以后单纯建立了对工具的认识，较好地处理了“变”与“不变”的关系。如网页设计篇章强调网站、网页是一个超文本系统，是一个具有独立逻辑语义的知识网络的规划设计宗旨，并以“主题鲜明、美观大方、运行流畅、操作方便、富有个性”为设计原则，以“利用表格美化网页、利用链接构成系统、利用框架组合页面、利用表单实现交互、利用程序而特色独具”为网页设计的技术路线来展开网页设计基础知识、设计技术各知识点的教学。

读者可通过本书快速理解音频、图像、视频、动画等常见媒体在计算机中的实现思路；掌握常见媒体工具及其相关处理技术；窥视专业网站规划与建设的过程，领会网站规划与建设、Web 页面制作与设计的要义；在此基础上，进一步理解多媒体数据压缩理论、常见媒体的低级格式分析，为进行多媒体技术研究打下较坚实的基础。

本书为立体化的教材，提供免费的幻灯片形式的课件，提供开放式的网上课程，公开教学网址为 http://dgdz.ccee.cqu.edu.cn/e4.asp，可在该网络学习本教材中的内容，下载相关素材、幻灯片等。本书的配书光盘为本书中媒体处理、多媒体节目制作、网页设计等知识点涉及的相关素材及最终作品，不是公开教学网上的开放式的网上课程。

本书编写时充分考虑了各个层次的教学，每章均配备了丰富的例题与习题，既适合课堂教学、网络教学、远程教育，也可作为社会读者快速掌握多媒体技术、Web 网页设计的参考书。在教学组织上，对计算机、电子、通信等专业计划内本科生，可完整讲授教材内容；对电类自考本科，人文艺术、工商管理等专业本科生可将多媒体数据压缩与存储技术、多媒体通信两章作为选讲或自学内容。

本书共有九章，第 9 章由王成良编写，其余由陈新龙编写。在本教材的建设过程中，得到了重庆大学各级领导的大力支持，得到了学院许多老师的鼎力相助，许多网友通过网络对本书提出了许多宝贵意见，在此一并表示感谢。

由于作者水平有限、见解不多，不妥甚至错误之处在所难免，敬请读者不吝赐教。作者的联系信箱为 cxltx@cqu.edu.cn。

作者
2006 年 5 月
于重庆大学

CONTENTS

目录

CHAPTER 1

第1章 概　论

本章要点

本章主要介绍多媒体技术、多媒体计算机的基本概念、多媒体计算机硬、软件系统，同时还介绍了多媒体计算机的核心技术、多媒体技术的应用。读者学习本章应重点理解多媒体技术、多媒体计算机的基本概念，理解多媒体首先应体现一种创作思想，明确学习计算机多媒体技术的意义。

1.1　多媒体技术的引入

多媒体技术是计算机发展到一定阶段的产物，是电子技术、通信技术、计算机技术相结合的交叉科学，是一种迅速发展的综合性电子信息技术。

1.1.1　引言

计算机是 20 世纪最伟大的发明之一，它的出现极大地推动了现代文明的进程。回顾它的发展历程，人们不会忘记 20 世纪中期计算机的始祖们从这个和房间差不多大小的庞然大物中找出一只臭虫的辛劳与喜悦，在羡慕那个曾经大学没有毕业的世界首富的同时深深记得他对计算机发展作出的巨大贡献。

286、386、486、Pentium，资深的计算机人士对这些名词都不陌生，因为它们曾是计算机档次的代名词。随着人们对这些名词的淡忘，计算机的硬件中心正悄悄地由以 CPU 为中心过渡到以存储器为中心。

资深的软件人还记得当年能用程序在计算机显示器上画出 1 个标准圆后的喜悦，突然记不起 DIR 命令后“/W”参数的苦恼。视窗、鼠标的引入让人们看到原来使用电脑也很简单，声形并茂的多媒体节目给计算机赋予了更多的含义，网络的普及改变了几代人的工作与生活方式。人们在感叹计算机发展之快的同时深深意识到，现代软件设计已逐步由以任务为中心过渡到以用户为中心。

以用户为中心的软件设计理念对现代软件设计提出了更高的要求，人们总是希望他们使用的软件具有更人性的界面，甚至希望能支持语音输入控制，人们的这些需求从更大程度上有效地推动了多媒体技术的诞生与发展。

1.1.2 媒体的种类与特征

要理解多媒体技术的含义，首先应理解媒体的基本知识，下面介绍媒体的种类与特征。

媒体（medium）一词源于拉丁文“medius”，意为中介、中间的意思。国际电报电话咨询委员会（CCITT，目前已被 ITU 取代）曾对媒体做如下分类。

（1）感觉媒体：感觉媒体是指能直接作用于人的感官、使人直接产生感觉的一类媒体。如人类的语言，计算机中的文字、数据、图形、图像、动画等。

（2）表示媒体：表示媒体是为了加工、处理和传输感觉媒体而人为研究、构造出来的一种媒体，其目的是更有效地将感觉媒体从一地向另外一地传送，便于加工和处理。如计算机中的 ASCII 码。

（3）表现媒体：表现媒体是指感觉媒体和用于通信的电信号之间转换的一类媒体，它包括输入、输出两种媒体。如键盘、显示器等。

（4）存储媒体：存储媒体是用于存储表示媒体（感觉媒体数字化后的代码），以便计算机加工、处理。如硬盘、软盘、CD-ROM 等。

（5）传输媒体：传输媒体是用来将媒体从一处传送到另一处的物理载体。如双绞线、同轴电缆等。

在计算机领域，媒体有两种含义：一是指存储信息的实体，如磁盘、光盘等；二是指传输各种计算机信息的载体。计算机多媒体技术中的媒体指后者。

> **提示：**多媒体技术课程主要介绍感觉媒体的特点、实现及其处理技术。若不加特别说明，多媒体技术中的媒体指感觉媒体。

媒体是信息的载体，是信息的表示形式。人类利用视觉、听觉、触觉、嗅觉、味觉五种感觉来感受各种信息，因此，媒体又可分为视觉类媒体、听觉类媒体、触觉类媒体、嗅觉类媒体、味觉类媒体。其中，嗅觉类媒体和味觉类媒体目前尚不能在计算机中方便实现。

视觉类媒体主要包括文字、数据、图形、图像、动画、视频等，它们通过视觉传递信息。听觉类媒体主要包括波形音频、语音和音乐等，它们通过听觉传递信息。其实，波形音频包括全部的声音，因为它可以将任何声音采样并量化，并恰当地恢复出来。语音是波形音频的一种，它在计算机中是一种特殊的媒体；音乐是符号化的声音，相当规范化。触觉类媒体是环境媒体，现在，在多媒体系统中已经把触觉类媒体引入到了实际系统中，特别是模拟类应用。

从信息表达的角度，媒体具有以下特性。

（1）有格式的数据才能表达信息的含义。也就是说，由于媒体的种类不同，它们所具有的格式应不同，只有对这种格式有了正确理解与解释，才能对其信息进行表达。如 WAV 声音文件格式、BMP 图像文件格式等。

（2）不同的媒体所表达的信息的程度不同。由于每种媒体都有其自身承载信息的形式特征，而人类对不同信息的接受程度不同，便有了这种差异。一般地说，愈原始，表达的信息愈丰富；愈是抽象的信息，其信息量愈少，但愈精确。

（3）媒体之间的关系也代表着信息。媒体的多样化关键不在于能否接收多种媒体的信息，而在于媒体之间的信息表示合成效果。由于多种媒体来源于多个感觉通道，以不同的形式表示，具有“感觉相乘”的效应，所以将远远超过各个媒体单独表达时的效果。

（4）媒体可以进行相互转换。一般说来，媒体的转换总是要损失信息，损失信息对接收者是否重要，将取决于具体的应用要求。也有一些媒体之间尚不能相互转换，尤其是不能直接相互转换。

1.1.3 多媒体技术的含义和特征

1．多媒体技术的含义

“多媒体”一词源于英文“multimedia”，而 multimedia 是由 multiple 和 media 复合而成。从字面上看，多媒体是由单媒体复合而成。在计算机领域，多媒体是指文本（text）、音频（audio）、图形（graph）、图像（photo）、动画（animation）、视频（video）等单媒体和计算机程序融合在一起形成的信息传播载体。

由于媒体之间的关系也代表着信息，因此，单独说多媒体没有实际意义，它往往与一个其他名词相联系。

提示：多媒体体现为媒体与计算机技术的一种融合。在本教材中，将多媒体理解为多媒体技术。所谓多媒体技术就是计算机交互式综合处理多种媒体信息——图形、文本、图像和声音，使多种信息建立逻辑连接，集成为一个系统并具有交互性。

2．多媒体技术的特征

多媒体技术具有多样性、集成性、交互性三大特性，与其他大众传媒具有本质性的区别。

1）多样性

信息载体的多样性是相对传统计算机而言，指的是信息载体的多样化。它把计算机所能处理的信息空间扩展和放大，而不局限于数值、文本或是被特别对待的图形或图像。众所周知，人类具有视觉、听觉、触觉、嗅觉、味觉五种感觉，其中前三者占有95%以上的信息量，借助于这些多感觉形式的信息交流，人类对于信息的处理可以说是得心应手。但是，计算机以及与之相类似的一系列设备，都远远没有达到人类的水平。可以说，在信息交互性方面计算机还处于初级水平。多媒体就是要把机器处理的信息多样化，使之在信息交互的过程中，具有更加广阔和更加自由的空间。多媒体技术的应用目前主要包括视觉和听觉两个方面的应用。

2）集成性

信息载体的集成性应该说是系统级的一次飞跃。早期多媒体中的各项技术都可以单独使用，但很难有所作为，因为它们是单一、零散的，如单一的图像、声音等，这些都将制约多媒体技术的进一步应用。因此，多媒体的集成性主要表现在两个方面：多媒体信息媒体的集成和处理这些媒体信息设备的集成。对于前者而言，这种集成是指各种媒体信息尽管可能会是多通道的输入或输出，但应该集成为一体。对于后者而言，这种集成是指处理各种媒体信息的各种设备应该集成为一体。从硬件来说，应该具有能够处理多媒体信息的高速及并行的 CPU 系统、大容量的存储、适合多媒体多通道的输入输出能力及外设、宽带的通信网络接口。对软件而言，应该具有集成一体化的多媒体操作系统，同时，在网络的支持下，构造出支持广泛信息应用的信息系统，“1+1>2”的系统特性将在多媒体信息系统中得到充分体现。

3）交互性

多媒体技术的交互性将向用户提供更加有效的控制和使用信息的手段，同时也为应用开辟了更加广阔的领域。交互可以增加对信息的注意力和理解，延长信息保留时间。在单一的文本空间，这种交互的效果和作用特别差，只能“使用”信息，很难做到自由控制和干预信息处理。当引入交互性后，“活动”本身作为一种媒体便介入了信息转变为知识的过程。借助于活动，我们可以获得更多的信息，改变现在使用信息的方法。因此，交互性一旦介入多媒体信息空间，可以带来很大的作用。从多媒体数据库中检索出某人的相片、声音及文字材料等，这些只是交互性的初级应用。通过交互使用户介入到信息中，才能达到中级交互应用水平。当我们完全地进入到一个与信息空间一体化的虚拟信息空间自由翱翔时，这才是交互性的高级应用。

图 1-1-1　关帝诗竹

1.1.4　本书的目的

既然多媒体是多种媒体信息与计算机技术的融合，那么如何将图、文、声、像等媒体融合在一起并最终形成一个多媒体作品，首先体现了该作者的创作思想。

“不谢东君意，丹青独立名，莫嫌孤叶淡，终久不凋零”，如图 1-1-1 所示的西安碑林博物馆展出的关帝诗竹图不愧为中国近代书、画、诗等多种媒体融合创作的巅峰作品。如图 1-1-2 所示的 2 张哮喘老人图片虽然含有很高的图像拼接技术，却因其创作思想出现严重偏差，最终结果只能是法律的严惩。

（a）原始图片

（b）广告图片

图 1-1-2　哮喘老人图片

可见，一个成功的多媒体作品除了创作者应具有扎实的技术基础、付出了辛勤的劳动外，更重要的是应体现一种与众不同的创作思想。

由此给出本书力图达到的目的：帮助读者建立一些多媒体的思想，学习图、文、声、像、动画、视频等常见媒体处理的基本技术，理解并掌握网页设计、网站建设的初步知识。

1.2 多媒体计算机

多媒体是媒体与计算机技术相结合的产物，理解多媒体计算机对于更好地理解、掌握多媒体技术有着重要的意义。

多媒体计算机（Multimedia Personal Computer，MPC）是具有多媒体处理能力的计算机系统的统称。多媒体技术的发展不断赋予多媒体计算机以新的内容，对多媒体计算机也有不同的理解。一般来说，MPC 是指将电视、音响、录像机、VCD 等功能与普通计算机融为一体而形成的新一代多功能计算机。

多媒体计算机系统由多媒体计算机硬件系统和多媒体计算机软件系统组成。

1.2.1 多媒体计算机硬件系统

多媒体计算机硬件系统包括普通计算机硬件、CD-ROM（或 DVD-ROM）驱动器、声卡（或集成到主板中）、音箱等，专业的多媒体处理系统一般还配有视频采集卡、视频转换卡、电视卡、扫描仪，甚至还配有数码相机、数码摄像机、专业音响、触摸屏等。

1．声卡

处理音频信号的 PC 插卡称为音频卡（audio card），又称声音卡（简称声卡），是多媒体计算机硬件系统中最基本的组成部分。声卡的基本功能是把来自话筒、磁盘、光盘的原始声音信号加以转换，输出到耳机、扬声器、扩音机、录音机等声响设备，或通过音乐设备数字接口（MIDI）使乐器发出美妙的声音。

按照接口类型分类，声卡包括板载式、集成式和外置式三种类型，板载式声卡实例如图 1-2-1 所示。

图 1-2-1 板载式声卡

2．光驱

激光唱盘、CD-ROM、DVD-ROM、数字激光视盘等统称为光盘。光盘驱动器简称光驱。

目前多媒体计算机中使用的光驱有以下几种：CD-ROM 驱动器、CD-RW 驱动器、DVD-ROM 驱动器、DVD-RW 驱动器等。RW 表示该驱动器可完成对可写的光盘的写操作，人们常称它为光盘刻录机。

DVD 系列驱动器具有 CD-ROM 驱动器的全部功能，其价格也较为便宜，是目前最常用的一类光驱。

3．视频采集卡

视频采集卡的主要作用是让多媒体电脑能够像录像机一样，将活动影像的连续运动画面和与画面同步的音频信息实时地记录在硬盘文件中，供以后重播或在其他应用中使用。

目前，视频采集卡具有两种类型：模拟视频采集卡和数字视频采集卡。

模拟视频采集卡的主要任务是将模拟视频信号转换成数字视频信号，并送到计算机中，在此过程中需要经过以下几个步骤。

（1）视频信号的捕获，即借助于摄像机、录像机等视频播放设备将自然景物转换成电信号。

（2）将采集到的模拟电视信号经过模数转换即采样、量化后，送入数字解码器，通过对输入的信号进行解码，从而得到数字信号。

（3）由视频窗口控制器对采集的信息剪裁，改变比例后存入帧存储器。

（4）经数模转换和通过变换矩阵进行色彩空间的转换，得到相应的控制信号，送到数字视频编码器进行编码，最后输出到显示器、电视机或录像机中。

数字视频采集卡主要用于采集数码摄像机的数字视频信号。

按照接口类型分类，视频采集卡也有板载式、集成式（一般集成到显示卡中）和外置式等多种类型，板载式视频采集卡实例如图 1-2-2 所示。

图 1-2-2　板载式视频采集卡

4．视频转换卡/视频解压卡

视频转换卡的功能是将计算机显示的 VGA 信号转换成电视机采用的 NTSC/PAL/SECAM 制式的信号或 VHS 信号。视频转换卡典型的产品是新加坡创新公司的 TVCoder 卡。视频转换卡的一个典型应用就是将在计算机上制作的三维动画广告通过视频转换卡输出到录像带上，供电视台编辑和播放。

视频解压卡主要用于视频重放。利用视频解压卡可以十分快速地实现视频文件的解压缩操作。早期的电影卡或动态视频还原卡都属于视频解压卡。由于计算机 CPU 处理速度非常快，内存容量也比较大，可直接通过 CPU 来进行解压缩操作，因此视频解压卡的作用在逐步减少，人们一般不必另外购置视频解压卡来进行视频文件的解压缩操作，但为了提高多媒体计算机的综合处理能力，在进行多任务处理时采用视频解压卡能够大大减轻 CPU 的工作负荷，提高系统的多媒体信息处理能力。

5．电视卡

电视卡可使计算机具有接收电视信号的功能，从原理上讲，电视卡硬件电路主要包括两个部分：一是选台电路，二是 TV 信号转换成 VGA 信号的转换电路。电视卡带有音频输出接口。当通过电视卡把一台普通计算机的 VGA 显示器变成一台彩色电视机后，用户选台、颜色调整、更换收视频道、调整声音等操作都是通过随电视卡附带的软件来支持的。由于采用了数字技术，因此比普通的模拟电视机具有信噪比高、失真小、亮色干扰小等特点。

6．扫描仪

扫描仪（scanner）作为多媒体计算机的一个重要外设，是用于获取静态图像的一类图像输入设备。利用扫描仪能够将印刷品、宣传品、书本、照片和胶片等信息转换成数字信息后存储到计算机中。

扫描仪主要有三种类型：手持式扫描仪、平板式扫描仪、滚筒式扫描仪。手持式扫描仪体积小、携带方便，但一次扫描的幅面小，在扫描过程中，操作者手的运动的平衡以及速度等因素会影响到扫描质量，因而其应用范围有限，现在已较少使用。

平板式扫描仪是目前经常使用的扫描仪，它有 SCSI、USB、EPP（打印机高速并行接口）等多种接口方式，扫描幅面一般可达到 A3 或 A4 幅面。在扫描过程中，被扫描的介质保持不动，扫描头作机械式往复运动来对被扫描介质进行扫描，可以达到较高的扫描精度。

扫描仪用每英寸多少点（Dots Per Inch，DPI）来表示扫描光学分辨率，光学分辨率是指图像扫描输入过程中扫描仪本身在每英寸范围内所能识别的图像的线数。光学分辨率越高则扫描出来的效果越好，但扫描后得到的图像文件占用的磁盘空间也越大。一般的平板式扫描仪光学分辨率可达到 300～600dpi，有些高分辨率的扫描仪其扫描分辨率可达到 4800dpi，从而保证了图像扫描质量。平板式扫描仪的主要生产厂商有 HP 公司、Microtek 公司、清华紫光等。

色彩精度是扫描仪的另一个重要技术指标，它是指扫描仪所能识别的色彩范围，一般用像素的位数表示。普通的中档平板式扫描仪的色彩可达到每个像素用 24 位表示，即 24 位真彩色。扫描仪在扫描时可以对彩色图像按灰度等级进行扫描。灰度等级是指像素点明暗程度的层次范围。如果每个像素点用 8 位二进制数编码，图像灰度等级就为 2^8=256 个灰度等级。

7．触摸屏

触摸屏是一种应用前景十分广阔的多媒体输入设备，通过触摸屏，即使是对计算机一无所知的人也可以轻易地向计算机发出命令。

触摸屏可分为表面声波技术触摸屏、电阻技术触摸屏、电容技术触摸屏、红外线扫描技术触摸屏、矢量压力传感技术触摸屏 5 个种类。

1）表面声波技术触摸屏

表面声波是一种沿介质（例如玻璃）表面传播的机械波。表面声波技术触摸屏可以是一块平面、球面或柱面的玻璃平板，它是一块纯粹的强化玻璃，没有任何贴膜和覆盖层。在玻璃平板的左上角和右下角各固定了竖直和水平方向的超声波发射换能器，右上角固定了两个相应的超声波接收换能器，玻璃屏的四周刻有 45°角由疏到密间隔非常精密的反射条纹。在没有触摸的时候，发送和接收的超声波信号处于稳定状态，当手指触摸屏幕时，手指吸收一部分声波能量，此时控制器就会检测到声波能量的衰减，由此计算出触摸点在屏幕上的 X、Y 坐标位置。这种触摸屏具有不受温度、湿度等环境影响，非常稳定，精度高，不怕刮擦和用力，图像清晰透亮等优点。

2）电阻技术触摸屏

电阻技术触摸屏的主要部分是一块附在显示器表面的电阻薄膜屏，它是一种多层的复合薄膜，由一层玻璃或硬塑料平板作为基层，表面涂有一层透明氧化金属导电层，上面再盖有一层外表面硬化处理、光滑防刮的塑料层，它的内表面也涂有一层透明氧化金属，在它们之间有许多细小的透明隔离点将两层导电层隔开绝缘。当手指触摸屏幕时，两层导电层在触摸点位置就有了一个接触，控制器侦测到这个接通就可计算出触摸点的 X、Y 坐标位置。这种触摸屏可以用尖细的触针来触摸，可以用来写字、画画，不怕灰尘和水汽，但怕用强力或用锐器划伤。

3）电容技术触摸屏

电容技术触摸屏是在显示器屏幕前安装一块玻璃屏，玻璃屏的内表面和夹层各涂有一层透明氧化金属，夹层导电涂层的四个角上引出四个电极。用户触摸屏幕时，由于人体电场，在用户和触摸屏之间形成一个耦合电容。对高频信号来说，电容是直接导体，于是手指从接触点吸收走一个很小的电流。这个电流分别从触摸屏四个角上的电极中流出，并且流经这四个电极的电流与手指到四角的距离成比例，控制器通过对这四个电流比例的精密计算，得出触摸点的位置。这种触摸屏不能戴手套或用其他不导电的物体来触摸；会受到温度和湿度的影响。

4）红外线扫描技术触摸屏

红外线扫描技术触摸屏是在屏幕的四边排布红外线发射管和红外线接收管，形成横竖交叉的红外线矩阵，用户触摸屏幕时，手指会挡住经过该位置的横竖两条红外线，由此计算出触摸点在屏幕上的位置。这种触摸屏价格低廉，安装方便，不怕油污和刮擦，但外表不够美观，在仿真鼠标操作时，不能同时仿真鼠标键的单击和双击。

5）矢量压力传感技术触摸屏

早期的矢量压力传感技术触摸屏是在显示器前加一块玻璃屏，四个角上垫四个压力传感器，后来设计了扁盒子状平台，通过弹簧，上板在平台内可三维移动，显示器就放在这个平台上。当触摸显示器时，显示器带动上板产生一个微小的位移，这个位移使安装在平台内几个方向上的平板电容器的电容值发生改变，通过复杂的计算得出触摸点的位置。这种触摸屏不怕刮擦和油污，不加贴薄膜，图像清晰，不管什么尺寸和什么样的显示器，放在压力传感触摸屏的平台上加以校正就可使用，但抗干扰性差、价格高、需要经常校正。

1.2.2 多媒体操作系统

多媒体操作系统应具有实时任务调度、多媒体数据转换、驱动与控制多媒体设备、图形和声像用户接口等基本功能。目前流行的支持多媒体应用和开发的操作系统主要有两大类：Linux 操作系统和 Windows 操作系统。

Linux 的起源最早是在 1991 年 10 月一位芬兰的大学生 Linus Torvalds 编写的 Linux 核心程序 0.02 版开始的，但 Linux 的后续发展几乎完全是靠互联网上的沟通交流来完成的，它不属于任何公司和个人，任何人都可免费获得，甚至可修改里面的源代码。人们致力于 Linux 的发展，组合成一套完整的 Linux 系统。

Windows 系统是由美国微软（Microsoft）公司推出的一种采用图形用户界面（GUI）的操作系统。1985 年 11 月发布了 Windows 1.0。1995 年 8 月推出的 Windows 95 是真正的一个多任务、多窗口、全 32 位的操作系统。目前常用的 Windows 版本有 Windows XP SP3、Windows 2003、Windows Vista、Windows 7 等。

Windows 操作系统具有强大的多媒体功能，全面支持多媒体设备的即插即用（Plus and Play，PnP），支持 MCI（媒体控制接口）、DCI（设备控制接口）等多种多媒体设备控制方式，自带了功能较完备的多媒体信息处理应用软件，是目前最常用的多媒体操作系统。

1.2.3 开发多媒体应用系统的工具软件

利用工具制作多媒体节目是多媒体节目制作的基本手段，开发多媒体节目的工具是多媒体软件系统的重要组成部分。

首先请打开光盘中 N1 目录下 1-1.wmv 视频文件。该视频展示了用 Photoshop 制作 1 个手镯、用 Flash 将其制作成动画并用浏览器播放该动画的过程。可见，开发多媒体应用系统的工具软件可分为 3 类。

1．媒体创作工具

媒体创作工具主要作用是为多媒体应用系统建立媒体模型、制作能满足该系统要求的多媒体数据。如视频中涉及的图像处理软件 Photoshop、声音编辑软件 WaveStudio 和 Cool、Edit、网络动画工具 Flash、三维动画工具 3ds max 等。

2．多媒体著作工具

开发多媒体应用系统的工具软件称为多媒体著作工具。它可方便地控制和管理文本（text）、音频（audio）、图形（graph）、图像（photo）、动画（animation）、视频（video）等多媒体数据，并将它们连接成完整的多媒体应用系统。常用多媒体著作工具有 Authorware、视频中涉及的 Flash 制作软件。

3．媒体播放工具

媒体播放工具可完成在多媒体计算机上播放多媒体作品、CD、VCD、DVD、MP3 等。操作系统一般自带了一定功能的播放工具，例如 Windows 系统中的 CD 唱机、媒体播放器等。有些媒体播放工具是为方便人们使用进行开发的，如 Winamp、超级解霸、东方影都、Xing-MPEG player、Realplayer Plus、视频中涉及的暴风影音等。

1.2.4 DirectX

DirectX 由 Direct 和 X 组成，Direct 是直接的意思，X 可理解为“很多”。在多媒体系统中，DirectX 是经常遇到的一个专业术语，对多媒体技术的深入应用起到了积极的推动作用。

在 Windows 操作系统的体系构架中，在内核与硬件之间有一层抽象层，专门对硬件进行屏蔽抽象，所以用户不再被允许对硬件进行直接访问。这样做以后，大大地提高了操作系统的抗破坏性和抗干扰性，但这样一来，使硬件操作的效率大打折扣，许多新硬件的新特性无法直接使用，这对多媒体和游戏的发展显然是一种障碍。

DirectX 是微软公司提供的一套优秀的应用程序编程接口，用于联系应用程序和硬件。DirectX 能增强计算机的多媒体功能，包括加速视频卡和声卡驱动程序，为不同类型的多媒体提供更好的播放效果，如全色图形、图像、三维动画、音乐以及剧场声音。DirectX 使用这些高级功能而不要求识别计算机中的硬件组件，并确保大多数软件可以在大部分硬件系统上运行。

DirectX 组件主要包括 DirectDraw、DirectSound、DirectPlay、Direct3D、DirectInput、DirectSetup、AutoPlay 等。简单说来，DirectX 就是一系列的 DLL（动态链接库），为软件开发者实现对硬件的编程控制提供了一种高级驱动方式，它对发展 Windows 平台下的多媒体应用程序和电脑游戏起到了关键的作用。

使用 DirectX 技术，多媒体效果会比以前更好，可以欣赏专业的三维字幕，使用视频会议，使用像 USB 音频和数字连接游戏杆这样的新设备，聆听更丰富、更清晰的声音，可在任务栏选择“开始”→“运行”，在文本框中输入 dxdiag.exe 即可查看系统中的 DirectX 驱动信息。

1.3 多媒体计算机中的核心技术

多媒体技术是基于计算机、通信和电子技术发展起来的一个新的学科领域，是现代科技的最新成就之一，多媒体计算机中的核心技术主要包括以下几方面。

1. 多媒体数据压缩编码技术

数字音频、视频、图像是最常见的三类多媒体数据。与非多媒体数据相比，多媒体数据的最大特点便是数据量极为巨大的同时又存在获得高压缩比的可能性。此外，在多媒体计算机系统中表示、传输和处理多媒体数据需占用大量的存储空间，因此，多媒体数据压缩编码是多媒体技术在计算机中实现的关键。

2. 多媒体数据存储技术

多媒体数据压缩编码是多媒体技术在计算机中实现的关键，但经压缩后的多媒体数据依然占用较多的存储空间，这决定了多媒体数据不可能采用传统的软盘形式发布、保存与传送。光盘系统是目前较好的多媒体数据存储设备，目前在计算机上使用的光存储系统主要有 CD-ROM、DVD-ROM 两大类。

3. 多媒体网络与通信技术

网络的出现与发展改变了一代人的生活，互联网络上的多媒体信息离不开网络和通信技术。

4. 多媒体同步技术

同步性是多媒体通信的基本特征，由于多媒体数据很大，如何实时、快速地处理多媒体信息以保证多媒体通信的同步特性是多媒体通信的一大难点。

5. 将多媒体数据压缩编码算法做到芯片中

多媒体信息处理需要大量的计算，而多媒体通信中的同步特性又要求这些处理操作能够在很短的时间内完成，达到实时、同步的要求。单纯通过通常的个人计算机完成这些处理且要达到实时要求是不可能的，高昂的成本也将使多媒体技术无法推广。超大规模集成电路（VLSI）的进一步发展大大降低了数字信号处理器（DSP）芯片的成本，将多媒体数据压缩编码算法做到 DSP 芯片中不失为一种良好的解决办法。

6. 超文本与超媒体技术

超文本是一种采用非线性的网状结构组织块状信息的数据管理思想，是高效管理、利用数据的一种有效手段。超文本技术诞生在多媒体技术之前，随着多媒体技术的发展而深入人心。超文本与多媒体结合称为超媒体，最典型的两类应用便是 Windows 帮助系统、万维网（WWW）系统。

7. 多媒体计算机系统的软件核心——音频、视频支持系统（AVSS）

研制多媒体核心软件，全面支持计算机对多媒体信息的完美处理，较好地实现多媒体信息的时空同步是多媒体计算机系统的又一关键技术。

1.4 多媒体技术的应用

多媒体技术是一种迅速发展的综合性电子信息技术，给人们的工作、生活和娱乐带来了巨大的影响，是一门实用性极强的技术。而今，多媒体技术思想已经深入人心，成为人们关注的热点，其应用几乎覆盖了计算机应用的绝大多数领域，而且还涉及人类生活、娱乐、学习等诸多领域。多媒体技术的最显著特点是改善了人机交互界面，集声、文、图于一体，更接近人类自然的交流方式。

多媒体技术的典型应用主要包括以下几个方面。

1．教育和培训

利用多媒体技术进行教学、培训工作，寓教于乐，内容直观、生动、活泼，给培训对象印象深刻，教学效果很好。在高校教育中，目前日益流行的 CAI 教学便是一个典型例子。

2．信息发布与推广

在销售、宣传及推广等活动中，使用多媒体技术制作节目，能够图文并茂地展示活动主题，使宣传对象很快地获取相关信息，从而达到很好的宣传效果。

例如，房产公司在推销某处房产时，可将该房产的外观、内部结构、室内装修、周围环境、配套设施、交通状况等制作成多媒体节目，从而达到或超过预期的宣传效果。

3．娱乐与游戏

影视作品和游戏产品是计算机的一个重要应用领域。多媒体技术的出现给影视作品和游戏产品的制作带来了革命性的变化。随着 CD-ROM、VCD、DVD 等产品的流行并日趋普及，各种价廉物美的光盘产品给人们的日常生活带来无比的欢乐。

4．视频会议系统

随着多媒体通信和视频图像传输数字化技术的发展，计算机技术和通信技术、网络技术的结合，视频会议系统将成为人们关注的另一个应用领域。与电话会议系统相比，视频会议系统有一种身临其境的感觉，但目前尚存在许多技术难点有待解决。

多媒体技术应用十分广泛，上面只是列举了几个应用。在知识与信息化的社会，高效率地利用信息、掌握信息、传播信息的基本手段是利用多媒体计算机技术，伴随着信息化社会的进一步发展，多媒体计算机技术将更加普及，应用将更加广泛。

习　题

1.1　填空题

1．在计算机领域，媒体有两种含义：一是指________，如磁盘；二是指________，而多媒体技术中的媒体指________。

2．计算机中的文字能直接作用于人的感官，称为________，而计算机中的 ASCII 码是为了加工、处理和传输字符而人为研究、构造出来的一种媒体，称为________。

3．多媒体一词源于英文________，从字面上看，是由________而成。在计算机领域中，多媒体是指________、________、________、________、________、________等单媒体和________融合在一起形成的信息传播载体。

4．多媒体技术具有________、________、________三大特性，这是多媒体与其他大众传媒最本质的区别。

5．目前多媒体计算机中使用的光驱有________、________、________、________等。

6．触摸屏可分为 5 个种类，它们是________、________、________、________、________。

7．为多媒体应用系统建立媒体模型、制作能满足该系统要求的多媒体数据的工具软件称为________，如________；而将多媒体数据连接成完整的多媒体应用系统的工具软件称为________，如________；至于________，可完成在多媒体计算机上播放多媒体作品，如________。

8．DirectX 是微软公司提供的一套优秀的________，能增强计算机的多媒体功能，提供了一系列的 DLL（动态连接库），为软件开发者提供________。使用 DirectX 技术，多媒体效果会比以前更好，可在任务栏选择“开始”→“运行”命令，运行________查看系统中的 DirectX 驱动信息。

1.2　简答题

1．从多媒体自身特征出发解释传统电视为何不属于多媒体。

2．结合你的计算机知识举例说明 CCITT 的五种媒体类型。

1.3　论述题

1．结合实例总结计算机发展带来的主要变化。

2．结合一两个实例谈谈多媒体的发展趋势。

1.4　实践题

利用 DirectX 查看计算机中的多媒体配置并进行验证。

CHAPTER 2

数字音频及其处理技术 第 2 章

本章要点

本章主要介绍声音数字化的一般原理、常见数字音频特点及其处理技术。读者学习本章应重点理解波形音频、MIDI 等常见数字音频的含义、特点及其在计算机中的实现方法；理解音频格式的种类、音频卡的工作原理；了解 WAV 音频低级格式分析，能利用 Cool Edit 进行简单的音频处理；理解音频编码的一般原理。

2.1 数字音频基础

声音是携带信息的重要媒体，是多媒体技术和多媒体开发的一项重要内容。计算机只能处理数字信号，自然界中各种声音信号经数字化后才可输入计算机中进行处理。

2.1.1 模拟音频与数字音频

自然界的声音信号究其本质是一种机械振动，是一种在空气中随时间而变化的压力信号。对信号进行处理一般需进行变换，对声音信号进行处理主要有两种变换器：麦克风，将声音的压力变化信号转换成电流信号；喇叭，将电流信号转换成声音的压力变化信号。

传统电子技术采用模拟电子技术处理声音信号，采用模拟电流的幅度表示声音的强弱，称为模拟音频。模拟音频的录制则是将代表声音波形的电信号存储到适当的媒体上，如磁带，播放时将记录在媒体上的信号还原为声音波形。

在计算机中，所有信息均以数字表示。声音信号也用一系列的数字表示，称为数字音频。

模拟音频、数字音频是目前最常见的两种声音信号。模拟音频在时间上是连续的，而数字音频是一个数据序列，在时间上是离散的。

模拟音频不能被计算机直接处理，应将其变换成数字形式。模拟音频转换为数字音频需经采样、量化两个步骤。每隔固定时间间隔在模拟声音波形上取一个幅度，称为采样，固定时间间隔称为采样周期；某一电平范围的电压有无穷个，用有限个数字表示某一电平范围的模拟声音电压信号称为量化。

2.1.2 语音信号

自然界的声音种类繁多，在这众多的声音中，最重要的一种声音便是人的语音。对人发声原理，许多科学工作者做了很多深入的研究，一般认为，人的声音是由声道产生。当人说话时，在声道里会产生两种类型声音：浊音和清音。

声道的每一次振动使一股空气从肺部流进声道，将产生一系列的准周期脉冲，这便是浊音（voiced sound）。第二种类型声音为清音（unvoiced sound），它是由于空气通过声道时，受声道某些部分的压缩而引起。浊音、清音波形如图 2-1-1 所示。

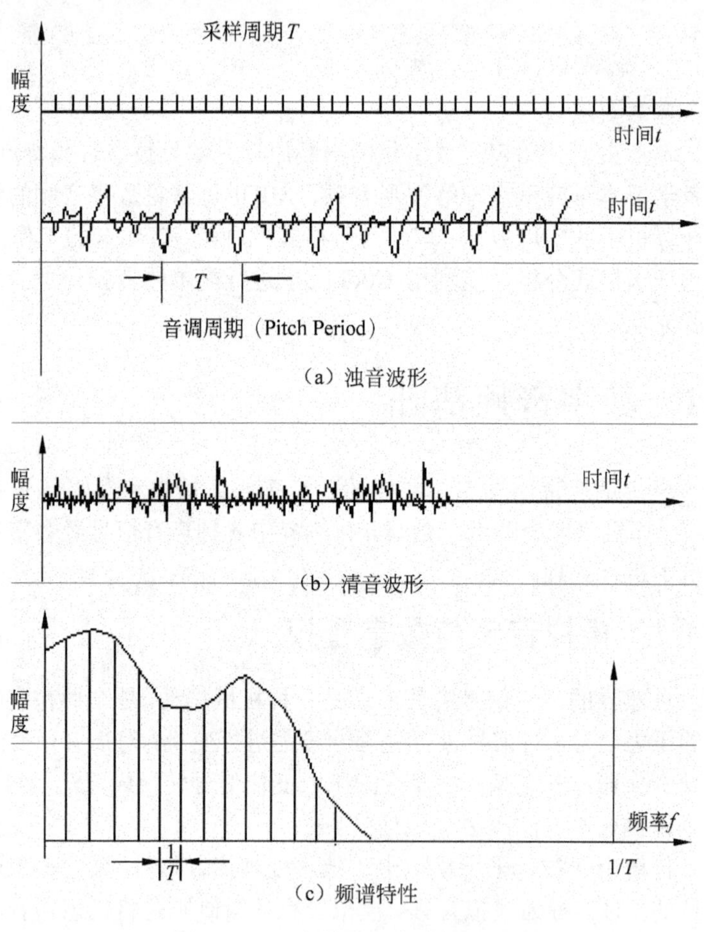

图 2-1-1　理想化的语音波形及频谱

从图 2-1-1 可以看到，浊音为准周期信号，是人的声音最本质的参数。一般来说，男人的音调周期为 5～20ms，女人的音调周期为 2.5～10ms。清音则具有更大的随机性，决定着人的声音的音色。清音与浊音相加之幅度决定着人的声音的强度，即音强。

可见，语音包含三要素：音调、音强、音色。音调又称音高，与语音的频率有关。人的听觉范围最低可达 20Hz，最高可达 20kHz。音强又称响度，即声音的大小，取决于声波的幅度大小。而音色则是由混入基音的泛音所决定，从而使得每个声音具有特殊的音色效果。

另外，声音最终总是给人听的，在此也简单探讨一下人的听觉感知机理。经研究，人的听觉感知机理主要有以下特征：

- 人的听觉具有掩蔽效应，即强音掩蔽弱音，包括同时掩蔽和异时掩蔽两种类型。所谓同时掩蔽是指强音、弱音同时存在时，强音将使弱音难以听见；所谓异时掩蔽是指强音、弱音在不同时间先后发生时，强音将使弱音难以听见。
- 人耳对不同频段的声音的敏感程度不同，通常对低频较之高频更敏感。
- 人耳对语音信号的相位变化不敏感。

2.1.3 声音质量的度量

目前，声音质量的度量主要有两种方法，一种是客观质量的度量，另一种是主观质量的度量。评价语音质量，有时同时采用两种方法评估，有时以主观质量为主。

声音的客观质量度量主要用信号/噪声比（Signal-to-Noise Ratio，SNR）这个指标来衡量。

对于采样量化后的数字信号，可用下面但不完整的特征量来表示。设有一个有限长度序列信号$\{x(n)\}$ $n=0,1,2,\cdots,N-1$，在 $n=0$ 到 $N-1$ 的这段区间里，它的平均值 U_x、均方值（或称平均功率）X_x^2 和方差 σ_x^2（σ_x 为均方差）分别为：

$$U_x = \frac{1}{N}\sum_{n=0}^{N-1} x(n) \tag{2-1-1}$$

$$x_x^2 = \frac{1}{N}\sum_{n=0}^{N-1} x^2(n) \tag{2-1-2}$$

$$\sigma_x^2 = \frac{1}{N}\sum_{n=0}^{N-1} [x(n) - U_x]^2 \tag{2-1-3}$$

而重构信号的误差 $r(n)$定义为输入信号 $x(n)$和编码之后的输出信号 $y(n)$之差：

$$r(n) = x(n) - y(n) \tag{2-1-4}$$

假定它的方差为 σ_r^2，则信噪比 SNR 定义为：

$$\begin{aligned} SNR &= 10\log_{10}\left(\frac{\sigma_x^2}{\sigma_r^2}\right) \\ &= 20\log_{10}\left(\frac{\sigma_x}{\sigma_r}\right) \quad \text{dB（分贝）} \end{aligned} \tag{2-1-5}$$

对噪声的度量，人的感觉机理最具有决定意义，因为任何声音最终都是要供人耳听的。因此，感觉上的、主观上的测试应该成为评价声音不可缺少的部分，甚至，声音的主观度量比客观度量更具有现实意义。当然，声音的主观度量较难获得，是一个相对值。

主观度量声音的方法，类似在电视节目中看到的歌手比赛，由评委对每位歌手所唱的歌进行评比。评委由专家组成，也可以由听众参加。先由评委对每位歌手所唱的歌进行评分，然后再求平均分。对语音设备发出的声音也可以用同样的方法进行评分。召集一些实验者，这些实验者可以是专家，也可以是用户，组成一个测评小组，请每个实验者对具有代表性的声音进行评分，然后再求平均分。这种方法称为平均评分法（Mean Opinion Score，

MOS）。

一般而言，平均评分法采用 5 分，其经验评分标准如表 2-1-1 所示。

表 2-1-1　声音质量评分标准

分数	质量级别	失真级别
5	优（Excellent）	不察觉
4	良（Good）	（刚）察觉但不讨厌
3	中（Fair）	察觉及有点讨厌
2	差（Poor）	讨厌而不反感
1	劣（Bad）	极讨厌（令人反感）

在数字系统中，还常常用声音的带宽来评价声音的质量。如图 2-1-2 中定义了四种公认的声音等级。等级最高的是 CD（Compact Disc）激光音响唱盘音质，通常又称 CD 音质，这种音质也就是我们常说的超级高保真质量（Super HiFi）。其次是 FM 音质、AM 音质和数字电话音质。从图中不难看出，CD 音质声音带宽最宽，电话音质带宽最窄。

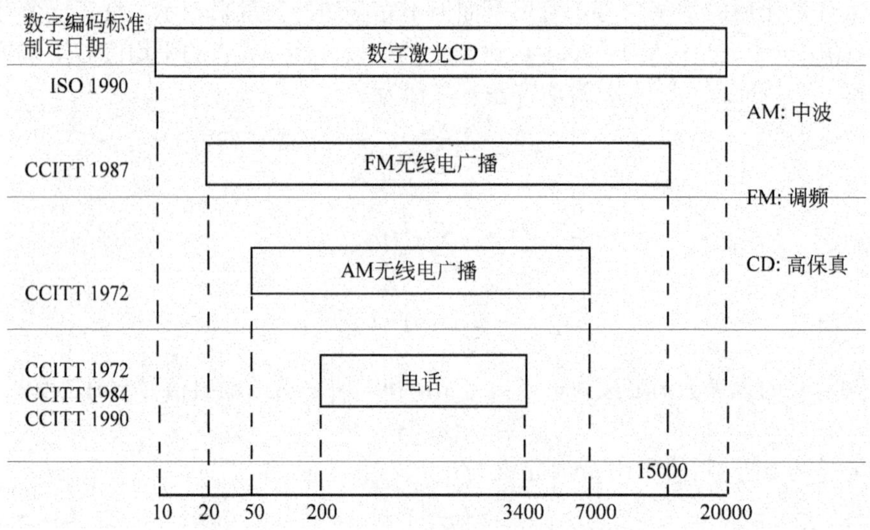

图 2-1-2　声音信号等级和信号带宽

2.2　数字音频在计算机中的实现

声音是多媒体数据中重要的数据之一，而计算机中所有信息均以数字表示，因此，要使计算机具有声音处理能力，需经历音频数字化、音频编码、解码等一系列过程。从产品的角度，这一系列过程主要由声卡完成。图 2-2-1 是数字音频在计算机中的实现过程示意图。

2.2.1　音频数字化原理

把模拟音频信号转换成有限个数字表示的离散序列，即音频数字化。音频数字化需经历采样、量化、编码并格式化三个过程，如图 2-2-2 所示。

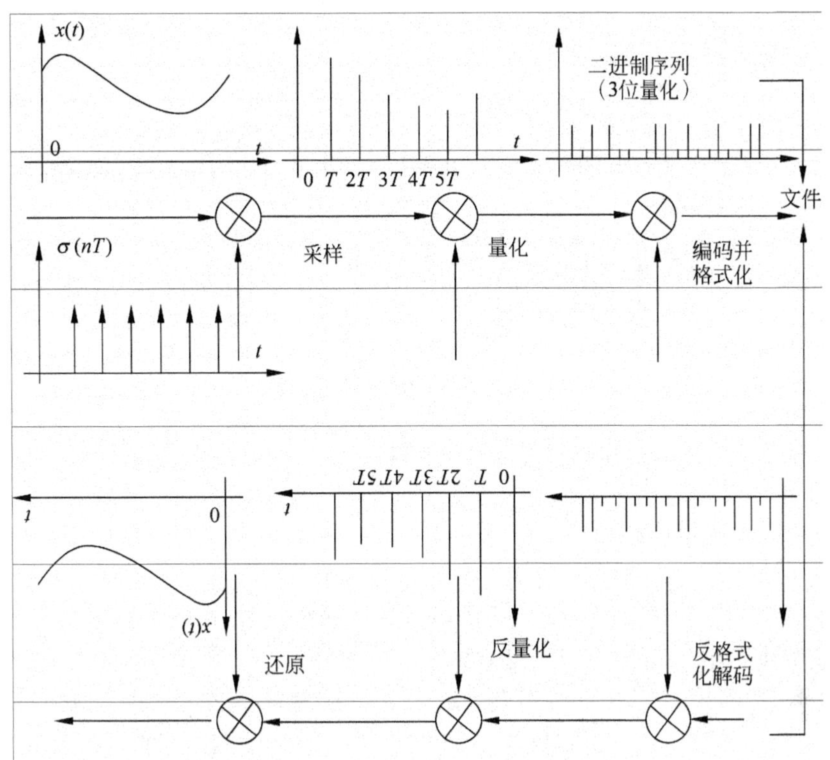

图 2-2-1　数字音频在计算机中的实现过程图

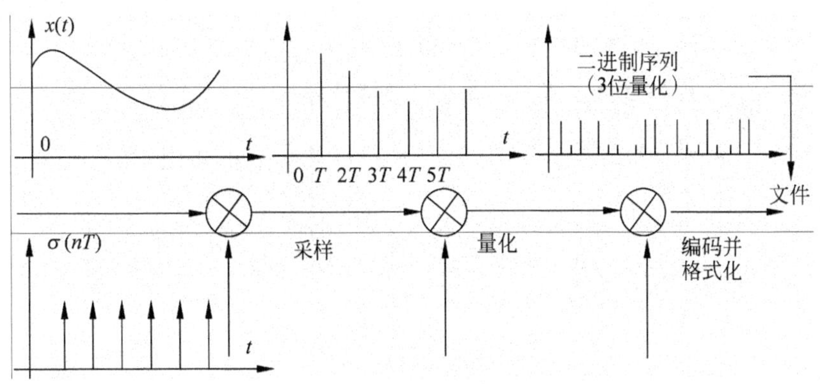

图 2-2-2　音频数字化过程

1．采样

模拟音频信号是连续信号，或称连续时间函数 $x(t)$。用计算机处理这些信号时，首先必须先对连续信号进行采样，即按一定的时间间隔（T）取值，得到 $x(n\text{T})$（n 为整数）。T 称为采样周期，$1/T$ 称为采样频率。称 $x(n\text{T})$为离散信号，其过程如图 2-2-3 所示。

从图 2-2-3 不难看出，采样过程事实上是一个抽样过程。离散信号 $x(n\text{T})$是从连续信号 $x(t)$上取出一部分，那么用 $x(n\text{T})$能够唯一地恢复出 $x(t)$吗？一般是不行的。但在一定条件下是可以的，即采样要满足采样定理。

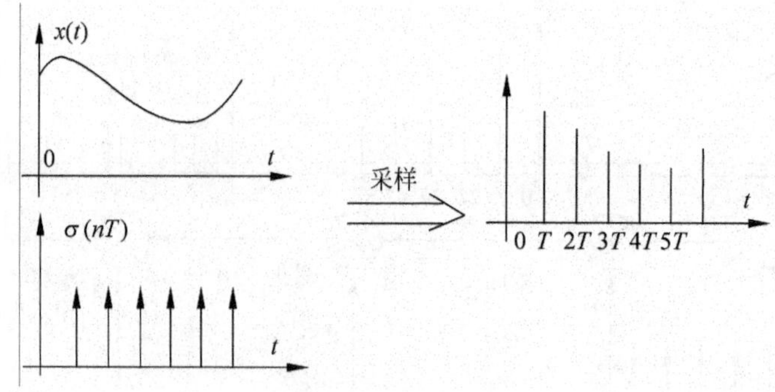

图 2-2-3　采样过程图

采样定理告诉我们，若连续信号 $x(t)$的频谱为 $x(f)$，按采样时间间隔 T 采样取值得到 $x(n\mathrm{T})$，如果满足：

当$|f|\geqslant f_c$时，f_c是截止频率

$$T\leqslant\frac{1}{2f_c}\quad 或\quad f_c\leqslant\frac{1}{2T}$$

则可以由离散信号 $x(n\mathrm{T})$唯一地恢复出 $x(t)$。

在计算机中，常用音频采样频率有：8kHz、11.025kHz、22.05kHz、16kHz、37.8kHz、44.1kHz、48kHz。其中，11.025kHz、22.05kHz、44.1kHz 分别是三种标准音频信号 AM、FM、CD 音频的采样频率。

2．量化

由于计算机中只能用 0 和 1 两个数值表示数据，连续信号 $x(t)$经采样变成离散信号 $x(nT)$仍需用有限个 0 和 1 的序列来表示 $x(nT)$的幅度，把用有限个数字 0 和 1 表示某一电平范围的模拟离散电压信号称为量化。其过程如图 2-2-4 所示。

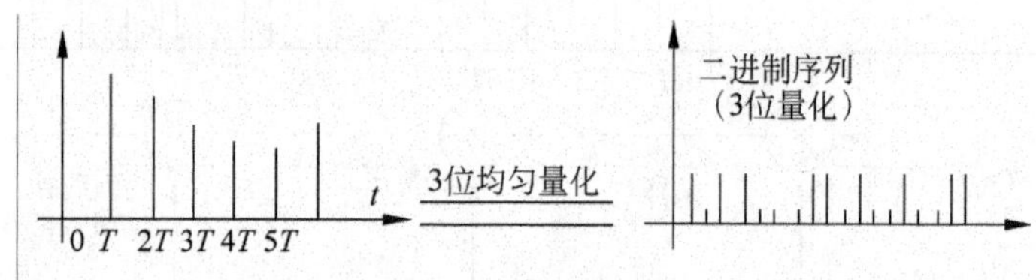

图 2-2-4　量化过程图

从图 2-2-4 不难看出，量化过程是一个 A/D 转换的过程。在量化过程中，一个重要的参数便是量化位数，这不仅决定着声音数据经数字化后的失真度，更决定着声音数据数据量的大小。存储数字音频数据的比特率为：

$$I=B\cdot f_s\text{（比特/秒）}\qquad(2\text{-}2\text{-}1)$$

其中，f_s是采样频率；B 是每个样值的比特数。

在量化过程中，如果量化值是均匀的，则称为均匀量化，反之则为非均匀量化。在实际使用中，常常采用均匀量化。对非均匀量化，可先均匀量化后用软件进行变换。

一般而言，量化将产生一定的失真，因此，量化过程中每个样值的比特数直接决定着量化的精度。声卡的位数事实上便是指量化过程中每个样值的比特位数，主要有 8 位、16

位、32 位几个等级。一般而言，16 位声卡从量化的角度可获得满意的效果。

3．编码并格式化

有格式的数据才能表达信息的含义。也就是说，由于媒体的种类不同，它们所具有的格式也不同，只有对这种格式有了正确定义，计算机才能对其进行正确处理，才能区别哪些数据是数值数据、哪些数据是数字音频数据。

模拟音频信号经采样、量化变成数字音频信号后，才可供计算机处理。但在实际实现上，任何数据必须以一定格式存放在计算机的内存或外存中，因此，经采样、量化后数字音频数据尚需经编码并格式化后才能存储、处理。

由于音频数据数据量极大（MIDI 音频例外），因此，格式化时总是要对其进行编码，以达到压缩数据的目的。

2.2.2　数字音频的输出

音频信号经数字化以后以文件形式存放于计算机中，当需要声音时计算机将其反格式化并输出。

计算机中的数字音频有多种形式。如音乐可用乐谱表示，也可用波形声音表示。乐谱可转变为媒体符号形式，对应的文件格式是 MIDI 或 CMF 文件。相同的乐谱在不同的演奏条件下具有不同的效果，因此这种表示形式相对缺乏特色。直接对特定条件下演奏的具体的音乐波形进行数字化处理，可较好地保存音乐的个人演奏特色，所得到的结果称为波形音频。

依照数字音频形式的不同，计算机产生声音的方法有两种：一是录音/重放，二是声音合成。

若采用第一种方法，首先要把模拟语音信号转换成数字序列，编码后，暂存于存储设备中（录音），需要时，再经解码，重建声音信号（重放）。用这种方法处理产生的声音便是波形音频，可获得高品质的声音，并能保留特定人或乐器的特色。美中不足的是所需的存储空间较大。

第二种方法是一种基于声音合成的声音产生技术，包括语音合成、音乐合成两大类。语音合成亦称文-语转换，它能把计算机中的文字转换成连续自然的语音流。若采用这种方法进行语音输出，应先建立语音参数数据库、发音规则库，需要输出语音时，系统按需求先合成语音单元，再按语音学规则或语言学规则，连接成自然的语流。一般而言，语音参数数据库不随发音时间的增长而加大；但发音规则库却随语音质量的要求而加大。音乐合成与语音合成类似，将在下一小节 MIDI 音乐中介绍。

显然，第二种方法是解决计算机声音输出的最佳方案，但第二种方法涉及多个科技领域，走向实用有很多难点。目前普遍应用的是音乐合成，但音乐合成技术难以处理语音。文-语转换是目前研究的热点，目前世界上已经研制出汉、英、日、法、德等语种的文-语转换系统，并在许多领域得到广泛应用。

> 综上所述，数字音频在计算机中实现须经历音频数字化、数字音频在计算机中输出两个过程。在这个实现过程中，声卡是完成此过程的关键。

2.2.3 常见数字音频

计算机中的常见声音主要有波形音频、MIDI 音频和 CD 音频等。

波形音频是应用最广泛的一种数字音频形式，流行的格式有 WAV 文件格式、VOC 文件格式及 MP3、WMA、OGG、MP3pro、AAC、VQF、ASF 等有损压缩编码格式。

WAV 波形音频是 Microsoft 公司为 Windows 操作系统定义的数字音频格式，VOC 文件是 Creative 公司为 DOS 操作系统定义的数字音频格式。WAV 文件、VOC 文件均是声音录制完成后的原始音频格式，一般不压缩，因此所占存储空间较大，尤其不适合于网络传输与发布。

其数据量计算公式如下（单位：字节/秒）：

$$\frac{\text{采样频率} \times \text{每个采样值位数} \times \text{声道数}}{8} \times \text{时间（秒）} \tag{2-2-2}$$

如 1 分钟的 CD 音质、16 位立体声音频数据，其数据量为

$$\frac{60 \times 44.1 \times 16 \times 2}{8} = 10\ 584\text{kB} \approx 10.3\text{MB}$$

MP3 全称是 MPEG Audio Layer-3，具有较高的压缩效率。VBR（可变编码率）和 ABR（平均编码率）压缩编码方式引入后，MP3 文件已具有较理想的音质。WMA（Windows Media Audio）相对于 MP3 的最大特点就是有极强的可保护性。MP3、WMA 均是目前网络上流行的声音媒体格式。

CD 音频具有悠久的历史和丰富的资源，以光盘为载体，按照音轨组织声音数据。CD 音频记录的依旧是声音的波形，不过它不是按照文件方式存储组织。

MIDI 是 Musical Instrument Digital Interface 的缩写，是音乐与计算机结合的产物，是一项工业产品的产物，泛指数字音乐的国际标准。MIDI 标准初始建立于 1982 年。MIDI 标准规定了不同厂家的电子乐器与计算机连接的电缆与硬件，还规定了不同装置之间相互传送 MIDI 数据的通信协议。这样，任何电子乐器，只要匹配了 MIDI 硬件接口，均可作为 MIDI 设备。MIDI 标准规定的不同 MIDI 设备相互传送的 MIDI 数据事实上是乐谱（Score）的数字描述，通俗地说，MIDI 文件记录的是音乐的乐谱。与 MIDI 有关的术语主要有通道（channels）、音序器（sequencer）、合成器（synthesizer）、复音（Polyphong）、音轨（track）、音色（timbre）等。

很显然，MIDI 给出了在计算机中得到音乐声音的另外一种方法，且这种方法极为节省空间，但关键是 MIDI 音乐作为一种媒体应能记录这些音乐的符号，相应的设备能够产生和解释这些符号。因此，MIDI 音乐在计算机中实现包括 MIDI 音乐符号化和 MIDI 音乐合成两个过程。

MIDI 音乐符号化事实上是产生 MIDI 协议信息的过程。协议信息将由状态信息和数据信息组成。定义和产生音乐的 MIDI 消息和数据存放在 MIDI 文件中，每个 MIDI 文件最多可存放 16 个音乐通道的信息。音序器捕捉 MIDI 消息并存入 MIDI 文件。

一个一般的交响乐队在演奏时使用数十个乐器，虽然在普通微机上可以使用音序器进行 MIDI 音乐编写，但要直接制作类似交响乐之类的音乐有较大难度。一般而言，计算机只是直接获取 MIDI 文件。

MIDI 音乐合成是 MIDI 音乐在计算机中实现的关键。自 1972 年调频（FM）音乐合成

技术开始应用，其音乐效果已相当逼真。1984 年，又开发了一种更为真实的音乐合成技术——波形表（wavetable）合成法。

FM 合成由 FM 合成器完成，FM 合成器利用调频（FM）技术以波形模拟实际乐器的声音。乐器的声音一般由两种、三种或四种不同的频率的波形叠加合成，声卡一般均采用这种技术。由于乐器的音效可分解成无穷多种正弦波（通过傅立叶变换），四种波不足以还原逼真的音质，音效与原音乐有一定的差距，甚至有很大差距。

波形表合成采用一种称之为“波形表查找”技术来产生 MIDI 音乐，波形表技术首先以“高解析度”数码方式记录各种真实乐器的声音，并将各种提前录制好的各种乐器的数字化声音存储于 CD-ROM 中。当计算机播放 MIDI 音乐时，首先反格式化 MIDI 文件，解出 MIDI 文件记录所指示的乐器及其音乐指令，根据这些指示，计算机从提前录制好的存储于 CD-ROM 的各种乐器的数字化声音中查找该乐器及音乐指令的资料，并将 CD-ROM 所记录的该乐器及音乐指令的资料的原始真实声音送数模转换并最终产生声音。

必须指出的是，虽然可利用波形音频实现全部的声音，但 MIDI 音频、CD 音频具有其自身的特点，亦是不可代替，简要解释如下：

就其实现原理上，CD 音频属于波形音频的一种，但在形式上，它与 WAVE 等文件形式的波形音频存在较大的差异。CD 音频采用音轨方式按照时间顺序组织音频数据，而没有采用文件格式组织。CD 音频诞生较早，为所有数字音响设备支持，是 CD-ROM 存储数据的基础。在计算机中，它可通过 CD-ROM 驱动器自动播放，也可通过软件播放 CD-ROM 中的 CD 盘片。

此外，依照 Windows MCI 接口的规定，上述三种音频属于不同的多媒体设备。WAVE 波形音频的多媒体设备名称为 waveaudio；MIDI 音频的多媒体设备名称为 sequencer，CD 音频的多媒体设备名称为 cdaudio。由于它们属于不同的多媒体设备，因此，其驱动程序也各不相同，WAVE 波形音频、MIDI 音频、CD 音频的标准 Windows 驱动程序分别为 mciwave.drv、mciseq.drv、mcicda.drv。

WAVE 等波形音频直接记录的是声音的原始波形信号，而 MIDI 音频记录的是音乐的乐谱。这个本质差异直接决定了二者在声音实现上的差异。WAVE 等波形音频，用计算机读出其数字音频数据后送 D/A 转换便可产生声音；而 MIDI 音频则首先必须由计算机翻译 MIDI 文件所记录音乐的乐谱并采用音乐合成技术产生声音。

MIDI 给出了在计算机中另外得到音乐声音的方法，且这种方法在许多场合比使用 WAVE 波形音频更为合适。这主要体现在以下几个方面：

- 需要播放长时间的高质量的音乐时，MIDI 极为节省空间，演奏 2 分钟的 MIDI 音乐所需的存储空间不到 8KB。而 2 分钟未压缩的 CD 音质、16 位立体声音频数据至少需要 20MB。这使得在播放长时间的高质量的音乐时常使用 MIDI 音频。
- 需要以音乐作为背景音响效果时，虽然 WAVE 波形音频、CD 音频可在计算机中同时播放，但在程序中经常要从 CD-ROM 装载数据，这时可使用 MIDI 音频。
- 需要将语音、音乐同时输出且将音乐作为背景音响效果时。

MIDI 音频虽然具有诸如所需的存储空间少、很适合作为背景音响效果等诸多优点，但 MIDI 音频难以保存各种声音的特色，缺乏对语音的支持，这些则是波形音频具有的优点。

2.3 多媒体计算机中的音频系统

多媒体计算机中的音频系统包括硬件、软件两个部分。音频系统硬件部分主要包括声卡、音频输入、输出设备等，其中，声卡为音频硬件系统的核心部件。音频系统软件部分包括音频设备驱动程序、音频播放软件、音频处理软件等。

2.3.1 声卡

处理音频信号的 PC 插卡是音频卡（Audio Card），又称声音卡（简称声卡）。第一块声卡是在 1984 年由 Adlib 公司设计制造，当时主要用于电子游戏，作为一种技术标准，几乎为所有电子游戏软件采用。随后，新加坡 Creative 公司推出了声卡系列产品，广泛为世界各地微机产品选用，并逐渐形成一种新的标准。

1．声卡的种类与功能

1）声卡的分类

声卡是处理音频信号的 PC 插卡，市场上声卡的生产厂家很多，型号也很多，其分类有多种方法。根据数据采样量化的位数的不同，声卡通常可分为 8 位、16 位、32 位、64 位等几个等级。位数越高，量化精度越高，音质越好。

按照接口的类型的不同，声卡主要分为板载式、集成式和外置式三种类型。板载式声卡是现今市场上的中坚力量，售价从几十元至上千元不等。早期的板载式产品多为 ISA 接口，现在声卡一般采用 PCI 接口，支持即插即用，安装使用都很方便。集成式声卡将音频处理模块集成在主板上，具有成本更为低廉、兼容性更好等优势，能够满足普通用户的绝大多数音频需求。外置式声卡通过 USB 接口与 PC 连接，具有使用方便、便于移动等优势。

按照声道数的多少，声卡可分为：2 声道、2.1 声道、4 声道、4.1 声道、5.1 声道、6 声道、6.1 声道、7.1 声道、8.1 声道、9.1 声道等众多类型。

2）声卡的功能

（1）音频的录制与播放

波形音频是计算机中最基本的声音媒体，音频的录制与播放是在计算机中实现波形音频的基本途径。人们可以将外部的声音信号，通过声卡录入计算机，并以文件的形式进行保存，在需要播放时，调出相应的声音文件播放即可。在 Windows 环境下，声卡一般以 WAVE 声音格式文件录制波形音频。

（2）音频文件的编辑与合成

一般地说，在声音录制完成以后，总有美中不足或不尽人意的地方。声卡生产厂商作为数字音频处理专业厂商，一般对其支持的录制声音文件格式提供编辑与合成功能，可以对声音文件进行多种特殊效果处理，包括倒播、增加回音、剪裁、静噪、淡入和淡出、往返放音、交换声道以及声音由左向右移位或由右向左移位等。这些对音乐爱好者是非常有用的。

（3）MIDI 接口和音乐合成

MIDI（Musical Instrument Digital Interface）是指乐器数字接口，是数字音乐的国际标准。MIDI 接口所定义的 MIDI 文件事实上是一种记录音乐符号的数字音频。很显然，MIDI

给出了另外一种得到音乐声音的方法，但计算机产生 MIDI 音乐需先解释 MIDI 消息（即音乐符号），然后根据所对应的音乐符号进行音乐合成（计算机的第二种发音方法——声音合成）。

声卡提供了对 MIDI 设备的接口及对 MIDI 音频文件的计算机声音输出。音乐合成功能和性能依赖于合成芯片。对不同的声卡，MIDI 音乐合成方法有两种：FM 音乐合成、波形表。

（4）文-语转换和语音识别

有些声卡在出售时还捆绑了文-语转换和语音识别软件。

- 文-语转换软件。文-语转换（text to speech）就是把计算机内的文本转换成声音。一般声卡都提供了文-语转换软件，如 Sound Blaster。另外，清华大学计算机系开发的汉语文-语转换软件，能将计算机内的文本文件或字符串转换成普通话。
- 语音识别软件。有些声卡还提供了语音识别软件，可利用语音控制计算机或执行 Windows 下的命令。

2．声卡的基本结构

不同类型、不同功能的声卡一般具有不同的结构。集成式声卡将音频处理模块集成在主板上，如 AC'97 声卡。

为了能够在 PC 上提供高品质、低成本的音效架构，1996 年 6 月，以 Intel 为首的五家 PC 厂商共同提出了 AC'97（Audio Codec'97，中文含义“音效多媒体数字信号编/解码器”）规范。AC'97 的制定为“全数字音效 PC”提供了一套可行的方案，提出了“与总线无关的音效输出”技术，音源的输出目的地不受特定硬件的限制，改进了传统音源处理的方式，从而使全数字化音源技术得到了进一步的发展。目前 Intel 最新推出的 AC'97 标准为 2.2 版，与其早期推出的版本在音质上有了显著提高，现在内置了音效芯片的主板几乎全部遵循 AC'97 规范。

集成 AC'97 规范声卡也有 2 声道、2.1 声道、5.1 声道、7.1 声道等多种类型，外部接口支持自动感应检测，AC'97 声卡参考的控制界面如图 2-3-1 所示。

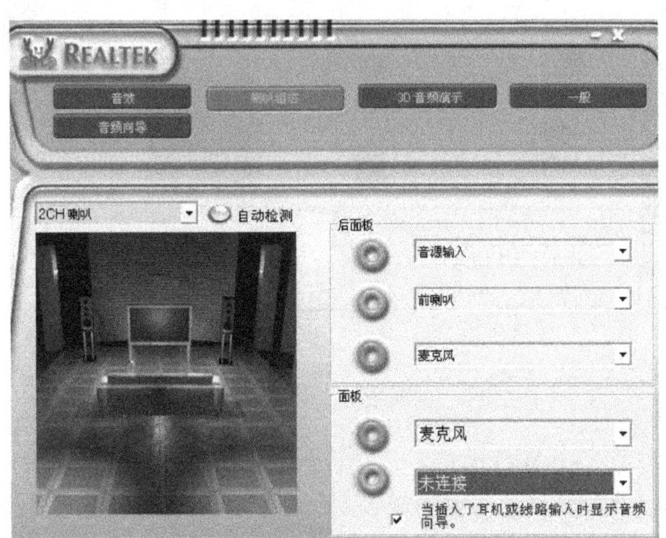

图 2-3-1　AC'97 声卡控制界面

主板后面板集成了三个音频插口，具体如下：

- Line Out 接口（绿色，提供双声道音频输出，可以接在音箱/耳机或其他的放音设备 Line in 接口中）。
- Line In 接口（蓝色，线性输入接口，也就是音频输入接口，通常另一端连接外部声音设备的 Line Out 端）。
- MIC 接口（粉红色，连接麦克风的接口）。

多数主板（前）面板还集成了 2 个音频接口，分别为耳机插口（绿色）、麦克风插口（粉红色）。

当集成声卡需要支持 5.1 及以上声道时，若主板附送了音频扩展子卡，可通过音频扩展子卡将音频系统扩展为 5.1 声道系统。不支持音频扩展子卡的主板则可通过软件切换，此时后面板的三个插孔一般有两重功能，当用户在驱动程序里将声卡设置成 2.1 输出时，那三个音频接口的作用就分别是 MIC、Line In、Line Out；当设置成 5.1 输出的话，那三个音频接口的作用就变成了前置输出、后置输出和中置/低音输出。

板载式声卡依其功能的不同其结构也有所不同。如图 2-3-2 所示为创新公司某款经典声卡平面图。各外部接口功能简要解释如下。

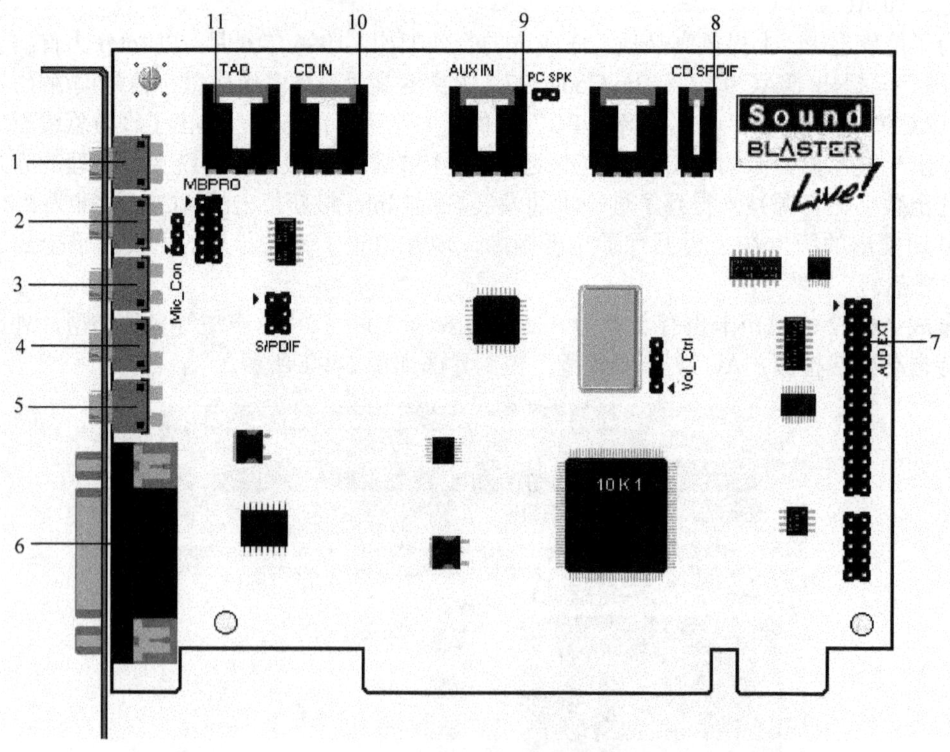

图 2-3-2　创新公司某款经典声卡平面图

① 数字输出接口（SPDIF OUT）：该接口一般为黄色，用于输出数字音频信号。结合声卡上的 AC-3 解码功能，可输出数字音效，令观赏 DVD 等影片时更加逼真，达到更好的音效。

② 线性输入插孔（LINE IN）：该接口为蓝色，作用是将来自收音机、随身听、电视

机等外部音频设备的声音信号输入计算机。

③ 话筒输入插孔（MIC IN）：该接口为红色，可接连适合于计算机使用的话筒作为声音输入设备，可用于录音、娱乐及语音识别等，也可用来打网络电话、语音聊天和唱卡拉 OK 等。

④ 线性输出插孔（LINE OUT）：该接口为绿色，可将声卡处理好的声音信号输出到有源音箱、耳机或其他音频放大设备（如功放）。四声道以上的声卡都会有两个输出插孔，LINE OUT 为第一个输出插孔，类似于传统声卡音频信号输出孔，用于连接前端音箱，相当于普通 2.1 声卡的扬声器输出插孔。

⑤ 后置输出插孔（REAR OUT）：该接口一般为黑色，用于连接后端音箱。四声道以上的声卡一般都会有两个及以上的输出插孔，这是第二个输出插孔。

⑥ 游戏杆/MIDI 插口：用于连接游戏杆、手柄、方向盘等外界游戏控制器或 MIDI 键盘/电子琴，配以专用软件可将计算机作为桌面音乐制作系统使用。

⑦ 音频扩展接口（SPDIF－EXT）：接到数字 I/O 子卡，实现数字信号的输入和输出，并可输出 AC-3 信号等。

⑧ 数字 CD 音频输入接口（CD－SPDIF）：用来接收来自光驱的数字音频信号。

⑨ 辅助音频输入口（AUX IN）：负责把来自电视卡、DVD 解压卡、MPEG 编/解码卡等设备的声音信号输入声卡。这样就可使各种设备输出的声音信号都通过声卡送至音箱，避免了反复插拔信号线。

⑩ 模拟 CD 音频输入接口（CD－IN）：该接口是一个 3 针或 4 针的小插座，作用是将来自光驱的模拟音频信号接入声卡，并直接由声卡的输出端放出。

⑪ 电话应答设备接口（TAD，Telephone Answering Device）：用来提供标准语音 Modem 的连接并向 Modem 传送话筒信号，配合 Modem 卡和软件，可使计算机具备电话自动应答功能。

直接支持 5.1 及以上声道的声卡具有更多的输出插孔，如 C/W Out 或 Cen/SUB-line Out（中置音箱/低音炮输出）插孔等，更多的解释请参考高端声卡使用说明。

3．声卡的选购

选购声卡之前，必须明确两点：一是准备用声卡完成什么功能，二是对声卡的基本技术指标和功能应有所了解。在购买时仔细阅读产品说明书，查看技术指标是否满足要求，并试听效果。

声卡的主要技术指标如下：

- 采样频率。声卡采样频率有 11.025kHz、22.05kHz、44.1kHz、48kHz、96kHz、192kHz 等。
- 量化位数。量化位数直接影响还原声音的质量。目前声卡有 8 位、16 位、32 位、64 位 4 种。
- 声道数。声卡声道数有 2 声道、2.1 声道、4 声道、4.1 声道、5.1 声道、6 声道、6.1 声道、7.1 声道、8.1 声道、9.1 声道等多种类型，目前流行的声卡均支持 4.1 及以上声道。
- 内部声音混合调节器。内部声音混合调节器的主要功能是把不同输入源中的声音进行混合和音量调节。

- 合成器。常用合成方法有：波形表法、FM 调制。
- DSP 芯片。
- 其他指标，如 I/O 设备支持、SNR、即插即用（PnP）等。

从单纯音效角度，目前的集成式声卡已具有很好的音效，对声音无特殊要求的用户可考虑选用集成式声卡。

4．声卡的安装

集成式声卡的驱动程序一般由硬件厂商提供，正常启动计算机后插入主板驱动程序盘，选择相应模块安装即可。

板载式声卡及其软件的安装步骤如下。

（1）安装硬件。拔下所有插头，关掉计算机电源，打开机箱，将声卡插入相对应的扩展槽，尽量远离显示卡。参考图 2-3-2 所示接口功能连接所有设备。

（2）安装驱动程序。在安装声卡的驱动程序以前，Windows 操作系统必须检测到该硬件。检测硬件有两种方法：

- 即插即用（PnP）自动检测与安装。一般情况下，当声卡硬件安装好后，重新启动计算机，Windows 操作系统会自动检测系统硬件并发现声卡，一旦发现声卡，Windows 操作系统将自动安装其对应的驱动程序（若不是第一次安装声卡，系统可能不能发现声卡，可将声卡插入另一个空闲扩展槽，重新启动计算机），若需要硬件厂商驱动程序，系统会自动提示。
- 手动触发检测与安装。通过 Windows 控制面板的添加新硬件功能，可进行手动触发检测与安装。

（3）安装声卡应用程序。一般情况下，购买声卡时都带有该声卡的应用程序。可在安装驱动程序之后进一步安装应用程序。

2.3.2　音箱

要想使多媒体计算机具有更好的音效，除拥有一块高性能的声卡外，还应配备好的音频输入、输出设备。一个好的音箱对改善系统音效有着非常重要的意义。

音箱是多媒体计算机音频系统音效的关键设备，其作用就是将电信号转换成声音信号，并将声音信号释放出来，其价格从数十元到数千元不等。

为保证喇叭具有更好的性能，一般采用分频段重放，低频音频信号（简称低音）喇叭只负责播放低音，高音喇叭只负责播放高音。因此，常见音箱设备一般包括喇叭单元、箱体和分频器 3 个部分。

分频器负责将全频带音乐信号按需要划分为高音、低音或者高音、中音、低音等频段输出。分频器可由电容器和电感线圈构成的 LC 滤波网络实现。

喇叭单元起电-声能量变换的作用，将声卡送来的电信号转换为声音输出，是音箱最关键的部分，音箱的性能指标和音质表现，极大程度上取决于喇叭单元的性能，主要有承载功率大、失真低、频响宽、瞬态响应好、灵敏度高等。

喇叭单元的种类很多，分类方法也各不相同。如果按电-声转换的原理来分，有电磁式、电动式、静电式、压电式等不同类型的单元，最常用的是电动式单元。按照单元振膜的形状来分，有锥盆单元、平板单元、球顶单元、带式单元等类型，其中锥盆单元和平板单元比较适合做低音和中音，而球顶单元和带式单元比较适合做高音，也有部分中音单元采用球顶式设计；从所覆盖的频带来看，喇叭单元又可分为低音单元、中音单元、高音单元和全频带单元。

箱体用于喇叭单元的支撑固定。箱体一般用木质材料制作，目前最常用的材料是人造中密度纤维（MDF）板，这种材料强度高，而且不易变形，不开裂，表面还非常平整，无须打磨就可以直接粘贴木皮或 PVC 装饰。有些音箱也采用刨花板制作箱体，刨花板也有不易变形开裂、表面平整的特点，强度也可以。当然也可以用天然实木板制作箱体，不过成本比较高。

必须指出的是，箱体不仅仅是单纯的音箱外包装，对低音喇叭单元，装箱可有效消除“声短路”现象（低频声波的波长长，其绕射能力强，如果喇叭单元不装箱，后向辐射的声波就会绕到前面来与前方的辐射异相相消，这种现象称为“声短路”），确保音效。

根据音箱音频系统声道数，音箱有 2 声道、2.1 声道、5.1 声道、7.1 声道等众多类型。如图 2-3-3 所示为 2.1 声道音箱的图片实例。

图 2-3-3　2.1 声道音箱实例

当然，音箱分类方法有多种。按音箱的声学结构来分，有密闭箱、倒相箱（又叫低频反射箱）、无源辐射器音箱、传输线音箱等；从音箱的大小和放置方式来看，可分为落地箱和书架箱；按重放的频带宽窄来分，有宽频带音箱和窄频带音箱；按有无内置的功率放大器来分，可分为无源音箱和有源音箱。

2.3.3　音频软件系统

有了好的硬件还需要相关的软件才能发挥作用。多媒体计算机中的音频软件系统包括驱动程序、应用程序等。驱动程序一般由硬件厂商提供，应用程序则可根据用户的需要自己安装。

为帮助用户更好地使用多媒体计算机中的音频资源，Windows 操作系统将低级驱动与高级编程相分离，可通过 MCI（Media Control Interface，多媒体控制接口）、DirectSound 等接口使用计算机中的音频资源。绝大多数应用软件均适用 DirectSound 接口使用音频资源，一般要求计算机上安装较高版本的 DirectX。DirectX 测试诊断系统声音单元界面如图 2-3-4 所示。

驱动程序属于底层软件，DirectX 属于中间件，用户更关心的则是高端软件，包括音频设备控制程序、录音工具软件、音频处理软件、播放工具软件等。

虽然现代的声卡外部接口支持自动感应检测（如图 2-3-1 所示），但很多时候往往会因为环境的变化、设备安装不正确等因素导致自动感应检测失败。音频硬件系统正确安装后，任务栏将出现音量、音效控制图标，参考界面如图 2-3-5 所示。图中，右起第 2 个图标为音效控制图标，第 4 个图标为音量控制图标。可通过音量控制图标完成开启调试麦克风、5.1 声道支持等操作。

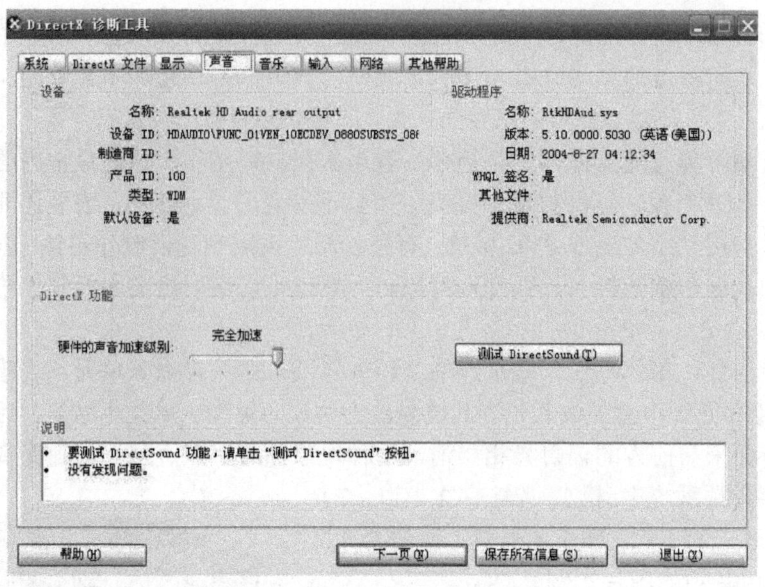

图 2-3-4　DirectX 测试诊断系统声音单元界面

图 2-3-5　音量、音效控制图标

开启麦克风的方法如下。

（1）双击“音量控制”图标，打开后依次选择“选项”→“属性”，参考界面如图 2-3-6 所示。

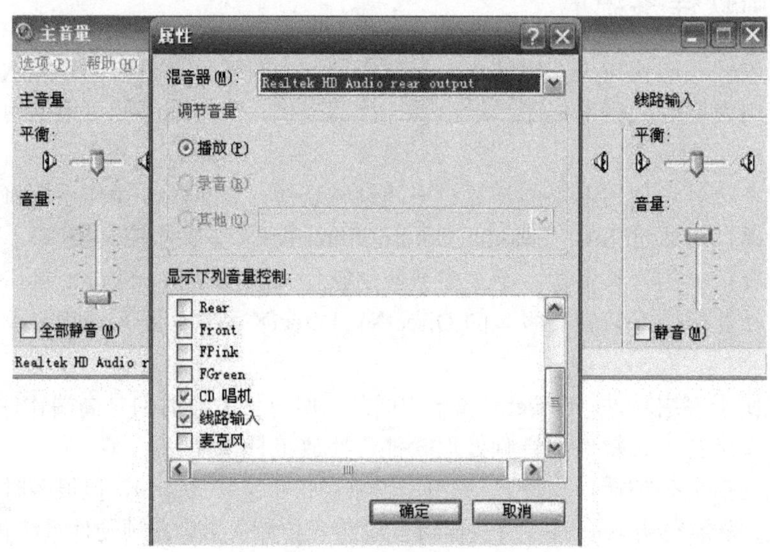

图 2-3-6　开启调试麦克风界面

（2）滑动滚动条，勾选麦克风选项并确定，按要求操作即可。

（3）当需要开启 5.1 声道支持时，也可勾选相应的选项并确定，按要求操作即可。

Windows 操作系统自带了录音机，可完成简单的录音、音频格式转换、音频处理等工作，不过效果与专业工具软件相比有较大的差距。

播放工具软件有 CD 播放工具、MP3 播放器等多种类型，一般安装其中的一种即可。视频播放工具均支持音频播放，大多数视频工具软件也支持 MP3 播放，可安装任意一款流行的视频播放工具即可。

2.4　WAV 声音及其应用

WAV 声音是 Microsoft 公司为 Windows 操作系统定义的数字音频格式——WAV 文件格式。它是波形音频的一种，由于 Windows 操作系统对其提供了强大的技术支持而使用日益广泛。本节详细介绍 WAV 文件格式、文件格式分析及其应用。

2.4.1　WAV 文件格式

要理解 WAV 文件格式，首先应了解 Windows 操作系统 RIFF（Resource Interexchange File Format）文件格式。RIFF 文件格式是 Microsoft 公司为 Windows 操作系统定义的资源交换文件格式。事实上，它本身并不是一种实际的文件格式，而是一种文件结构标准。

RIFF 文件格式认为，文件的基本结构是块，其文件结构如表 2-4-1 所示。

由表 2-4-1 可知，每个块的前 4 个字节为块名，接着 4 个字节为块数据区大小，块的末尾为第二个 4 个字节规定的数据区大小的数据。

表 2-4-1　RIFF 文件结构

RIFF 块标识	RIFF 块长度	RIFF 块数据
固定为 RIFF，占 4B	long int，占 4B	大小由块长度规定，一般包括多个子块

在 Windows 操作系统中，绝大多数文件均符合 RIFF 文件格式，WAV 文件便是其中之一，其典型定义如表 2-4-2 所示。

表 2-4-2　WAV 文件定义

RIFF 块标识	RIFF 块长度	WAV 文件标识	WAV 文件格式、数据区
固定为 RIFF	long int，占 4B	固定为 WAVE，占 4B	一般包括 fmt、fact、data 三个子块

由表 2-4-2 可知，WAV 文件为一个块名为 RIFF 的大块，格式标志为 WAVE（第 9～12 字节），紧接其后一般有三个 RIFF 格式数据块，其块名分别为：fmt、fact、data。其中，fmt、data 为编程所必须涉及之数据块。

fmt 块的 C 结构定义如下：

```
typedef struct waveformat_tag {
   WORD  wFormatTag;         //编码格式
   WORD  nChannels;          //通道数，单声道为 1，双声道为 2
   DWORD  nSamplesPerSec;    //采样频率
   DWORD  nAvgBytesPerSec;   //每秒的数据量
   WORD  nBlockAlign;        //块对齐
```

```
    WORD  nBlockNumber;         //每样本数据的二进制位数
      } WAVEFORMAT;
typedef  unsigned  long  DWORD;
typedef  unsigned  char  BYTE;
typedef  DWORD  FOURCC;
typedef struct
  {
  FOURCC  riff;
  DWORD  ckSize;
  WAVEFORMAT  wf;} FMT;
```

WAVEFORMAT 结构为该声音文件制作时的具体格式。

fact 块定义如下：

```
typedef  unsigned  long  DWORD;
typedef  unsigned  char  BYTE;
typedef  DWORD  FOURCC;
typedef struct
  {FOURCC  fact;
     DWORD  ckSize;
     DWORD  nckSize;}fact;
```

其中，fact 值为“fact”，ckSize 值为 4，nckSize 为实际音频数据长度。

data 块定义如下：

```
typedef  unsigned  long  DWORD;
typedef  unsigned  char  BYTE;
typedef  DWORD  FOURCC;
typedef struct
   {FOURCC  data;
   DWORD   ckSize;
   BYTE     ckData[ckSize];}DATA;
```

其中，data 值为“data”，ckSize 值为实际音频数据长度，ckData[ckSize]为实际音频数据。

2.4.2 WAV 文件实例分析

【例 2-4-1】 以下为 Windows 操作系统的 Windows 目录下 MEDIA 子目录下“Windows XP 登录音.wav”文件的头数十字节数据内容，文件实际长度为 190 208 字节，分析该文件实际音频数据长度，并回答该文件的声道数、量化位数及每次采样所占字节数。

```
00000000h: 52 49 46 46  F8 E6 02 00  57 41 56 45  66 6D 74 20
00000010h: 10 00 00 00  01 00 02 00  22 56 00 00   88 58 01 00
00000020h: 04 00 10 00  64 61 74 61  D4 E6 02 00  00 00 00 00
00000030h: 00 00 00 00  03 00 01 00  07 00 05 00 0F
```

解：

（1）在上面的数据中，最左边的 8 个数字表示数据在文件中的位置，其后的每个音频数据占 1 个字节，数据中的每个数字（字母）占 4 个二进制位。具体分析时，对照 2.4.1 节定义的表格及 C 结构，逐组分析上面数据的含义。

对照表 2-4-1，52 49 46 46 表示块名，数据类型为字符，用 ASCII 码表示为“RIFF”，F8 E6 02 00 为 RIFF 块长度，数据类型为 long int，用十进制表示为 190 200（对数值型数据，计算机中的存储顺序为：低位在前，高位在后，F8 E6 02 00 表示十六进制数：2E6 F8），190 200+8=190 208 为“Windows XP 登录音.wav”文件实际长度；紧接其后为 RIFF 块数据。

（2）RIFF 块数据前四个字节 57 41 56 45 用 ASCII 码表示为“WAVE”，紧接其后有两个 RIFF 格式数据块，其块名分别为：fmt、data。

（3）第一个块为 fmt 块，66 6D 74 20 用 ASCII 码表示为 fmt，10 00 00 00 为 fmt 块长度，用十进制表示为 16，它表示后面 16 字节为 fmt 块数据。

（4）fmt 块数据具体含义定义见 WAVEFORMAT，对照着 WAVEFORMAT 结构，可以看出，“Windows XP 登录音.wav”为 PCM 编码格式，22.050 kHz（18～1Bh 字节：22 56 00 00），16 位（22～23h 字节：10 00），立体声（16～17h 字节：02 00）WAV 声音格式文件。

（5）该 WAV 文件没有 fact 块，fmt 块数据后面为 data 块，64 61 74 61 用 ASCII 码表示为 data，D4 E6 02 00 为 data 块长度，用十进制表示为 190 164。

可具体计算音频数据及格式数据的和，有：190164+8+16+20=190 208，为“Windows XP 登录音.wav”文件实际长度。

必须指出的是，data 块包含的数字化波形声音数据，其存放格式依赖于 fmt 块指定的格式种类，单声道样本一般连续存放，多声道样本一般交替存放，存放实例如表 2-4-3 所示。

表 2-4-3　WAV 文件波形声音数据存放顺序

16 位单声道				16 位双声道							
采样一		采样二		采样一				采样二			
低 B	高 B	低 B	高 B	左低	左高	右低	右高	左低	左高	右低	右高

【例 2-4-2】以下为 Windows 操作系统的 Windows 目录下 MEDIA 子目录下“Windows XP 开始.wav”文件的头数十字节数据内容，文件实际长度为 2 202 字节，分析该文件实际音频数据长度，并回答该文件的声道数、量化位数及每次采样所占字节数。

```
00000000h:  52 49 46 46  92 08 00 00  57 41 56 45  66 6D 74 20
00000010h:  10 00 00 00  01 00 01 00  22 56 00 00  44 AC 00 00
00000020h:  02 00 10 00  64 61 74 61  6E 08 00 00  FA FF 0A 00
```

解：

（1）52 49 46 46 用 ASCII 码表示为 RIFF，92 08 00 00 为 RIFF 块长度，用十进制表示为 2 194，2 194+8=2 202 为“Windows XP 开始.wav”文件实际长度；紧接其后为 RIFF 块数据。

（2）RIFF 块数据前 4 个字节 57 41 56 45 用 ASCII 码表示为 WAVE，紧接其后有两个 RIFF 格式数据块，其块名分别为 fmt、data。

（3）第一个块为 fmt 块，66 6D 74 20 用 ASCII 码表示为 fmt，10 00 00 00 fmt 块长度，用十进制表示为 16，它表示后面 16 字节为 fmt 块数据。

（4）由 fmt 块，“Windows XP 开始.wav”文件为 PCM，22.050kHz（18～1Bh 字节：22 56 00 00），16 位（22～23h 字节：10 00），单声道（16～17h 字节：01 00）WAV 声音格式文件。

2.4.3 通过 MCI 接口使用 WAV 文件

上面进行了 WAV 文件最低级的格式分析，有了这些基础，可以编程访问 WAV 文件的数据块并进行相应的数据处理。关于采用最低级的手段使用 WAV 文件，可以根据上面所给出的数据结构自己编程实现，此处不再另举实例。

WAV 文件是 Microsoft 公司为 Windows 操作系统定义的数字音频格式，Windows 操作系统为其提供了强大的编程支持。对多媒体程序开发，Windows 操作系统将低级驱动与高级编程相分离，将各种常见媒体定义为多媒体设备，为其编写了低级驱动程序（或由所对应的多媒体设备厂商提供），并在低级驱动程序的基础上定义了诸如 open、stop、end 等类似的高级函数接口，称为 MCI（Media Control Interface）多媒体控制接口。

在 Windows 操作系统中，可以不了解 WAV 文件低级格式而使用诸如 open、stop、end 等类似的高级函数直接完成对 WAV 文件的录音、放音与其他基本控制。

在 Windows 系统中，WAV 文件的多媒体设备名为 waveaudio，可以通过阅读 system.ini 文件的 mci 段得到验证。对绝大多数的多媒体设备，它都支持以下基本高级函数：

- load　从磁盘文件调用数据。
- pause　暂停播放或录制。
- play　开始传输输出的数据。
- record　开始录制输入数据。
- resume　在暂停的设备上继续播放或录制。
- save　将数据保存到磁盘文件。
- seek　向前或向后搜索。
- set　设置设备的操作状态。
- status　获取设备的状态信息。
- stop　停止播放或录制。

对这些高级函数的调用，Windows 系统为其定义了两种方式：多媒体设备消息方式和多媒体设备命令字符串方式。

1．多媒体设备消息方式

Windows MCI 接口定义了多媒体设备消息的各种消息，并可以用发送消息方式控制多媒体设备。在具体实现上，通过调用 Windows API mciSendCommand 函数来实现。mciSendCommand 函数具体定义如下：

```
MCIERROR mciSendCommand(IDDevice, uMsg, fdwCommand, dwParam)
MCIDEVICEID IDDevice;  /*要发消息给哪个设备*/
UINT uMsg;             /*要发送的消息*/
DWORD fdwCommand;      /*消息专有的参数*/
DWORD dwParam;         /*消息专有的参数*/
```

在这种方式下，先填写所要发送的消息结构内容，然后调用 mciSendCommand 函数发送消息。下面是用消息方式播放 SOUNDER.WAV 文件的程序：

```
…
DWORD res;
static MCI_PLAY_PARMS MciPlayParm;
static  MCI_OPEN_PARMS  MciOpenParm;
UINT wDeviceID;
MciOpenParm.dwCallback = 0L;
MciOpenParm.wDeviceID = 0;
#if !defined(__WIN32__)
   MciOpenParm.wReserved0 = 0;
#endif
MciOpenParm.lpstrDeviceType = NULL;
MciOpenParm.lpstrElementName = (LPSTR)"SOUNDER.WAV";
MciOpenParm.lpstrAlias = NULL;
res=mciSendCommand (0, MCI_OPEN, MCI_WAIT| MCI_OPEN_ELEMENT, (DWORD)
(LPMCI_OPEN_PARMS)&MciOpenParm);
if (!res)
{
MessageBox (hWnd, "Play", "Sounder", MB_OK);
MciPlayParm.dwCallback = (unsigned long)hWnd;
MciPlayParm.dwFrom = 0;
MciPlayParm.dwTo = 0;
wDeviceID = MciOpenParm.wDeviceID;
res = mciSendCommand (wDeviceID, MCI_PLAY, MCI_NOTIFY,
      (DWORD) (LPMCI_PLAY_PARMS)&MciPlayParm);
                  }
…
```

2. 多媒体设备命令字符串方式

Windows MCI 接口定义了多媒体设备的各种命令，并可以用命令字符串方式发送给多媒体设备从而实现控制。在具体实现上，通过调用 Windows API mciSendString 函数来实现。mciSendString 函数具体定义如下：

```
MCIERROR mciSendString(lpszCommand, lpszReturnString, cchReturn, hwndCallback)
LPCTSTR lpszCommand;          /*MCI 命令串的地址*/
LPTSTR lpszReturnString;      /*返回缓冲区的地址*/
UINT cchReturn;               /*返回缓冲区的大小（字符数）*/
HANDLE hwndCallback;          /*回调窗口句柄*/
```

下面是用命令字符串方式播放 SOUNDER.WAV 文件的程序。

```
…
DWORD res;
static char Buffer[100], Buffer1[100];
res = mciSendString ((LPSTR)"open sounder.wav alias sounder", Buffer, 80, NULL);
```

```
if (!res)
  { MessageBox (hWnd, "Play", "Sounder", MB_OK);
   res = mciSendString ((LPSTR)"play sounder", Buffer, 80, NULL);
     }
...
```

在上面的两种方式中，第一种方式能较好地了解多媒体设备的各种状态，有利于更好地控制多媒体设备，但编程复杂。第二种方式较为简单，但仍需了解多媒体设备的各种命令。为方便用户编程，Windows 提供了一种更为简洁的方式，其播放 SOUNDER.WAV 文件的程序段如下：

```
...
sndPlaySound ("sounder.wav", SND_SYNC);
...
```

对 WAV 文件使用的上述三种方法，各有其特点，其中以第三种方法最简单。

基于 Windows MCI 接口，各种编程环境均提供了其自身对 WAV 文件使用上的支持，如 C++ Builder 所定义的 TMediaPlayer 可视类库便是对 Windows MCI 接口所定义的 MCI 设备的高级可视类库。

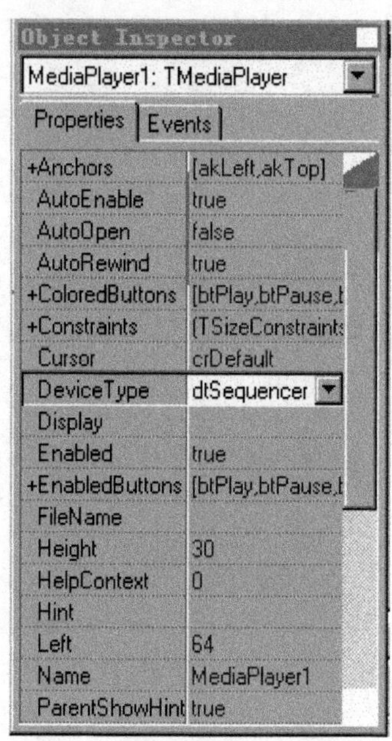

图 2-4-1　TMediaPlayer 可视类库属性界面

在如图 2-4-1 所示的 TMediaPlayer 可视类库属性界面中，有两个属性必须注意：DeviceType 和 FileName。由于 Windows 操作系统支持的多媒体设备很多，因此，要正确对 MCI 多媒体控制接口进行控制：首先必须填写 DeviceType 属性，然后填写 FileName 属性，完成 FileName 属性所指定的多媒体文件的控制。

如要播放 C：\Windows\MEDIA\Canyon.mid，可先创建 TMediaPlayer 可视类库对象实例 MediaPlayer，然后在程序中插入以下程序：

```
...
MediaPlayer-> DeviceType= dtSequencer;
MediaPlayer-> FileName= "C: \Windows\MEDIA\Canyon.mid";
MediaPlayer->Play;
```

如要播放 C:\Windows\MEDIA\CHORD.WAV，可先创建 TMediaPlayer 可视类库对象实例 MediaPlayer，然后在程序中插入以下程序即可。

```
...
MediaPlayer-> DeviceType= AutoSelect;
MediaPlayer-> FileName= "C: \Windows\MEDIA\CHORD.WAV";
MediaPlayer->Play;
...
```

2.5　数字音频编辑软件 Cool Edit 应用基础及其实例

如何利用程序播放 WAV 文件只是声音媒体最基本的应用，掌握了 WAV 文件的低级格式分析，读者可以自己编写程序读取 WAV 文件的音频数据，对其进行分析，设计算法去完成诸如数字音频压缩，WAV 声音制作格式转换，音频数据的编辑、复制、剪裁等操作。当然，在绝大多数场合下，对数字音频的编辑与处理总是通过工具技术来实现的。

目前，流行的数字音频编辑软件主要有：Cool Edit、GoldWave、MediaStudio、Wave-Studio 等。此外，Windows 操作系统的录音机程序也实现了基本的音频数据编辑与处理功能。

下面以 Cool Edit 2.1 中文版为例介绍数字音频编辑与处理的基本知识。

2.5.1　Cool Edit 使用基础

Cool Edit 是一个功能强大的音频编辑软件，能高质量地完成录音、编辑、合成等多种任务，能记录的音源包括 CD、卡座、话筒等多种，并可以对它们进行降噪、扩音、剪接等处理，还可以给它们添加立体环绕、淡入淡出、3D 回响等奇妙音效；Cool Edit 制作的音频文件，可以保存为常见的.wav、.snd 和.voc 等格式外，也可以直接压缩为 MP3 格式。

在 Cool Edit 中，以工程方式展开音频编辑，工程文件后缀名“.SES”。正确安装 Cool Edit 之后，进一步安装激励器（bbe.rar）、分段频率压限器（z-wgb301.rar）、混响（ultrafunk3.rar）3 个重要插件，启动 Cool Edit，参考工作界面如图 2-5-1 所示（图中打开了 1 个待编辑的文件并插入到了多轨编辑中的音轨 1）。

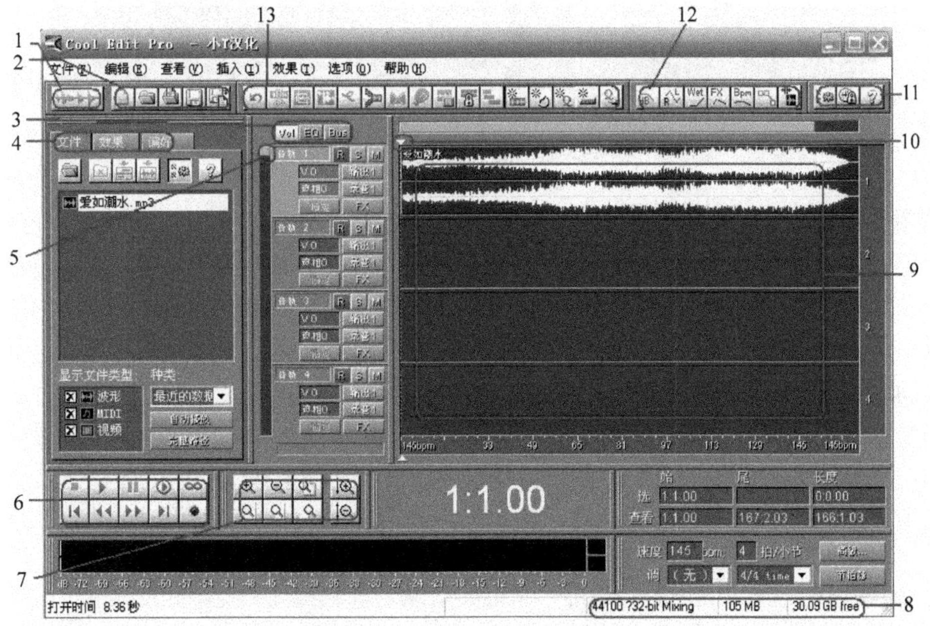

图 2-5-1　Cool Edit 多轨工作界面

1．多轨编辑与单轨编辑

Cool Edit 音频编辑软件包括多轨、单轨两种编辑方式。

多轨方式用于将编辑好的多个单轨音频数据合成并制作成最终作品。如图 2-5-1 所示界面为多轨编辑界面，最多支持 128 个音轨，移动“5”所示的音轨滑条可显示其他音轨中的波形或效果。

多轨方式下的编辑操作主要针对多个单轨音频数据的合成，主要效果有“包络克隆器”、“波形频段分割器”、“合成器”。单击鼠标选择音轨或音频块（选中的音轨以较亮的颜色并配以深绿色底色显示，未选中的音轨以较淡的颜色并配以浅绿色底色显示），按住鼠标左键并拖动可选择音轨数据区域，右击鼠标并按住可移动各音轨数据，双击某个具体的音轨可进入单轨编辑界面，也可选择“1”所示快捷图标快速切换到单轨编辑界面，参考界面如图 2-5-2 所示。

图 2-5-2　Cool Edit 单轨工作界面

由图 2-5-2 可知，单轨编辑具有更丰富的编辑内容，具有丰富的音频效果，可制作非常专业的音效，新的插件安装后应选择“效果”→“刷新效果列表”更新效果，初始安装的 3 个重要插件安装完成后也应通过“效果”→“刷新效果列表”更新效果，更多的应用将通过后面的编辑实例介绍。

2．新建、打开与保存操作

多轨界面中“2”所指为新建、打开与保存操作快捷图标组，左起依次为“新建多轨工程”、“打开多轨工程”、“打开已存在的音频文件”、“保存多轨工程”、“另存多轨工程”5 个快捷图标。单轨界面中的快捷图标有所不同，左起依次为“新建波形文件”、“打开波形文件”、“保存波形文件”、“另存波形文件”、“保存选定区域波形”5 个快捷图标。

3．编辑操作

多轨界面中“13”所指为编辑操作快捷图标组，具体如下：

前 8 个图标左起依次为“撤销”、“分割音频块”、“反向选择”、“调整选定波形分界线”、

“剪切选定区域”、“混缩选定波形”、“交叉淡化选定区域”、“穿插入当前选定区域” 8 个快捷图标。

“分割音频块”快捷图标将选定音轨或音频块从当前位置开始分为 2 块。若想将某个音频数据段分成多段进行处理，以达到特殊效果，首先应将该音频数据段分块。“反向选择（trim）”、“调整选定波形分界线”、“剪切选定区域（cut）” 3 个快捷图标用于对音轨数据的裁剪编辑。“混缩选定波形”用于将选定区域的多音轨数据混缩。“反向选择”的含义为将选择区域以外的音频数据剪切，“剪切选定区域”的含义为将选择区域以外的音频数据剪切掉。

其后的 7 个快捷图标为编辑辅助图标，左起依次为“静音选定波形”、“锁定音频块”、“编组/取消编组”、“按音频块吸附”、“吸附到循环终点”、“按提示范围吸附”、“按标尺线吸附”、“增加当前选区到提示列表” 7 个快捷图标。

上面的 7 个快捷图标具有开关属性，具有抬起、按下 2 个状态。如当“静音选定波形”图标被按下时，暂时将选定区域的音频数据设置为静音。

单轨界面中的编辑操作快捷图标与多轨界面有所不同，具体如下：

系统将编辑操作快捷图标分为 2 组，第 1 组 11 个图标左起依次为“撤销”、“重复”、“删除选定区域”、“反向选择”、“复制选区到剪贴板”、“剪切选区到剪贴板”、“粘贴剪贴板数据”、“混缩粘贴”、“调整选择”、“采样类型”、“增加当前选区到提示列表” 11 个快捷图标。

Cool Edit 中数据粘贴有以下 2 种方式：

- 普通粘贴。选择具体的音频数据，选择“复制选区到剪贴板”，之后，选择另一段音频数据，选择“粘贴剪贴板数据”，剪贴板数据将覆盖选区数据。
- 混缩粘贴：选择具体的音频数据，选择“复制选区到剪贴板”，之后，选择另一段音频数据，选择“混缩粘贴”，参考界面如图 2-5-3 所示。

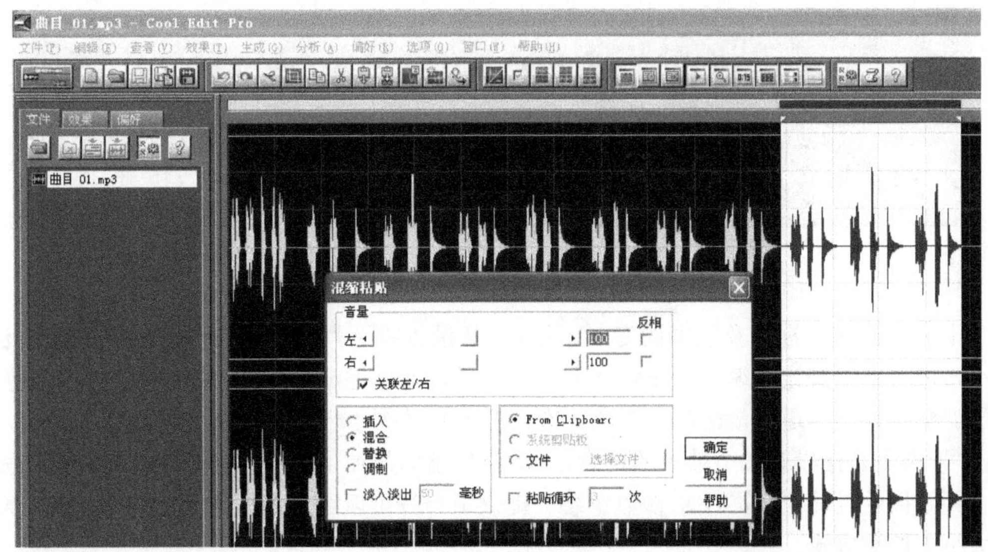

图 2-5-3　Cool Edit 混缩粘贴工作界面

由图2-5-3可知，混缩粘贴包括“插入”、“混合”、“替换”、“调制”4种方式。“混合”方式将当前选区数据与剪贴板中数据混合，“调制”方式将当前选区数据幅度按照剪贴板数据调制。

第2组的5个按钮为辅助编辑工具，左起依次为“光谱/波形切换”、“为音频文件添加补充信息”、“编辑左声道”、“编辑右声道”、“编辑左右两个声道”

若当前音频数据以波形方式显示，选择“光谱/波形切换”，当前音频数据将以光谱形式显示。可通过声道控制按钮实现特殊编辑要求。

如想将歌曲A、B合并，可同时打开歌曲A、B，进入歌曲A的单轨编辑界面并将其音频数据复制到剪贴板，进入歌曲B的单轨编辑界面，通过“混合”粘贴方式将歌曲A、B合并成一个音轨。也可左声道放置歌曲A数据，右声道放置歌曲B数据，具体实现方法如下：同时打开歌曲A、B，进入歌曲A的单轨编辑界面，选择“编辑左声道”并将其全部音频数据复制到剪贴板；进入歌曲B的单轨编辑界面，选择“编辑左声道”，选择全部数据，选择“粘贴剪贴板数据”，将歌曲A左声道音频数据覆盖歌曲B左声道音频数据，适当编辑，优化播放效果。

4．音频声学、声效参数显示控制操作

多轨工作界面中“12”所指为音频幅度、相位显示控制操作快捷图标组，具体如下：

左起依次为“显示音量包络”、“显示声相包络”、“显示干/湿比例”、“显示FX参数包络”、“显示速度包络”、“编辑包络”、“拖动音频块边界”7个快捷图标。

上面的7个快捷图标也具有开关属性，具有抬起、按下2个状态。如当“编辑包络”图标被按下时，允许编辑各中声学参数包络。

包络（Envelope）本质上是某声学参数的大小。在Cool Edit中，该参数可用一条曲线来表示，并可通过鼠标拖动来调整该曲线，参考界面如图2-5-4所示（经过处理）。

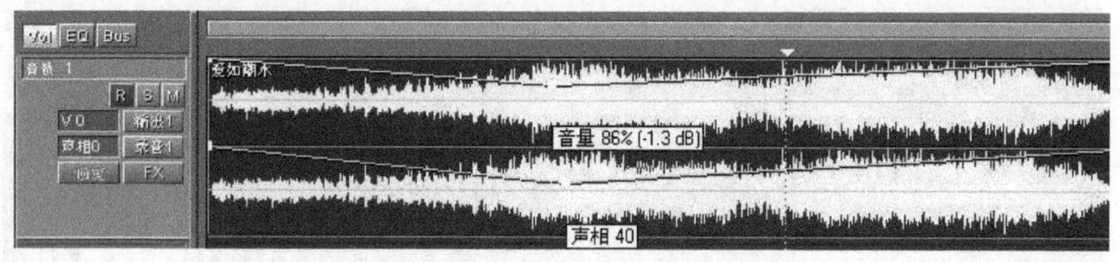

图2-5-4　音量包络、声相包络调整界面

上面的快捷图标涉及较多的专业术语，“音量包络”具体设置波形音频实时输出音量大小，可按下该按钮，编辑音量包络曲线，实现使音乐逐渐消失的音频效果。“声相包络”用于调整左、右声道音量比例，当左、右声道音频数据不一致时，可实现特殊的效果。

“干声”是指没有加上效果的声音，“湿声”指的是加了效果的声音。“FX参数”是某一音频效果的具体大小，“FX参数包络”提供了一种可以通过鼠标拖动曲线来调整FX参数大小的控制方式。

当然，也可以通过音轨左边的控制板具体设置整个音轨的相关声学参数。

图 2-5-4 左边音轨控制板中的“Vol”用于音轨音量控制切换，可单击该按钮设置整个音轨的音量大小及左、右声道音量比例。音轨控制板中的“EQ”用于音轨均衡设置，可具体设置高、中、低音大小，参考界面如图 2-5-5 所示。具体音轨上的 R、S、M 含义解释如下。

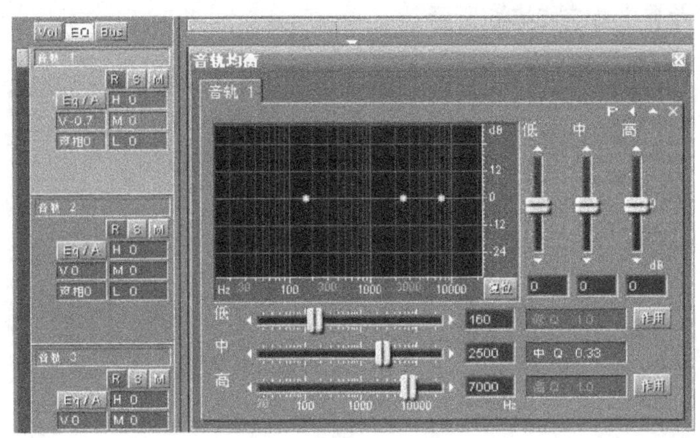

图 2-5-5　音轨均衡设置参考界面

- R：本音轨为录音轨。
- S：只播放本音轨音频数据。
- M：播放除本音轨外的音频数据。

2.5.2　简单应用实例

通过上面使用基础的介绍，读者可看出 Cool Edit 具有强大的专业音频编辑功能，在此仅介绍几个简单应用实例。

1．格式转换

Cool Edit 支持几乎所有的数字音频文件格式，可完成不同类型文件之间的转换，如将 WAV 文件转换为 MP3 格式；也可完成同一类型文件不同制作格式之间的转换。具体实现步骤如下。

（1）启动 Cool Edit，选择“文件”→“打开”，在弹出的“打开”任务窗格中修改打开文件类型为“所有类型”。

（2）打开待进行格式转换的文件，选择“文件”→“另存为”，在弹出的“另存为”任务窗格中，选择目标文件保存类型（如 MP3、WMA 等格式），输入合适的文件名并确认即可。

当需要同时转换多个文件时，可启动 Cool Edit，切换到单轨编辑界面，选择“文件”→“批量转换”，打开“批量文件转换”对话框，如图 2-5-6 所示，具体实现请参考“CD 抓音轨”知识点。

2．CD 抓音轨

CD 中的音频数据是按照时间顺序组织的，当需要将 CD 中的数据转存到计算机中时，需要用专门的工具软件将按照时间顺序组织的音频数据转换为按文件格式存储的音频文件，这个操作称为 CD 抓音轨。用 Cool Edit 实现 CD 抓音轨具体步骤如下。

（1）启动 Cool Edit，切换到单轨编辑界面。

（2）选择“文件”→“批量转换”，单击“增加文件”按钮，在弹出的任务窗格中修改打开文件类型为“所有类型”，选择文件路径为 CD 路径，选择所有的音轨文件，并单击“打开”按钮，参考界面如图 2-5-6 所示。

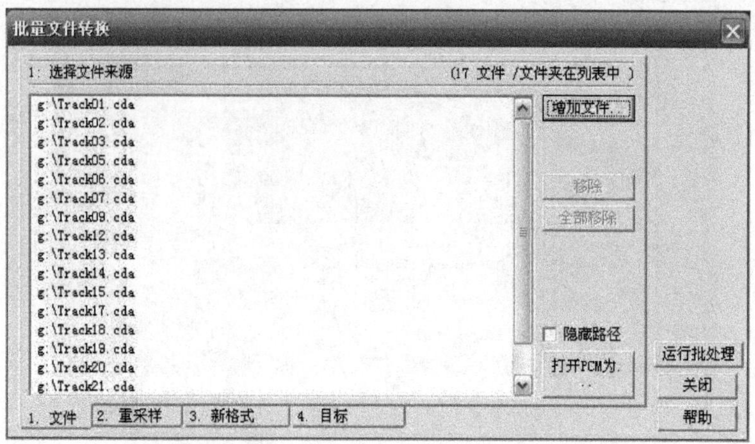

图 2-5-6 “批量文件转换”对话框

（3）单击下方的“3. 新格式”按钮，设置输出文件格式为 WMA（或 MP3），参考界面如图 2-5-7 所示。

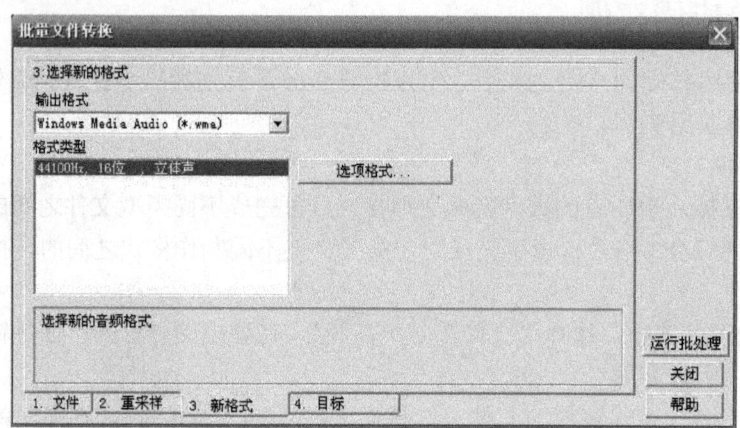

图 2-5-7 CD 抓音轨参考界面

（4）进一步设置输出目标文件夹，单击“运行批处理”按钮即可。

3. 歌曲原唱的消除

许多场合，人们希望消除歌曲的原唱，仅保留其伴奏效果即可。歌曲原唱消除的步骤如下。

（1）启动 Cool Edit，切换到单轨编辑界面。

（2）选择“文件”→“打开”，在弹出的“打开”任务窗格中修改打开文件类型为“所有类型”。

（3）打开希望消除歌曲原唱的文件，选择“效果”→“波形振幅”→“声道重混缩”，在弹出的“声道重混缩”任务窗格中选择 Vocal Cut 效果，参考界面如图 2-5-8 所示。

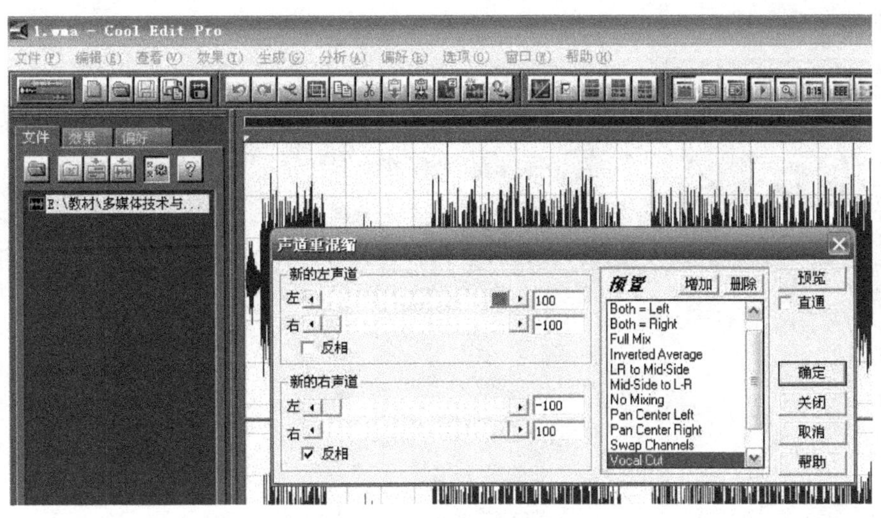

图 2-5-8　消除歌曲原唱的界面

4．歌曲的拼接

可通过应用“淡入”、“淡出”效果实现多首歌曲拼接，操作实例如下。

（1）启动 Cool Edit，切换到多轨编辑界面。

（2）选择“打开已存在的音频文件”，打开待拼接的两首歌曲，拖动第 1 个音频文件到音轨 1，拖动另 1 个音频文件到音轨 2，适当移动音频数据块位置，使拼接处音频数据有重叠，参考界面如图 2-5-9 所示。

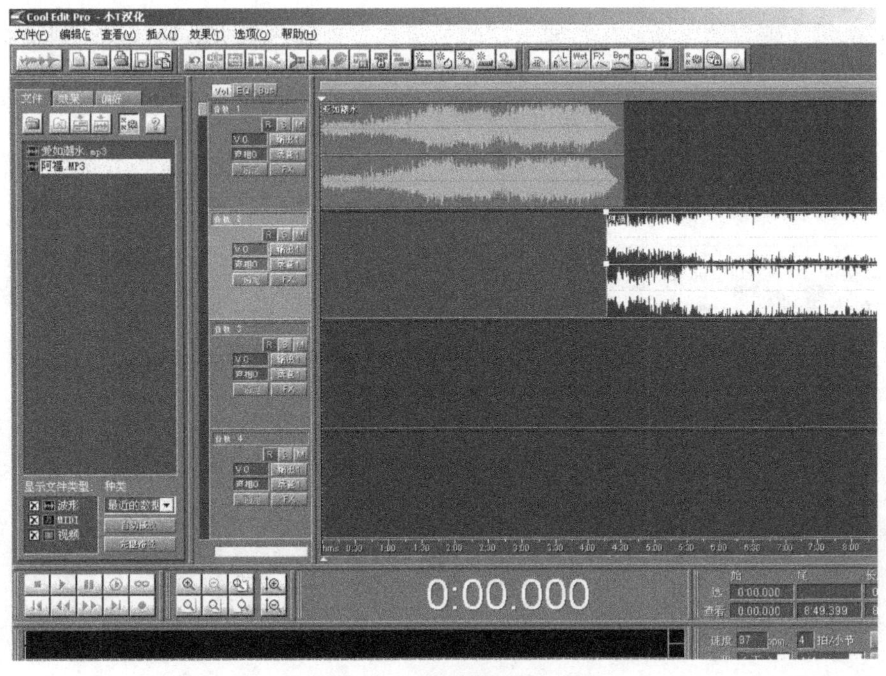

图 2-5-9　歌曲拼接的界面 1

（3）选中音轨 1 拼接处的 1 段音频数据，右击鼠标，选择“淡入淡出”→“正弦”，参考界面如图 2-5-10 所示。

图 2-5-10　选择“正弦”命令

（4）单击左下角的“播放”按钮，试听效果，发现该段音频数据播放音量渐渐变小直到消失。

（5）选中音轨 2 拼接处的 1 段音频数据，右击鼠标，选择“淡入淡出”→“正弦”，使该段音频数据播放音量由小渐渐变为正常，试听效果，适当移动音频数据块位置，参考界面如图 2-5-11 所示。

图 2-5-11　歌曲拼接的界面 2

5．声音的录制及其处理

1）录音前的准备

录音准备工作的重点首先当然是对录音内容的熟悉。从技术角度看，声音录制的一个核心设备便是麦克风，录音过程中还需要使用耳机。

准备好耳机、麦克风等设备，将它们与计算机连接，调整电脑中的“声音与音频属性”，使麦克风能正常工作。绝大多数计算机均支持麦克风自动感应，当你将麦克风准确地插入插口后，系统将提示麦克风设备已经插入，同时开启麦克风设备。也可通过双击任务栏“音量”图标，在弹出的任务窗格中选择“选项”→“属性”，打开“声音与音频属性”任务窗格，切换到录音属性设置，手工开启麦克风设备。

2）适当设置 Cool Edit

在正式录音前应在 Cool Edit 环境中设置录音音轨、麦克风输入信号放大系数、环境噪音采集等，步骤如下。

（1）启动 Cool Edit，进入多轨编辑界面。

（2）右击音轨 1 空白处，选择“插入”→“音频文件”，插入你所要录制声音的伴奏文件。

（3）假定将声音录在音轨 2，按下音轨 2 的 R 按钮，将该音轨设定为录音轨道。

（4）在窗口下方的黑色区域右击鼠标，开启录音电平监视，适当设置录音输入信号的放大系数，如图 2-5-12 所示。图中，因作者实验用的麦克风输入信号较微弱，设置录音输入信号的放大系数为 120dB。

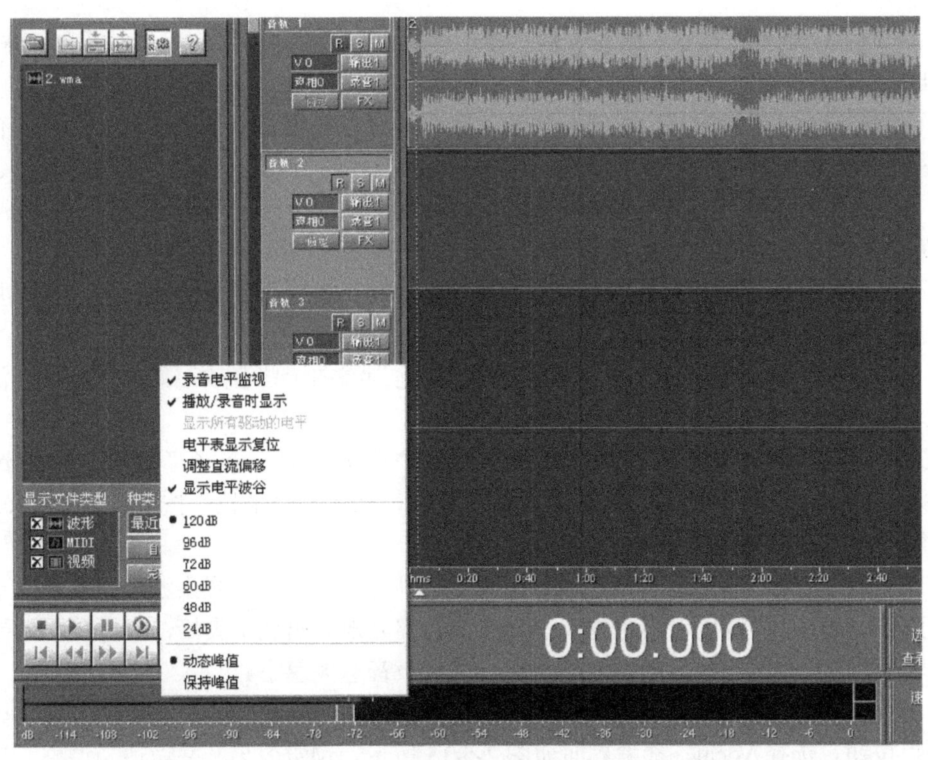

图 2-5-12　声音的录制及其处理界面 1

（5）戴上耳机，单击录音键，不要出声，先录下一段空白的噪音文件（不需要很长），录制完后双击进入单轨模式，选择“效果”→“噪音消除”→“降噪器”，在随后出现的任务窗格中单击“噪音采样”按钮，参考界面如图 2-5-13 所示。

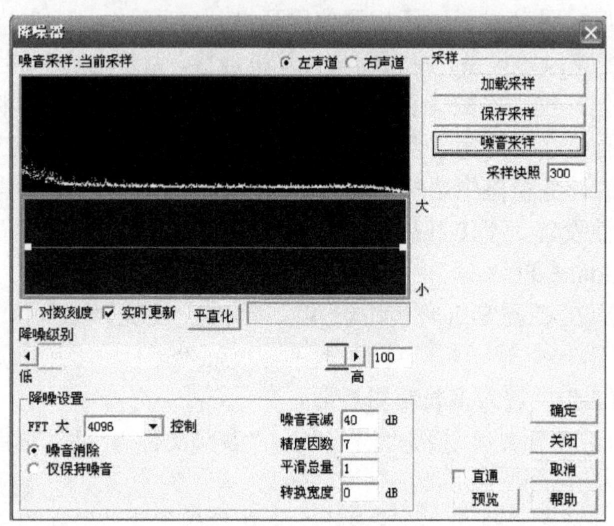

图 2-5-13　声音的录制及其处理界面 2

（6）单击“关闭”按钮。回到多轨模式，删除用于噪声采样的音轨数据。

3）原声录制

戴上耳机，单击录音键，跟随着伴奏音乐开始演唱，可随时再次单击录音键结束录音。

4）后期制作

一般情况下，对大多数人而言，初始录制的声音总显得有点干巴巴的，需要进行降噪处理，并做适当的润色，步骤如下。

（1）双击录音轨道，进入单轨编辑模式。选择“效果”→“噪音消除”→“降噪器”，参考界面如图 2-5-13 所示。在该界面中单击“确定”按钮消除环境噪声。

（2）试听效果，若不满意，可利用“噪音消除”菜单的“嘶声消除”、“破音修复”等功能进一步改善音色。

（3）试听效果，可能还是显得有些干涩，可适当添加一些音效，如高音激励、混响效果等。

（4）在适当消除噪音后，继续在单轨界面中添加音效。选择“效果”→DirectX→BBESonicMaxizer，系统预置了多种高音激励方案，如单击“下拉”按钮，选择 Vocal，参考界面如图 2-5-14 所示。

（5）预览效果，并做适当调整，满意后单击“确定”按钮。观察波形，发现波形幅度发生了较大变化，声音比以前更饱满了，波形的部分地方出现了尖峰，可用压限效果做均衡处理，使声音经过处理后变得更加均衡，避免声音忽大忽小。

（6）进一步选择“效果”→DirectX→WavesC4，系统也预置了多种压限方案，如单击“下拉”按钮，选择 Vocal，参考界面如图 2-5-15 所示。预览效果，并做适当调整，满意后单击“确定”按钮。

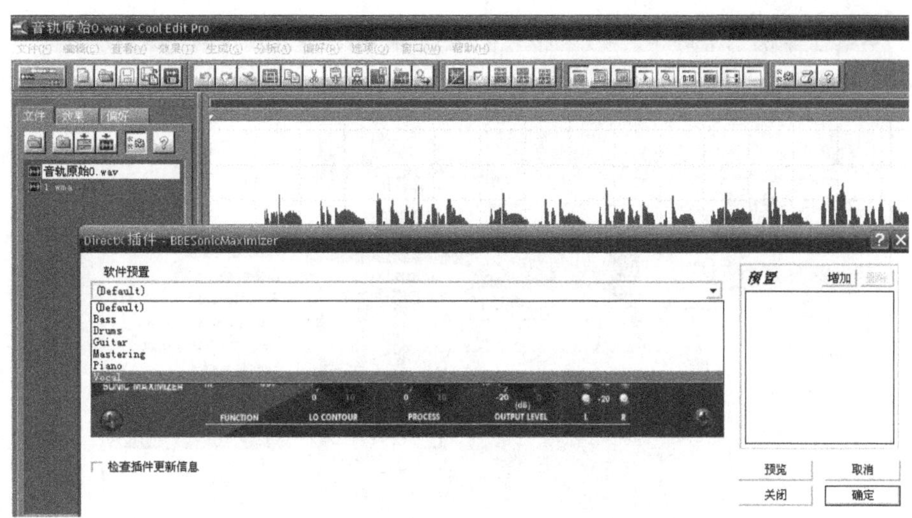

图 2-5-14　声音的录制及其处理界面 3

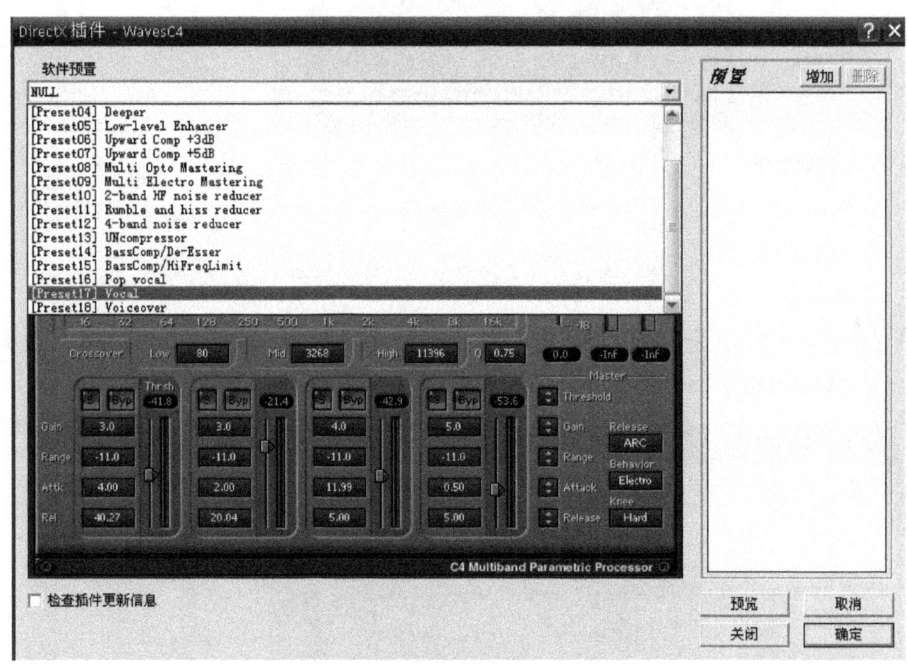

图 2-5-15　声音的录制及其处理界面 4

（7）试听效果，声音还是有点干涩，可适当添加一些混响效果。继续在单轨界面中添加混响效果。选择“效果”→DirectX→Utlrafunkfx→ReverbR3，可使用系统预置效果添加混响效果，参考界面如图 2-5-16 所示。适当调整相关参数，满意后单击“确定”按钮。

6．立体声的制作

大多数场合下，默认制作的音乐从左、右两个音箱发出的声音完全一模一样，没有方向感，听上去有点单调，缺少空间感。可利用 Cool Edit 的声相效果器制作立体声音乐或歌曲，具体步骤如下。

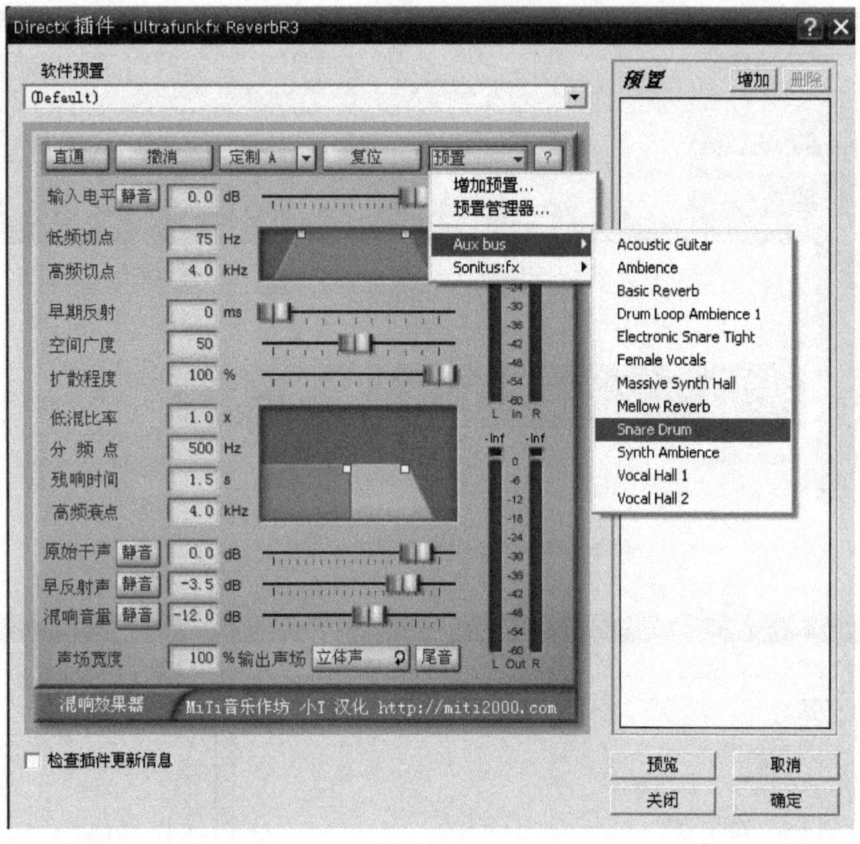

图 2-5-16 声音的录制及其处理界面 5

（1）打开需要转换为立体声的音乐或歌曲，进入单轨编辑模式。选择“效果”→DirectX→Utlrafunkfx→PhaseR3，参考界面如图 2-5-17 所示。

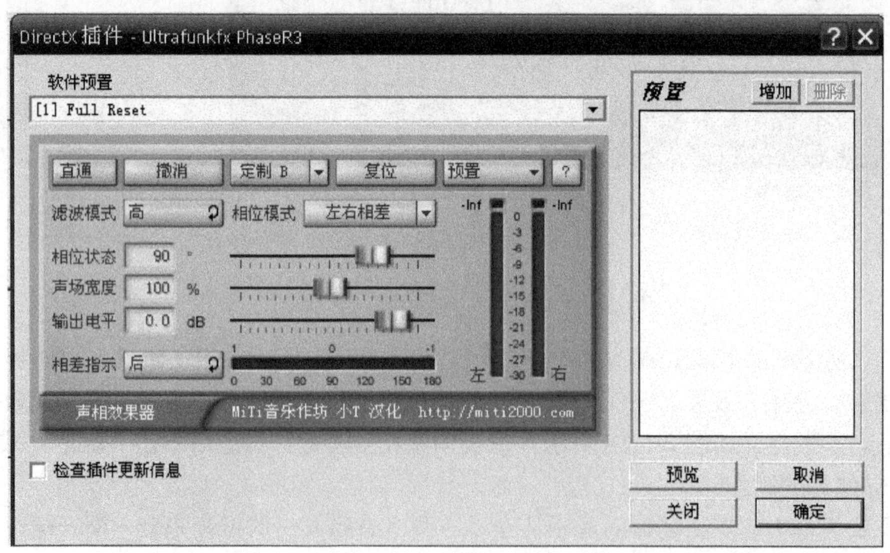

图 2-5-17 立体声制作的界面

（2）在如图 2-5-17 所示界面中，适当设置左、右声道相位，如通道 A 为 0，通道 B 为 90，使其有差别，从而产生立体感觉。试听效果，进一步调整相关参数，满意后单击“确定”按钮。

2.5.3** 电影“大兵小将”主题曲《油菜花》自制歌曲的制作

1．声音的录制

启动 Cool Edit，进入多轨模式，导入《油菜花》并将其放置在第 1 个音轨，按下第 2 个音轨的“录音”按钮，戴上耳机，单击录音键，跟随着原唱开始演唱，单击“录音键”结束录音。录制声音时注意合唱部分应将麦克风移开。

2．消除歌曲原唱

双击《油菜花》所在的音轨，进入单轨编辑模式，选择应消除歌曲原唱的音轨数据段，选择“效果”→“波形振幅”→“声道重混缩”，在弹出的“声道重混缩”任务窗格中，选择 Vocal Cut 效果。

3．效果的应用

回到多轨界面，试听效果，声音有些干涩。双击录音音轨，进入单轨编辑模式，适当消除噪音后选择“效果”→DirectX→BBESonicMaxizer，选择 Vocal，预览效果，并做适当调整。进一步用压限效果做均衡处理。选择“效果”→DirectX→WavesC4，选择 Vocal，预览效果，并做适当调整。

回到多轨模式，试听效果，演唱相对缺乏力度，可双击录音音轨，进入单轨编辑模式，利用图形均衡仪提升歌唱力度，常见频率与效果关系如下。

- 150Hz～600Hz：男声力度。
- 1.6kHz～3.6kHz：女声音色的明亮度。
- 64Hz～261Hz：沙哑声。
- 600Hz～800Hz：喉音。
- 60Hz～260Hz：鼻音。

可适当提升 150Hz～600Hz 数据，以增强男声歌唱力度。

4．MP3 格式输出

回到多轨界面，试听效果，满意后选择“文件”→“混缩另存为”，在随后的任务窗格中单击“保存类型”下拉按钮，选择保存文件类型为 MP3 格式，可进一步单击下方的选项设置 MP3 音频格式具体压缩参数。

2.6 脉冲编码调制

在数字音频处理中，音频编码是其最基础、最关键的内容，因此，一直是人们关注和研究的重点，出现了许多音频编码算法，诞生了许多音频编码标准。脉冲编码调制（Pulse Code Modulation，PCM）是概念上最简单、理论上最完善的编码系统。它是历史上最早研制成功、使用最广泛的编码系统，但也是数据量最大的编码系统。

2.6.1 PCM 编码原理

PCM 编码原理在 2.2 节“数字音频在计算机中的实现”中已经介绍过，PCM 编码的过程事实上是将连续模拟信号变成离散的幅度信号、再把离散的幅度信号变成离散的数字信号的过程，这便是音频数字化的过程。其原理如图 2-6-1 所示。PCM 编码实例如表 2-6-1 所示。

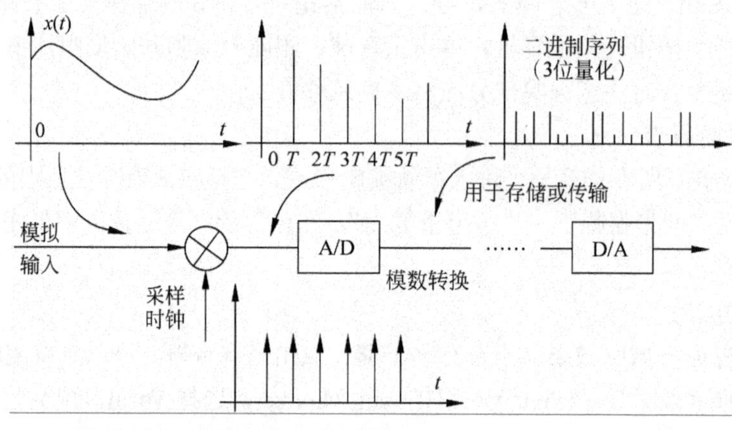

图 2-6-1 PCM 编码原理

信号有两个重要参数，一个是频率，一个是幅度。信号的频率决定了采样频率，信号的幅度变化范围决定了每个样本需要分配的二进制的位数。在上述 PCM 编码过程中，若以大于两倍的信号最大频率采样，在采样过程中不产生失真。在量化过程中，有一定数量的误差或失真引入到样本中，这种误差称为量化噪声。在量化过程中，如果采用相等的量化间隔对采样得到的信号进行量化，那么，这种量化称为均匀量化。上图中输出信号波形便是 3 位均匀量化之结果。一般情况下，总是希望量化噪声尽量小，输入信号的动态范围应予以保证。在这种情况下，可采用增加量化位数来实现。从这个角度，16 位声卡的信噪比接近 90dB，可达到高保真的要求。

在均匀量化时，无论对大信号还是小信号，一律都采用相同的量化间隔，为适应输入信号的动态范围变化大而又要求量化噪声小的特点，解决的办法之一就是增加样本的量化位数。但样本的量化位数增加总是有限度的，况且对话音信号而言，大信号出现的概率很小，因此 PCM 编码系统就没有得到充分的利用。

表 2-6-1 PCM 编码实例

信号名称		信号频率	采样频率	位数/样本	数据传输率
电话话音		3.4kHz	8kHz	8 位	64kbps
音乐（超级 HiFi）		20kHz	44.1kHz	16 位	705.6kbps
彩色电视	亮度	6MHz	13.5MHz	8 位	(13.5+6.75+6.75)×8=216Mbps
	两个色差		6.75MHz	8 位	

为充分利用 PCM 编码系统，在实际使用中，常常使用不均匀量化，即根据输入样本的幅度大小去改变量化间隔。比如，可以采用量化间隔与量化幅度成正比的线性量化器，

输入信号幅度越大，量化间隔越大。这样，在满足信号及量化噪声比的情况下，对小信号和大信号，就可以使用较少的位数来表示每个样本的值。

不均匀量化的实质在于对信号编码时采用不均匀量化对信号进行压缩；在还原时，对信号代码进行扩展。在具体使用上，压缩和扩展特性可以根据应用要求加以选择。一个典型的压缩和扩展特性如图 2-6-2 所示。

在实际使用上，压缩和扩展算法广泛使用的有 μ 律压扩算法（G.711）和 A 律压扩算法（G.711）两种。

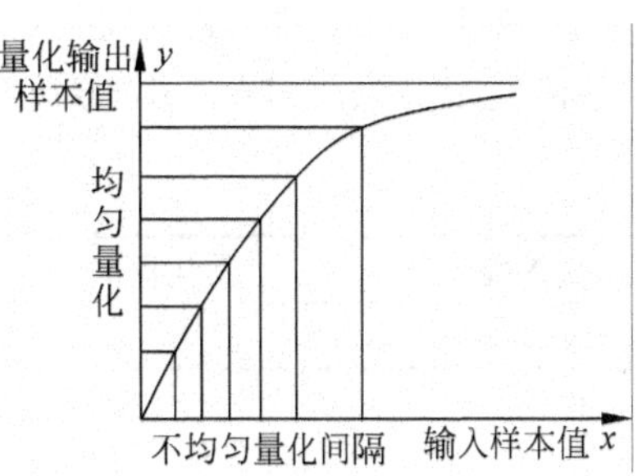

图 2-6-2　典型的压缩和扩展特性

2.6.2　μ 律压扩算法

北美和日本采用的压扩算法称为 μ 律压扩算法，欧洲和中国采用的是 A 律压扩算法。它们均是为电话语音通信定义的压缩标准。

μ 律压扩特性按下式确定：

$$F_{\mu}(x)=\operatorname{sgn}(x)\frac{\ln(1+\mu|x|)}{\ln(1+\mu)} \tag{2-6-1}$$

式中，sgn(x)为符号函数，x 为输入信号幅度，归一化值为$-1\leqslant x\leqslant 1$；μ 为确定压缩量的参数，一般来说，$100\leqslant\mu\leqslant 500$。

由于压缩曲线的数学特性，有时我们也称这种压缩编码算法为对数 PCM 编码。对数压缩曲线从量化间隔的意义上看是理想的。μ 律压扩的逆特性按下式确定：

$$F_{\mu}^{-1}(y)=\operatorname{sgn}(y)\frac{1}{\mu}[(1+\mu)^{|y|}-1] \tag{2-6-2}$$

式中，sgn(y)为符号函数，y 为压缩值，归一化值为$-1\leqslant y\leqslant 1$；μ 为压扩参数。

从前面可知，电话语音的采样频率为 8kHz，对其进行直接 A/D 转换，为取得良好效果量化精度，应为 13 位。μ 律压扩算法能有效地将 13 位二进制码转换到 8 位，且有快速编码解码算法，因而成为电话语音编码的一个标准。

当选择 μ=255 时，压扩特性可用 8 条折线来表示，这就大大简化了计算过程。其前四条折线如图 2-6-3 所示。

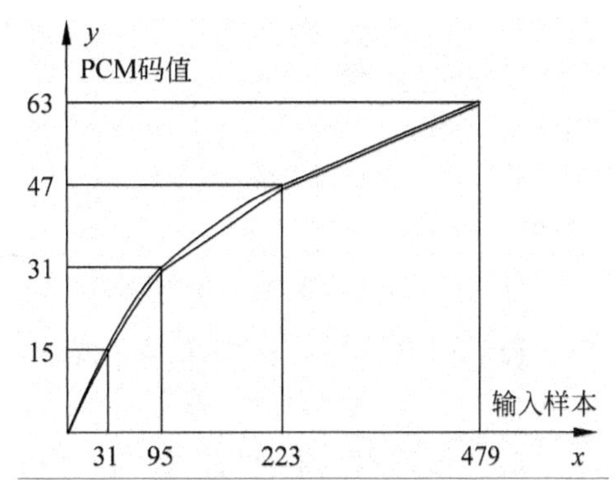

图 2-6-3　前四条折线（μ=255）

这八条折线还有一个优点：第一条折线斜率为 1/2，相邻两条折线的斜率相差一半，依次为 1/4、1/8、…，这八条折线的终点依次为 31、95、223、479、991、2015、4063、8159。于是，对 13 位二进制码进行 μ 律 PCM 编码（8 位），其编码格式如下：

b7　b6　b5　b4　b3　b2　b1　b0

P　　S　　Q

在上面格式中，P 为符号；S 为折线代码；Q 为折线区间量化代码。于是，μ 律 PCM 编码直接编码表如表 2-6-2 所示。

表 2-6-2　μ 律 PCM 编码直接编码表

输入幅度	量化区间	折线代码 S	量化代码 Q	代码数值
0～1	1	000	0000	0
1～3 ⋮ 29～31	2		0001 ⋮ 1111	1 ⋮ 15
31～35 ⋮ 91～95	4	001	0000 ⋮ 1111	16 ⋮ 31
95～103 ⋮ 215～223	8	010	0000 ⋮ 1111	32 ⋮ 47
223～239 ⋮ 463～479	16	011	0000 ⋮ 1111	48 ⋮ 63
479～511 ⋮ 959～991	32	100	0000 ⋮ 1111	64 ⋮ 79
991～1055 ⋮ 1951～2015	64	101	0000 ⋮ 1111	80 ⋮ 95
2015～2143 ⋮ 3935～4063	128	110	0000 ⋮ 1111	96 ⋮ 111
4063～4319 ⋮ 7903～8159	256	111	0000 ⋮ 1111	111 ⋮ 127

***此表仅表示数值编码。正极性比特分配为 0，负极性比特分配为 1。

【例 2-6-1】 某一样本值量化后的值为+1513，求 μ=255 的 PCM 码。

解：

（1）该样本值量化后的值为+1513，故 P=0。

（2）由表 2-6-2，991<x=1513<2015 → S=101。

（3）在 S=101 折线段中，量化间隔为 64，Q=（1513–991）/64=8.15≈8。

（4）μ=255 的 PCM 码为 0 101 1000（二进制），用十进制表示为 88。

其解码符号位由 PCM 码的最高位决定，其他可按下式计算：

$$y = (2Q + 33) \times 2^S - 33 \quad (2\text{-}6\text{-}3)$$

对例 2-6-1 的 PCM 码 88，最高位为 0，所以其解码值为 1535，为 1503 和 1567 的中点。

2.6.3 A 律压扩算法

国际电报电话咨询委员会（CCITT）建议的 A 律压扩算法与 μ 律压扩算法具有相同的基本特性和实现方法。A 律压扩算法特性由下列公式确定。

$$F_A(x)=\mathrm{sgn}(x)\frac{A|x|}{1+\ln A} \qquad 0\leqslant|x|\leqslant\frac{1}{A} \tag{2-6-4}$$

$$F_A(x)=\mathrm{sgn}(x)\frac{1+\ln A|x|}{1+\ln A} \qquad \frac{1}{A}\leqslant|x|\leqslant 1 \tag{2-6-5}$$

$$F_A^{-1}(y)=\mathrm{sgn}(y)\frac{(1+\ln A)\cdot|y|}{A} \qquad 0\leqslant|x|\leqslant\frac{1}{1+\ln A} \tag{2-6-6}$$

$$F_A^{-1}(y)=\mathrm{sgn}(y)\frac{\exp[(1+\ln A)|y|-1]}{A} \qquad \frac{1}{1+\ln A}\leqslant|x|\leqslant 1 \tag{2-6-7}$$

式中，sgn(x)为符号函数，x 为输入信号幅度，A 为确定压缩量的参数，y 为压缩值。

由定义可知，A 律特性的前一部分定义是线性的。特性的其余部分也可类似于 μ 律压扩算法用折线来表示。当 A=87.56 时，8 位 A 律的八条折线端点为：32、64、128、256、512、1024、2048、4096（当然，如果必要的话，可将 A 律标度加倍到 8192，使 A 律 PCM 和 μ 律 PCM 一致）。其 PCM 编码（8 位）格式如下：

b7	b6	b5	b4	b3	b2	b1	b0
P	S			Q			

在上面格式中，P 为符号；S 为折线代码；Q 为折线区间量化代码。于是，A 律 PCM 编码直接编码表如表 2-6-3 所示。

表 2-6-3　A 律 PCM 编码直接编码表

输入幅度	量化区间	折线代码 S	量化代码 Q	代码数值
0～2 ⋮ 30～32	2	000	0000 ⋮ 1111	0 ⋮ 15
32～34 ⋮ 62～64		001	0000 ⋮ 1111	16 ⋮ 31
64～68 ⋮ 124～128	4	010	0000 ⋮ 1111	32 ⋮ 47
128～136 ⋮ 248～256	8	011	0000 ⋮ 1111	48 ⋮ 63
256～272 ⋮ 496～512	16	100	0000 ⋮ 1111	64 ⋮ 79

续表

输入幅度	量化区间	折线代码 S	量化代码 Q	代码数值
512～544 ⋮ 992～1024	32	101	0000 ⋮ 1111	80 ⋮ 95
1024～1088 ⋮ 1984～2048	64	110	0000 ⋮ 1111	96 ⋮ 111
2048～2176 ⋮ 3968～4096	128	111	0000 ⋮ 1111	111 ⋮ 127

***此表仅表示数值编码。正极性比特分配为 0，负极性比特分配为 1。

【例 2-6-2】 某一样本值量化后的值为+1513，求 A=87.56 的 PCM 码。

解：

（1）该样本值量化后的值为+1513，故 P=0。

（2）由表 2-6-3，$1024< x =1513<2048 \rightarrow S=(110)_2=(6)_{10}$

（3）在 S=110 折线段中，量化间隔为 64，Q=（1513–1024）/64=7.64≈$(8)_{10} \rightarrow (0111)_2$。

（4）A=87.56 的 PCM 码为：0 110 0111（二进制），用十进制表示为 103。

其解码可按下式计算：

$$y = 2Q + 1 \qquad S = 0 \tag{2-6-8}$$

$$y = (Q + 16.5) \times 2^S \quad S = 1, 2, \cdots, 7 \tag{2-6-9}$$

符号位由 PCM 码的最高位决定。

对例 2-6-2 的 PCM 码 103，最高位为 0，所以其解码值为：

$$(7 + 16.5) \times 2^6 = 1504$$

为 1472 和 1536 的中点。

A 律和 μ 律 PCM 编码典型地应用于采样频率为 8kHz，每个样本为 8 位，数据率为 64kbps 的数字电话，这就是 CCITT 推荐的 G.711 标准：话音频率脉冲编码调制[Pulse Code Modulation（PCM）of Voice Frequences]。随着数字电话和数据通信量的日益增长，更为了不明显降低传送话音信号的质量，CCITT 为此推出了 G.721 ADPCM 标准：32kbps 自适应差分脉冲编码调制[32kbps Adaptive Differential Pulse Code Modulation]。随后，CCITT 又推出了 G.721 的扩充 G.723 标准：为应用数字电路复用设备而将 G.721 ADPCM 标准扩展成为 24kbps 和 40kbps [Extension of Recommendation G.721 Adaptive Differential Pulse Code Modulation to 24 and 40kbps for Digital Circuit Multiplication Equipment Application]。为适应可视电话的要求，CCITT 又制定了 G.722 推荐标准。无论是 G.721 推荐标准还是 G.722 推荐标准，它们均以 G.711 推荐标准为基础，限于篇幅，此处不再赘述，有兴趣的读者可以参考相关的参考书。

2.7 汉语语音识别技术

自从计算机具有声音处理能力以来，数字音频处理技术迅速发展，亦为多媒体技术与思想赋予了许多新的内涵。在语音处理方面，计算机能听懂人的话语，能用语音控制各种自动化系统，成为人类的一种更高的追求，从而也诞生一门新的学科——计算机语音学（computer phonetics）。人类对语音学的研究主要包括以下几个方面：语音编码（speech coding）、语音合成（speech synthesis）、语音识别（speech recognition）、语言鉴别（language identification）、说话人识别（speaker recognition）、说话人确认（speaker verification）等。语言鉴别、说话人识别、说话人确认均属于语音识别范畴，只是目前语音识别存在许多限制，语言鉴别、说话人识别、说话人确认便是语音识别的三个主要应用。

2.7.1　语音识别概述

语音识别一直是人类长久追求的美好目标，让计算机听懂人话是新一代智能计算机必须具备的功能之一，因此，语音识别技术一直备受人们关注。对于语音识别的研究，可以追溯到 20 世纪 50 年代。1952 年美国 Davis 等人研究成功了世界上第一台识别 10 个英文数字发音的实验系统。我国在 20 世纪 50 年代后期也曾研制出能识别 10 个元音的“自动语音识别器”。1960 年，Denes 等人成功地研究了第一个计算机语音识别系统，从此开始了计算机语音识别的正式阶段。20 世纪 70 年代以后，语音识别，尤其是小词汇量、特定人、孤立词等的识别方面取得实质性进展并逐步走向成熟。而今，这些技术已在许多领域得到广泛应用。

由于各国语言各不相同，语音识别也因语言的各异而不同。对英语语音识别，美国 CMU 的 Sphinx 系统、IBM 的 Tangora 20 及 VoiceType 3.0 等识别系统均具有相当的水平。对汉语语音识别，也有一些系统在应用（如 IBM 的 Via Voice 6.0、Microsoft Office XP 等），但由于历史、技术及语音本身的特点等原因，其应用相对落后于英语语音识别，目前，主要应用还集中在小词汇量、特定人、孤立词识别等方面。虽然对汉语识别的大词汇量、非特定人识别、连续语音识别等方面有较多、较深的研究，亦有一些实际系统，但尚不成熟。

当前，语音识别的研究方兴未艾，不断有许多新的算法、思想和新的应用系统涌现，这也正说明，语音识别领域正处于一个非常关键的时期，世界各国的研究人员正在向语音识别的最高层次应用——大词汇量、非特定人识别、连续语音识别系统的研究和实用化系统进行冲刺。我们深信，人们所期望的语音识别技术的实用化不久必能变为现实。

对目前的语音识别系统，依不同的分类标准有不同的划分。主要有以下几种分类。

（1）依可识别词汇量多少，语音识别系统可分为大、中、小词汇量三种。一般来说，可识别词汇少于 100 的，称为小词汇量语音识别系统；大于 100 的，称为中词汇量语音识别系统；大于 1000 的，称为大词汇量语音识别系统。

（2）依语音的输入方式，语音识别系统可分为孤立词、连接词、连续语音识别三种。孤立词语音识别如 0～9 十个数字；连接词语音识别是使计算机能对规定词表中的几个项目连呼时进行分割并识别；连续语音识别是自然语音识别，是语音识别的最高追求，目前难以实现。

（3）依发音人可分为特定人、限定人和非特定人语音识别三种。特定人语音识别系统使用前必须由特定人对系统进行训练，系统建立相应的特征库以后再由特定人呼系统待识词从而确定特定人的身份或内容。这样的系统只能识别训练者的声音。限定人语音识别系统可限定几个人使用同一系统。如果系统无需使用人对系统进行训练即可识别为非特定人语音识别。

当然，也有其他分类方法，如说话人识别、关键词识别、语音命令识别等，这些是根据语音识别系统的功能进行分类的方法。

2.7.2 汉语语音识别

1．汉语语音识别的优缺点

在我国，研究语音识别主要集中在汉语识别。汉语作为一种语言有其自身的特征及特点，在计算机语音识别方面具有其本身的优点及难点。

汉语语音识别优点主要体现在以下几个方面。

（1）汉语音节性很强，每个字均以单音节为单位。汉语一共有 400 多个音节，加上四声也只有 1 340 个左右。这样，只需很少的识别基元经过组合便可覆盖几乎全部语言现象。

（2）汉语音节的构成比较简单和规整，一般是由声母和韵母组成，有利于计算机进行识别。

（3）汉语是一个有调语言，每个音节的发音时间较长，且有较稳定的有调段，这有利于计算机识别与纠错。

（4）汉语的协同发音及音变问题不如英语等其他语种普遍，这有利于计算机识别。

与西方语言相比，汉语语音识别难点主要体现在以下几个方面。

（1）汉语的同音字太多，平均每个音节拥有的同音字大约为 7～8 个。我国地域辽阔，各地发音差异较大，这不利于计算机识别与纠错。

（2）汉语是一种内涵语言，实际上下文环境甚至语气、语调都对意义的理解起决定性的作用。这使得计算机精确识别连续汉语语音存在着很多技术难点。

总之，语音识别技术是一个与历史、声学、语言学、生理学、心理学、逻辑学、计算机科学等多学科的综合技术，是语音处理技术的难点和主要研究方向。对汉语语音识别，我国各大科研院所进行了大量的研究与实践，取得许多丰硕的成果，亦推出了一些应用系统。但由于目前在理论上语音识别还有许多对于声学现象的本质理解没有解决，计算机人工智能理论与技术有限，目前的语音识别系统都是在对使用环境加以限制和进行一定的假设之后，才能产生比较满意的应用系统。理想的语音识别系统应该具有以下特点：

- 不存在对说话人的限制，即非特定人。
- 不存在对词汇量的限制，即基于大词汇表。
- 不存在对发音方式的限制。
- 系统整体识别能力应该相当高，接近人类对自然语言的识别能力。

2．汉语语音识别的技术难点

目前要完全实现上述要求，存在着很多技术难关，主要有以下几个方面。

（1）由于使用者之间在年龄、性别、口音、发音习惯等方面存在许多差异，且计算机目前对这种差异难以排除，因而难以做到对汉语的稳定识别。

（2）随着系统可识别的词汇量的增多，系统所需的空间和时间便越来越多，而词与词之间的差异也就越来越细微，这无疑将导致系统的识别率急剧下降，甚至丧失可用性。

（3）虽然人类的发音方式为连续发音，但识别系统不可能把连续发音作为整体识别，要从连续语音中准确分割出一个个的识别单元也是相当困难的。

可以说，目前语音识别技术正处于走出实验室走向市场的时期。伴随着计算机及其他相关技术的进一步发展，有理由相信，不久以后，人们心中的梦想一定能够实现。

习　题

2.1　填空题

1．模拟音频转换为数字音频需经________、________两个步骤。每隔固定时间间隔在模拟声音波形上取一个幅度，称为________，固定时间间隔称为________；用有限个数字表示某一电平范围的模拟声音电压信号称为________。

2．声音质量的度量主要有两种方法，一种是________度量，另一种是________度量。用信号/噪声比（SNR）这个指标来衡量评价语音质量是________度量。

3．计算机产生声音的方法有两种：一是________，二是________，波形音频________产生声音。

4．MIDI 泛指________。MIDI 标准规定的不同 MIDI 设备相互传送的 MIDI 数据事实上是________。MIDI 给出了在计算机中得到音乐声音的另外一种方法，在计算机中实现包括________和________两个过程。

5．CD 音频属于________的一种，采用________组织音频数据，而没有采用________组织。

6．依照 MCI 接口的规定，波形音频、MIDI 音频和 CD 音频，属于________多媒体设备。waveaudio 为________的多媒体设备名称；MIDI 音频的多媒体设备名称为________，CD 音频的多媒体设备名称为________。

7．集成 AC'97 声卡中，5.1 声道输出下三个音频接口分别对应________、________、和________。

8．为保证喇叭具有更好的性能，一般采用________，低频音频信号（简称低音）喇叭只负责________，高音喇叭只负责________。因此，常见音箱设备一般包括________、________和________3 个部分。

9．RIFF 文件格式是 Microsoft 公司为 Windows 操作系统定义的________格式，RIFF 文件格式认为，文件的基本结构是________，每个块的前 4 个字节为________，接着 4 个字节为块________，块的末尾________。

10．WAV 文件格式是________为________操作系统定义的数字音频格式，为一个________的大块，格式标志为________，紧接其后一般有三个 RIFF 格式数据块，其块名分别为：________、________、________。其中，________为编程所必须涉及之数据块。

2.2　简答题

1．从人的听觉感知机理出发解释 μ 律 PCM 编码不会明显降低传送话音信号的质量。

2．从声音的本质出发解释说话人身份识别的声学理论基础。

3．说出数字电话音质、AM 音质、FM 音质、CD 音质的原声频率及数字化采样频率。

4．说出计算机中产生声音的两种方法及其区别。

5．解释 MIDI 的含义。

6．解释 MIDI 音频和 WAVE 波形音频的区别。

7．说明声卡的硬件连接方法及注意事项。

8．解释 5.1 声道的具体含义。

9．解释 Cool Edit 多轨、单轨两种编辑方式的用途。

2.3　分析题

1．以下为 Windows 操作系统的 MEDIA 子目录下 chimes.WAV 文件的头数十字节内容，请分析该文件的制作格式。

```
00000000h: 52 49 46 46 D8 D9 00 00 57 41 56 45 66 6D 74 20
00000010h: 10 00 00 00 01 00 02 00 22 56 00 00 88 58 01 00
00000020h: 04 00 10 00 64 61 74 61 84 D9 00 00 02 00 03 00
00000030h: 09 00 06 00 07 00 02 00 05 00 00 00 03 00 03 00
```

2. 以下为 Windows 操作系统的 MEDIA 子目录下 START.WAV 文件的头数十字节内容，请分析该文件的制作格式。

```
00000000h: 52 49 46 46 A0 04 00 00 57 41 56 45 66 6D 74 20
00000010h: 32 00 00 00 02 00 02 00 22 56 00 00 27 57 00 00
00000020h: 00 04 04 00 20 00 F4 03 07 00 00 01 00 00 00 02
00000030h: 00 FF 00 00 00 00 C0 00 40 00 F0 00 00 00 CC 01
00000040h: 30 FF 88 01 18 FF 66 61 63 74 04 00 00 00 A7 02
00000050h: 00 00 64 61 74 61 00 04 00 00 02 02 28 00 37 00
00000060h: 89 FF 6F 01 3D 01 76
```

2.4　计算题

1．计算存储 5 分钟的 44.1kHz 采样频率下 16 位立体声音频数据至少需要多少字节？

2．某一样本值量化后的值为+1925，求 μ=255 的 μ 律 PCM 码。

3．某一样本值量化后的值为+1925，求 A=87.56 的 A 律 PCM 码。

2.5　上机应用题

1．用 UltraEdit-32 文字/HEX 编辑软件对照例 2-4-1 分析光盘 N2 目录下的“Windows XP 登录音.wav”文件。

2．用 UltraEdit-32 文字/HEX 编辑软件对照例 2-4-2 分析光盘 N2 目录下的“Windows XP 开始.wav”文件。

3．参考《油菜花》自制歌曲的方法制作你自己的歌曲，具体要求如下。

（1）消除原声的原唱或部分原唱。

（2）录制部分声音并适当应用效果。

（3）最终作品制作成 MP3 格式。

CHAPTER 3

第3章 数字图像及其处理

本章要点

本章首先介绍了图像的含义及其在计算机中的实现方法，然后介绍了各种图像文件格式、BMP 图像格式分析及应用；并结合视频教程介绍了 Photoshop 图像处理基础知识及其简单实例。读者学习本章应重点理解图像的含义、本质及其在计算机中的实现方法，理解常见图像格式及其特点，理解 BMP 图像的构成极其简单分析，能利用 Photoshop 进行简单的图像处理。

3.1 图像基础知识

常言说得好，“耳听为虚，眼见为实”，听觉类媒体与视觉类媒体相比总是不够形象、直观。传统计算机的命令行界面向图像界面的过渡是计算机技术的重大变革，给人们的工作、生活和娱乐带来了深刻的革命，也正是图像界面的流行推动着多媒体技术思想的深入人心，推动着图像在计算机中的进一步应用，图像处理逐渐成为人们熟悉的名词。

3.1.1 图像的原始含义及特点

多媒体计算机需要计算机综合处理声、文、图、像信息，统计表明：人们在获取周围信息时，通过视觉得到的信息量约为总信息量的 80%，通过听觉得到的信息量约为总信息量的 15%，可见图像信息在日常生活中的重要地位。

在人类历史上，由于各种原因，很长时期以来，总是更多地使用语言、文字进行交流，图像只是艺术家笔下的享受而已。随着电子技术、通信技术、计算机技术的进一步发展，人们的交流、通信方式已悄悄发生变化，相片、胶片、电影、传真、电视已成为人们获取信息与交流的常见工具，图像所呈现的表象亦更加丰富多彩，其粗略定义如下：

> 图像是指景物在某种介质上的再现，如相片、胶片、电影、传真、电视、计算机显示屏等介质作用于人的感官所产生的视觉印象。可见，图像总是和某种景物相联系。

景物本身是一个空间概念，是一种客观实在，并不是一个物理现象，也不具有诸如时域、频域等所有信号所必须具有的基本特征。因此，可以说图像本身是一个空间概念，不是一个物理现象，不具有诸如时域、频域等信号所具有的基本特征，仅仅是一种客观实在。当然，图像所呈现的表象是自然光或人为光作用于景物产生发射与吸收而作用于人的眼睛的结果。这个过程是一个光学现象，具有诸如时域、频域等所有信号所必须具有的基本特征。

在人类历史上，由于科学技术方面的限制，人类对光学现象缺乏足够的认识，无法再现图像的成像过程，无法完成对图像从空间到时间的变换过程，因此只能更多地使用语言、文字进行交流，留下的只能是“昔人已乘黄鹤去，此地空余黄鹤楼”的感慨。

伴随着现代电子技术、电视技术的诞生与发展，人们已能通过摄像机等各种图像获取设备，将空间图像通过扫描变换为时间信号，从而使电视、电影等图像信号走近我们的生活并与其融为一体。对现代人来说，没有电视的生活似乎很难想象。

与声音信息相比，图像信息具有一系列优点：

（1）确切性。表达某项事物，一般有图、文、声音三种方法。显然，同样的内容，由听觉（声音）和视觉（图、文）两种方式获取信息，其效果是不同的。听觉类媒体与视觉类媒体相比总是不够形象、确切，用图、文表达某项事物，总是比用声音讲述更容易确认，这便是“耳听为虚，眼见为实”的道理。

（2）直观性。同样的内容，若能用图来描述，看图显然比听声音甚至看文字更为形象、直观，印象深刻，易于理解。

（3）高效率。由于视觉器官具有较高的图案识别能力，人们可以在很短的时间内，通过视觉接受到比声音信息多得多的大量信息。这便是“百闻不如一见”的道理。

3.1.2 人的视觉

不管是任何景物、任何图像，其最终目的还是供人看的。对一幅图像，除图像本身的明暗、色彩变化程度之外，还与观察者的感觉、心理状态有关。因此，对一幅图像，不同的人有不同的理解，甚至同一个人在不同环境下也有不同的理解，这些都与人的视觉感受相关。在此，有必要对人的视觉及其特点作一些介绍。

人类的视野相当宽广，左右视角为180°，上下视角为60°（现在的电视画面约占7°～8°）。虽然如此，在如此宽广的视野中视力好的部位也仅限于2°～3°左右，这便是许多人在许多场合下经常“视而不见”的道理。

既然视力好的部位也仅限于2°～3°左右，而人的左右视角为180°，上下视角为60°，人是如何使自己适应如此大如此广的视野，从而适应大的画面和立体景象的呢？人是靠转动眼球使视线移动，使自己适应如此大如此广的视野，从而适应大的画面和立体景象的。

研究表明，人的中心视力分辨率强，可以进行图像细节的认识，而周边视力分辨率差，但可以将目标特征部分检出，利用检出的目标特征部分去控制眼球的运动，必要时可以用中心视力来进一步认识这一部分图像。另外，周边视力虽然分辨率差，但可认识目标全貌；

中心视力分辨率强，但只能认识图像的一小部分。对于大画面图像，可充分利用周边视产生较强的临场感，而小画面图像，临场感相对较弱。为了产生充分的临场感，画面尺寸一般应在 30°以上。宽银幕电影的视觉效果好的原因也就是这个道理。

另外，眼球运动中还有一种无意识的像噪声似的微小运动，称为非随意运动，如颤动、漂移运动等。如果没有这种非随意运动，人眼将无法看见静止图像。之所以这样，是因为人的视觉系统具有适应性。如果人的眼睛不随意运动，没有随时间改变的刺激刺激人眼，那么人的眼睛完全适应后就什么都看不见了。这也就是人看诸如电影、电视等动态的东西时，比较容易投入，甚至目不转睛，而没事闲着时，自觉不自觉总爱眨眼睛的原因。

再者，人的眼睛在观察事物时注视点喜欢集中在某一处。科学证明，如果人的眼睛长时间没有目标可集中，如将人置于完全空旷无物的雪地，如果此人不闭上眼睛，那么他将失明。实验得出以下结论：

- 注视点主要集中在图像黑白交界的部分，尤其集中在拐角处。
- 注视点容易往图形内侧移动。
- 注视点容易集中在时隐时现、运动变化的部分。
- 注视点容易集中在一些特别不规则处。

除人的注视点有其自身特征以外，人眼还具有以下特征：

- 人眼具有视觉暂停功能，这是由人的视觉系统具有适应性决定的。
- 人眼对亮度信号的敏感程度强于对色度信号的敏感程度。

3.1.3　传统模拟图像

人类要对图像进行处理，首先要用电子设备模拟、再现图像的成像过程。要模拟、再现这个成像过程，首先必须将空间图像变换为时间信号，而后再使用电子设备，进行诸如传送、发射、接收之类的处理。

如何将空间图像变换为时间信号呢？

可利用摄像机等各种图像获取设备，通过扫描将空间图像变换为时间信号。在摄像机里，对要变换的图像，通过光学系统成像在摄像管的光靶上，然后利用电子束依次轰击靶上各点，再根据靶上各点的明暗色彩，转变成强弱不同的电信号。因此，扫描的过程事实上是将图像分解的过程。亦即将图像通过扫描分解为自上而下、自左而右地随时间变化的电子流，从而完成空间图像到时间信号变换，将空间图像转变成随时间变化的电信号，这便是通常意义下的模拟图像。

当然，空间图像变成了随时间变化的电信号后也具有自己的时域和频域特性，其时域和频域特性与图像的扫描方式及其复杂程度有关。

下面结合如图 3-1-1 所示图像解释图像信号的频域特性与扫描方式、图像的复杂程度有关。

如图 3-1-1（a）所示图像上面部分为红色，下面部分为绿色。扫描设备自上而下、自左而右对图像进行扫描，由于扫描后的电信号的强弱与色彩明暗程度相关，因此，对上面部分的红色扫描时信号强度不会发生变化，类似下面部分。可见，用扫描设备对如图 3-1-1（a）所示图像做一次扫描所得到的电信号参考波形如图 3-1-1（b）所示，为 1Hz。

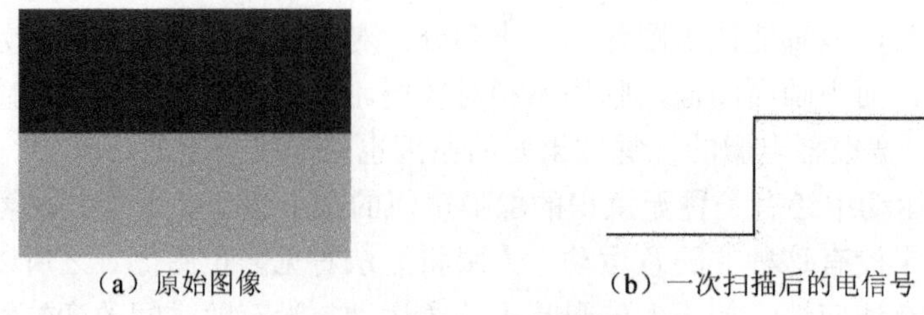

（a）原始图像　　（b）一次扫描后的电信号

图 3-1-1　图像信号的频域特性

显然，只有扫描设备一直对图像进行扫描才能将空间图像变成随时间持续变化的电信号，因此，图像的频域特性还与图像的扫描方式有关。若对如图 3-1-1（a）所示图像每秒扫描 50 次，则该图像频率为 50Hz。可参考上面的方法大致估计我国 PAL 制式下模拟电视信号的频率范围。

目前存在着两种扫描方式：逐行扫描和隔行扫描。由于人的视觉系统存在视觉暂留特点，因此电影的放映速度不能小于 25fps，否则将有明显的闪烁感，使图像失去连续性。实践证明，为减少画面闪烁，放映速度最好提高为 48fps。

我国 PAL 制式下，考虑各种因素，模拟电视信号采用每秒播送 25 幅变化的图像。每幅画面为一帧，每一帧画面又分两次播送，每次为一场，于是每秒播送 50 场。具体地说，采用 625 行隔行扫描，除去回扫的 50 行，一幅图像实际分解为 575 行，每一行周期为 64μs，行扫正程为 52μs，回程为 12μs。

一幅图像有效扫描线为 n=625–50=575 行，由于标准屏幕宽高比为 4:3，故水平方向可以划分的格数为 $4/3\times n$。于是整个图像最多可以划分为 $4/3\times n\times n$ 个像素，显然，对应这样一幅图像的频率为最高频率。

如果采用逐行扫描，场频为 50Hz，电子束 1 秒内扫过的黑白方格数为 $50\times 4/3\times n\times n$。因为一个方波周期对应形成一对黑白方格，黑白方格数也就是电视图像信号的最大频率。所以当 n=600 线时，电视图像信号的最大频率为：

$$\frac{1}{2}\times\frac{4}{3}\times 600^2\times 50\approx 12\text{MHz}$$

12MHz 的带宽，对实际应用要求很高，亦使设备复杂化，我国电视制式采用隔行扫描，从而电视图像信号的最大频率为：

$$\frac{1}{2}\times\frac{1}{2}\times\frac{4}{3}\times 600^2\times 50\approx 6\text{MHz}$$

至于电视图像信号的最低频率，一场的最简单的图像如图 3-1-1 所示，为一个方波周期，电视图像信号的最低频率为 50Hz。至于一幅全黑的简单图像，频率当然为 0Hz，但导致全黑的原因笔者认为是电视机开关未闭合，因此，不把这种情况作为电视图像信号的最低频率。

当然，在电视技术的具体实现上，还包括消隐信号、同步信号等其他辅助信号。其频率范围为 50Hz～1.3MHz。

3.2　数字图像在计算机中的实现及其处理技术

伴随着科学技术的发展，人类已掌握了利用光学原理记录图像，也可利用扫描设备将空间图像变成时间信号。如前所述，只有扫描设备一直对图像进行扫描才能一直将空间图像变成随时间变化的电信号，不利于对图像进行存储及处理，于是数字图像技术诞生并逐渐流行。

3.2.1　图像信息的数字化

顾名思义，数字图像即数字化的图像，其含义是用一组二进制数字 0、1 的序列来表示传统的图像。

把传统图像表示成数字图像的过程称为图像数字化。显然，在计算机中，所有信息必须是数字形式的，图像要在计算机中实现，首先必须数字化。图像信息的数字化包括采样、量化两个过程，关于采样、量化的具体理论，在第 2 章做过介绍，此处不再赘述。

目前，常用图像信息量化标准有：8 位（256 色）、16 位（64K 增强色）、24 位（24 位真彩色）、32 位（32 位真彩色）几个等级。

模拟电视信号包括亮度信号、两个色差信号这三个分量。其最大频率为 6MHz。由于人眼对亮度的敏感程度强于对色度信号的敏感程度，对电视信号数字化，其推荐采样参数如表 3-2-1 所示。

表 3-2-1　电视信号数字化参数

信号名称		信号频率	采用频率	位数/样本	数据传输率
彩色电视	亮度	6MHz	13.5MHz	8 位	(13.5+6.75+6.75)×8=216Mbps
	两个色差		6.75MHz	8 位	

由上一节图像的扫描过程可知，扫描设备获取空间图像颜色方法是通过电子流打击对应的空间图像颜色块并感知反馈回来的电流强度来获取颜色信息的，对相同的设备，这个过程的时间是固定的。因此，扫描设备将空间图像变换为时间信号的过程事实上是将空间图像自上而下、自左而右划分成一系列的颜色块的阵列。

把构成图像的最基本的颜色块称为像素，把图像中每单位长度的像素数目称为图像分辨率。如 250dpi，其含义是一英寸该图像中含有 250 个像素点。

在 Photoshop 等图像处理软件中，像素是一个有颜色的小方块，是构成图像的基本单位。图像由许多小方块构成，以行或列的形式排列。显然，图像由方形元素构成，因此，图像也必然是方形的。

综上所述，模拟电子设备已将一幅模拟图像变换成了像素的阵列，因此，图像数字化的关键在于像素的数字化。由于图像是一个空间概念，并没有直接的数值关系，因此，如何表示像素，如何表示颜色是图像数字化的基础。

3.2.2　颜色的计算机化

色彩是多媒体的一个重要元素，正确理解色彩是图像处理的基础，更是多媒体创作的基础。

自然界的色彩是太阳、月亮等光源直接或间接光辐射的结果。光辐射是属于一定波长范围内的一种电磁辐射波，在电磁波谱中光波位于 X 射线和微波（超短无线电波）之间。

当然，人类的视觉功能有限，仅能感知光辐射频谱范围中很窄的一个小范围，这个频谱区域称为可见光谱，如图 3-2-1 所示。

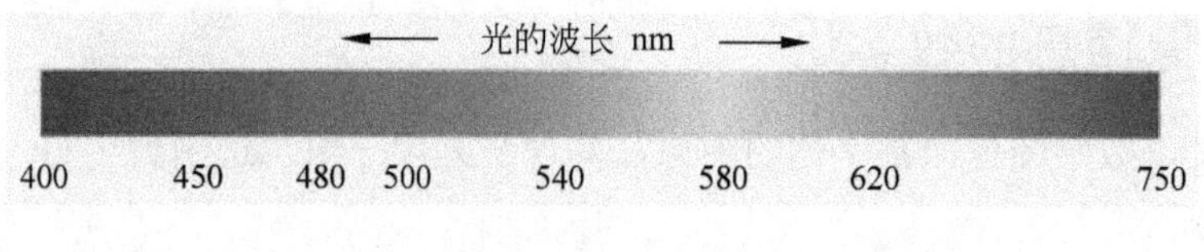

图 3-2-1　可见光谱

在可见光谱范围内，不同波长的辐射将引起人的不同颜色感觉，单一波长的光表现为一种颜色，称为单色光。人们熟悉的“红橙黄绿青蓝紫”7 种颜色波长如下：700nm（红）、600nm（橙）、580nm（黄）、510nm（绿）、490nm（青）、470nm（蓝）、400nm（紫）。低于红光频率的光便是人们熟悉的“红外线”，遥控器认识、雷达认识、人类同样认识，只是人眼不能感知而已。高于紫光频率的光称为“紫外线”，是一种让女生敬而远之的辐射。

颜色信息通过人眼传递到大脑后会对神经产生影响，会给你带来高兴、愉快、舒适、郁闷等不同的感受。此外，这种感受还会因不同的文化背景而不同，如东方文化中红色代表喜庆，而西方文化中红色代表愤怒和恐惧。研究表明，世界上最受欢迎的颜色是蓝色，或许这正是“全是蓝瓶的”广告语的创意来源。

习惯上，色彩总是用亮度、色调和饱和度来描述。亮度、色调和饱和度是彩色的基本参数。亮度是光作用于人眼时所引起的明亮程度的感觉，它与被观察物体、光源及人的视觉特性有关。色调是指当人眼看一种或多种波长的光时所产生的彩色感觉，它反映颜色的种类，是决定颜色的基本属性。饱和度是指颜色的纯度，即掺入白光的程度，或者说是指颜色的深浅程度。对于同一色调的彩色光，饱和度越深，颜色越鲜艳，或者说颜色越纯。

饱和度和色调统称色度，亮度、色度是颜色的基本参数，颜色本身依旧是可用频率、幅度表示的物理信号。

伴随着现代科技的发展，人们对色彩已有充分认识，懂得当电子从较高的能级向较低的能级运动时，原子会发出唯一颜色的光。虽然无法利用电子束运动产生整个可见光谱，但可利用电子束运动产生几种标准光而后通过配色来仿真实现自然界的色彩。

事实证明，自然界的常见颜色均可用红（R）、绿（G）、蓝（B）三种颜色的组合来表示。也就是说，绝大多数颜色均可以分解为红（R）、绿（G）、蓝（B）三种颜色分量，这就是色度学的最基本原理——三基色原理。运用三基色，虽然不能完全展示原景物辐射的全部光波成分，却能获得与原景物相同的彩色感觉。

虽然人眼对红、绿、蓝 3 种颜色光十分敏感，调整这 3 种颜色的组合可为人眼和大脑识别并获得相应色彩的感觉，但它毕竟不是自然光，因此，现代的色彩实现技术准确地说只是一种色彩心理学。

由光学基础知识知，对无源物体，物体的颜色由物体吸收哪些光波决定。对有源物体，物体的颜色由物体产生哪些光波决定。如白色物体，它对任何颜色均不吸收，故为白色。

根据上面的原理，结合红、绿、蓝三基色配色方法，人们采用加性方法或减性方法设计实现了各种色彩设备。

电视机、显示器等属于有源物体，采用加性方法实现彩色，即通过组合红、绿、蓝 3

种光源来形成彩色。具体实现时，在显示器荧光屏的背面涂满了在电子束击打时能分别发出红、绿、蓝 3 种光的化学物点，这样的 3 个物点排列成 1 组，利用它们的组合产生颜色。印刷品属于无源物体，彩色打印机采用减性方法实现对印刷品颜色的印刷，即通过涂料或墨水这样的媒质吸收（减去）色谱中的部分颜色来形成颜色。采用加性方法或减性方法形成的颜色便是本书中计算机化的颜色。

3.2.3　计算机中的常用彩色模式

1．RGB 彩色模式

按照三基色原理，国际照明委员会（CIE）选用了物理三基色进行配色实验，并于 1931 年建立了 RGB 计色系统。红（R）、绿（G）、蓝（B）称为物理三基色，它们的波长为 700nm（R）、546.1nm（G）、435.8nm（B）。RGB 也就成为颜色的基本计量参数。

RGB 彩色模式是指用红（R）、绿（G）、蓝（B）物理三基色表示颜色的方法，这是彩色最基本的表示模型。在计算机中，有 RGB5:5:5 方式和 RGB8:8:8 方式。在 RGB8:8:8 方式中，R、G、B 三个分量分别用 8 位二进制数表示，如（192、192、192）表示银灰色，（0、0、0）表示黑色。

2．YUV 彩色空间

虽然电视机、显示器等显示设备采用 RGB 加性颜色方法实现彩色，但在彩色电视中，由于要与黑白电视系统兼容，也就是说在制作、发射中必须捎带发射黑白信号。因此，虽然彩色摄像机最初得到的是 RGB 信号，但在彩色电视 PAL 制式中，没有采用国际照明委员会（CIE）推荐的 RGB 配色法，而采用 YUV 配色法。其中，Y 为亮度信号，U、V 为两个色差信号。

根据 RGB 计色系统原理，RGB 信号可转换为亮度信号，其转换公式如下：

$$Y = 0.3R + 0.59G + 0.11B \tag{3-2-1}$$

U、V 为两个色差信号可由上式推算出来，具体如下：

$$\begin{aligned} R - Y &= 0.70R - 0.59G - 0.11B \\ B - Y &= -0.3R - 0.59G + 0.89B \\ G - Y &= -0.3R + 0.41G - 0.11B \end{aligned} \tag{3-2-2}$$

对式（3-2-2），显然只有两个分量是独立的，故在彩色电视系统中，只传送 Y、$(R-Y)$、$(B-Y)$ 3 个分量。由于人眼对亮度的敏感程度强于色度信号，在实际传送时，我们总是压缩 $(R-Y)$、$(B-Y)$ 两个分量，压缩后的 $(R-Y)$、$(B-Y)$ 两个分量用 U、V 表示。

$$U=0.493(B-Y) \tag{3-2-3}$$

$$V=0.877(R-Y) \tag{3-2-4}$$

于是，RGB 到 YUV 的转换公式如下：

$$\begin{bmatrix} Y \\ U \\ V \end{bmatrix} = \begin{bmatrix} 0.3 & 0.59 & 0.11 \\ -0.15 & -0.29 & 0.44 \\ 0.61 & -0.52 & -0.09 \end{bmatrix} \times \begin{bmatrix} R \\ G \\ B \end{bmatrix} \tag{3-2-5}$$

3．YIQ 彩色空间

NTSC 制式采用 YIQ 彩色空间，其中，Y 为亮度信号，I、Q 为两个色差信号。YIQ 彩色空间和 YUV 彩色空间可以相互转换。I、Q 和 U、V 之间的关系可表示为：

$$\begin{aligned} I &= V\cos 33° - U\sin 33° \\ Q &= V\sin 33° + U\cos 33° \end{aligned} \quad (3\text{-}2\text{-}6)$$

RGB 到 YIQ 的转换公式如下：

$$\begin{bmatrix} Y \\ I \\ Q \end{bmatrix} = \begin{bmatrix} 0.3 & 0.59 & 0.11 \\ 0.6 & -0.28 & -0.32 \\ 0.21 & -0.52 & 0.31 \end{bmatrix} \times \begin{bmatrix} R \\ G \\ B \end{bmatrix} \quad (3\text{-}2\text{-}7)$$

【例 3-2-1】 有如下 RGB 彩色空间按行排列的三个颜色点，请转换为 YUV、YIQ 空间。

$$\begin{bmatrix} 200 & 200 & 200 \\ 100 & 100 & 100 \\ 150 & 150 & 150 \end{bmatrix}$$

解：

（1）由于 RGB 彩色空间三个颜色点是按行排列的，故可先将 RGB 到 YUV 空间的转换公式写成按行排列的公式：

$$\begin{bmatrix} Y & U & V \end{bmatrix} = \begin{bmatrix} R & G & B \end{bmatrix} \times \begin{bmatrix} 0.3 & -0.15 & 0.61 \\ 0.59 & -0.29 & -0.52 \\ 0.11 & 0.44 & -0.09 \end{bmatrix} \quad (3\text{-}2\text{-}8)$$

（2）转换过程写成矩阵如下：

$$\begin{bmatrix} Y & U & V \end{bmatrix} = \begin{bmatrix} 200 & 200 & 200 \\ 100 & 100 & 100 \\ 150 & 150 & 150 \end{bmatrix} \times \begin{bmatrix} 0.3 & -0.15 & 0.61 \\ 0.59 & -0.29 & -0.52 \\ 0.11 & 0.44 & -0.09 \end{bmatrix}$$

（3）结果如下：

$$\begin{bmatrix} 200 & 0 & 0 \\ 100 & 0 & 0 \\ 150 & 0 & 0 \end{bmatrix}$$

（4）转换到 YIQ 空间。

① 先将 RGB 到 YIQ 空间的转换公式写成按行排列的公式：

$$\begin{bmatrix} Y & U & V \end{bmatrix} = \begin{bmatrix} R & G & B \end{bmatrix} \times \begin{bmatrix} 0.3 & 0.6 & 0.21 \\ 0.59 & -0.28 & -0.52 \\ 0.11 & -0.32 & 0.31 \end{bmatrix} \quad (3\text{-}2\text{-}9)$$

② 转换过程写成矩阵如下：

$$\begin{bmatrix} Y & U & V \end{bmatrix} = \begin{bmatrix} 200 & 200 & 200 \\ 100 & 100 & 100 \\ 150 & 150 & 150 \end{bmatrix} \times \begin{bmatrix} 0.3 & 0.6 & 0.21 \\ 0.59 & -0.28 & -0.52 \\ 0.11 & -0.32 & 0.31 \end{bmatrix}$$

③ 结果如下：

$$\begin{bmatrix} 200 & 0 & 0 \\ 100 & 0 & 0 \\ 150 & 0 & 0 \end{bmatrix}$$

4．CMYK 彩色模式

印刷业采用 CMYK 彩色模式实现彩色，其中 C 表示青色，M 表示品红，Y 表示黄色，K 表示黑色。由于打印纸本身不发光，只能靠油墨的吸收与反射产生色彩，而 C、M、Y 三种颜色不能产生纯黑色，为此引入了黑色油墨。

此外，计算机中还有 Lab 模式、灰度模式、位图模式等多种彩色模式，请读者参考相关书籍。

3.2.4　像素阵列的组织

在计算机中，组织编排像素阵列的具体方式有多种，形成了许多极为流行的图像文件格式。像素本质上是一个最基本的颜色块，可采用不同的彩色空间来表示该颜色块。下面以 Windows 位图为例介绍像素阵列的组织编排方法，主要有两种：调色板位置码法和直接法。

1．调色板位置码法

在计算机中，一般采用 RGB 彩色空间表示颜色。具体实现上，有 RGB5:5:5 方式和 RGB8:8:8 方式。也就是说，直接用颜色信息表示像素需要 2～3 个字节。可见，图像信息量大，直接用原始颜色信息存储无疑要增大图像文件的存储空间，将大大增加系统开销。

在计算机中，图像文件按颜色数可分为 2 色、16 色、256 色、64K 增强色、24 位真彩色等类型。对 2 色、16 色、256 色图像，从颜色数的信息角度来看，一个字节可用来表示 8 个 2 色图像、2 个 16 色图像或 1 个 256 色图像像素。如果直接用原始颜色信息存储，则无论对 2 色、16 色还是 256 色图像，表示一个像素需要 2～3 个字节，这无疑更增大了图像文件的存储空间，增加了系统开销，通过引入调色板可较好解决上面的不足。

所谓调色板是指在图像文件中增加一个区域，用于专门存储该图像所使用的颜色的原始 RGB 信息。这样，实际组织编排像素阵列时，不直接存储像素所代表颜色的原始 RGB 信息，而采用它在调色板中的位置码来代替其原始 RGB 信息。

显然，通过引入调色板，实际图像数据中的一个字节可表示 8 个 2 色图像、2 个 16 色图像或 1 个 256 色图像像素，减少了图像文件的存储空间。

2．直接法

调色板位置码法增加了存储调色板的附加开销。在实际使用中，在调色板中存储一个颜色的原始 RGB 信息一般使用 4 个字节，这样，对 256 色及以下图像，存储调色板的附加开销不超过 1KB。对绝大多数图像文件来说，这个附加开销是微不足道的。

对 256 色以上图像，由于系统使用颜色数很多，存储调色板的附加开销将非常巨大。以相对较小的 64K 增强色图像为例，假定存储一个颜色的原始 RGB 信息只使用 2 个字节，这样，对 64K 增强色图像，存储调色板的附加开销为 128KB。对 24 位真彩色图像，假定存储一个颜色的原始 RGB 信息只使用 3 个字节，存储调色板的附加开销为 48MB。显然，存储调色板的附加开销非常巨大，不仅没有减少图像文件的存储空间，反而甚至成百上千倍地增加图像文件的存储空间。所以，对 256 色以上图像，不适合用调色板位置码法组织编排像素阵列。

对 256 色以上图像，由于系统使用颜色数很多，存储调色板的附加开销将非常巨大，一般直接用原始颜色信息的方法组织编排像素阵列。

综上可归纳图像在计算机中实现的一般方法如下：图像在计算机中的实现是通过扫描将空间图像转换为像素阵列，用 RGB 彩色空间表示像素，并用图像文件方式组织编排像素阵列来实现的。

3.2.5 图像文件存储空间大小分析

在计算机中，图像表现为像素矩阵，该矩阵可用图像的宽度、高度来描述。由上一小节知，一个字节可表示 8 个 2 色图像、2 个 16 色图像或 1 个 256 色图像像素，对 24 位真彩色图像，直接存储原始 RGB 信息，即用 3 个字节表示一个像素。由此可归纳出 2 色、16 色、256 色、24 位真彩色图像未压缩时所占存储空间的通用计算公式：

$$\text{存储空间}=\frac{\text{宽度}\times\text{高度}\times\text{表示一个像素的二进制位数}}{8} \qquad (3\text{-}2\text{-}10)$$

由上式，可知一幅 1024×768 的 24 位真彩图像所需的基本存储空间为：

$$\frac{1024\times 768\times 24}{8}=2.25\text{MB}$$

必须指出的是，上面所说的存储空间仅是存储图像像素阵列数据所占的存储空间，实际的图像文件除存储像素阵列数据外，尚需存储格式数据，256 色及其以下图像还需存储调色板信息，具体请参考下一节的内容。

3.2.6 图像与图形的区别

在计算机中，图形与图像是两个不同的概念，二者是有区别的：图形即矢量图，指用计算机结合某种算法绘制的画面，如直线、圆、任意曲线等。图像则是指由输入设备捕捉的实际场景画面或以数字化形式存储的任意画面的像素矩阵。

虽然图形与图像仅从其外部表象上看二者具有许多相似之处，然而，二者在内部存储、处理算法与技术上存在着较大差异。从存储结构上，图像一般采用点阵形式存储，或者说将一幅图像按照一定的顺序依次存储。因此，从存储结构上看，图像是一个随机场的格式。在实际使用上，图像格式多种多样，如 GIF、TIF、TGA、BMP、PCX、JPEG 等均为流行的图像文件格式。

在存储结构上，图形一般采用特征、属性、参数的模型。将一幅图形分解为类似点、直线、圆等基本元素，并用属性、参数等基本表象作为它们的基本存储属性来保存。因此，图形文件一般占较少的存储空间，图像文件则占很大的存储空间。

由于二者在存储结构上的差异，导致二者在计算机显示、处理上的差异。在计算机显示上，由于图像的存储结构与计算机显示结构一致，因此，计算机显示图像时采用位图块拷贝。对图形显示，需要计算机依照特定的算法生成。因此，计算机显示图形与显示图像相比，其过程要复杂得多。图形的显示速度也没有图像显示速度快。

图形可用数据结构、数据模型描述，而图像一般情况下只能把它当成随机场。因此，二者在处理方法、算法上也存在着较大差异。

对图形而言，其关键算法主要有：图形数据结构研究、计算机自动造型、参数化设计等。对图像而言，其关键算法主要有：图像的压缩与编码、图像的恢复与重建、图像的解释与识别、计算机视觉等。

就其原理而言，图形为矢量图，图像为点阵图。随着图像的解释与识别技术的发展，在许多情况下，人们往往将图像转换为图形，如汉字识别、面部特征自动识别等。而在三维图形造型上，在三维图形构造时也总是采用图像信息的描述方法。随着计算机技术的进一步发展，可以肯定，图形与图像的差异越来越小。因此，现在人们已不过多强调矢量图与点阵图的差异，而更看重二者之间的联系。

3.2.7 常见图像文件格式

1. GIF 格式

GIF 格式是 Compu-Serve 公司在 1987 年 6 月为了制订彩色图像传输协议而开发的文件格式。它是一种压缩存储格式，采用 LZW 压缩算法，压缩比高，文件占存储空间小。早期 GIF 格式图像只支持黑白、16 色、256 色图像。现在，其调色板支持 16M 颜色，因而也可以说现在的 GIF 格式支持真彩色。

GIF 格式图像压缩效率高，解码速度快，且支持单个文件的多帧图像，文件占存储空间小，常用于网络彩色图像传输。由于它支持单个文件的多帧图像，因此也称为 GIF 动画。GIF 动画是目前广为流行的 Web 网页动画的最基本的形式之一。

2. PCX 格式

PCX 格式图像是 Z-soft 公司为存储 PC Paintbrush 软件包产生的图而建立的图像文件格式。PCX 文件格式较简单，使用游程长编码（RLE）方法进行压缩，压缩比适中，压缩与解压缩速度都比较快，支持黑白、16 色、256 色、灰度图像，但不支持真彩色。

由于 PCX 格式图像文件开发较早，应用较多，因此，以 PCX 格式存储的图像到处都有，而且为软件市场广泛接受。这样一来，PCX 格式图像便成了事实上的图像文件的标准格式，成为微机上使用最广泛的图像格式之一。而今，绝大多数开发系统均支持 PCX 格式图像文件。

3. TIFF 格式

TIFF 格式是由 Aldus 和 Microsoft 公司为扫描仪和台式计算机出版软件开发的文件格式，支持黑白、16 色、256 色、灰度图像以及 RGB 真彩色图像等各种图像规格。

TIFF 格式是工业标准格式，分成压缩和非压缩两大类。TIFF 格式文件为标记格式文件，便于升级，随着工业标准的更新，各种新的标记不断出现。因此，生成一个 TIFF 格式文件是相当容易的事情，而完全读取全部标记则是相当困难的事情。现在常用的 TIFF 格式是 TIFF 6.0。

4. BMP 格式

BMP 格式是 Microsoft 公司 Windows 操作系统使用的一种图像格式文件。它是一种与设备无关的图像格式文件，支持黑白、16 色、256 色、灰度图像以及 RGB 真彩色图像等各种图像规格。支持代码方法、直接法组织编排像素阵列，随着 Windows 操作系统的进一步应用，BMP 格式应用越来越广。

由于 BMP 格式是 Microsoft 公司的 Windows 操作系统使用的一种图像格式文件，Windows 操作系统为其提供了强大的编程支持，在绝大多数开发系统中均可直接调用 Windows API 函数对 BMP 位图进行编程与开发，是继 PCX 图像文件格式之后最为广泛支持的图像文件格式之一，是目前图像编程与开发的基本图像文件格式。

5. JPEG 格式

JPEG 格式图像是联合图像专家小组（Joint Photographic Experts Group）制订的 JPEG 标准中定义的图像文件格式。JPEG 算法是一个适用范围广泛的国际标准，是一个已经产品化了的国际标准，支持黑白、16 色、256 色、灰度图像以及 RGB 真彩色图像等各种图像规格。

JPEG 算法压缩效率高，解压缩速度快，是 MPEG 算法的基础，是动态视频的基础算法。

3.2.8 计算机图像处理的常见方法

随着科学技术的不断发展及人们生活水平的不断提高，人们对图像的要求也越来越高，如何把原始图像与图像处理技术结合起来，创作出更加完美的图像，成为人们新的需求。计算机图像处理已经成为一门新的学科，受到各行各业的广泛关注。下面介绍计算机图像处理的常用方法。

1. 图像变换

由于图像阵列很大，若直接在空间域中进行处理，则计算量很大，处理效果差。因此，在利用计算机对图像进行处理时，往往采用傅里叶变换、沃尔什变换、离散余弦变换等方法对原始图像数据进行变换，从而将空间域的处理转换为变换域处理。

2. 图像编码压缩

图像编码压缩技术可减少描述图像的数据量（即比特数），以便节省图像传输、处理时间和减少所占用的存储器容量。图像压缩与解压缩一直是计算机图像处理的主要研究方向，如何提高图像的压缩率而不明显影响图像恢复质量是计算机图像学的主要研究课题。

3. 图像增强和复原

图像增强和复原的目的是为了提高图像的质量，如去除噪声、提高图像的清晰度等。图像复原要求调研图像降质的原因，根据降质原因建立“降质模型”，再采用某种滤波方法，恢复或重建原来的图像，使发黄的相片重现原貌，这也必然为考古研究、文物保护提供更多的思索空间。图像增强主要是突出图像中所感兴趣的部分，如强化图像高频分量，突出人像中的人脸部分等，可使图像中物体轮廓清晰，细节明显。

4. 图像分割

图像分割是数字图像处理中的关键技术之一。图像分割是将图像中有意义的特征部分提取出来，其有意义的特征有图像中的边缘、区域等，这是进一步进行图像识别、分析和理解的基础。虽然目前已研究出不少边缘提取、区域分割的方法，但还没有一种普遍适用于各种图像的有效方法。因此，对图像分割的研究还在不断深入之中，是目前图像处理中研究的热点之一。

5. 图像描述

图像描述是图像识别和理解的必要前提。作为最简单的二值图像，可采用其几何特性描述物体的特性。一般图像的描述方法采用二维形状描述，它有边界描述和区域描述两类方法。对于特殊的纹理图像，可采用二维纹理特征描述。随着图像处理研究的深入发展，目前已经开始进行三维物体描述的研究，提出了体积描述、表面描述、广义圆柱体描述等方法。

6．图像识别

图像识别属于模式识别的范畴，其主要内容是图像经过某些预处理（增强、复原、压缩）后，进行图像分割和特征提取，从而进行判决分类。受理论研究、计算机技术方面的限制，图像内容识别目前主要集中在文字识别，如汉字识别等方面。

3.2.9　数字图像水印

21 世纪是知识化的时代，知识产权的保护受到国际社会的广泛关注，产权化的知识作为最重要的生产要素和财富资源，将成为企业竞争力乃至国家核心竞争力的集中表现，也将成为国家安定团结、国与国之间友好共赢的重要因素。

伴随着数字技术和互联网络技术应用的进一步深入，各类数字媒体通过互联网络发布并传播，由网络知识产权侵权问题而产生的法律纠纷频繁发生，多媒体数字作品的版权保护与信息完整性保证逐渐成为迫切需要解决的一个重要问题。

解决上述问题的一个先决条件是多媒体数字作品的认证问题。传统上，一般采用密码技术保护数字作品。密码技术虽然能较好地保护传输中的内容，却无法解决当信息被接收并进行解密后的保护问题。数字图像水印的基本思想是在数字图像、音频或视频中嵌入信息，以便保护数字产品的版权、证明产品的真实可靠性。近年来，数字图像水印技术作为多媒体作品的版权保护和内容认证的有力工具一直受到国内外学者的广泛关注。根据水印是否可见，数字图像水印包括可见水印及不可见水印 2 种类型。

可见水印的特点是有目的地使所嵌入的水印信息为观察者所见，因此特别适合于标识版权，用于防止或阻止非法使用受版权保护的高质量图像，某些特定的水印信息往往还能起到广告的效应。

考虑到可见水印的这些特点，有一些媒体制作者，将他们的作品发布到互联网，目的是和网友分享信息，但他们都希望能够标识出版权所有者，因此希望在图片中嵌入具有特殊标识的水印信息，同时也起到了宣传他自己的作用。还有一些媒体制作者，他们希望利用互联网出售他们的媒体作品，他们将作品嵌入可见水印再放到网页中宣传，用户可以直接下载含水印的作品，但若用户对原始作品感兴趣，由于水印很难被去除，因此必须支付一定的费用向所有者购买。

本书主编开发的数字图像水印网络应用系统具有可见水印添加功能，可通过互联网访问该网络（http://dgdz.ccee.cqu.edu.cn/watermark/default.aspx）实现数字图像可见水印的添加，支持图片中感兴趣的重点区域自适应嵌入可见水印，嵌入的水印对原始彩色图像的影响较小并且很难被去除，适合于显式标识数字图像版权。实验原理、测试数据及测试结果如图 3-2-2、图 3-2-3 所示。

（a）原始彩色图像

（b）水印图像 1

（c）水印图像 2

图 3-2-2　实验图像

（a）直接嵌入效果图

（b）感兴趣区域效果图

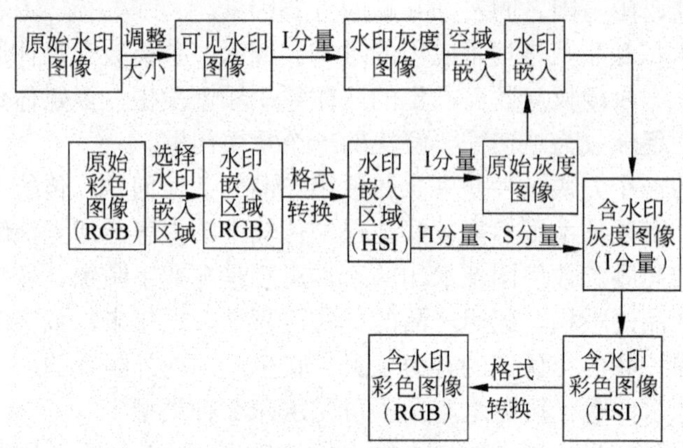

（c）可见水印添加的实现方法

图 3-2-3　实验原理及测试结果

该系统还支持不可见水印的在线添加、检测与去除，其添加方法如图 3-2-4 所示。

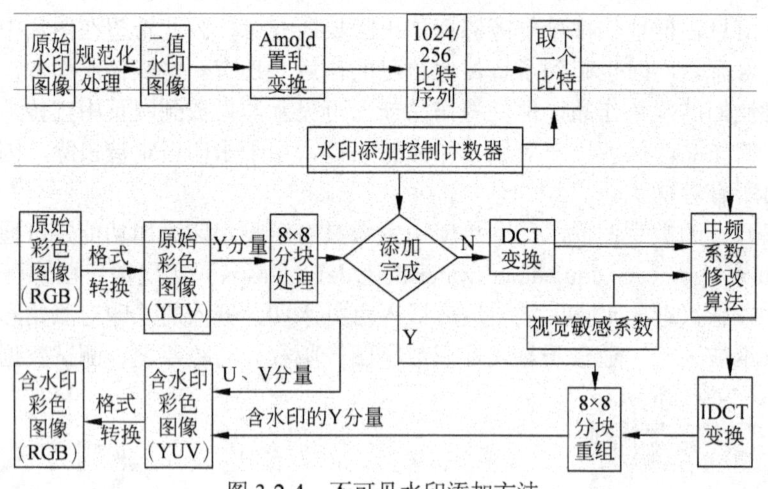

图 3-2-4　不可见水印添加方法

3.3　BMP 图像格式分析及应用

BMP 格式是 Microsoft 公司 Windows 操作系统使用的一种图像格式文件。它是一种与设备无关的图像格式文件，支持黑白、16 色、256 色、灰度图像以及 RGB 真彩色图像等各种图像格式。在绝大多数开发系统中均可直接调用 Windows API 函数对 BMP 位图进行编程与开发，BMP 是目前图像编程与开发的基本图像文件格式之一。本节将详细分析 BMP 格式文件及应用。

3.3.1　BMP 文件结构

BMP 是一种与设备无关的图像格式，其格式包括文件头、信息块、图像数据三个部分，如图 3-3-1 所示。

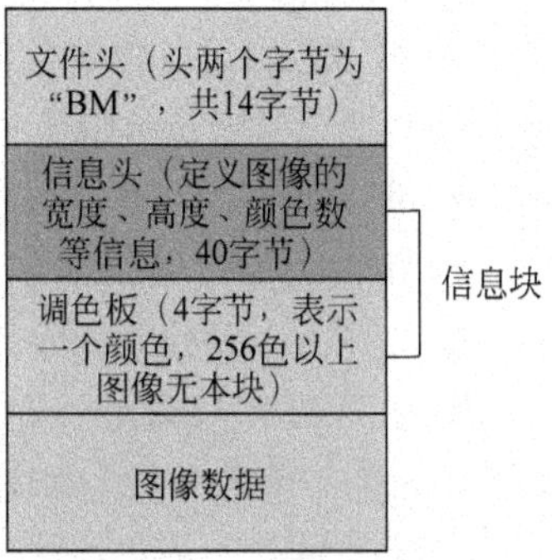

1. BMP 文件文件头

其 C 语言结构定义如下：

```
typedef  struct  tagBITMAPFILEHEADER {
        WORD    bfType;
        DWORD   bfSize;
        WORD    bfReserved1;
        WORD    bfReserved2;
        DWORD   bfOffBits;
} BITMAPFILEHEADER;
```

文件头（头两个字节为“BM”，共14字节）	
信息头（定义图像的宽度、高度、颜色数等信息，40字节）	信息块
调色板（4字节，表示一个颜色，256色以上图像无本块）	信息块
图像数据	

图 3-3-1　BMP 文件结构

具体解释如下：

- bfType 为 BMP 文件的头两个字节，为 BMP 文件标志，其值为“BM”。
- bfSize 占 4 个字节，为 BMP 文件实际数据长度，其值为该文件实际长度。
- bfReserved1、bfReserved2 共占 4 个字节，为 BMP 文件保留字节。
- bfOffBits 占 4 个字节，为 BMP 文件图像数据的起始偏移。

综合以上分析结果，BMP 文件文件头占 14 字节。

2. BMP 文件信息块

其 C 语言结构定义如下：

```
typedef struct tagBITMAPINFO {
    BITMAPINFOHEADER    bmiHeader;
    RGBQUAD            bmiColors[];
} BITMAPINFO;
```

从上面结构我们可以看出，BMP 文件信息块包括两个部分：第一部分为“BITMAPINFOHEADER bmiHeader”，为 BMP 文件信息头，具体定义 BMP 文件的各种信息，如图像宽度、高度、颜色数等，其 C++ 语言结构定义如下：

```
typedef struct tagBITMAPINFOHEADER {
    DWORD   biSize;                 //本信息头长度，占 4 个字节，值为 40
    LONG    biWidth;                //图像宽度，占 4 个字节
    LONG    biHeight;               //图像高度，占 4 个字节
    WORD    biPlanes;               //位平面数，占 2 个字节宽度，值为 1
    WORD    biBitCount;             //每像素所占位数，占 2 个字节宽度
    DWORD   biCompression;          //压缩方式
    DWORD   biSizeImage;            //每像素所占字节数
    LONG    biXPelsPerMeter;        //目标设备水平分辨率，占 4 个字节
```

```
    LONG    biYPelsPerMeter;        //目标设备垂直分辨率，占 4 个字节
    DWORD   biClrUsed;              //调色板颜色数，占 4 个字节
    DWORD   biClrImportant;         //调色板重要颜色数，占 4 个字节
} BITMAPINFOHEADER;
```

进一步解释如下：

- biPlanes，目标设备为位平面数，占 2 个字节，值必须为 1。
- biBitCount，每像素所占位数，值为 1，4，8，24。
- biCompression，压缩方式，值为 BI_RGB（对应的数值为 0）表示不压缩，值为 BI_RLE8（对应的数值为 1）表示 RLE8 行程压缩方式，值为 BI_RLE4（对应的数值为 2）表示 RLE4 行程压缩方式。
- biSizeImage，每像素所占字节数，当压缩方式为 BI_RGB 时，值可为 0。
- biClrUsed，调色板颜色数，值为 0 值表示使用与 biBitCount 相适应的颜色数。

综上所述，BMP 文件文件头和文件信息头总长度为 54（不含调色板）。

BMP 文件信息块另一部分为“RGBQUAD bmiColors[]”，为 BMP 文件调色板的结构定义，其单个颜色 C++ 语言结构定义如下：

```
typedef struct tagRGBQUAD {
    BYTE    rgbBlue;            //物理三基色 B 值
    BYTE    rgbGreen;           //物理三基色 G 值
    BYTE    rgbRed;             //物理三基色 R 值
    BYTE    rgbReserved;        //保留
} RGBQUAD;
```

从上述结构可以看出，在 BMP 格式中，直接存储一个颜色的原始 RGB 值需占用 4 个字节。

3.3.2 BMP 文件分析实例

【例 3-3-1】 以下为光盘中 n3 目录下 3-3-1.bmp 文件的完整内容，效果如图 3-3-2 所示，请分析该图像颜色数、图像宽度、图像高度。

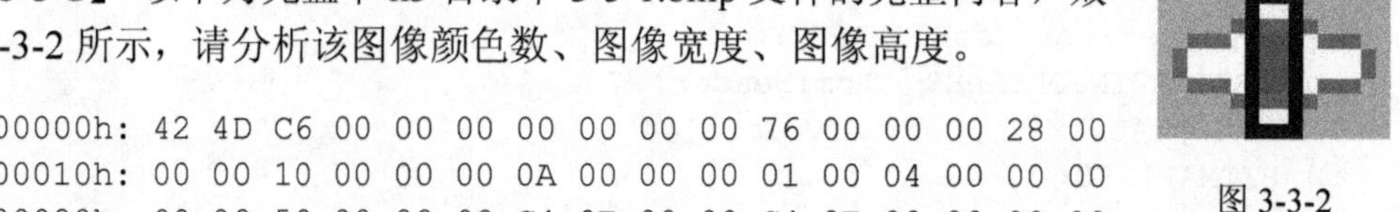

图 3-3-2

```
00000000h: 42 4D C6 00 00 00 00 00 00 00 76 00 00 00 28 00
00000010h: 00 00 10 00 00 00 0A 00 00 00 01 00 04 00 00 00
00000020h: 00 00 50 00 00 00 C4 0E 00 00 C4 0E 00 00 00 00
00000030h: 00 00 00 00 00 00 00 00 00 00 00 00 80 00 00 80
00000040h: 00 00 00 80 80 00 80 00 00 00 80 00 80 00 80 80
00000050h: 00 00 80 80 80 00 C0 C0 C0 00 00 00 FF 00 00 FF
00000060h: 00 00 00 FF FF 00 FF 00 FF 00 FF 00 FF 00 FF FF
00000070h: 00 00 FF FF FF 00 88 88 88 44 44 88 88 88 88 88
00000080h: 88 4F F4 88 88 88 88 88 89 49 94 98 88 88 88 99
00000090h: 9F 46 64 F9 99 88 89 FF FF 46 64 FF FF 98 89 FF
000000a0h: FF 46 64 FF FF 98 88 99 9F 46 64 F9 99 88 88 88
000000b0h: 89 49 94 98 88 88 88 88 88 4F F4 88 88 88 88 88
000000c0h: 88 44 44 88 88 88
```

解：

（1）42 4D 用 ASCII 码表示为“BM”，表示该文件为 Windows 位图文件。C6 00 00 00

为该位图文件实际数据长度，用十进制表示为 198，为该文件实际长度；其后的四个字节 00 00 00 00 为保留字节，76 00 00 00 为该位图文件图像数据的偏移地址，表示实际图像数据从地址 00000076h 开始，即加粗、阴影处的 **88** 为起始图像数据。

（2）28 00 00 00 为该位图文件信息头大小，用十进制表示为 40，它表示包含其自身以后的 40 字节为该位图文件信息头。

（3）对照 BITMAPINFOHEADER 定义结构，该位图文件为 16×10×16 图像，即图像宽度为 16（12～15h：10 00 00 00 四字节）、高度为 10（16～19h：0A 00 00 00）、颜色数为 16（biBitCount，1C～1Dh：04 00，每个像素占 4 个二进制位，所以颜色数为 16）。

（4）对 256 色以下图像，采用调色板位置码法组织编排像素，下面简要分析该图像的调色板。

BITMAPINFOHEADER 结构的 biClrUsed 数据为 00 00 00 00，调色板中的颜色信息与 biBitCount 一致，存储了 16 种颜色的原始 RGB 信息。黑体加粗处的 **00 00 00 00** 为 0 号颜色的 RGB 信息，**C0 C0 C0 00** 为 8 号颜色（浅灰色）。

图 3-3-3

分析 0076h 后面的图像数据，8 号颜色被大量使用，对应图片中的背景颜色。若将调色板中的 8 号颜色 **C0 C0 C0 00** 修改为 **00 00 00 00**（黑色），则图片背景由浅灰色变成了黑色，具体如图 3-3-3 所示。

【例 3-3-2】 以下为光盘中 n3 目录下 3-3-3.bmp 文件的部分内容，效果如图 3-3-2 所示，请分析该图像颜色数、图像宽度、图像高度等。

```
00000000h: 42 4D 16 02 00 00 00 00 00 00 36 00 00 00 28 00
00000010h: 00 00 10 00 00 00 0A 00 00 00 01 00 18 00 00 00
00000020h: 00 00 E0 01 00 00 C4 0E 00 00 C4 0E 00 00 00 00
00000030h: 00 00 00 00 00 00 C0 C0 C0 C0 C0 C0 C0 C0 C0
           C0 C0 C0 C0 C0 C0 C0 C0 C0 80 00 00 80 00 00
           80 00 00 80 00 00
```

解：

（1）42 4D 用 ASCII 码表示为“BM”，16 02 00 00 为该位图文件实际数据长度，用十进制表示为 534，为该文件实际长度；36 00 00 00 为该位图文件图像数据的偏移地址，表示实际图像数据从地址 00000036h 开始，即加粗、阴影处的 **C0 C0 C0** 为起始图像数据。

（2）对照 BITMAPINFOHEADER 定义结构，该位图文件为 16×10×24 图像，即图像宽度为 16（12～15h：10 00 00 00 四字节）、高度为 10（16～19h：0A 00 00 00）、颜色数为 2^{24}（biBitCount，1C～1Dh：18 00，每个像素占 24 个二进制位，所以颜色数为 2^{24}）。

（3）对 256 色以上图像，采用直接法组织编排像素，因此，该文件没有调色板，信息头后面的数据为实际图像数据，用三个字节表示 1 个像素，按照蓝、绿、红的顺序存储，即题中下划线上的一组数据对应图像中 1 个像素的颜色信息。

对照例 3-3-2 与例 3-3-1 中的图像数据，若例 3-3-2 中的像素原始 RGB 信息改用例 3-3-1 中的调色板位置码表示，则题中带下划线的所有数据为：88 88 88 44。

事实上，n3 目录下 3-3-3.bmp 文件为用画笔软件打开 n3 目录下 3-3-1.bmp 文件后另存为 24b 的 3-3-3.bmp 获得的。

3.3.3 BMP 文件开发概述

Windows 操作系统是一个多任务操作系统，其显示器基本工作方式是图形方式，通过选择图标完成命令的输入。在 Windows 中，系统定义了 GDI (Graphics Device Interface)接口，专门负责图形、图像程序设计。为方便程序开发，Windows 为每一个要进行图像应用的程序定义了一个 DC（Device Contexts），DC 是该图像应用程序的诸如颜色、分辨率等的基本图像属性参数的环境块。通过 GDI 接口、DC 块，可方便开发图像处理程序。

BMP 文件是 Microsoft 公司为 Windows 操作系统定义的一种图像文件格式，Windows 操作系统对其提供了强大的支持，主要体现在以下几方面。

（1）BMP 文件直接访问

Windows 操作系统支持 BMP 文件的直接访问，具体操作通过 LoadBitmap 函数完成。LoadBitmap 函数定义格式如下：

```
HBITMAP LoadBitmap(hinst, lpszBitmap)
HINSTANCE hinst;          /* 应用程序句柄*/
LPCSTR lpszBitmap;        /* BMP 文件名*/
```

（2）位图的显示

Windows 操作系统支持设备无关及设备相关的位图的直接显示。对设备无关的位图文件，其显示参考程序如下：

```
HDC hdc, hdcMemory;
HBITMAP hbmpMyBitmap, hbmpOld;
BITMAP bm;
hbmpMyBitmap = LoadBitmap(hinst, "位图文件 1.BMP");
    //获取位图文件句柄
GetObject(hbmpMyBitmap, sizeof(BITMAP), &bm);
hdc = GetDC(hwnd);                                   //为位图文件申请一个 DC 句柄
hdcMemory = CreateCompatibleDC(hdc);                 //为位图文件创建 DC
hbmpOld = SelectObject(hdcMemory, hbmpMyBitmap);     //保存过去的 DC
BitBlt(hdc, 0, 0, bm.bmWidth, bm.bmHeight, hdcMemory, 0, 0, SRCCOPY);
    //将位图文件拷贝到显示器
SelectObject(hdcMemory, hbmpOld);                    //恢复 DC
DeleteDC(hdcMemory);                                 //删除 DC 句柄
ReleaseDC(hwnd, hdc);                                //释放内存
```

其中，hinst 为该应用程序句柄。

（3）位图的放缩、窗口剪裁、滚动等

Windows 操作系统支持 BMP 文件的放大及缩小，具体操作通过 StretchBlt()函数完成。StretchBlt()函数定义如下：

```
BOOL StretchBlt(hdcDest, nXOriginDest, nYOriginDest, nWidthDest, nHeightDest,
hdcSrc, nXOriginSrc, nYOriginSrc, nWidthSrc, nHeightSrc, dwRop)
HDC hdcDest;          /*  目标 DC 句柄 */
int nXOriginDest;     /* 输出设备左上角 x 坐标（像素） */
```

```
int nYOriginDest;      /* 输出设备左上角 y 坐标（像素）*/
int nWidthDest;        /* 输出设备宽度（像素）*/
int nHeightDest;       /* 输出设备高度（像素）*/
HDC hdcSrc;            /* 源 DC 句柄  */
int nXOriginSrc;       /* 待输出图像左上角 x 坐标（像素）*/
int nYOriginSrc;       /* 待输出图像左上角 y 坐标（像素）*/
int nWidthSrc;         /* 待输出图像宽度 （像素）*/
int nHeightSrc;        /* 待输出图像高度 （像素）  */
DWORD dwRop;           /* 图像复制方式*/
```

窗口剪裁、滚动等操作是 Windows 操作系统窗口的基本功能，这些功能同样适宜于 BMP 位图。

Windows 操作系统对 BMP 位图提供了强大的支持，限于篇幅，此处只对其做了简单概述，详细的讲解请参考相关书籍。

3.4　图像处理大师 Photoshop CS3

理解了图像文件的低级格式，可通过编程获取图像数据，进行相应的处理，以达到特殊应用的要求。必须指出的是，在绝大多数场合，人们总是使用工具软件完成对图像处理的常见操作，目前常用的图像处理软件有 Photoshop、Fireworks 等。下面以 Photoshop CS3 为例介绍图像处理的基础知识。

3.4.1　界面及其特性

从 Photoshop 8 开始，Adobe 把 Photoshop 整合到 Adobe Creative Suite 内，并称其为 Photoshop CS。Adobe Photoshop CS3 即 Photoshop 10，启动界面如图 3-4-1 所示。

Photoshop 从 CS3 开始分为两个版本：常规标准版和支持 3D 功能的 Extended（扩展）版。主要功能有：

- Spot Healing Brush：可处理常用图片问题，如污点、红眼、模糊和变形。
- Smart Objects：允许用户在不失真的情况下测量和变换图片和矢量图等。
- 可创建嵌入式链接复制图，以便一次编辑，更新多张图片。
- 使用新的智能滤镜（使用它可以可视化不同的图像效果）和智能对象（使用它可以缩放、旋转和变形格栅化图形和矢量图形）以非破损方式编辑图像。
- FireWire Previews：可直接输出，支持在电视监控器前浏览。
- 测试创作极限的新工具，如 Vanishing Point 和 Image Warping。
- 重新设计的工作流程，如产品包装发展。
- 流行的文件浏览器更新成 Adobe Bridge，内含一个创作中心，提供多视图浏览方式、流畅的图片综合操作。
- Camera Raw 3.0 工作流程，支持多种初始文件修改，并处理成 JPEG、TIFF、DNG 或 PSD 格式。
- 简化 Photoshop 界面，基于任务的菜单边框，方便用户查找功能。
- Multiple Layer Controls 加快编辑速度。

图 3-4-1　Photoshop CS3 启动界面

3.4.2　菜单与工具箱

1．菜单

Photoshop CS3 包括“文件”、“编辑”等 10 个下拉式菜单，简要解释如下。

“文件”菜单主要用于对文件的加载、存储、打印、格式转换等。如可用“打开”命令打开 1 个图像文件，之后选择“存储为 Web 所用格式”命令将该文件转换为 Web 网页上使用的格式，也可使用“自动”命令运行一组文件或批处理多个 Photoshop 命令。

“编辑”菜单通常用于复制或移动图像的一部分到文档的其他区域或其他文件，包括“撤销”、“剪切”、“复制”、“粘贴”、“自由变换”、“填充”、“描边”、“定义图案”等常见操作，还提供了“颜色设置”等命令为编辑好的图像进行稳定而精确的彩色输出提供了保证。

初学者总是对打开 1 个图像后发现“自由变换”等菜单项不能选择感到困惑。学习了 C 语言的读者不会忘记 C 变量只有先定义才可使用的原则，因此，只有先定义了“自由变换”对象（通过选择图像的某个区域实现）才可应用“自由变换”功能。可类似理解其他编辑功能的应用步骤。

“图像”菜单主要用于对图像文件色彩模式、属性等调整与设置，如将 RGB 文件格式转换成灰度图，然后再从灰度图转换成黑白图，可利用该菜单命令调整图像色彩平衡、亮度、对比度、高亮度、中间色调和阴影区，可利用“复制”、“应用图像”和“计算”等命令产生特效。

“图层”菜单的主要功能是创建、调整、设置图层及其属性。分层处理是 Photoshop 进行图像处理的基础，也是图像处理的工业级的标准，将在后面的内容中进一步学习图层操作及其应用。

“选择”菜单用于选择调整整幅图像或图像的一部分。在 Photoshop 中，要想修改图像的一部分，必须事先将其分离或选择出来，选择出来的部分称为“选区”，包括“取消选择”、“重新选择”、“扩大选区”、“反向”、“变换选区”等命令。通过选择工具建立图像的选区，通过“取消选择”命令取消屏幕上图像的选区；可通过“变换选区”命令来缩放、旋转和斜切选区，还可以通过“保存选区”和“载入选区”命令将选区保存和载入。“选择”菜单的“修改”子菜单命令用于对所选区域进行加边框、平滑、扩展或收缩处理，“羽化”命令使所选区边缘模糊化。

“滤镜”菜单提供了各种各样的滤镜，类似于摄像师的滤镜，用于产生各种特效，可通过“滤镜”子菜单中的滤镜命令，对整幅图像或图像的一部分进行模糊、扭曲、风格化、增加光照效果和增加杂色等处理。

Photoshop 另外的 4 个菜单是“分析”、“视图”、“窗口”、“帮助”。“分析”菜单包含了与测量计算有关的命令。“视图”菜单包含了与图像视图有关的命令，如标尺、参考线、网格等显示隐藏等操作。“窗口”菜单用于显示或隐藏常见工作调板，如可通过该菜单显示隐藏的动画工具调板。

2．工具箱

第一次启动 Photoshop 时，工具箱将出现在屏幕左侧，如图 3-4-2 所示，可通过选取“窗口”→“工具”命令显示或隐藏工具箱。

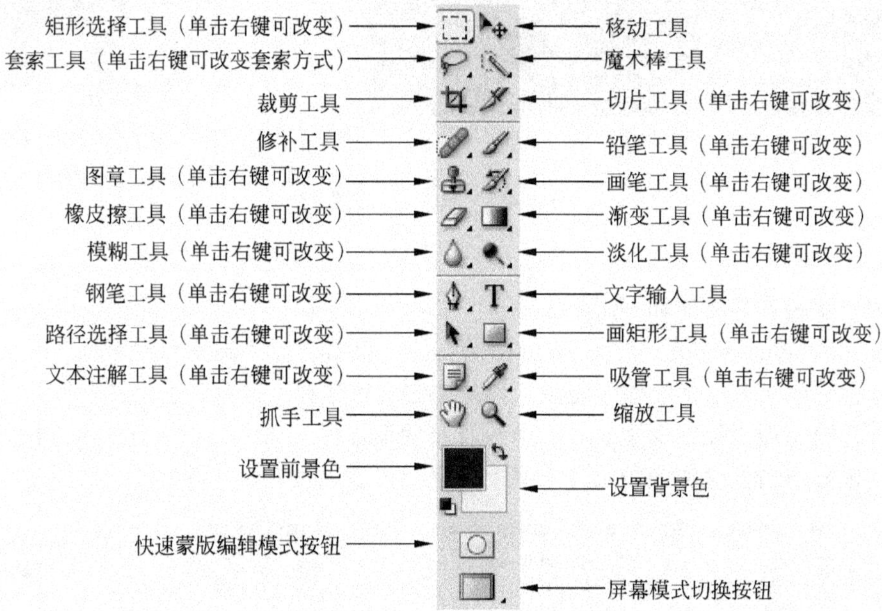

图 3-4-2　Photoshop 工具箱

将鼠标指针放在一个工具上停留几秒钟，会出现一个信息条来显示该工具的名字以及使用键盘选择它需要按下的字母键（如果想关闭此提示，可以选择“编辑”→“首选项”→“常规”命令，然后取消“显示工具提示”选项），可通过按快捷键的方式来选择工具箱中的工具。如果某工具图标右下角有一小三角形，表示该工具图标为工具组，右击可改变该工具，如将鼠标指向画矩形工具，右击并选择“直线”便改变为画直线工具。

依照功能，Photoshop 中的工具大体可分为 4 大类。

1）选择、移动、分割工具

选择工具包括“选框工具”、“套索工具”、“快选工具”3 个工具组，将鼠标指向该工具后右击可改变该工具。

“选框工具”以行、列、矩形框或椭圆等方式选择图像的一部分。“套索”工具用于选取不规则形状的部分图像，包括“多边形套索工具”和“磁性套索工具”。“多边形套索工具”可以通过单击屏幕上的不同点来创建直线多边形选区，每单击一次鼠标，Photoshop 从一个鼠标单击位置到下一个位置之间建立一条闪烁的选线；“磁性套索工具”具有磁性，能自动跟随相近颜色，双击图像窗口的任何位置可结束“磁性套索工具”或“多边形套索工具”。

【例 3-4-1】 利用选择工具结合菜单将如图 3-4-3（a）中的狗抠取出来并单独保存。

（a）原图

（b）抠取后的效果图

图 3-4-3　例 3-4-1 的图 1

解：

完成以上操作的步骤如下。

（1）启动 Photoshop，打开对应的图像文件。单击选择“磁性套索工具”（若初始工具为其他套索工具，将鼠标指向该工具并在右击后选择“磁性套索工具”即可），在工具上方属性栏将出现“磁性套索工具”参数及属性设置栏，选中“添加到选区”图标，防止因中途的鼠标双击误操作导致选择失败，设置羽化参数为 0px，参考效果如图 3-4-4 所示。

文件(F)　编辑(E)　图像(I)　图层(L)　选择(S)　滤镜(T)　Analysis　视图(V)　窗口(W)　帮助(H)
羽化: 0 px　☑消除锯齿　宽度: 10 px　边对比度: 10%　频率: 57　Refine Edge...

图 3-4-4　例 3-4-1 的图 2

（2）适当放大图像，在狗的边沿适当位置单击鼠标设置开始锚点，移动鼠标，将在狗的边沿出现一条虚线，继续移动鼠标，Photoshop 会自动在适当的位置设置锚点，也可以在适当的位置单击鼠标设置锚点，可单击 Delete 按钮或按退格键删除一个中间锚点，继续移动直到完成狗的完整选择。

图 3-4-5　例 3-4-1 的图 3

（3）选择“编辑”→“拷贝”命令，复制选区中的图像到剪贴板；选择“文件”→“新建”命令并确认，在新建的图像文件中，选择“编辑”→“粘贴”命令，将狗复制到新建文件中并保存。

（4）可适当应用“羽化”效果“羽化”狗的边沿。在如图 3-4-5 所示界面，选择“Refine Edge”，在随后的弹出窗口中适当设置羽化半径，如 3px，确定后继续后面的操作。

“移动”工具用于移动选区、图层和参考线。分割工具包括“裁剪”和“切片”。“裁剪”工具裁出图像的一部分，“切片”工具将图像分成许多块。

2）效果编辑工具

效果编辑工具主要有“修复修补工具”、“画笔工具”、“仿制图章工具”、“橡皮擦工具”、“模糊工具”、“减淡工具”、“渐变”等。

“修复修补工具”包括“污点修复画笔”、“修复画笔工具”、“修补工具”和“红眼工具”。“污点修复画笔”可移去污点和对象，“修复画笔工具”和“修补”工具可利用样本或图案绘画以修复图像中不理想的部分，红眼工具可移去由闪光灯导致的眼睛红色反光。

“仿制图章工具”是一种复制工具，它可以将选取的区域通过单击和拖动鼠标的方法一个像素一个像素地复制到任何地方；“橡皮擦工具”使用背景色绘画，它可以擦掉、涂掉图像的一部分从而使透明的背景可以透过图像显示出来。“魔术棒橡皮擦工具”和“背景擦除工具”用于快速删除图像中不想保留的部分。“模糊工具”可以软化图像边缘，“锐化工具”可以显示出更多的细节，“涂抹工具”可以产生水彩效果。“减淡”、“加深”和“海绵”工具用于改变图像的颜色和灰度。“渐变”工具可有选择地创建“线性渐变”、“光线渐变”、“角度渐变”、“反射渐变”或“菱形渐变”效果。

3）绘制及文字工具

Photoshop 绘制工具主要有“钢笔工具”、“直线”、“椭圆”、“矩形”等几何图形绘制工具及“文字工具”。

4）辅助工具

Photoshop 工具栏的辅助工具有“文本注解工具”、“抓手工具”、“吸管工具”和“缩放工具”等。

3.4.3　图像的色彩模式及其校正与调整

1．色彩模式

Photoshop 提供了 8 种色彩模式：位图模式、灰度模式、双色套印模式、RGB 模式、CMYK 模式、多通道模式、索引模式和 Lab 模式。

RGB、CMYK 模式含义同前。位图模式下图像只有黑、白 2 种颜色，占用空间非常小。

灰度模式下图像只有灰度信息，没有彩色信息，8 位图像中最多具有 256 级灰度，类似过去的黑白相片。要将图像变换成位图模式，首先应将图像转换成灰度图像，之后才可转换成位图图像。双色套印模式由灰度模式发展而来，主要用于印刷业，可通过 1～4 种自定油墨颜色来创建单色调（1 种颜色）、双色调（2 种颜色）、三色调（3 种颜色）、四色调（4 种颜色）图像的灰度图像。与位图模式图像类似，要将图像变换成双色套印模式首先应将图像转换成灰度图像。

索引颜色模式可生成最多 256 种颜色的 8 位图像。当图像转换成索引颜色时，在图像文件中创建 1 个颜色查找表用于存储索引图像中使用的颜色，较为节省存储空间，在网页图像文件中经常使用。Lab 模式是目前所有模式中包含色彩范围最广的一种模式，L 指图像的亮度分量，a 指图像的绿色-红色分量，b 指图像的蓝色-黄色分量。

不同的色彩模式下，图像可应用的处理方法可能不同。如一幅只具有 13 种索引颜色的图像，要对其中的某一区域实现从红色到蓝色的渐变是不可能的。此外，虽然在 Photoshop 中进行图像处理时一般没有颜色限制，但实际设备支持的颜色是有限制的，如 CMYK 模式为面向印刷业的一种图像模式，显然，印刷业输出设备并不可能具有将所有颜色输出的能力。IE 浏览器负责 Web 图片的显示，但也可能因为系统显示模式的不同导致有些颜色不支持。

正确设置图像的色彩模式是进行图像处理的第一步。通常的做法是先选择“图像”→“模式”，将色彩模式设置为 RGB 模式，再在图像处理完成后将图像转换成目标设备需要的格式。

2．色彩校正

可利用 Photoshop 对图像的色彩进行校正或调整。Photoshop 的色彩校正工具主要有“减淡”、“加深”和“海绵”3 个工具。“减淡工具”可将图像中暗的区域变亮，“加深工具”可将图像中亮的区域变暗，“海绵工具”可将图像中某个区域颜色的饱和度增加或冲淡。选择这 3 个工具中的 1 个，适当设置工具参数，在需要校正色彩的区域单击鼠标即可完成操作。

“减淡”、“加深”和“海绵”3 个工具主要对图像的局部色彩进行调整，可利用 Photoshop 的“图像”→“调整”子菜单各命令对图像整体色彩进行调整。利用曲线命令调整图像色彩的实例如图 3-4-6 所示。实现方法如下：

启动 Photoshop，打开对应的图像文件，选择“图像”→“调整”→“曲线”命令，将弹出曲线调整对话框，将鼠标指向直线，待光标变成十字后压住鼠标左键并拖动，观察图像预览效果，调整到合适效果后松开鼠标并确认即可。

（a）原图

（b）效果图

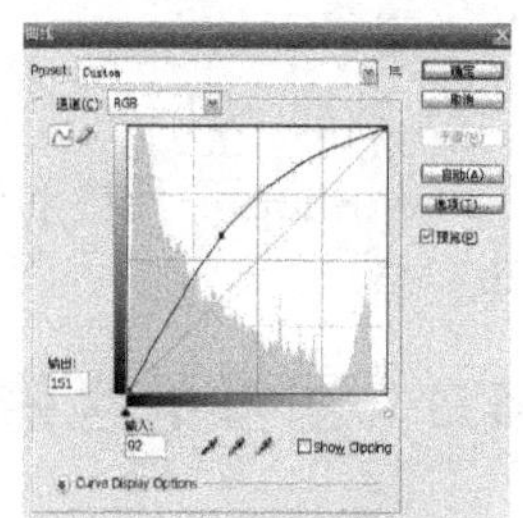

（c）曲线调整图

图 3-4-6 利用曲线命令调整图像色彩

3.4.4　图像的分层处理及相关概念

分层处理是 Photoshop 进行图像处理的基础，也是图像处理的工业级标准。图层允许您在不影响图像中其他图像元素的情况下处理某一图像元素，可以将图层想象成是一张张叠起来的透明纸，可以透过图层的透明区域看到下面的图层。通过更改图层的顺序和属性，可以改变图像的合成效果。另外，调整图层、填充图层和图层样式这样的特殊功能，可用于创建复杂效果。理解图像的分层处理及其相关概念是应用 Photoshop 进行图像处理的基础。

1．图层的特性及其相关操作

在 Photoshop 中，可通过图层面板快速选择层（可通过窗口的显示图层菜单项打开图层面板）。在图层面板中选中图层后，单击图层面板右上角的黑色三角形可打开图层菜单。下面介绍图层的主要特性。

1）编辑特性

使用画图工具、滤镜等对图像进行编辑处理操作时，只能对当前选定的图层进行。编辑一个图层的图像不会对另外图层的图像产生影响。

> **提示：** 在 Photoshop 中，对不同的图像元素，应建立不同的图层，以便于该元素的编辑处理。相应地，要选择某图像元素进行处理，首先应选择图像单元所对应的图层，然后才可进行其他操作。

2）堆叠特性

一个图层类似一张透明纸，一个复杂的图像总是由许多张透明纸堆叠而成。如何将这些透明纸堆叠及堆叠顺序等因素将直接决定图像的最终效果。

3）不透明度与混合特性

可通过设置图层的不透明度使图层中的图像呈半透明状态，可通过设置图层的混合特性实现特殊的图层混合效果。

在 Photoshop 中，图层按编辑特性可分为普通图层和背景图层，按功能可分为文字图层、形状图层、蒙版图层、填充图层、智能对象图层、视频图层等多种类型。图层的基本操作主要有：新建图层、选择图层、调整图层、移动图层、复制图层等。关于图层的操作可通过“图层”调板完成，参考界面如图 3-4-7 所示。

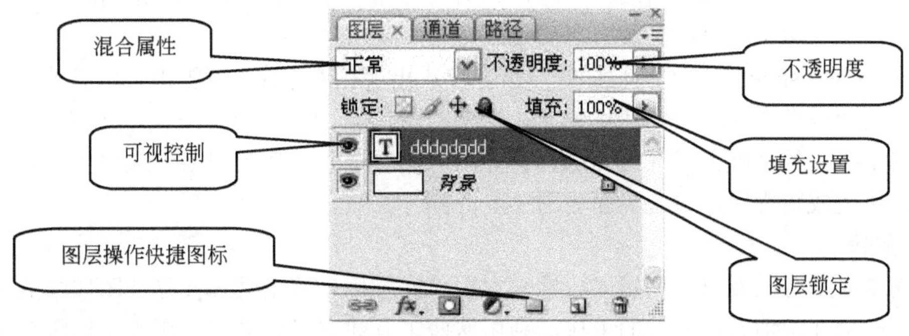

图 3-4-7　“图层”调板

2．滤镜

滤镜是 Photoshop 中功能最丰富、效果最佳的工具之一，可帮助用户完成锐化、模糊、扭曲等操作，从而产生令人意想不到的绝佳效果。Photoshop 提供了近百种内置的滤镜，还可以外挂滤镜，从而实现各种各样的图像效果。

【例 3-4-2】 请制作如图 3-4-8 所示的阴影字。

解：

阴影字是最基本的字型效果，制作相对简单，步骤如下。

（1）启动 Photoshop，选择“文件”菜单下的“新建”菜单项新建一个大小适中的 Photoshop 图像并设置图像前景色为“黑色”，背景颜色设成“白色”；单击文字工具，在属性栏设置字型、字体、大小（Size）及排列方式等，在图像区单击鼠标，直接输入文字“多媒体技术与网页设计”，参考效果如图 3-4-9 所示。

图 3-4-8　例 3-4-2 的图 1

图 3-4-9　例 3-4-2 的图 2

（2）选择“图层”菜单下的“向下合并”菜单项，将两个图层合并成一个图层。单击矩形选择工具，把文字“多媒体技术与网页设计”的图像区选定，然后选择“滤镜”菜单下的“高斯模糊”菜单项，然后将 Radius（模糊半径）设定成 2，单击“确认”按钮之后，参考效果如图 3-4-10 所示。

（3）设置图像前景色为自己喜欢的颜色，单击文字工具，在属性栏设置字型、字体、大小（Size）及排列方式，在图像区单击鼠标，直接输入文字“多媒体技术与网页设计”，适当调整位置，参考效果如图 3-4-8 所示。这便是 Photoshop 的阴影字效果。

图 3-4-10　例 3-4-2 的图 3

为方便用户设计出专业水平的图像，Photoshop 提供了各种各样的图层效果（如阴影、发光、斜面、叠加和描边），这些效果使您能够快速更改图层内容的外观。图层效果与图层内容链接，当您移动或编辑图层内容时，图层内容相应修改。例如，如果对文本图层应用投影效果，当编辑文本时，阴影将自动更改。

此外，Photoshop 定义了预设样式。预设样式出现在“样式”调板中，只需单击一次便可应用。利用预设样式，可快速生成专业水平的图像。

在图 3-4-9 的基础上，双击图层，将弹出“图层样式”任务窗格，选中“投影”复选框，可快速生成阴影字，参考界面如图 3-4-11 所示。

3．蒙版

由例 3-4-1 可以看出，利用“磁性套索”、“魔术棒”等工具选择复杂图像中的某个特定局部是一项非常细致而辛苦的工作。利用这些工具建立了选区后，想改变选区总是非常困难的。

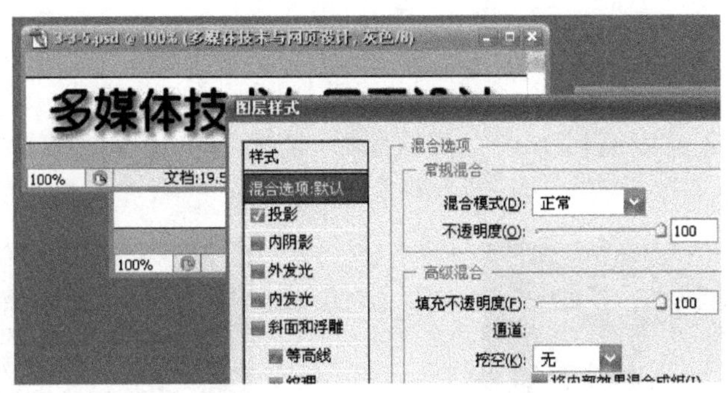

图 3-4-11　利用图层样式制作阴影字

蒙版的主要作用就是把图像分成两个区域：一个是可以编辑的区域；另一个是“被保护的区域”。利用蒙版可实现用可以编辑的方式建立选区。

必须指出的是，蒙版实质上是 1 个 8 位的灰度图像，可以使用 Photoshop 提供的各种编辑工具来编辑该图像。显然，蒙版对应的这个 8 位的灰度图像并不是实际的图像，是一种用于图像处理的辅助手段。

Photoshop 中的蒙版主要有 2 种：快速蒙版及图层蒙版。快速蒙版的主要功能是可以将蒙版图像快速转换为选区，图层蒙版可隐藏全部或部分图层内容，显示下面的图层内容。

Photoshop 提供了 1 种快速蒙版编辑方式，可在临时蒙版和选区之间快速切换。在图像中创建了选区，单击工具箱中的“快速蒙版编辑方式”按钮，可进入快速蒙版编辑状态，之前的选区消失，在原选区以外的图像被蒙上了一层半透明的红色。图像保护选区以外的图像不被编辑。

【例 3-4-3】** 　利用蒙版及相关编辑工具选取图 3-4-12（a）中的向日葵，最终效果如图 3-4-12（b）所示。

（a）原图

（b）抠取后的效果图

图 3-4-12　例 3-4-3 的图 1

解：

（1）启动 Photoshop，打开对应的图像文件。选择“魔术棒”工具，按住 Shift 键，在图像的蓝色区域单击；继续单击鼠标，进一步扩大选区，初步选取向日葵之外的区域，参考效果如图 3-4-13（a）所示。

（2）选择“选择”→“反向”命令，向日葵轮廓已被初步选出。

（3）单击“快速蒙版编辑方式”按钮，切换到快速蒙版编辑方式，参考效果如图 3-4-13（b）所示。

（a）初步选择图

（b）快速蒙版编辑图

图 3-4-13　例 3-4-3 的图 2

默认快速蒙版编辑方式下，原始色彩为初步建立的选区，其余区域未被选择区域，为淡红色。可利用 Photoshop 提供的编辑工具增加或删除选区。

（4）设置前景色为白色，背景色为黑色。可利用橡皮擦工具删除选中区域中不需要的区域，也可利用钢笔等绘图工具增加需要的区域。

（5）在如图 3-4-13（b）所示图像中，适当放大图像，调整橡皮擦大小，使用橡皮擦删除已选中区域中不需要的区域，之后，抬起“快速蒙版编辑方式”按钮，切换到“选区方式”，按例 3-4-1 所示方法进一步选出图像，效果如图 3-4-12（b）所示。

【例 3-4-4】 在如图 3-4-8 所示的阴影字的基础上利用图层蒙版制作金属文字。

解：

（1）选择“图层”菜单下的“添加图层蒙版”子菜单下的“显示全部”菜单项，依自己爱好设置前景色与背景色。现在，用矩形工具把文字的上半部圈选起来，选取渐变工具，在图像选择区将鼠标由下往上拉放，参考效果如图 3-4-14 所示。

（2）再用矩形工具把文字的下半部圈选起来，选取渐变工具，在图像选择区将鼠标由下往上拉放，参考效果如图 3-4-15 所示。

图 3-4-14　金属文字的制作图 1

多媒体技术与网页设计

图 3-4-15　金属文字的制作图 2

（3）也可利用 Photoshop 的样式快速制作金属字。在如图 3-4-11 所示界面中，单击“图层样式”任务窗格中的样式，选中铬金光泽（文字）样式，可快速生成金属字，参考界面如图 3-4-16 所示。

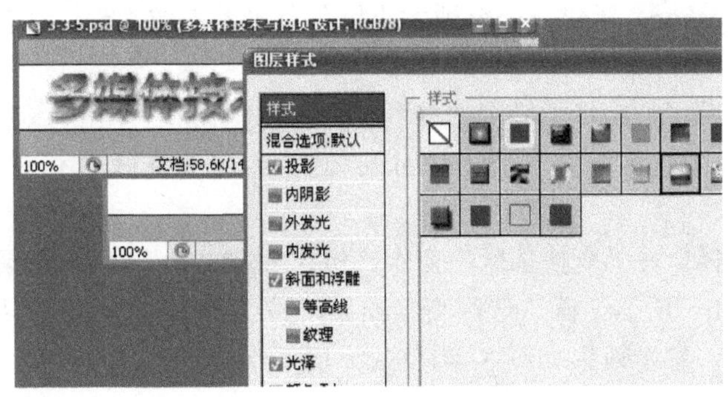

图 3-4-16　利用图层样式制作金属字

4. 通道

通道是存储不同类型信息的灰度图像。Photoshop 包括颜色通道、Alpha 通道和专色通道。

颜色通道是 Photoshop 图像中的一个基本颜色的原始记录，打开图像时自动创建。对不同的色彩模式，Photoshop 图像具有不同的基本颜色，因此也就具有不同的通道。对 RGB 模式，其基本颜色为 R（红色）、G（绿色）、B（蓝色），这三种颜色构成三个通道，而这三个通道又合成一个 RGB 主通道。对 CMYK 模式，其基本颜色为 C（Cyan，青色）、M（Magenta，洋红色）、Y（Yellow，黄色）、K（Black，黑色），这 4 种颜色构成 4 个通道，而这 4 个通道又合成一个 CMYK 主通道。在图层面板中选中通道，单击“图层”面板右上角的黑色三角形可打开“通道”菜单。

Alpha 通道也是个灰度图像，可对该图像进行编辑，从而实现特殊的效果。可将选区存储为 Alpha 通道，之后可随时重新载入选区。

5. 路径

路径是 Photoshop 中非常有用的工具，利用路径功能，可以绘制线条或曲线，并对绘制的线条或曲线进行填充或描边，从而实现许多无法用绘图工具完成的功能。

事实上，路径是一组由多个锚点组成的矢量线条，因此，它不包含任何图像像素资料。其主要功能有以下两点：

- 绘制精确选取曲线，已达到特殊图像的选取。
- 通过路径存储选取区域并实现相互转换。

在“图层”面板中选中路径，单击“图层”面板右上角的黑色三角形可打开“路径”菜单。利用“路径”菜单，结合钢笔工具可创建路径。利用其他工具可实现许多无法用绘图工具完成的功能。

图 3-4-17　手镯效果图

3.4.5　应用实例

【例 3-4-5】** 利用选择工具及图层效果制作一个如图 3-4-17 所示的手镯。

解：

（1）启动 Photoshop，新建一个合适大小黑色背景的图像文件，设置前景色为白色，背景色为黑色。

（2）新建一个图层，选择“椭圆选择”工具，按住 Shift+Alt 键，在新建的图层中拖动鼠标，建立一个椭圆选区，按住 Alt+Delete 键，给该选择区填充前景色，参考效果如图 3-4-18（a）所示。

（3）选择“选择”→“变换选区”命令，按住 Shift+Alt 键，拖动鼠标变换选区，参考效果如图 3-4-18（b）所示。确认选区变换结果，按 Delete 键删除选区中的内容，制作 1 个手镯形状的圆环，参考效果如图 3-4-18（c）所示。

（a）填充了白色的选区

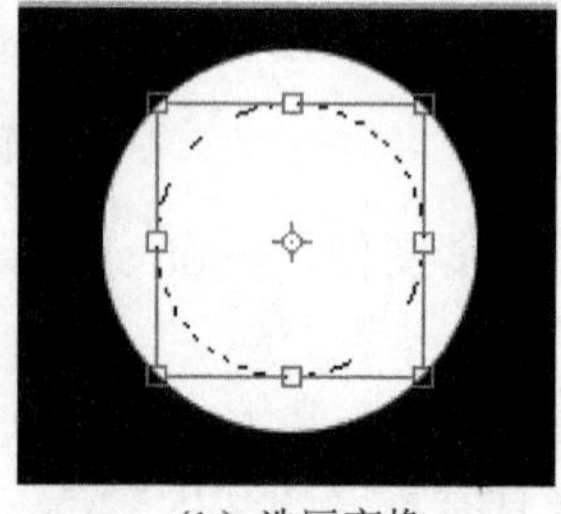

（b）选区变换

（c）手镯形状的圆环

图 3-4-18　手镯形状圆环的建立

（4）选择“选择”→“取消选择”命令，双击图层打开“图层效果设置”对话框。选中“内发光”效果，单击鼠标打开内发光效果设置对话框。设置内发光颜色为绿色，适当设置图案参数，如图 3-4-19（a）所示。选中“斜面和浮雕”效果，单击鼠标打开“斜面和浮雕效果设置”对话框。设置斜面和浮雕效果结构的“大小”及“软化”参数，进一步选择阴影的光泽等，如图 3-4-19（b）所示。

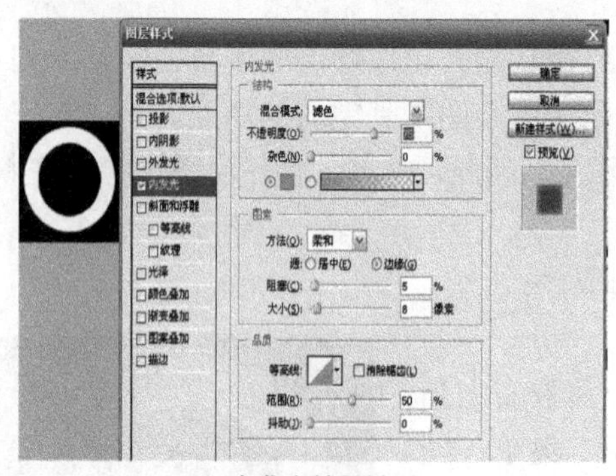

（a）内发光效果设置

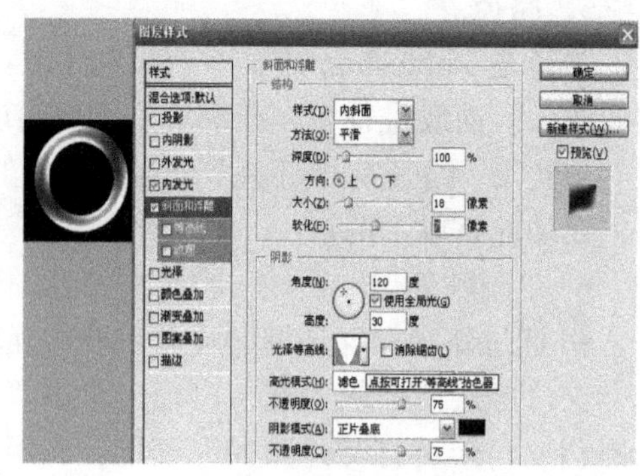

（b）斜面和浮雕效果设置

图 3-4-19　效果设置的图 1

（5）选中“光泽”效果，单击鼠标打开光泽效果设置对话框。设置效果颜色为白色，适当设置距离及大小参数，如图 3-4-20（a）所示。选中“颜色叠加”效果，单击鼠标打开颜色叠加效果设置对话框。设置效果颜色为绿色，如图 3-4-20（b）所示，最终效果如图 3-4-17 所示。

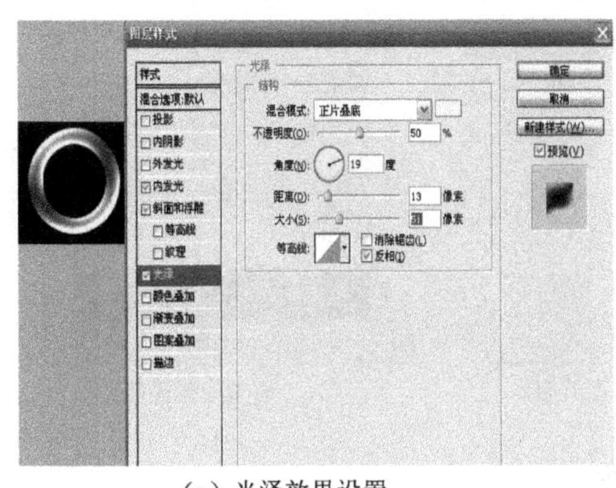

（a）光泽效果设置

（b）斜面和浮雕效果设置

图 3-4-20　效果设置的图 2

【例 3-4-6】 制作如图 3-4-21（c）所示效果。

（a）原始图

（b）向日葵

（c）最终效果

图 3-4-21　例 3-4-6 的图 1

解：

（1）启动 Photoshop，打开对应的两个图像文件（见图 3-4-21（a）、（b））。利用例 3-4-3 介绍的方法选择向日葵并将其粘贴到天空中。

（2）选择“编辑”→“变换”→“缩放”命令，适当缩小向日葵，并将其拖动到合适位置，参考效果如图 3-4-22（a）所示。

（3）利用例 3-4-3 介绍的方法选择向日葵，选择“选择”→“存储选区”命令，在“名称”文本框中输入 xrkui，参考界面如图 3-4-22（b）所示。单击“确认”按钮，将选区存储到 xrkui 通道。

（4）单击“图层”调板中的通道，将“图层”调板切换到“通道”调板，关闭 RGB 通道，选中 xrkui 通道，参考界面如图 3-4-22（c）所示，图像效果如图 3-4-23（a）所示。

（5）设置前景、背景为黑白，选中“渐变工具”并单击，在选区中从下到上拖动鼠标，参考效果如图 3-4-23（b）所示。关闭 xrkui 通道，选中 RGB 通道。单击“通道”调板中的图层，将“通道”调板切换到“图层”调板，选中 xrkui 图层。选择“选择”→“载入选区”命令，按 Delete 键删除选区，界面如图 3-4-23（c）。取消选择，保存图像，最终效果如图 3-4-21（c）所示。

（a）初始叠加图

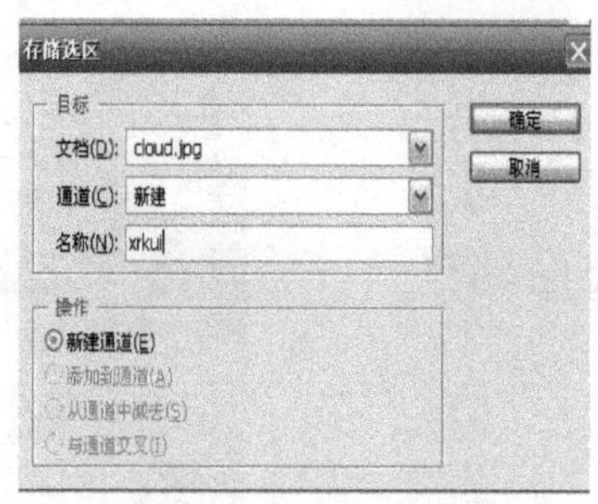

（b）存储选区设置界面

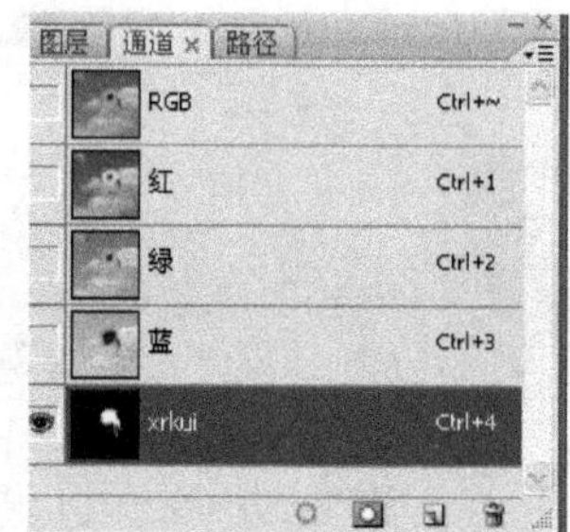

（c）通道设置界面

图 3-4-22　例 3-4-6 的图 2

（a）初始叠加图

（b）存储选区渐变效果

（c）删除载入选区效果

图 3-4-23　例 3-4-6 的图 3

【例 3-4-7】 请利用 Photoshop 的帧动画功能设计一个欢迎光临的 gif 动画，要求各文字先后依次出现。

解：

在以前的版本中，Photoshop 捆绑了 ImageReady，利用 ImageReady，可将一个多层的 Photoshop 格式图像方便地变为多帧的 gif 动画。Photoshop CS3 集成了 ImageReady 的功能，可利用 Photoshop CS3 的动画功能将一个多层的 Photoshop 格式图像变为多帧的 gif 动画。

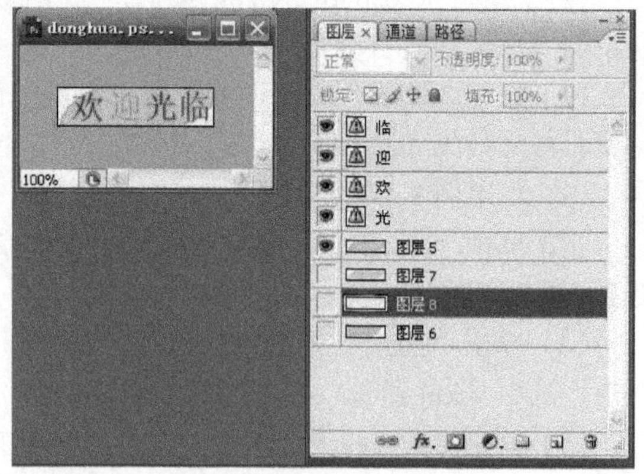

图 3-4-24　例 3-4-7 的图 1

分析题目，至少应包括“欢”、“迎”、“光”、“临”四层。考虑美观，为每个文字层再制作一个背景，可设计一个如图 3-4-24 所示的 8 层的 Photoshop 格式图像。

（1）启动 Photoshop，设计一个如图 3-4-24 所示的 8 层的 Photoshop 格式图像。

（2）选择“窗口”→“动画”命令，打开 Photoshop CS3 的动画窗格。Photoshop CS3 的动画功能支持时间轴动画、帧动画 2 种方式，若当前方式不是帧动画方式，单击该窗格中左下角的“转换为帧动画”按钮。单击动画窗格中的“复制当前帧”图标（下方第 6 个图标），复制 3 帧，参考效果如图 3-4-25

所示。

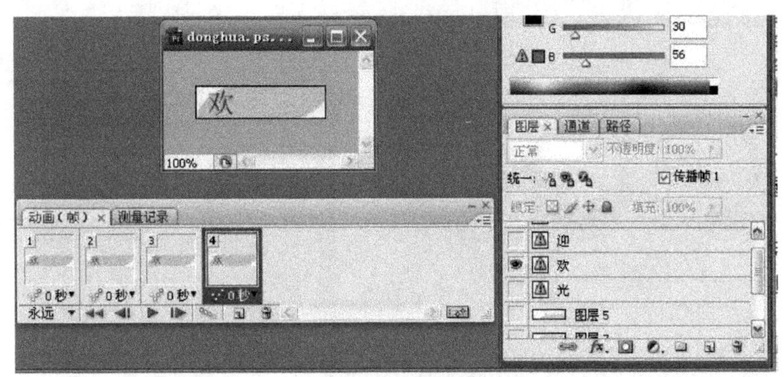

图 3-4-25　例 3-4-7 的图 2

（3）依次设置第 2、第 3、第 4 帧的背景图像及文字，单击动画窗格中的“播放”图标，发现播放速度太快，单击每帧 0 秒旁边的小三角形，设置每帧播放时间为 0.5 秒，参考效果如图 3-4-26 所示。

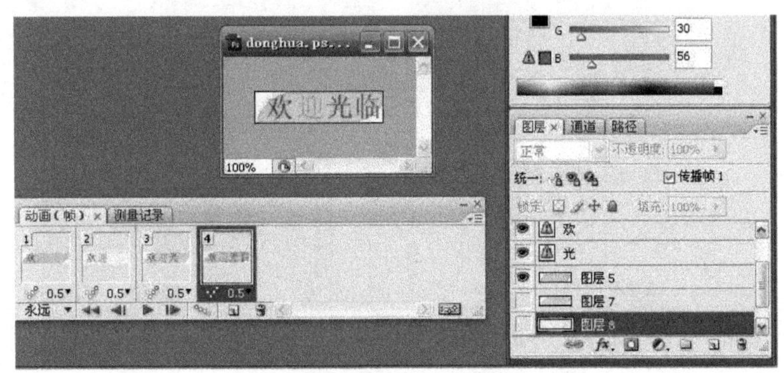

图 3-4-26　例 3-4-7 的图 3

（4）选择“文件”菜单下的“存储为 Web 和设备所用格式”菜单项，输入文件名保存为 gif 动画即可。

【例 3-4-8】 请分析光盘中图像文件“五环.gif”的制作技巧。

解：

该作品为作者开设的全校性人文素质选修课程“多媒体作品创作与鉴赏”课外小作品环节中的学生作品，是一幅优秀的学生作品。

浏览该 gif 动画，包括 2 个不同透明度的五环及起修饰作用的光棒，3 个图层参考效果如图 3-4-27 所示。

利用时间轴动画效果实现上面 3 个元素的运动效果，时间轴组织如图 3-4-28 所示。

利用时间轴实现动画的方法如下：

（1）启动 Photoshop，设计好要用时间轴实现动画的图像元素（如输入文字“多媒体技术与网页设计”，打开时间轴动画窗格，在时间轴调板中单击左边的小三角形展开这个文字层的动画项目，单击秒表按钮启动“位置”动画项目，系统已在初始位置插入了 1 个关键帧，参考界面如图 3-4-29 所示。

图 3-4-27　例 3-4-8 的图 1

图 3-4-28　例 3-4-8 的图 2

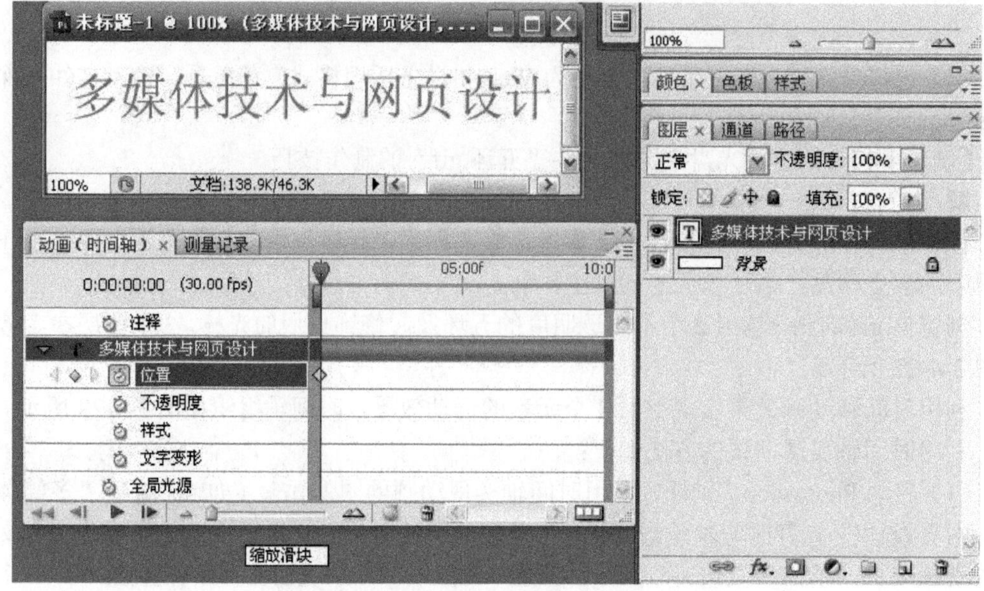

图 3-4-29　时间轴动画实现的图 1

（2）将时间标杆向右移动到合适位置，使用移动工具将文字移动到画面合适位置，可看到时间轴上的标杆处自动产生了一个关键帧，参考界面如图 3-4-30 所示。

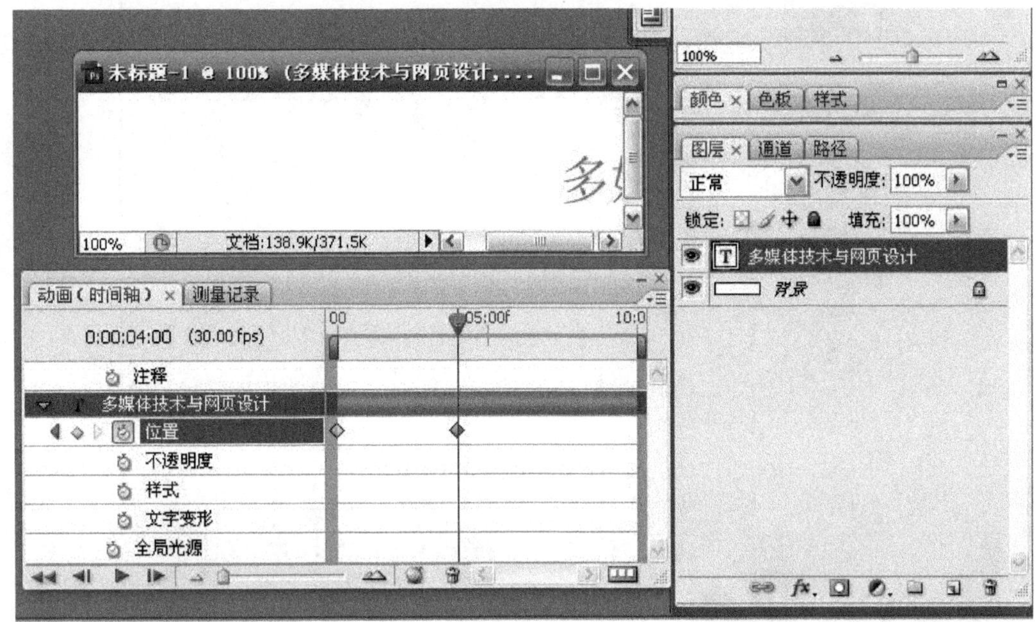

图 3-4-30　时间轴动画实现的图 2

（3）单击播放预览动画，发现系统已自动生成了所有的中间帧。

3.4.6** 海南日月潭自制风景照的制作

可利用 Photoshop CS3 的 PhotoMerge 制作全景相片，具体实现步骤如下。

（1）拍摄要用于全景图合成的源照片。源照片在全景图合成图像中起着重要的作用。拍摄的各源照片应有重叠，重叠区域约为 25%～40%。拍摄时请使用同一焦距，并尽可能使相机保持水平、相同的拍摄位置及曝光度，使拍摄的各源照片具有非常接近的视角及相关图像参数。

（2）利用 PhotoMerge 合成全景图像。为保证合成效果，可在应用 PhotoMerge 合成图像前对各源照片进行适当的处理。启动 Photoshop CS3，选择“文件”→“自动”→PhotoMerge。在 PhotoMerge 对话框中单击“浏览”按钮，添加第（1）步中拍摄的源照片，参考界面如图 3-4-31 所示。

（3）在左面选择一种“版面”用于合成布局，在添加了所有的源文件后，单击“确定”按钮，创建全景图像。

海南日月潭自制风景照效果如图 3-4-32 所示，具体制作方法简述如下：

启动 Photoshop，将 hn231.jpg、hn232.jpg、hn233.jpg 三张相片合并成全景相片，打开 pusa.psd 图像，利用例 3-4-6 介绍的方法将菩萨图像与全景相片合成，之后将制作的图片输出。

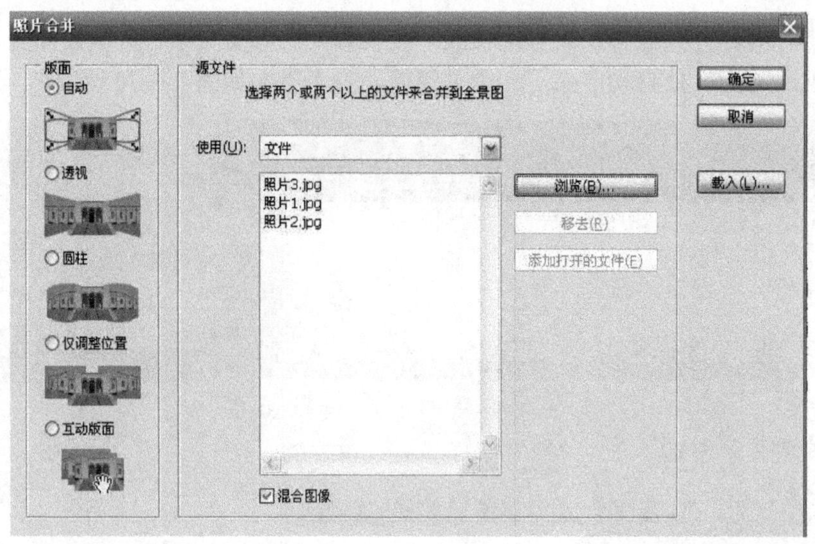

图 3-4-31　制作全景照片

图 3-4-32　海南日月潭自制风景照效果图

习　题

3.1　填空题

1．图像是指________，因此，可以说图像本身是一个________概念，不是一个________现象。图像的成像过程是一个________现象，具有诸如时域、频域等所有信号所必须具有的基本特征，是一个________现象。

2．自然界的常见颜色均可用________三种颜色的组合来表示，这就是色度学的最基本原理：________原理。运用________，虽然不能完全展示原景物辐射的________，却能获得________。

3．在计算机中，图像事实上为________阵列，其实现取决于________的数字化，取决于________的表示。图像在计算机中的实现是通过________将空间图像转换为________，用________表示像素，并用________组织编排像素阵列来实现的。

4．所谓调色板是指在图像文件中，增加一个区域，用于________该图像所使用的________，通过引入调色板，实际图像数据中的一个字节可表示________ 2 色图像、________ 16 色图像或________ 256 色图像像素，减少了图像文件的存储空间。

5．图形一般指用________的画面。图像则是指由输入设备捕捉的________画面。如果仅从其________上看，二者具有许多相似之处。从存储结构上看，图像是一个________的格式，图形一般采用________的模型。

6．在 GIF、PCX、BMP、JPG、TIFF 等图像文件格式中，专门为扫描仪和台式计算机出版软件开发的文件格式是________；支持单个文件的多重图像的文件格式是________；成为国际标准的文件格式是________。

7．在 Photoshop 中，正确设置图像的________是进行图像处理的第一步，而选择图像元素首先应选择________。

8．蒙版的主要作用就是把图像分成两个区域：一个是________；另一个是________。利用蒙版可实现________建立选区。

3.2　简答题

1．解释亮度、色调和饱和度的概念及在 RGB 彩色空间的表示。

2．解释图形、图像的联系与区别，并分析汉字识别的算法是图像算法还是图形算法。

3．解释 PAL 制式彩色电视信号数字化亮度信号采样频率为 13.5MHz，两个色差信号为 6.75MHz 的原因所在。

4．简述图层的主要特性。

3.3　分析题

1．以下为配书光盘 n3 目录下 3-31 文件中前面数十数据字节内容，文件实际长度为 1006 字节，分析该文件。

```
00000000h: 42 4D EE 03 00 00 00 00 00 00 76 00 00 00 28 00
00000010h: 00 00 29 00 00 00 25 00 00 00 01 00 04 00 00 00
00000020h: 00 00 78 03 00 00 C4 0E 00 00 C4 0E 00 00 00 00
00000030h: 00 00 00 00 00 00 00 00 00 00 00 00 80 00 00 80
00000040h: 00 00 00 80 80 00 80 00 00 00 80 00 80 00 80 80
00000050h: 00 00 80 80 80 00 C0 C0 C0 00 00 00 FF 00 00 FF
00000060h: 00 00 00 FF FF 00 FF 00 00 00 FF 00 FF 00 FF FF
00000070h: 00 00 FF FF FF 00 00 00 00 00 00 00 00 00 00 00
```

2．以下为配书光盘 n3 目录下 3-32 文件的内容，分析该文件。

```
00000000h: 42 4D C6 00 00 00 00 00 00 00 76 00 00 00 28 00
00000010h: 00 00 07 00 00 00 0A 00 00 00 01 00 08 00 00 00
00000020h: 00 00 00 00 00 00 C4 0E 00 00 C4 0E 00 00 10 00
00000030h: 00 00 10 00 00 00 1D C0 F2 FF 00 00 82 FF AC F2
00000040h: FE FF 05 A4 9E FF 00 00 5A FF 0F B1 FE FF 00 00
00000050h: A3 FF 00 00 9F FF 00 67 97 FF 09 A8 EE FF 3A D4
00000060h: E6 FF 02 87 F9 FF 00 22 ED FF 00 00 66 FF FF FF
```

```
00000070h: FF 00 00 00 00 FF 0E 0E 08 0D 08 0E 0E 00 0E 0C
00000080h: 06 07 0D 04 0E 00 0B 0C 0B 0C 07 04 03 00 0C 0B
00000090h: 0A 0B 0C 01 08 00 09 05 02 09 0C 06 0A 00 0E 09
000000a0h: 05 0B 0C 09 0E 00 0E 0E 0A 00 0A 0E 0E 00 0E 0E
000000b0h: 0E 0E 0E 0E 0E 00 0E 0E 0E 0E 0E 0E 0E 00 0E 0E
000000c0h: 0E 0E 0E 0E 0E 00
```

3.4 计算题

1．有如下 YUV 彩色空间按行排列的三个颜色点，转换为 RGB 空间。

$$\begin{bmatrix} 200 & 20 & 30 \\ 100 & 10 & 10 \\ 150 & 15 & 30 \end{bmatrix}$$

2．当前显示器显示方式为 800×600×16，大致估计一下计算机显示卡的显示 RAM 至少为多少 MB？

3.5 上机应用题

1．用 UltraEdit-32 文字/HEX 编辑软件对照例 3-3-1 分析配书光盘中 n3 目录下的 3-3-1.bmp 图像文件，写出该图像的颜色数、图像宽度、图像高度等，适当地修改原始图像数据，将图像背景改为绿色。

2．用 UltraEdit-32 文字/HEX 编辑软件对照例 3-3-2 分析配书光盘中 n3 目录下的 3-3-3.bmp 文件。

3．用 Photoshop 制作阴影字、金属字，要求美观、协调。

4．用 Photoshop 制作一个“多媒体技术与网页设计”的 GIF 动画。

5．参考 3.4.6 节介绍的方法制作一张风景照。

CHAPTER 4

第4章 数字视频、动画及其制作技术

本章要点

本章首先介绍了数字视频的含义、种类及其特点；结合实例介绍了 Premiere 视频处理、Flash 动画制作。读者学习本章应重点理解数字视频的含义、本质，理解常见数字视频格式及其特点，能利用 Premiere 进行简单的视频处理，能制作简单的 Flash 动画。

4.1 数字视频处理基础

视频本质上是利用人眼视觉暂留的原理，通过播放一系列的图像，使人产生运动的感觉，数字视频图像全称为动态数字视频图像（一系列有关联的图像），简称为视频。

从广义上讲，计算机中存在着两种数字视频：数字影像（实景拍摄的电影电视节目的数字化图像）、计算机动画。图像、视频是两个不同的概念，二者有相同之处，更有其区别。在本书中，不加说明指前者。

4.1.1 模拟视频简介

模拟视频主要指传统模拟电视，主要终端设备是电视机，是由一幅幅富有特定含义、动作的连续模拟图像构成的模拟图像序列，主要有 PAL、NTSC、SECAM 3 种制式。

NTSC 制式是美国在 1953 年 12 月首先研制成功的，并以美国国家电视系统委员会（National Television System Committee，NTSC）的缩写命名。NTSC 制式的供电频率为 60Hz，场频为每秒 60 场，帧频为每秒 30 帧，扫描线为 525 行，图像信号带宽为 6.2MHz。NTSC 制主要为美国、日本等国家采用。这种制式的色度信号调制特点为平衡正交调幅制，即包括了平衡调制和正交调制两种，虽然解决了彩色电视和黑白电视广播相互兼容的问题，但是存在相位容易失真、色彩不太稳定的缺点。

PAL 是英文 Phase Alteration Line 的缩写，意思是逐行倒相。PAL 制式是前联邦德国在 1962 年综合 NTSC 制式的技术成就基础上研制出来的一种改进方案。PAL 制式电视的供电频率为 50Hz，场频为每秒 50 场，帧频为每秒 25 帧，扫描线为 625 行，为我国、德国、新加坡、澳大利亚等众多国家采用。

PAL 制式对同时传送的两个色差信号中的一个色差信号采用逐行倒相，另一个色差信号进行正交调制方式，有效地克服了因相位失真而起的色彩变化。因此，PAL 制对相位失真不敏感，图像彩色误差较小，与黑白电视的兼容也好，但 PAL 制的编码器和解码器都比 NTSC 制复杂，信号处理也较麻烦，接收机的造价也高。

SECAM 制式是法文 Sequentiel Colour A Memorie 缩写，意为按顺序传送彩色与存储，1966 年法国研制成功，它属于同时顺序制，主要有俄罗斯、法国、埃及等国家使用。

SECAM 制式信号传输过程中，亮度信号每行传送，而两个色差信号则逐行依次传送，即用行错开传输时间的办法来避免同时传输时所产生的串色以及由其造成的彩色失真。SECAM 制式的特点是不怕干扰，彩色效果好，但兼容性差。

4.1.2 数字视频的实现策略

数字视频是模拟视频数字化的结果，如果采用通常意义上的数字图像的实现方法，则将模拟视频划分为一幅幅富有特定含义、动作连续的模拟图像流，再用通常意义上的数字图像的实现方法实现这一幅幅富有特定含义、动作连续的模拟图像，PAL 制式下一分钟的数字视频所占的存储空间为（记录标准：8b 标准数字化，每秒钟 25 帧，每帧 720×576，包括 Y、U、V 三个分量）：

$$3\times 60\times 25\times \frac{720\times 576\times 8}{8}\approx 1.7\text{GB}$$

也就是说，如果采用通常意义上的数字图像的实现方法，一张 CD-ROM 光盘仅能保存不到半分钟的数字视频。显然，采用通常意义上的数字图像的实现方法不现实，技术上更是不可能。

可见，数字视频在计算机中实现需要特别的实现策略，需要较成熟的压缩、解压缩技术，需要较高的硬件支持。下面介绍主要的数字视频实现策略。

1．读写环境的非对称性

读写环境的非对称性是指数字视频在制作时的环境与播放数字视频时的环境二者不一致。如 PAL 制式下模拟图像的扫描线为 625 行，有效扫描线为 576 行，标准屏幕宽度为 4∶3。一幅标准模拟图像经数字化以后其图像大小为 720×576。720×576 的图像分辨率从视频图像数据量的角度来看有点过大，不易于实现。因此，在 1993 年制定的 VCD 1.0、1994 年升级的 VCD 2.0 以及以后出台的 VCD 3.0 标准中，均采用 MPEG-1 压缩标准。在 MPEG-1 压缩标准中，定义了两种分辨率的静止图像：正常（NTSC 制式 352×240，PAL 制式 352×288）、高级（NTSC 制式 704×480，PAL 制式 704×576）。实际制作时，我国采用 PAL 制式 352×288 的图像分辨率。也就是说，在数字视频制作过程中，必须将 720×576 的模拟视频图像分辨率变换到 352×288 的数字视频图像分辨率。这也就是说，在恢复数字视频时，其视频图像分辨率只能为 352×288，这便是视频图像空间上的非对称性，这也是我们看同样的电影，看 VCD 的效果远不如实际观看电影的临场效果的原因之一。

2．视频图像数据上的非对称性

在 VCD 标准中，模拟视频数字化后，视频制作还必须将 720×576 的图像分辨率变换到 352×288 的数字视频图像分辨率，从而导致视频图像空间上的非对称性。下面分析一下分辨率为 352×288 的数字视频图像对称环境下的数据量。在这种环境下，两分钟的数字视频所占的存储空间为：

$$2\times 60\times 50\times \frac{352\times 288\times 8}{8}\approx 580\text{MB}$$

也就是说，一张 CD-ROM 光盘仅能保存两分钟稍多一些的数字视频，显然，采用通常意义上的数字图像的实现方法不现实。也就是说，除空间上进行压缩以外，尚需进一步在数据压缩上做文章。

VCD 标准中采用 MPEG-1 压缩标准，DVD 采用 MPEG-2 压缩标准，下面以 MPEG-1 压缩标准为例介绍视频图像数据上的非对称性。

在 MPEG-1 压缩标准中，定义了三种类型图像：帧内图（Intrapictures ，I）、预测图（Predicted Pictures，P）和插补图，即双向预测图（Bidirectional Predicted，B）。其中的帧内图采用 JPEG 压缩技术，可解压缩恢复原始图像信息。其中的预测图、双向预测图采用运动补偿编码技术，记录的是动态视频相邻时刻的图像的变化，可获得很高的压缩比。但由于预测图、双向预测图没有直接记录原始图像信息，仅记录相邻时刻的图像的变化，而恢复时相邻时刻的图像是具有失真的帧内图或预测图，解码时不能准确恢复原始图像信息，甚至不同解码器的解码效果也不尽相同。这便是视频图像数据上的非对称性。

由于 MPEG-1 压缩标准的三种类型图像中，只有帧内图才可解压缩恢复原始图像信息，预测图可作为双向预测图的参考图，双向预测图不可作为预测参考图。为克服视频图像数据上的非对称性，保证图像恢复质量，每 16 帧图像最好有一个帧内图（I 帧）。

3．视频图像硬件环境上的非对称性

在 VCD 标准中，通过采用视频图像空间上的非对称性和数据上的非对称性策略，可将 800×600 的模拟视频图像及其音频压缩制作成光盘，每张 VCD 盘可存储一个小时左右的电影。VCD 标准中采用 MPEG-1 压缩标准，而 MPEG 压缩标准并不规定具体实现的格式，也不规定解码器的具体格式，因此，VCD 视频图像的解码器各不相同，解码效果也各不相同，这便是视频图像硬件环境上的非对称性。

4．高效、快速的压缩、解压缩技术

目前，VCD 标准中采用 MPEG-1 压缩标准，DVD 采用 MPEG-2 压缩标准，网络上的视频传输标准有 MPEG-4。

MPEG（Moving Picture Experts Group）是 1988 年成立的一个专家组，中文翻译成“动态图像专家组”。MPEG 专家组 1991 年提出草案，1992 年正式通过，通常称之为 MPEG 标准（运动图像及其伴音的压缩编码标准），标准编号为 ISO/IEC 11172。此后，更名为 MPEG-1 标准。为适应更高的应用要求，MPEG 专家组 1992 年提出 MPEG-2 草案，1993 年正式通过。此后，又相继推出了 MPEG-4、MPEG-7、MPEG-21 标准。

MPEG 压缩算法是数字视频的标准压缩算法，采用 MPEG 压缩算法完成对数字视频的压缩是目前数字视频在计算机中实现的基本策略之一。

5．光盘发行策略

在 VCD 标准中，通过采用视频图像空间上的非对称性和数据上的非对称性策略，采用 MPEG-1 压缩技术，使模拟视频在计算机中实现有了基础。在 MPEG-1 压缩标准中，存在着 I 帧、P 帧、B 帧三种类型图像。I 帧采用 JPEG 压缩技术，压缩比不大，但可解压缩恢复原始图像信息。P 帧、B 帧采用运动补偿编码技术，记录的是动态视频相邻时刻的图像的变化，可获得很高的压缩比。由于 P 帧、B 帧没有直接记录原始图像信息，仅记录相邻时刻的图像的变化，因此，解码时不能准确恢复原始图像信息，甚至不同解码器的解码效果也不尽相同。为保证图像恢复质量，MPEG 建议，每 16 帧图像至少有一个 I 帧。所以，视频图像经 MPEG 压缩标准算法压缩以后所占的存储空间依然很大，每分钟的数字视频加上数字音频其数据量约为 10MB，不能采用传统的磁盘发行方法，必须采用光盘发行。

6．较高的硬件支持

虽然现代计算机已具有良好的性能，运行速度也较快，对于一般的 VCD、DVD、MPEG-4 等视频播放，无需特别的硬件支持便可完成，但视频处理需要占用很多的计算机资源，当需要用计算机进行专业的视频处理时，还是需要在高档计算机上配置各种视频卡来提高计算机性能，以达到提高编辑、处理效率的目的。

4.1.3　数字视频常见概念及其相关格式

伴随着电子技术、计算机技术的发展，数字视频除传统电视领域外，在移动网络、电话网络、互联网络等领域应用日益广泛，其终端设备表现形式更加丰富多彩，电视机、计算机、手机、MP4、GPS 等均可具有接收并播放数字视频的能力，3G 时代的来临必然进一步推动数字视频应用的繁荣，所有的这些有力地推动数字视频的发展，在应用实践中涌现了许多流行的数字视频。

1．VCD 视频

VCD 视频是较早流行的数字视频之一。早期的 VCD 光盘 CD-V 光盘标准 1992 年发布，俗称白皮书，是定义存储 MPEG 数字视频、音频数据的光盘标准，是 VCD 1.0、VCD 1.1、VCD 2.0、VCD 3.0 标准的基础。VCD 1.0 是 1993 年由 JVC、Philips、Matsushita 和 Sony 等几家外国公司共同制定的光盘标准，1994 年升级为 VCD 2.0，随后又推出了 VCD 3.0。

VCD 标准是针对 VCD 的数字视频、音频及其他一些特性等制定的规范。不过，无论 VCD 1.0、VCD 1.1、VCD 2.0 还是 VCD 3.0 标准，它们均采用 MPEG-1 压缩标准，区别主要在于 VCD 其他特性的不同。

按照 VCD 2.0 规范的规定，VCD 应具有以下特性：

- 一片 VCD 盘可以存放 70 分钟的电影节目，图像质量为 MPEG-1 质量，符合 VHS（Video Home System）质量，NTSC 制式为 352×240×30，PAL 制式为 352×288×25。数字音频质量为 CD-DA 质量标准。
- VCD 节目应该可在安装有单倍速光驱和 MPEG 解压卡的 MPC 上播放。
- 应具备正常播放、快进、慢放、暂停等功能。
- 可显示按 MPEG 格式编码的两种分辨率的静态图像。其一为正常分辨率图像，NTSC 制式为 352×240，PAL 制式为 352×288；另一种为高分辨率图像，NTSC 制式为 704×480，PAL 制式为 704×576。

2．DVD 视频

DVD 视频是另一种流行的数字视频，是英文 Digital Video Disk 的首字母缩写，中文翻译为“数字视盘”。它采用 MPEG-2 压缩标准，若 DVD 盘片采用双面工艺，12cm 光盘上可存储 7.1GB 的数字信息，可存放 270~284 分钟更高图像质量的电影节目。

从用户的角度，简单地说，DVD 与 VCD 主要有以下几点不同：

- DVD 采用 MPEG-2 压缩标准，数字视频具有高达 1000 线左右的图像分辨率，能有效地解决目前视频图像空间上的非对称性；而普通的 VCD 节目采用 MPEG-1 压缩标准，尚不到 400 线。
- DVD 采用 Dolby AC-3 环绕立体声，而 VCD 采用普通的双声道立体声输出。
- 单面单层 DVD 盘片数据存储量可达 4.7GB，往后最多可制作双面双层，总共数据存储量可达 17GB；而 VCD 盘片的数据存储量仅为 650MB。
- 出于保护知识产权的需要，DVD 有防复制区位编码保护，而 VCD 没有。

3．DV 及其特点

伴随着人们生活水平的提高，DV 作为一个时髦的名字逐渐为人们熟悉，伴随着电子技术的发展，不同的人对 DV 也有着不同的理解。

字面上看，DV 是 Digital Video 的英文缩写，译成中文即“数字视频”。从行业标准角度，DV 是索尼（Sony）、松下（Panasonic）、JVC（胜利）、夏普（Sharp）、东芝（Toshiba）和佳能（Canon）等众多家电厂商联合制定的一种数码视频格式。对大多数消费者而言，在绝大多数场合 DV 代表数码摄像机。

和模拟摄像机相比，DV 有如下突出的特点：

- 清晰度高。传统模拟摄像机记录的是模拟信号，影像清晰度（也称之为解析度、解像度或分辨率）不高，如 VHS 摄像机水平清晰度只有 240 线、最好的 Hi8 机型也只有 400 线。DV 以数字信号记录视频信号，PAL 制式下普通 DV 的水平清晰度已经接近 600 线，具有相对专业的视频效果。
- 色彩更加纯正。DV 的色度和亮度信号带宽差不多是模拟摄像机的 6 倍，而色度和亮度带宽是决定影像质量的最重要因素之一，因而 DV 拍摄的影像的色彩就更加纯正和绚丽，也达到了专业摄像机的水平。
- 无损复制。DV 磁带上记录的信号为数字信号，在不考虑数据容量的情况下可以多次地无损复制，影像质量丝毫也不会下降。
- 体积小、重量轻。DV 机的体积一般只有 123mm×87mm×66mm 左右，重量一般只有 500g 左右，和模拟摄像机相比，体积小、重量轻，极大地方便了用户。

4．DV 视频格式

从数字视频记录角度，DV 格式是一种分量信号记录格式，分别记录 Y、R-Y、B-Y 三个分量（即亮度与两个色差），量化深度为 8b。

BT.601 数字视频标准建议，对于长宽比为 4:3 的电视信号，亮度信号都是以 13.5MHz 进行采样，每个有效行中的亮度信号样本数为 720 个。为了进一步降低视频数据量，考虑到人眼对色度信号相对不敏感，对 2 个色差信号（Cr/Cb）以亮度信号采样频率 1/4 的频率（3.375MHz）进行采样，即每行传送 360 个色差样值，每个分量各半，这便是视频录制中的 4:1:1 采样结构。

PAL 制式 DV 记录数字视频时，采用了另一种方式，对色差信号以 6.75MHz 的频率进行采样，但每一行只传送两种色差信号之中的一种（360 个样值），两种色差信号每行交替传送，这就是 4:2:0 采样结构。最终视频以 5:1 的比例压缩，数码流大约为 25Mbps。

PAL 制式下每帧图像大小为 720×576，每秒传送 25 帧，以 5:1 的比例压缩，1 秒钟数据量计算如下：

$$\frac{1.5\times 25\times 720\times 576\times 8}{5}\approx 25\text{MB}$$

式中，系数 1.5 是因为 2 个色差信号分量数据量只有亮度信号的一半。

与传统模拟视频相比，DV25Mbps 的数据量具有相对专业的图像质量，这可能也是 DV 为广大消费者喜爱的一个重要原因。

另外，还有一种 HDV 视频格式，可在标准 DV 媒体（DV 或者 Mini DV 磁带）上记录高清晰度的 MPEG-2 的视频。HDV 格式是由四家公司（佳能、夏普、索尼、JVC）共同制定的，包含两种规格，一个是逐行的扫描（720P），另一个是隔行扫描的（1080i）。

5．DVCPRO 及 DVCAM

DVCAM、DVCPRO 均为专业数码摄像机常采用的记录格式。DVCPRO 有多个版本。

DVCAM、DVCPRO25 视频信号采用 4:1:1 采样标准、8bit 量化，PAL 制式下一帧记录 576 行，数据压缩也为 5:1，视频数据率亦为 25Mbps。

DVCPRO50 模式中，视频信号采用 4:2:2 采样标准、8bit 量化，PAL 制式下一帧记录 576 行，压缩比约为 3.3:1，视频数据率约为 50Mbps。

有人不禁会问：PAL 制式 DV 采用 4:2:0 结构记录视频，用于家庭用途；专业数码摄像机中的 DVCAM、DVCPRO25 采用 4:1:1 结构，数据量也和 DV 一致，难道 4:1:1 结构优于 4:2:0 结构，若二者各有利弊，专业数码摄像机中的“专业”二字如何体现？

4:2:0 结构实际上是在垂直方向上牺牲了彩色清晰度，4:1:1 结构则是在水平方向上牺牲了彩色清晰度，两者各有利弊。专业数码摄像机中的“专业”二字更多地体现在其他方面，如镜头深度、广度等。

6．数字电视

伴随着国家广电总局数字电视推广应用计划的进一步深入，有线数字电视逐渐在中国城镇得到普及，地面数字电视也得到了进一步的发展，数字电视不再是一个新鲜名词。

什么是数字电视呢？字面上看，数字电视即数字化的电视，英文缩写 DTV。在家电厂家营业员眼中，数字电视有液晶电视、等离子电视等多种类型。

从行业标准角度，数字电视信号包括 HDTV(高清晰度电视)、SDTV（标准清晰度电视）和 LDTV（普通清晰度电视）三种类型。

HDTV 的规格最高，分辨率最高可达 1920×1080，它要求电视节目和接收设备水平分辨率选到 1000 线以上，其图像质量可达到或接近宽银幕电影的水平。目前国内已经开通数套 HDTV 高清电视频道。SDTV 的分辨率为 720×576，其图像质量大致与 DV 质量相当。LDTV 的分辨率最低，图像质量和现有的 VCD 水平相当。

7．计算机动画及其常见格式

在计算机中，还大量存在着另一种类似电影的连续图像序列，称之为计算机动画。顾名思义，计算机动画是运动的计算机画面。计算机动画与本章所讲的数字视频有一定的区别。上一章介绍的 gif 动画便是流行的计算机动画格式之一。

数字视频是实景拍摄的电影电视节目的数字化，在数字化时必须遵循其拍摄时的具体制式等规定，因此，应采取相应的实现策略。计算机动画是通过计算机动画创作软件或程序生成的连续图像序列，不一定要达到具体制式等规定的参数，不一定要采用特定的实现策略。

用计算机实现动画有两种方法：一种叫造型动画，另一种叫帧动画。帧动画是由一幅幅连续的画面组成的图像或图像序列，这是产生动画的基本方法。造型动画则是对每一个活动的对象分别进行设计，赋予每一个对象一些特征，然后用这些对象组成完整的画面。这些对象在设计要求下进行实时变换，形成动画。

用计算机如何实现动画一直是计算机中研究的主要方向之一，也是多媒体技术的主要研究方向之一，它属于多媒体创作范畴。常用的软件如 Flash、3ds max 等，出现了许多广为流传的计算机动画文件格式。

AVI 是 Audio Video Interleave 的英文缩写，中文翻译“音频视频交替存放”，是目前计算机中较为流行的计算机动画文件格式。AVI 格式是 Microsoft 公司的窗口电视（Video for Windows）软件产品中的一种技术，伴随着 Video for Windows 软件的进一步应用，AVI 格式越来越受欢迎，得到了各种多媒体创作工具、各种编程环境（如 Visual C++、C++ Builder）的广泛支持。

Windows 操作系统对 AVI 格式动画提供了有力支持。它定义的 MCI（Media Control Interface）多媒体控制接口是一个开放式接口，AVI 格式是可安装的 MCI 设备。Video for Windows、Visual C++、C++ Builder 等软件均可将 AVI 格式动画以 MCI 设备方式安装，它在 Windows 操作系统中的 MCI 设备名称为 avivideo，其所对应的驱动程序文件为 mciavi.drv。因此，在 Windows 操作系统中，我们可以不了解 AVI 文件低级格式而像使用 WAV 文件一样使用诸如 open、stop、end 等类似的高级函数直接完成对 AVI 格式文件的播放与控制。

SWF 是 Macromedia 公司的产品 Flash 的动画格式，支持造型动画，可采用曲线方程描述其内容，因此在缩放时不会失真，非常适合描述由几何图形组成的动画，如教学演示等。SWF 动画可以与 HTML 文件充分结合，被广泛地应用于网页上，成为一种“准”流式媒体文件。

FLV 是 Flash Video 的简称，是一种流媒体视频格式。伴随着 Flash 的流行，将视频整合到 Flash 动画中，可通过 Flash 插件直接播放的 FLV 视频格式得到广泛应用。

4.1.4　常见视频卡的种类及其特点

目前，市场上的视频卡各种各样，比较著名的有美国的 C-Cube 公司、新加坡的 Creative（创新）公司生产的视频卡。不管何种视频卡，它一般都能完成对视频图像的数字化、存储、输出及其他处理功能。

视频卡提供的主要功能有：

- 数字图像的显示、抓取、录制并支持 Microsoft Video for Windows。
- 可从录像机、摄像机、ID、IV 等视频输入源获取数字视频图像。
- 可对获取图像进行缩放、剪切、移动等基本处理。

- 可按色度、饱和度、亮度、对比度及 R、G、B 三色比例调整。
- 具有多个用软件可调的视频输入源。

视频卡的主要特性如下：

- 视频输入源支持 NTSC、PAL、SECAM 三种制式的标准电视信号。
- 支持窗口及叠加功能。
- 支持 GIF、TIF、TGA、BMP、PCX、JPG 等多种图像格式。
- 支持真彩色处理。
- 支持对图像进行缩放、剪切、移动等基本处理，及按色度、饱和度、亮度、对比度及 R、G、B 三色比例可调等的基本图像处理操作。

1．视频捕获卡

视频捕获卡是完成将模拟视频信号数字化（或数码摄像机等数字视频信号）并转换成计算机中存储的数字视频格式保存或在计算机显示器上显示的功能卡，亦称视频采集卡。

目前，视频捕获卡有模拟视频捕获卡和数字视频捕获卡两种类型，模拟视频捕获卡既可采集模拟视频，也可采集数字视频。数字视频捕获卡则只可采集数字视频。由于视频数据量巨大，为保证摄像效果及实时处理的要求，目前的数码摄像机一般采用 DV 带记录视频。为提高视频获取效率，目前从数码摄像机中获取数字视频的常见方法依然是通过视频捕获卡获取。

2．视频播放卡

视频播放卡亦称解压卡、电影卡，是完成将计算机中压缩存储的数字视频在计算机显示器上显示播放的功能卡。

虽然 VCD、DVD 等数字视频无需解压卡便可流畅播放，但将占用大量的计算机资源，当计算机在播放 VCD、DVD 等数字视频时仍需进行其他数据处理工作时，可考虑配备解压卡以改进计算机在播放 VCD、DVD 等数字视频时的多任务性能。

3．电视转换卡

电视转换卡又可分为两类：电视卡和 TV 编码卡。

电视卡是能将 NTSC、PAL、SECAM 三种制式的电视信号转换成 VGA 信号并在计算机显示器上显示的功能卡。这类功能卡也称为 TV-VGA 卡、电视调谐卡等。计算机配置电视卡可将计算机变成一台电视机，收看不同频道的电视节目。

TV 编码卡是能将在计算机显示器上显示的 VGA 信号转换成 NTSC、PAL、SECAM 三种制式的标准电视信号并送模拟视频设备播放或录像等的功能卡。这类功能卡也称为 VGA-TV 卡、PC-TV 卡等。计算机配置 TV 编码卡可将计算机与模拟视频设备相连。

当然，各种视频卡可能不止具有单一的功能，而是上述功能的综合，这也是视频卡发展的必然趋势。

4.1.5 DV 视频采集制作步骤

DV 视频制作处理硬件系统如图 4-1-1 所示。由图 4-1-1 可以看出，DV 视频制作处理包括视频录制、采集、编辑制作 3 个步骤。

当 DV 录制视频采用 DV 或更高质量的视频记录方式时，其视频数据虽然为数字方式，但为了保证视频质量，DV 视频采用帧内压缩，压缩比大约为 5:1，最终视频一般存储在

DV 带上。DV 视频数据量大，数据采集时一般通过 1394 接口传输。

1394 接口，又称“火线”(FireWire)，是由美国苹果公司开发用于计算机网络互联的接口。1394 接口也是一种串行数据传输协议，支持热交换，可以在计算机正在运行时拔插设备，最高传输速度可达 400Mbps 的传输速度。1394 接口硬件成本低廉，开放式的标准有利于推广应用，广泛应用于数码摄像机视频数据采集。

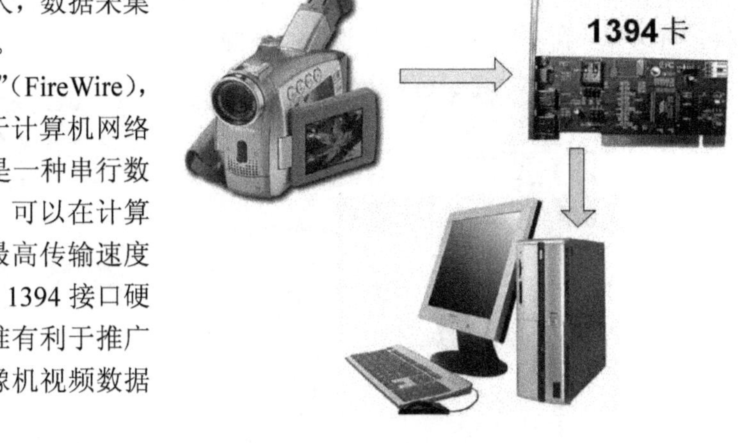

图 4-1-1　DV 视频制作处理硬件系统

计算机配备 1394 视频采集卡后，可利用视频编辑软件通过 1394 视频采集卡采集 DV 视频。

在用于采集视频的计算机上安装 Windows XP 及以上版本的操作系统，默认情况下，系统将安装 Windows 自带的视频编辑处理软件 Movie Maker，可利用该软件采集视频，建议安装 Premiere 等相对专业的视频编辑软件采集视频。

启动计算机，将 DV 的数字口与 PC 的 1394 口用数据线连接。打开 DV，把开关拨置在播放视频位置，计算机将自动识别出摄像机的启动，并给出是否需要采集视频的提示，依提示进行操作即可完成采集，可通过例 4-2-2 进一步理解。

视频采集到计算机后，还应进行一定的编辑处理、剪辑，并转换为需要的视频格式。更多的视频编辑处理内容将在下一节介绍。

4.1.6　抓图工具软件 SnagIt

在许多场合，我们希望将计算机屏幕的全部或局部显示内容拷贝，希望将计算机上软件的操作过程记录，具有这样功能的软件称为抓图软件。

1．抓图步骤

SnagIt 是一款著名的抓图软件，可以抓取七种类型的画面、文本或视频，也能从图形文件、剪贴板中抓取，SnagIt 的启动界面如图 4-1-2 所示，抓图步骤如下。

第一步：设置捕获模式

SnagIt 包括图像、文本、视频、网络 4 种捕获模式。图像、文本捕获模式捕获本地计算机上屏幕显示的图像或文本。视频捕获模式下将本地计算机上屏幕显示的连续变化的图像以视频方式捕获，捕获的同时可记录声音。网络捕获模式下，输入指定的网址后会自动将该网页中显示的图像捕获到本机。可选择“捕获”→“模式”设置具体的捕获模式。

第二步：设置输入模式

在 SnagIt 中，不同的捕获模式具有不同的输入模式。正确设置好捕获模式后应进一步设置输入模式。

图像捕获模式下，有屏幕、窗口、活动窗口、区域、固定区域、对象、菜单 7 种输入源选择。文本捕获模式下，有屏幕、窗口、活动窗口、区域、固定区域、对象 6 种输入源选择。视频捕获模式下，有屏幕、窗口、活动窗口、区域、固定区域 5 种输入源选择，也可在该菜单下勾选“录制音频”。网络捕获模式下，有固定地址、提示地址 2 种输入源选择。可选择“捕获”→“输入”设置具体的输入源。

图 4-1-2　SnagIt 启动界面

如设置捕获模式为图像，输入源为“菜单”，启动需要捕获菜单的应用程序，单击需要捕获的某个菜单，按下捕获快捷键 PrtSc，SnagIt 自动将该菜单捕获为图像。

第三步：设置输出模式

系统默认输出模式为“文件”，也可通过选择“捕获”→“输出”设置其他不同的输出方式。

第四步：抓图

正确设置捕获及输入、输出模式后，可随时按下捕获快捷键 PrtSc 开始或停止捕获。

2．抓图技巧

下面介绍几个特殊用途的抓取技巧。

1）抓取 SnagIt 本身

SnagIt 抓图时默认自动隐藏，在使用 SnagIt 抓图时只能抓取别的窗口，而 SnagIt 无法启动第二个副本，因此，默认情况下，SnagIt 不能抓取 SnagIt 本身。可选择“工具”→“程序参数设置”，在随后的任务窗格中选取“程序选项”选项卡，取消选择“在捕获前隐藏 SnagIt”选项，之后可使用 SnagIt 正常抓取 SnagIt 窗口中的内容。

当然，这样做会给抓取其他窗口带来影响，因此，抓取完 SnagIt 窗口内容后应重新将“在捕获前隐藏 SnagIt”选项选中。

2）抓取层级菜单

有些菜单是层级的，默认设置无法抓取，可打开“输入属性”设置对话框，选择“菜单”选项卡，然后选中“包括菜单栏”和“捕获层叠菜单”选项后即可。

3）抓取滚动窗口

SnagIt 还可抓取超过屏幕高度的窗口显示，具体操作如下。

（1）选中“输入”菜单下“自动滚动”复选框，再选择“输入”菜单下的“属性”命令，在打开的窗口中选择“滚屏”选项卡下的“两者”单选按钮。

（2）按下抓取热键，把鼠标移到带有滚动条的窗口上，等鼠标变成滚动图标状时，按一下鼠标键选中滚动窗口，单击鼠标左键。SnagIt 就会自动拉动滚动条，并把其中的所有内容都抓下来。

4.2　数字视频编辑及其处理技术

视频是计算机中的重要媒体，伴随其应用的进一步深入，出现了许多视频编辑处理工具软件。目前常用的视频编辑工具主要有微软公司的 Windows Movie Maker、友立公司的 Ulead Media Studio Pro、Ulead Video Studio、Adobe 公司的 Premiere CS3。此外，常见的视频捕获、视频刻录软件一般也具有简单的编辑功能。

考虑到不同读者的应用需要，本节先对 Windows Movie Maker 予以简单介绍，之后重点介绍 Premiere CS3。

4.2.1　Windows Movie Maker 简介

Windows Movie Maker 是一款功能比较全面的简单的视频编辑产品，适合于视频编辑的入门者，适合于对计算机操作相对不太熟悉的读者使用，其启动工作界面如图 4-2-1 所示。图中屏幕上部左侧为“电影任务”窗格，该窗格将视频编辑过程中常用的工具和功能集成在一起，并且按照视频编辑的顺序将它们分为 3 个步骤：捕获视频、编辑电影、完成电影。

图 4-2-1　Windows Movie Maker 工作界面

屏幕上部中间为“收藏”和内容窗格，主要用于显示可供编辑的电影元素。屏幕上部右侧为监视器，用于查看单个剪辑或整个项目。通过使用监视器，可以在将项目保存为电影之前进行预览。

屏幕的下方是视频编辑设计视图区域，提供了时间线和情节提要两种视图。情节提要是 Windows Movie Maker 中的默认视图。时间线视图包括视频轨、音频轨和一个片头重叠轨（用于标题或字幕），可相对更精细地制作电影。

Windows Movie Maker 在特效及字幕等方面提供较多支持。它预置了数十种视频效果和视频过渡，当你选中某个视频效果或视频过渡后，单击右侧的预览窗口的“播放”按钮就能看到该效果的动画演示。它还提供了数十种片头或片尾动画模板。

在采集视频文件时，Windows Movie Maker 自动将视频和原始音频进行分离，用户可以对原始音频进行简单编辑，如调整音量、设置静音和淡入淡出等效果。

【例 4-2-1】 编辑本书网络资源中的 Videopf.avi 影片剪辑，要求添加片头和片尾，去掉该影片剪辑中的英文配音，并将该影片剪辑拆分为两个片段，适当添加过渡效果及背景音乐并制作成最终的节目。

解：

（1）启动 Windows Movie Maker，选择“电影任务”窗格中的“导入视频”，选择文件 Videopf.avi，单击“导入”按钮，参考界面如图 4-2-2 所示。

图 4-2-2　例 4-2-1 的图 1

（2）将“收藏”和内容窗格的影片剪辑拖动到“情节提要视图”中，单击“情节提要视图”上方的“显示时间线”，参考界面如图 4-2-3 所示。

（3）选择“电影任务”窗格中的“编辑电影”→“制作片头或片尾”，选择“在电影开头添加片头”，在上面的文本框中输入“多媒体技术与网页设计”，在下面的文本框中输入“视频编辑实例”，参考界面如图 4-2-4 所示。

图 4-2-3　例 4-2-1 的图 2

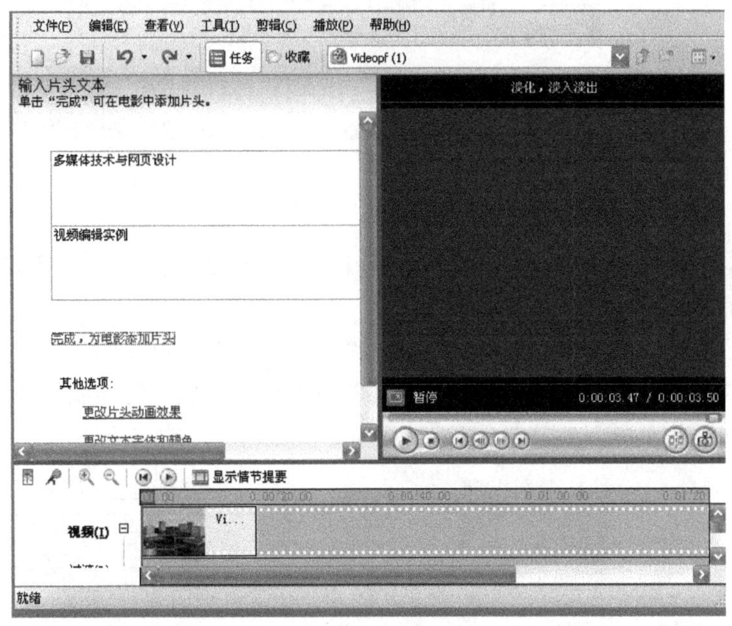

图 4-2-4　例 4-2-1 的图 3

（4）可单击“监视器”窗格中的“播放”按钮预览效果，若对效果不太满意，可单击“更改片头动画效果”修改片头效果，之后，选择“完成，为电影添加片头”。

（5）按照上面的方法进一步制作片尾，选择“在电影结尾添加片尾”，输入适当的文字，选择“完成，为电影添加片尾”，适当调整效果，时间线参考效果如图 4-2-5 所示。

（6）将电影剪辑拆分为两段在时间线上单击 Videopf.avi 剪辑。在“播放”菜单上单击“播放剪辑”，然后单击“播放”菜单上的“暂停剪辑”，使视频在您要进行拆分的点暂停。

利用播放进度条上的播放指示器适当调整要拆分剪辑的位置。在“剪辑”菜单上，单击“拆分”。

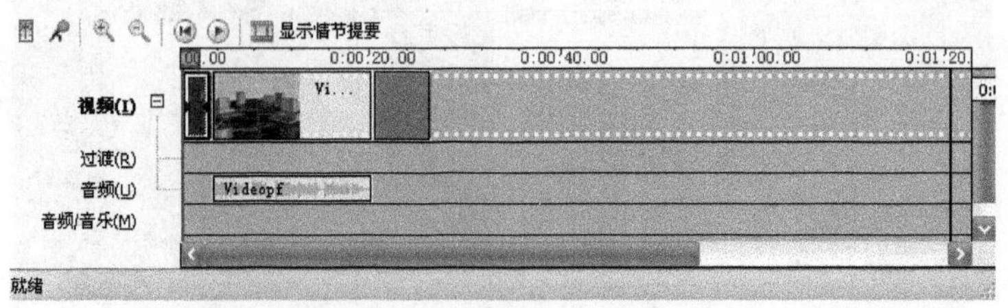

图 4-2-5　例 4-2-1 的图 4

（7）添加过渡效果。经电影剪辑拆分，目前时间线上已具有 4 个电影剪辑片段，可在各片段间添加过渡效果，具体实现方法如下：在时间线上，选择第 2 段剪辑，单击“视频过渡”，在内容窗格中，单击要添加的视频过渡类型，在“剪辑”菜单上，单击“添加到时间线”，预览效果。用类似方法为第 3 段、第 4 段剪辑添加视频过渡效果，时间线参考效果如图 4-2-6 所示。

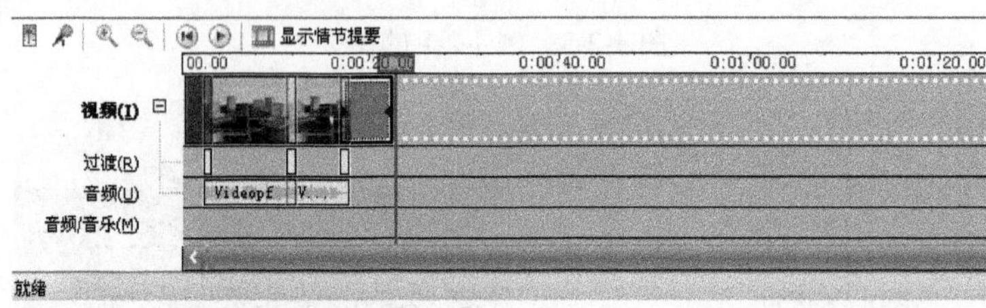

图 4-2-6　例 4-2-1 的图 5

播放电影，发现在第 2 段剪辑和第 3 段剪辑之间的过渡视频处音频不正常，这是因为过渡视频处前后视频剪辑音频重叠所致。

（8）添加背景音乐。选择“电影任务”窗格中的“导入音频”，选择文件 200532977578857.mp3，单击“导入”按钮，将“收藏”和内容窗格的音频剪辑拖动到“时间线”，时间线参考效果如图 4-2-7 所示。

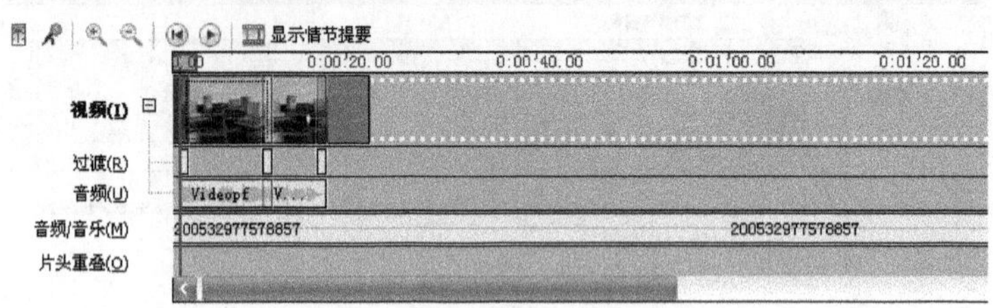

图 4-2-7　例 4-2-1 的图 6

（9）关闭原声。单击时间线的“音频”轨，在“剪辑”菜单上指向“音频”，然后单击“静音”。播放视频，发现已关闭原声。

（10）剪裁背景音乐。从图 4-2-7 可以看出，“音频/音乐”时间线比视频长得多，应予以剪裁。在“音频/音乐”时间线上单击，将出现剪裁手柄（红色双箭头），时间线参考效果如图 4-2-8 所示。拖动剪裁手柄设置终止剪裁点即可完成剪裁。

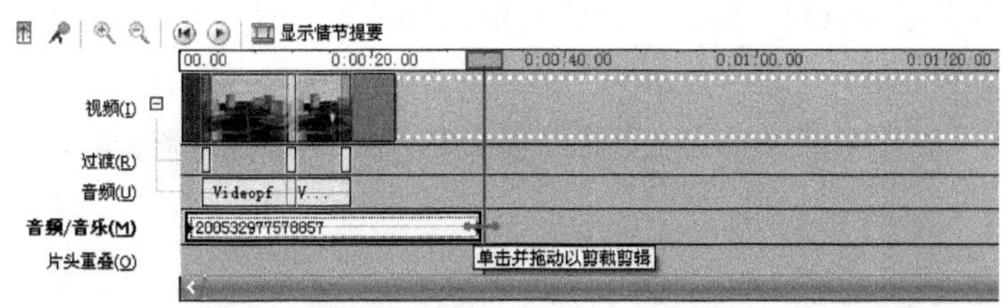

图 4-2-8　例 4-2-1 的图 7

顺便指出一点，上面的裁剪并未对原始声音进行裁剪，只是裁剪了电影中出现的声音片段。

（11）完成电影制作。选择“电影任务”窗格中的“完成电影”→“保存到我的计算机中”，输入文件名，依提示进行操作即可。

【例 4-2-2】 **利用 Windows Movie Maker 采集 DV 视频。

解：

按图 4-1-1 连接并开启 DV，系统将自动检测到摄像机已经开启，给出视频捕获提示，确认后启动 Movie Maker 采集 DV 视频，可浏览光盘中的视频教程进一步学习。

4.2.2　Adobe Premiere Pro CS3 应用基础

Adobe Premiere Pro CS3（以下简称 Premiere）是一款优秀的非线性视频编辑软件，为高质量的视频处理提供了完整的解决方案，受到了广大视频编辑人员和视频爱好者的一致好评，被广泛应用于电影、电视、多媒体、网络视频、动画设计以及家庭 DV 数码等领域的后期制作中。

1．视频项目的建立

建立视频项目是利用 Premiere 编辑制作视频的第一步，这个过程包括创建新项目，引入与项目相关的视频、音频、文字等多媒体素材。

启动 Premiere，系统将进入欢迎界面，同时给出新建项目或打开项目的提示。选择新建项目，将出现新建项目任务窗格，有一系列的预制视频模式选择。如要对 DV 视频进行编辑，可选择“DVCPR050 PAL 标准”，参考界面如图 4-2-9 所示。选择相应目录，输入文件名称并确定后进入 Premiere 工作界面，可在其工作界面中采集视频、导入素材及进行视频编辑与制作等。

2．界面与工具

Premiere 参考工作界面如图 4-2-10 所示，包括标题菜单栏区、工程及监视区、编辑特效区和状态栏区 4 个区域。

屏幕上半区的主要区域为工程及监视区，包括工程面板、素材预览及特效控制面板及节目监视 3 个面板。

工程及监视区的左边面板为工程面板，用于导入组织视频编辑制作涉及的相关素材。在工程面板空白区域单击鼠标右键，在随后的弹出菜单中选择“导入”，在随后出现的“导入任务”窗格选择具体的素材文件后单击打开后可将素材导入到本工程中。必须指出的是，素材的导入时间可能依素材格式及大小、系统配置的不同而不同，在较低配置机器上导入数据量很大的复杂视频素材可能需要较长甚至很长时间，应尽可能地在高档计算机上进行视频编辑制作工作。

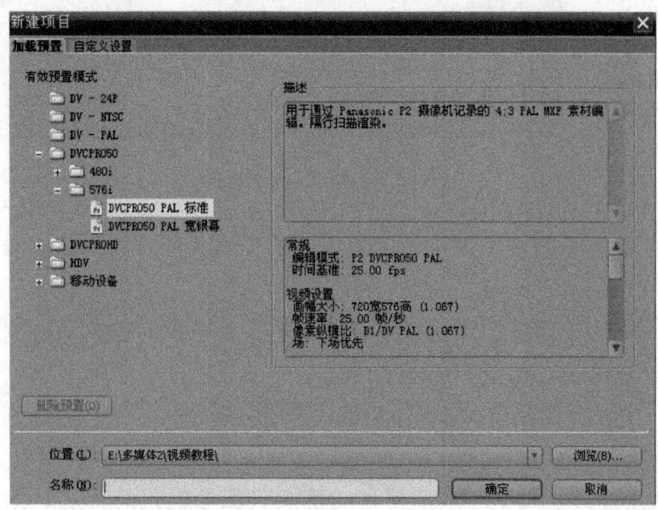

图 4-2-9　视频项目建立的图

图 4-2-10　Premiere 参考工作界面

工程及监视区的右边面板为节目监视面板，用于观看视频合成效果。

工程及监视区的中间面板为素材预览及特效控制面板，用于预览素材及特效控制。双击工程面板或时间线中的素材可在素材预览面板中预览素材，双击时间线中的特效，将在该面板中打开相应的系统预制特效控制界面，参考界面如图 4-2-11（a）所示。

由图 4-2-11（a）可知，系统预制特效效果本质上是由 A 到 B 的过渡变换过程，左边区域是该特效 A、B 效果控制界面，右边区域是时间线区域。

另外，Premiere 为每一段视频内置了固定特效，选择具体的视频段，单击预览及特效控制面板上方的效果控制切换到效果控制界面，参考界面如图 4-2-11（b）所示。

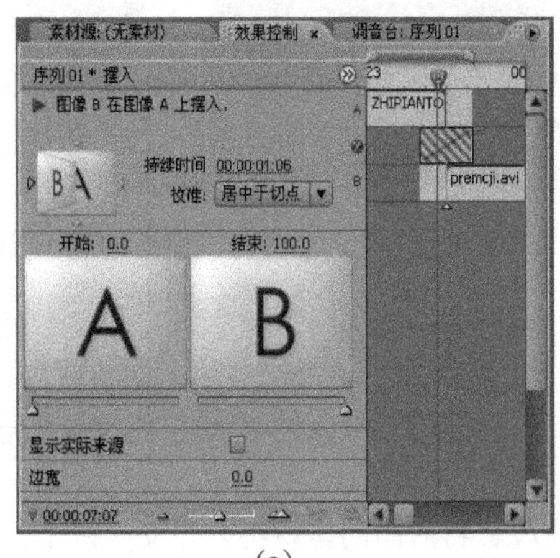

（a）

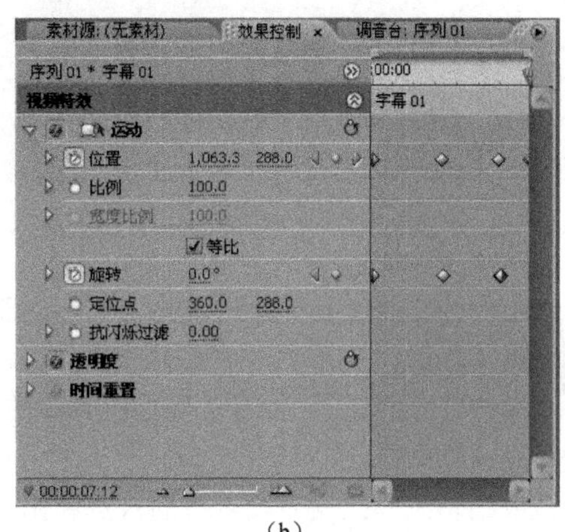

（b）

图 4-2-11　Premiere 固定特效界面

固定特效包括运动、透明度、时间重置 3 个子效果控制，可单击左边的展开特效，单击启动该特效并创建第一个关键帧。可移动时间轴，在适当位置单击创建中间关键帧，设置每个关键帧的具体参数，可实现具体的视频效果。

屏幕下半区的主要区域为信息效果面板、时间线和工具栏。

信息面板用于查看素材的相关信息，效果面板中包括系统预制的音频、视频及其切换特效。可拖动具体的效果到时间线实现特效。

时间线是 Premiere 视频编辑中的重要概念，是用于合成组织编排各种素材、应用各种特效的主窗口。素材导入后，Premiere 视频编辑的主要内容就是设计时间线，参考界面如图 4-2-12 所示。

界面中的一行对应一个视频或音频轨道，滑轨指示的红线位置表示当前帧的位置。左边上方的 4 个按钮依次为“吸附”、“设置章节标记”、“设置无编号编辑”、“激活或禁用预览”。其中，“吸附”、“激活或禁用预览”按钮具有开关特性，正常情况下，处于开启状态。

各轨道左边的为轨道展开控制。轨道展开后，下方的依次为“设置显示风格”、“显示关键帧”、“跳到前一关键帧”、“添加或删除关键帧”、“跳到后一关键帧”。

Premiere 时间线有 4 种显示方式：显示头和尾、仅显示开头、显示全部帧、仅显示名称。图 4-2-12 中视频 3 为“仅显示名称”方式、视频 2 为“显示全部帧”方式、视频 1 为“显示头和尾”方式。视频 2、3 轨道上的黄线为关键帧线。

左边下方为轨道放缩控制，可移动滑轨适当放缩时间线窗口。

右边下方为工具栏，具体如图 4-2-13 所示。简要解释如下：

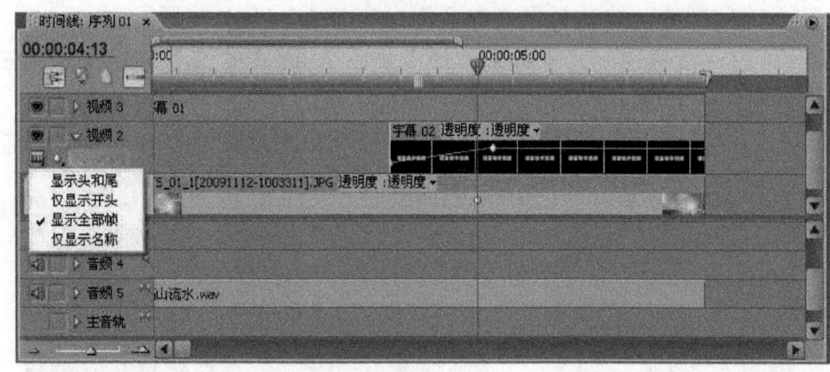

图 4-2-12　Premiere 时间线界面

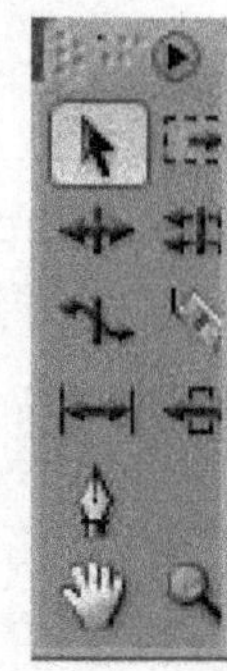

图 4-2-13　工具栏

最上方为选择工具和轨道选择工具，用于选择视频或音频素材。第 2 行为波纹编辑和旋转编辑工具。

可单击“选择工具”，将鼠标指向具体的数据块，当鼠标变成后拖动鼠标改变出点，当鼠标变成后拖动鼠标改变入点。

波纹编辑工具改变一段素材的入点和出点，这段素材后面的素材将会自动吸附上去，总长度将发生改变。旋转编辑改变前一个素材的出点和后一个素材的入点，但总长度保持不变。

第 3 行为比例缩放工具和剃刀工具。比例缩放工具用来对素材进行变速，可以制作出快放、慢放等效果。具体的变化数值会在素材的名称之后显示。剃刀工具是继选择工具之后最常用的一个工具，主要用来对素材进行分割。Premiere 特效主要针对一个视频块，可利用剃刀工具将一个视频块分成多个。

第 4 行为错落工具和滑动工具。错落工具作用于一段素材，用来同时改变此段素材的入点和出点。滑动工具用于一个轨道上多个素材间入出点的滑动。

如果一个轨道上有三段素材 A、B、C。将滑动工具放在素材 A 上，向右滑动，变化的是素材 B 的入点、素材 A 的出点，总长度不变；将滑动工具放在素材 C 上，左右滑动，改变的是素材 B 的出点，素材 C 的入点，总长度不变；将滑动工具放在素材 B 上，左右滑动，素材 A 的出点和素材 C 的入点发生变化，素材 B 的入出点和总长度不变。

第 5 行为钢笔工具，可用来绘制形状，应用于实践中的另一个主要作用是进行关键帧的选择。

第 6 行为手形把握工具和缩放工具。手形把握工具主要用来对轨道进行拖曳使用，不会改变任何素材在轨道上的位置。缩放工具对整个轨道进行缩放，如果想着重显示某一段素材，可以选择此工具后进行框选，这时会出现一个虚线框，松开鼠标后此段素材就会被放大。

3．Premiere 节目制作步骤

Premiere 节目制作的主要步骤如下。

（1）规划。在具体制作 Premiere 节目前，应做充分的酝酿、调查等规划工作，在脑海中形成一个要制作什么样的 Premiere 节目的初步思路，最好编写制作规划书。

（2）素材准备。做好规划后，应围绕事先规划的主题，运用 DV、照相机等设备准备好各种素材。

（3）新建项目并导入素材。新建一个项目，根据规划要求及素材准备情况设置视频项目格式，DV 视频编辑时可选择“DVCPR050 PAL 标准”，之后，在工程面板导入相关素材。

（4）时间线的初步设计。依照编辑要求，将素材拖入时间线，适当地裁剪各素材，完成时间线的初步设计，形成初步的视频作品。

（5）修改润色。依照规划主题要求，反复观看并修改视频，适当地运用视频特效，改善视觉效果，反复修改润色，直到满足要求为止。

（6）导出影片。视频编辑完成后，选择“文件”→“导出”→“影片”，适当设置影片导出格式，导出影片。初始导出影片时，影片文件一般很大，不适合于网络播放，根据应用要求，可利用视频格式转换软件形成适合网络播放的视频格式。

4．Premiere 基础应用操作

1）素材的采集与导入

采集导入素材是 Premiere 视频制作的第一步，在 Premiere 中采集视频方法如下。

（1）连接并开启摄像机，切换到视频播放模式，系统将检测到摄像机已经开启，同时给出捕获视频的提示。Windows 默认使用 Windows Movie Maker 捕获视频，单击“取消”按钮取消采用 Movie Maker 捕获视频。

（2）启动 Premiere，新建或打开一个项目，选择“文件”→“采集”，进入视频采集窗口。正常情况下，采集窗口上方设备状态提示栏显示“采集设备脱机”，下方的摄像机控制按钮为灰色，不起作用。

（3）单击视频采集窗口右上方的“设置”，适当设置采集位置，单击选择设备控制下拉三角形，选择具体的采集设备。如要采集 DV 设备，可选择“DV/HDV 设备控制器”。稍后，Premiere 将自动与 DV/HDV 设备连接，参考界面如图 4-2-14 所示。

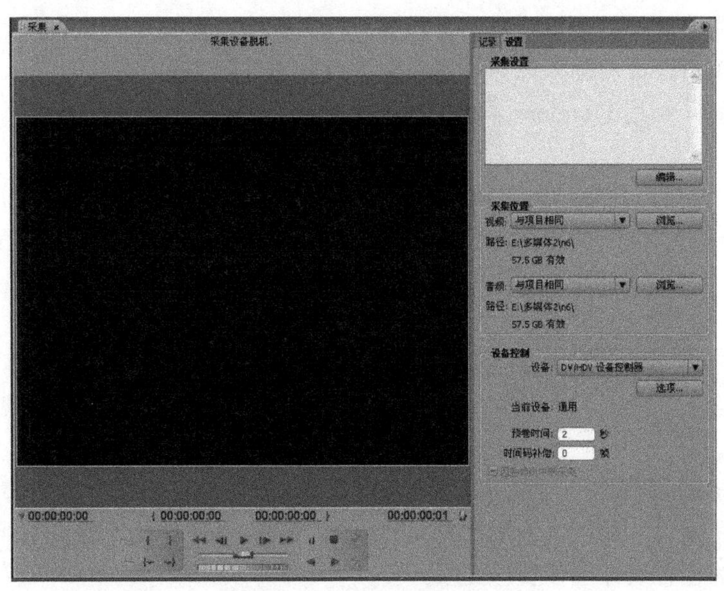

图 4-2-14 视频采集界面 1

（4）由图 4-2-14 可以看到，摄像机的前进、后退、播放等控制按钮已经可以使用，但红色的录制按钮依旧不能使用，需要进一步进行“采集设置”，单击“采集设置”框下的编辑按钮，确认系统默认的 DV 采集格式，回到采集窗口，红色的录制按钮已经能够使用。

（5）单击视频采集窗口右上方的“记录”，回到记录设置界面，如图 4-2-15 所示。可适当设置入点、出点，而后单击“入点/出点”按钮采集视频，也可手动将 DV 带倒到适当位置，单击“磁带”按钮采集视频，适当的时候单击红色的录制按钮完成视频采集。

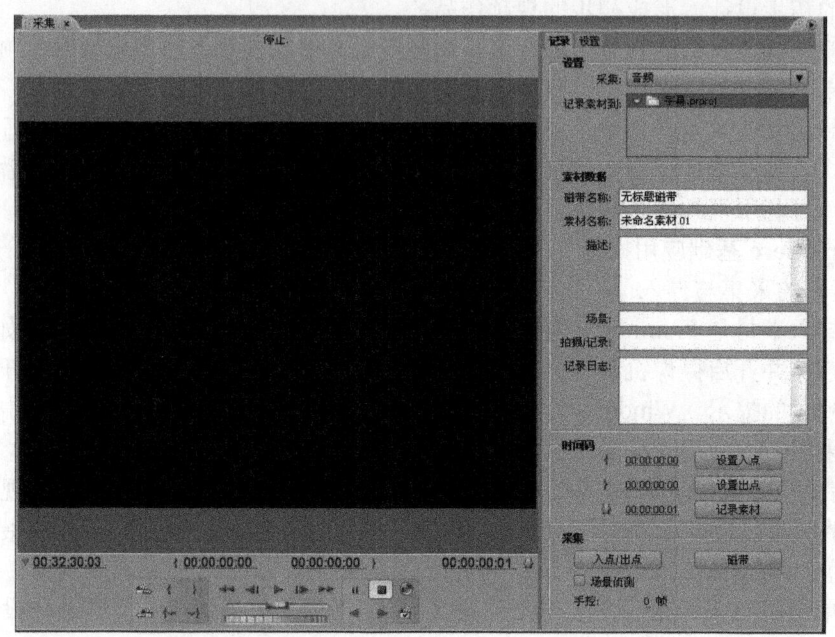

图 4-2-15　视频采集界面 2

（6）采集完成的视频素材将自动导入到工程文件中。需要导入其他素材时，可在工程面板空白区域单击鼠标右键并选择“导入”将素材导入到工程中。

【例 4-2-3】 **利用 Premiere 采集 DV 视频。

解：

按图 4-1-1 连接并开启 DV，系统将自动检测到摄像机已经开启，给出视频捕获提示，单击“取消”按钮取消默认捕获过程。启动 Premiere，按光盘中的视频教程方法完成 DV 视频的采集。

2）字幕的制作

（1）启动 Premiere，新建或打开一个项目，选择“字幕”→“新建字幕”，进入“新建字幕”选择子菜单，选择“默认静态字幕”，输入新建字幕名称，将进入字幕制作界面，如图 4-2-16 所示。

如图 4-2-16 所示界面中，左边区域上方为字幕工具面板，下方为字幕动作面板；中间区域上方为字幕设计字体、大小等常见属性面板，中间为字幕设计效果区，下方为字幕样式；右边区域为字幕设计字体属性面板。

（2）选择字幕工具中的文字工具，在字幕设计效果区的适当位置单击鼠标，输入相关的文字即可。在有些场合，当输入汉字时，个别字不能正确显示。出现这种情况的主要原因是当前字体为英文字体，选择喜欢的中文字体可解决该问题。必须指出的是，Premiere 中的中文字体名称为英文，选择时应注意相应的拼音。如中文字体“微软雅黑”在 Premiere 中的名称为“Microsoft YaHei”。

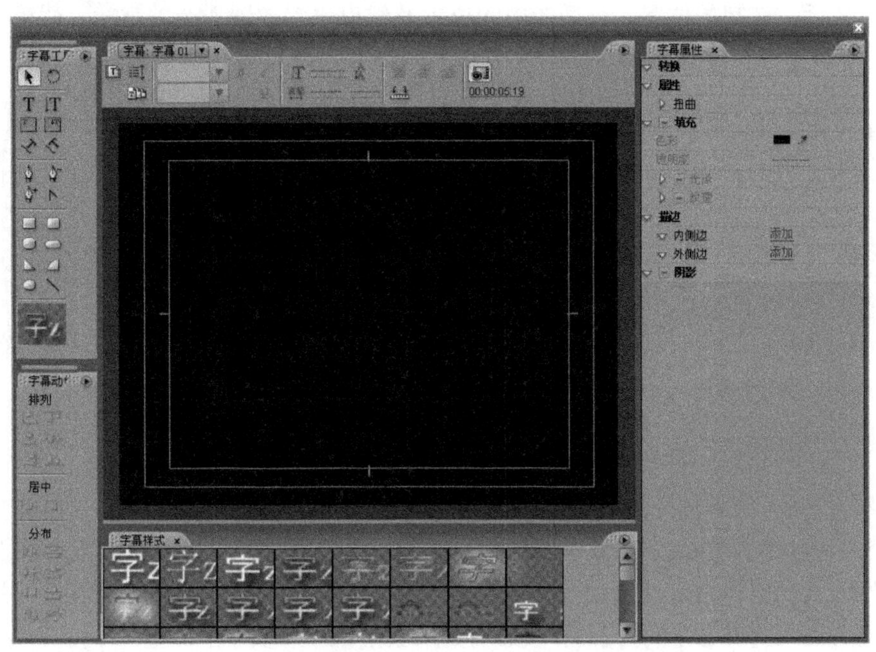

图 4-2-16　字幕制作的界面

（3）文字输入完成后，单击“选择”工具后单击拖动文字调整该文字的屏幕位置，可选择下方的字幕样式快速实现字幕设计效果，可利用右边的属性面板对字幕进行描边、填充、添加阴影等操作。

字幕设计完成后，关闭字幕设计面板，字幕将被自动导入到当前项目中。

3）片头、片尾的制作

【例 4-2-4】 **请制作例 4-2-2 所示视频教程中的片头及片尾。

解：

（1）制作前的准备

该视频主要包括背景音乐、背景图片及相关的字母飞入效果，提前准备好用于制作片头、片尾的背景图片及背景音乐文件，注意选择适合于做片头的背景音乐。

（2）素材的导入

启动 Premiere，新建一个项目，在工程面板空白区域单击鼠标右键并选择“导入”将背景图片及背景音乐文件导入到工程中。

（3）创建字幕

该视频片头包括“多媒体技术精品课程”、“制作应用视频”2 个字幕，按上面介绍的方法创建这 2 个字幕。

（4）设计字幕效果

将背景图片及背景音乐文件拖入时间线，适当延长背景图片的播放时间。依照视频教程介绍的操作步骤利用 Premiere 的位置特效实现字幕效果。

如片头“多媒体技术精品课程”的字幕字母效果为：首先文字翻滚飞入到屏幕中间，保持一段时间后翻滚飞出屏幕。

特效本质上是由 A 关键帧到 B 关键帧的过渡。从固定特效实现角度，可将文字拖入到时间线，之后，在起始位置、合适的中间位置及结束位置放置 4 个关键帧，适当设置 4 个关键帧的起始位置、旋转角度，参考效果如图 4-2-17 所示。

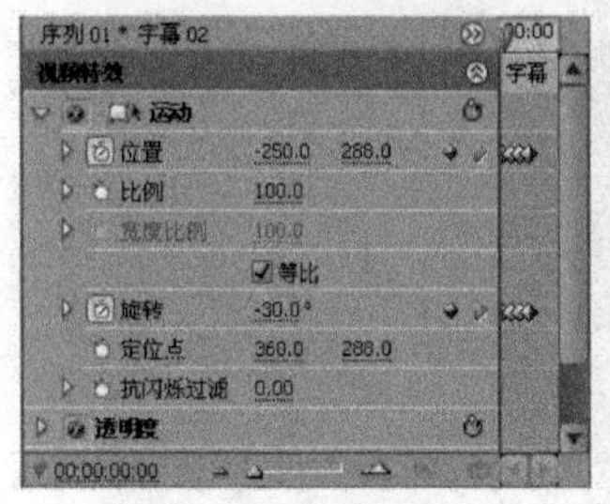

（a）起始关键帧

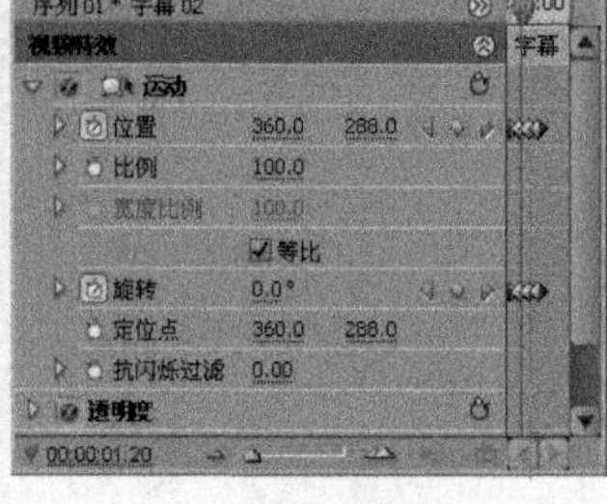

（b）中间 2 个关键帧

（c）结束关键帧

图 4-2-17　字幕效果控制设置界面

从图 4-2-17 可看出，起始关键帧位置(–255,288)位于屏幕左外区域，旋转角度–30°；中间 2 个关键帧位置(360,288)位于屏幕中央，旋转角度 0°。结束关键帧位置(980,288)位于屏幕右外区域，旋转角度 30°。Premiere 自动插入这 4 个关键帧中间的过渡帧，从而实现了文字翻滚飞入到屏幕中间，保持一段时间后翻滚飞出屏幕的特效。

参照上面的方法进一步完成其他字幕效果的实现。

（5）导出视频

视频制作调试完成后，选择“文件”→“导出”→“影片”，在随后出现的任务窗格中输入文件名后选择“保存”即可。可在导出影片任务窗格中单击右下角的“设置”按钮进一步设置视频输出参数。为保证视频输出效果，视频一般采用数百万色彩深度输出，参考设置如图 4-2-18 所示。

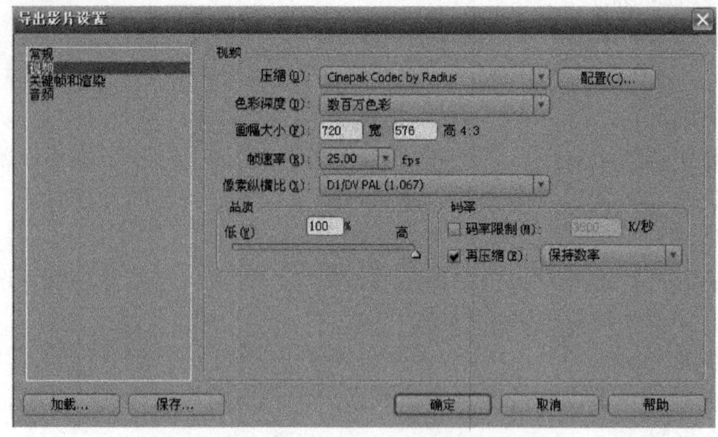

图 4-2-18　视频导出设置界面

必须指出的是，这种方式下，输出视频需要很长的时间，根据编辑合成复杂度可能需要十几倍甚至数十倍的时间。此外，这种方式下，最终的视频文件将占用很大的存储空间，输出完成后还需要利用专门的工具软件进行进一步的格式转换。

4）特效的运用

除例 4-2-4 中介绍的特效实现方法外，Premiere 内置了许多视频效果及切换效果，可通过下面的实例来进一步理解。

【例 4-2-5】 **制作如 l4-2-5.avi 所示的画中画播放效果。

解：

（1）导入素材

启动 Premiere，新建一个项目，在工程面板空白区域单击鼠标右键并选择“导入”，将“4-2-5.wmv”、“张宇演唱会.AVI”2 个视频文件导入到工程中。

（2）放置素材

拖动“4-2-5.wmv”到时间线某个轨道起始位置，单击鼠标右键并选择“解除视音频链接”，单独选择音频数据轨，按 Delete 删除。单击鼠标右键，将素材画面大小调整到与项目设置画幅大小适配。

拖动“张宇演唱会.AVI”到时间线另一个轨道合适位置，适当裁剪素材。为保证该素材可见，应将该素材放置在“4-2-5.wmv”视频轨之上。

预览效果，2 个素材均可见，具有初步的画中画功能。

（3）特效的放置

单击左边控制窗口的“效果”，展开“视频切换效果”，进一步展开“划像效果”，选择“圆形划像”，按住鼠标，将该特效拖动到“张宇演唱会.AVI”所在视频轨的起始位置，参考效果如图 4-2-19 所示。

图 4-2-19　“圆形划像”特效的放置

（4）设置特效

预览效果，发现圆形画中画播放效果持续时间很短，之后又回到了初始的画中画效果。可将“圆形划像”特效设置成整个视频轨均有效。

选择“张宇演唱会.AVI”所在视频轨，单击左边控制窗口的“信息”，查看并记住该视频轨数据持续时间（13.09 秒）。

双击视频轨中的“圆形划像”特效切换到特效控制窗口，适当设置画中画播放时“开始”、“结束”的画面大小，设置“圆形划像”特效持续时间为 13.09 秒，参考界面如图 4-2-20 所示。

图 4-2-20 “圆形划像”特效的设置

（5）输出视频

视频制作调试完成后，选择“文件”→“导出”→“影片”，在随后出现的任务窗格中输入文件名后选择“保存”即可。

4.3 数字音频、视频编辑综合实例制作与分析

4.3.1 DV 视频采集 Movie Maker 实现视频教程综合实例制作

该视频浏览网址如下：http://dgdz.ccee.cqu.edu.cn/dmtjp/moviem.HTM。

制作本案例涉及的主要工具软件有 SnagIt、Premiere、Movie Maker、Cool Edit、格式工厂等；硬件系统主要有高档计算机、音箱、耳机、麦克风、DV 等。

实现过程简述如下。

（1）制作前的准备

提前熟悉涉及的软件的使用方法，将麦克风、音箱、DV 等设备准备好，同时准备好

录制计算机操作过程的解说词。将 DV 与计算机连接好。

（2）利用 SnagIt 软件录制通过 Movie Maker 软件采集 DV 视频的操作过程

该教程网络播放的最终视频分辨率为 720×576，数据率<400kbps。为保证视频效果、网络播放流畅度，采集前先将屏幕切换到 800×600。

启动 SnagIt，选择“捕获”→“模式”→“视频捕获”，设置捕获模式为视频捕获；选择“捕获”→“输入”→“屏幕”，同时勾选“包含光标”、“录制音频”等选项，设置输入模式为“整个屏幕”。

按下捕获快捷键 PrtSc 开始捕获计算机屏幕，之后，一边演示利用 Movie Maker 软件采集 DV 视频的操作过程，同时对操作过程进行简单解释。操作完成后，按下捕获快捷键 PrtSc 停止捕获。选择“完成文件”，选择视频文件存储目录及名称，完成通过 Movie Maker 软件采集 DV 视频的操作过程初始视频的录制。

（3）初始视频的初步分析

播放初始视频，虽然视频很清晰，但声音相对缺乏感染力，且 32 秒左右处的讲解出现了不正常的停顿，需要处理。

（4）初始视频的声音的处理及润色

启动 Cool Edit Pro，进入多轨模式，在第 1 个音轨单击鼠标右键并选择“插入”→“视频文件”，将初始视频导入到 Cool Edit Pro 中，参考界面如图 4-3-1 所示。

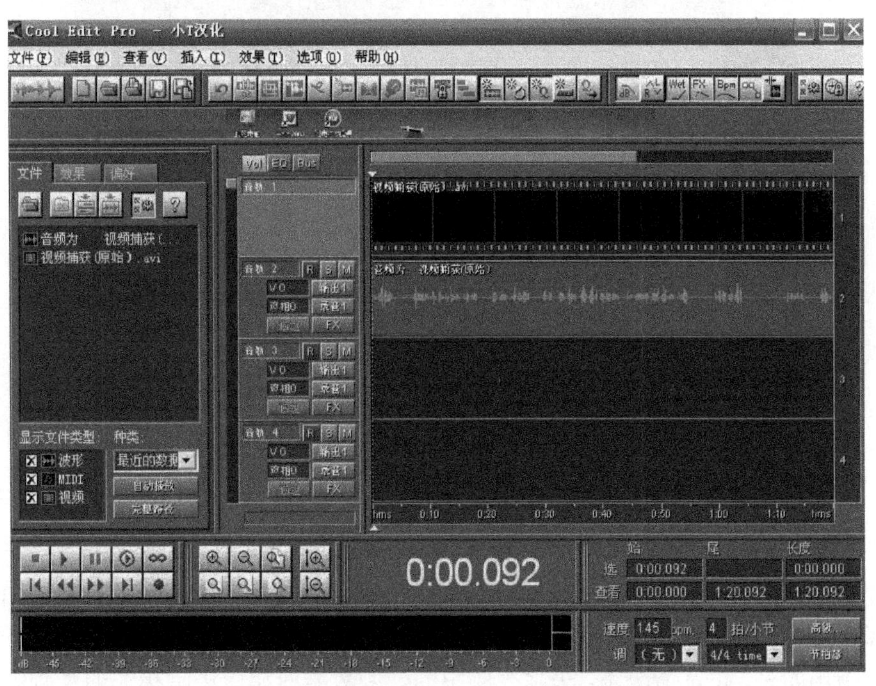

图 4-3-1　Cool Edit Pro 导入视频参考界面

音轨 1 为视频帧，音轨 2 为音频波形。音轨 1 上方区为视频窗，可选择“查看”→“视频窗”显示或关闭视频窗。

观察音轨 2 波形，发现音频数据为单声道数据，双击音轨 2，进入到单轨界面。选择“编辑”→“调整音频格式”进入格式转换窗口，选择 16 位立体声，参考界面如图 4-3-2

所示。单击“确认”按钮将音频数据转换为立体声数据。

图 4-3-2　立体声数据转换参考界面

适当放大音频波形，将指针移动到 32 秒附近区域，选中 32 秒位置附近的音频数据，参考界面如图 4-3-3 所示。

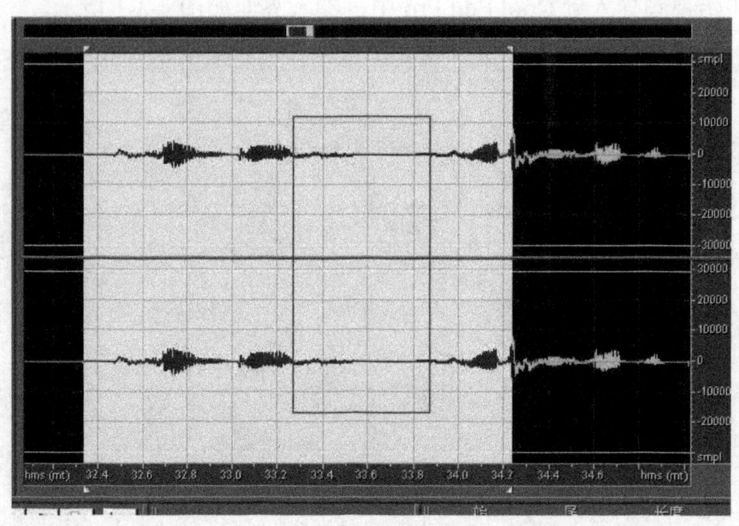

图 4-3-3　32 秒左右处讲解不正常停顿波形

反复播放这段波形，分析可知，矩形框中的音频数据是导致讲解不正常停顿的主要原因，选择“剪切”按钮，去除这段音频数据。

必须指出的是，正常情况下，去除视频中的音频数据应相应去除相关的视频图像数据，因此，对视频中的音频编辑一般使用视频编辑软件进行编辑。本实例因不是实景拍摄的影像，去除的音频数据持续时间很短，对最终视频播放没有影响，可不对相应视频图像进行处理。

视听效果，声音有些干涩，也存在一些噪音，适当消除噪音后选择“效果”→DirectX→BBESonicMaxizer，选择 Vocal，预览效果，并做适当调整，可利用图形均衡仪进一步提升声音感染力。完成后选择“文件”→“另存为”保存成果。注意选择保存格式为“WAV”格式。

（5）视频的编辑合成

启动 Premiere，新建 1 个大小为 720×576 的项目，在工程面板空白区域单击鼠标右键并选择“导入”将初始视频、润色后音频 2 个文件导入到工程中。

拖动“初始视频”到时间线某个轨道起始位置，单击鼠标右键并选择“解除视音频链接”，单独选择音频数据轨，按 Delete 删除。单击鼠标右键，将素材画面大小调整到与项目设置画幅大小适配。

拖动“润色后音频”到时间线另一个轨道合适位置，预览效果并适当调整音频输出音量。

满意后选择“文件”→“导出”→“影片”，在随后出现的任务窗格中输入文件名后选择“保存”输出最终视频。

（6）合并转换输出

为保证输出质量，Premiere 输出的最终视频占很大的存储空间，需要用视频格式转换工具将 Premiere 输出的 AVI 格式形式的视频转换成相应格式，可使用优秀的免费转换工具软件“格式工厂”，启动后界面如图 4-3-4 所示。

图 4-3-4 “格式工厂”启动界面

该工具支持大多数的视频格式，还支持多个视频文件的合并转换输出。此处可利用“格式工厂”将片头、采集教程、片尾 3 个视频文件合并且转换成最终的文件。

在如图 4-3-4 所示界面中，单击“高级”后进一步选择“视频合并”，参考界面如图 4-3-5 所示。

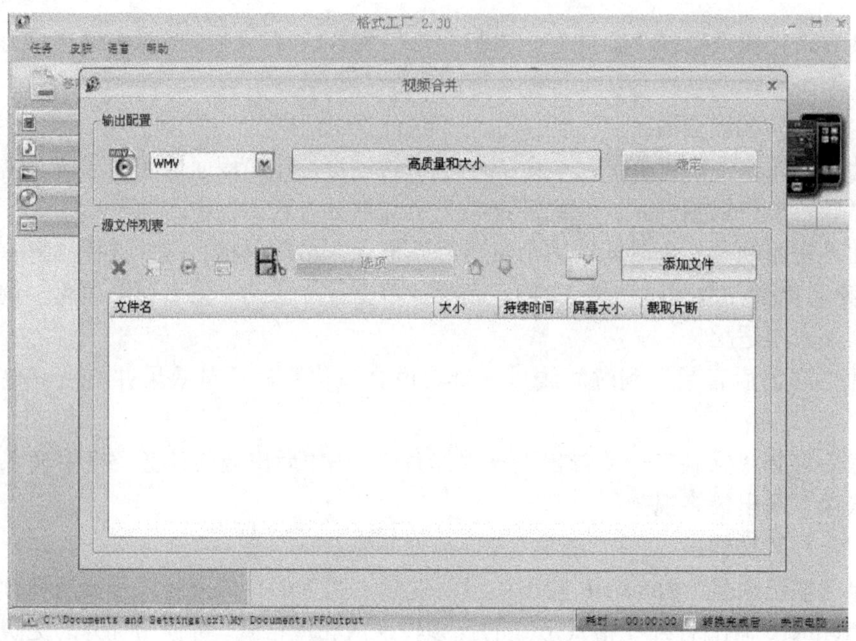

图 4-3-5　合并转换界面 1

先进行输出配置，主要包括选择输出格式类型、输出视频质量及大小等；之后选择添加文件，将 3 个需要合并转换的视频文件按照合并顺序添加到系统中，单击“确认”按钮回到主界面。

在主界面中适当设置输出目录后单击“开始”快捷图标开始视频转换，等待一段时间后系统将完成合并转换。

4.3.2　小人物之歌：电影“大兵小将”主题曲《油菜花》MV 制作分析

该视频浏览网址如下：http://dgdz.ccee.cqu.edu.cn/dmtjp/XRWZGE.HTM。

制作本案例涉及的主要工具软件有 Premiere、Cool Edit、格式工厂等；硬件系统主要有高档计算机、音箱、耳机、麦克风等。制作内容包括“M（音乐）”、“V（视频）”2 个部分。

“M（音乐）”的制作方法请参考 2.5.3 节，制作实现的视频教程网址为：http://dgdz.ccee.cqu. edu.cn /dmtjp/ZZGQUYCH.HTM。

实现过程简述如下。

（1）主题的凝练

电影“大兵小将”讲述的是战国后期卫国和梁国之间发生的一场战争。卫国主营被梁国军队伏击，在一场激烈的战争之后，两败俱伤，仅仅剩下一个梁国士兵（因为装死而生存下来）和一个卫国将军（已受伤，虽生犹死）。士兵毫不费力地抓住了受伤的将军，为了得到奖赏，远离战争，开始了回梁国的漫长旅途。

根据电影剧情，MV 以大人物（太子）的豪言开始，小人物最后释放太子，并在国家灭亡之际最后护旗结束，确定作品名称——小人物之歌。

（2）片头、片尾的制作

片头引人入胜，片尾感人肺腑，耐人寻味，是 MV 走向成功的基础。

小人物之歌 MV 片头复制、组合电影“大兵小将”的片头部分场景并利用字幕引出作品名称、制作等信息，而后，将电影中大人物的豪言及小人物的弱小场景组合形成片头。

小人物之歌 MV 最后将小人物历尽千辛万苦将大人物卫国太子带到梁国码头后因为“兄弟俩必须活一个”的中国传统观念将其释放、在梁国军队全军覆没之际勇敢站出来并守护军旗为国捐躯等场景组合形成片尾。

（3）制作的全过程

小人物之歌 MV 初步制作完成用时十小时，之后多次修改、调整。制作的全过程简单说明如下。

① 按上面的思路首先完成片头、片尾的制作。

② 歌词配套场景的制作。在电影中寻找与歌词内容吻合的场景组合并适当应用过渡效果完成歌词配套场景的制作。

③ 电影场景中原始同步字幕的屏蔽。利用画笔等绘图工具绘制一个合适的黑色实心矩形框，引入到 Premiere 中并放置在合适位置以遮住全部的原始同步字幕。

④ 配套歌词同步字幕的制作。参照上一节介绍的方法将配套歌词制作成字幕并放置在时间线合适位置。

⑤ 测试、输出。

反复对 MV 进行调整，满意后输出 MV，之后利用“格式工厂”工具软件将其转换成需要的格式。

4.4　Flash 动画制作基础

Flash 是美国 Macromedia 公司于 1999 年 6 月推出的优秀网页动画设计软件，较好地克服了 HTML 语言的不足，使得网页设计更加耳目一新，更具有动态效果。Flash 动画的主要特点如下。

（1）使用矢量图形和流式播放技术。矢量图形技术确保了图形的任意尺寸缩放而不影响图形的质量；流式播放技术使得动画可以边播放边下载，确保了网络动画的浏览效果。

（2）使用关键帧和元件。关键帧和元件的使用，使得所生成的动画（.swf）文件非常小，几 KB 的动画文件已经可以实现许多令人心动的动画效果。

（3）音乐、动画、声效、脚本程序相互融合。音乐、动画、声效、脚本程序相互融合，可创作出令人叹为观止的动画（电影）效果。

而今，Flash 已逐渐成为网页动画的标准，成为网页设计过程中的重要的辅助软件，本书以 Flash CS3 为例予以介绍。

4.4.1　Flash 界面与工具

Flash CS3 Professional 针对的对象是高级 Web 设计人员和应用程序开发者，提供了对 Web 团队（由设计人员和开发人员组成）成员之间的工作流程进行优化的项目管理工具、外部脚本撰写和处理数据库中动态数据的能力及其他功能，特别适用于大规模的复杂项目。

Flash CS3 Professional 工作界面如图 4-4-1 所示，工作区由以下部分组成：一个舞台（工作区中央）、一个包含菜单和命令的主工具栏（工作区顶部）、时间轴窗口（舞台上方）、多个面板和一个“属性”检查器（用于组织和修改媒体资源），以及一个包含工具的工具栏（用于创建和修改矢量图形内容）。

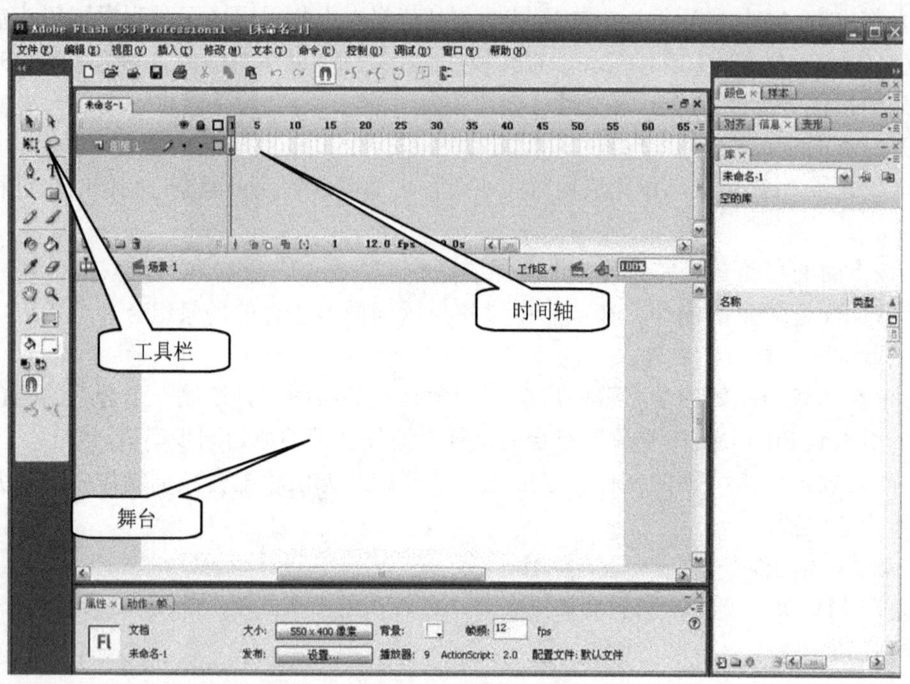

图 4-4-1　Flash CS3 Professional 界面

舞台（Stage）就是工作区，是最主要的可编辑区域。在这里可以直接绘图，或者导入外部图形文件进行编辑，再把各个独立的帧合成在一起，以生成电影作品。

时间轴是 Flash 中最重要的观念之一，可用它安排电影内容播放的顺序、查看每一帧的情况、调整动画播放的速度、安排帧的内容、改变帧与帧之间的关系，从而实现不同效果的动画。

工具栏中工具可分为 5 组，用于矢量图形绘制或充当辅助绘制工具的作用。

最上面的 4 个工具从左到右、从上到下依次为选择、部分选择、任意变形、套索 4 个工具；当元件被选择后，可使用变形工具对其进行旋转、放缩等操作。

其后的 6 个工具为矢量图形绘制工具，依次为钢笔、文本、直线、圆（椭圆、多边形）、铅笔和刷子。这些工具和 Photoshop 等图像处理软件功能基本类似，可结合后面的实例进一步理解。

如“直线工具”主要功能是绘制矢量线。绘制的方法为：选取“直线工具”，适当选择参数，在工作区任一点按住鼠标不放，拖动鼠标便可以绘制出一条矢量线。类似可绘制圆、椭圆。对组工具（如），可按住鼠标不放，在最后弹出的工具组中选择需要的工具。

剩下的 3 组工具主要为绘图辅助工具。

Flash 动画最具魅力之处便是通过绘制部分矢量图形后应用效果来增强 Flash 动画的感染力，掌握基本的绘图功能是熟练制作 Flash 动画的基础。

【例 4-4-1】 **利用 Flash 绘图工具绘制一个月亮。

解：

绘制一个月亮有多种方法，如可用铅笔工具绘制一个月亮的轮廓，而后通过适当填充来完成月亮的绘制。

为使绘制的月亮更加美观，可利用 2 个圆叠加来绘制月亮，具体操作如下。

（1）启动 Flash，创建一个 Flash 文档。选择“椭圆工具”，适当设置笔触颜色及填充色，将工具栏下方的对象绘制开关抬起，按住 Shift 键，在工作区合适位置拖动鼠标绘制 1 个圆。

（2）选择“选择工具”，按住 Ctrl 键，在工作区合适位置拖出另 1 个重叠的圆，按 Delete 键删除重叠区即可。

也可利用 Flash CS3 的“打孔”功能实现月亮的绘制，具体操作如下。

（1）启动 Flash 并选择“椭圆工具”后，将工具栏下方的对象绘制开关按下，按住 Shift 键，在工作区合适位置拖动鼠标绘制 1 个圆（图形对象）。选择“选择工具”，按住 Ctrl 键，在工作区合适位置拖出另 1 个圆（另 1 个独立的图形对象，但相互有重叠）。

（2）选择全部的 2 个圆，选择“修改”→“合并对象”→“打孔”即可。

可参照上面的方法绘制更多的图形，如利用 2 个圆重叠后“打孔”绘制圆环。

4.4.2 Flash 动画的常见方式

Flash CS3 Professional 提供了多种在文档中包含动画和特定效果的方法。

1．时间轴特效

Flash CS3 提供的时间轴特效主要有变形/变换，分开、展开、投影、模糊等效果。

利用时间轴特效，可很容易将对象制作为动画：只需选择对象，然后选择一种特效并指定参数。利用时间轴特效，只需执行几个简单步骤即可完成以前既费时又需要精通动画制作知识的任务。

【例 4-4-2】 **利用时间轴特效实现一个旋转小球的动画。

解：

（1）创建 Flash 文档

① 选择“文件”→“新建”命令，在随后出现的“新建任务”窗格中选择“Flash 文件（ActionScript 2.0）”，单击“确定”按钮，参考界面如图 4-4-1 所示。

② 选择“文件”→“另存为”命令，将文件命名为 myfirst.fla，然后将文件保存到硬盘上合适的位置。

（2）定义文档属性

① 配置文档属性是创作中的第一步，可以使用“属性”检查器（如果“属性”检查器没有打开，请选择“窗口”→“属性”→“属性”命令）来指定影响整个应用程序的设置，例如每秒帧数（fps）、播放速度，以及舞台大小和背景色

②“属性”检查器可以查看和更改所选对象的说明。说明取决于所选对象的类型。例如，如果选择文本对象，“属性”检查器将显示用于查看和修改文本属性的设置。因为目前只打开了一个新文档，所以“属性”检查器显示文档设置（注意：如果“属性”检查器没有完全展开，单击该任务窗格中右上角的展开）。

③ 在“属性”检查器中，确认“帧频”文本框中的数值为 12，“背景颜色”框指示

舞台的颜色。单击“背景颜色”框上的向下箭头，然后在颜色样本上移动“滴管”工具，以便在“十六进制”文本框中查看它们的十六进制值，找到并单击灰色样本，其十六进制值为 #CCCCCC。参考界面如图 4-4-2 所示。

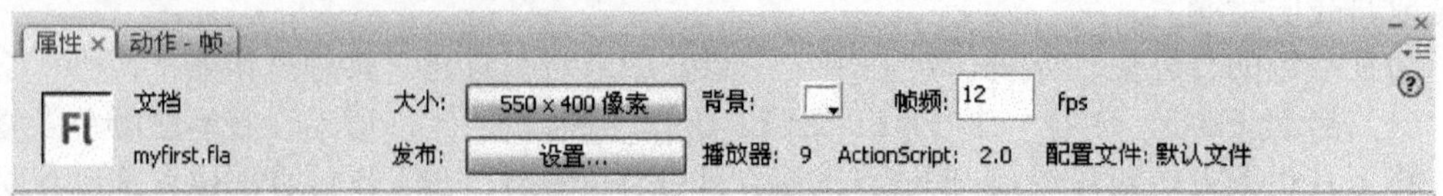

图 4-4-2 “属性”检查器

（3）定义元件

元件是在 Flash 中创建的图形、按钮或影片剪辑。元件只需创建一次，然后即可在整个文档或其他文档中重复使用。元件可以包含从其他应用程序中导入的插图。您创建的任何元件都会自动成为当前文档的库的一部分。

本例中要求制作一个滚动的小球，可用矢量图形创建一个小球元件，步骤如下。

① 选择“插入”→“新建元件”命令，在随后出现的“新建元件”任务窗格的“名称”文本框中输入“ball”，选中“图形”选项按钮，参考界面如图 4-4-3 所示，单击“确定”按钮后进入创建元件的编辑状态。

② 在绘图工具栏中选择“椭圆工具”。如果椭圆工具未直接出现在工具栏中，可将鼠标指向矩形或多边形绘图工具并短压鼠标来选择椭圆工具。

③ 在“属性”检查器中进一步设置该工具的填充色为渐变色，进一步设置笔触颜色为喜欢的颜色。在舞台适当位置画一圆充当小球（为方便观察小球的滚动效果，实例中未采用纯色立体圆，下同），参考界面如图 4-4-4 所示。

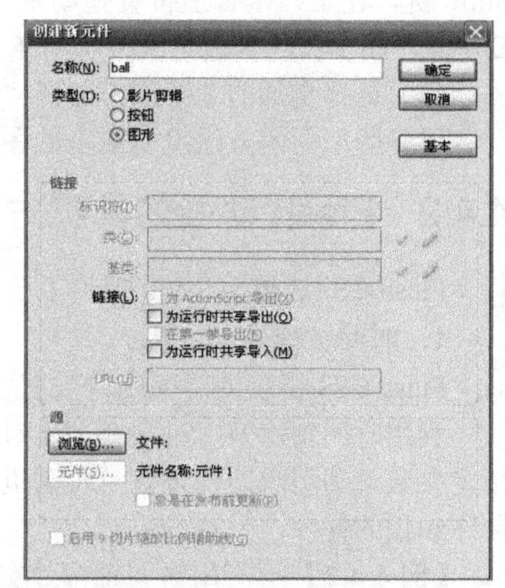

图 4-4-3 新建元件界面

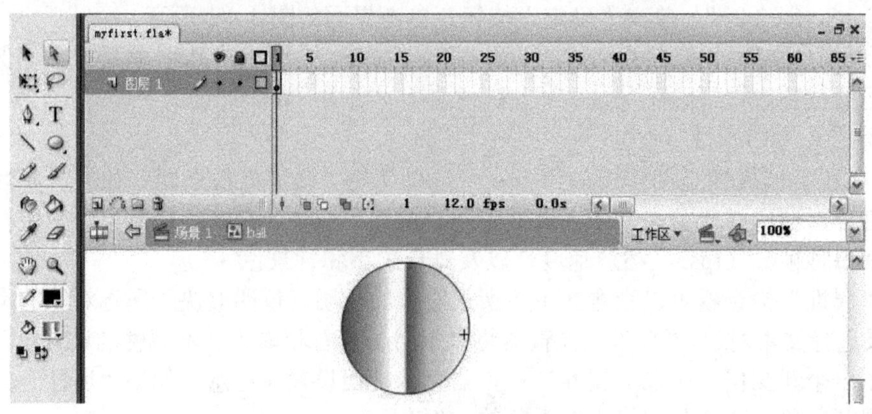

图 4-4-4 定义好的小球元件界面

④ 如果对所画的小球不满意，可以单击小球，按 Delete 键删掉重画，也可以在小球上单击鼠标右键，在弹出的菜单中选择相应修改工具进行修改。

（4）放置元件

小球元件做好后，单击时间轴左上角的“场景 1”回到主场景。按 Ctrl+L 打开图库，发现里面已经有一个做好了的名为 ball 的小球元件。

将该小球元件拖动到舞台上适当的位置（当然也可以选择菜单“视图”→“标尺”命令打开系统标尺精确定位），时间轴的第 1 帧上的小圆圈已经由空心变成了实心（表明该帧不再为空）。

（5）应用时间轴特效

① 选择“插入”→“时间轴特效”→“变形/转换”→“变形”命令，在随后出现的“变形”对话框中设置旋转角度为“360”度，可选择“更新预览”预览效果，参考界面如图 4-4-5 所示。单击“确定”按钮后回到场景设计主界面，发现时间轴上已被系统自动插入了数十帧。这种通过简单设置某些参数，由系统根据需要自动设计时间轴的特效方式便是“时间轴特效”。

② 选择“控制”→“播放”命令，预览效果，满意后保存文件。

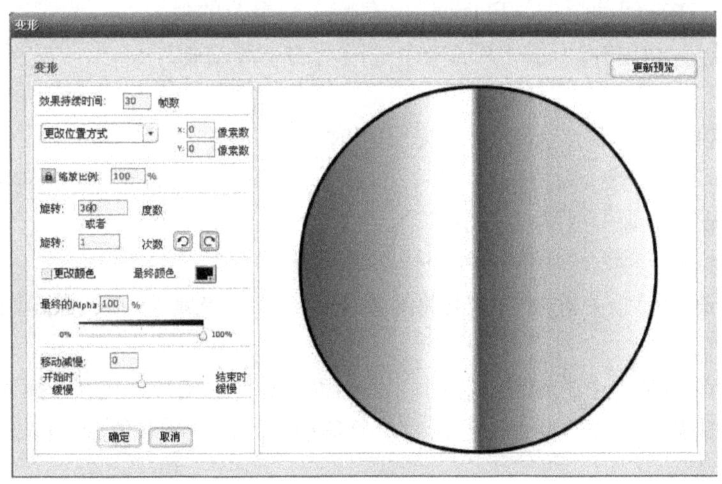

图 4-4-5　应用时间轴特效的界面

（6）影片的导出与发布

Flash 动画制作好后，可选择导出或发布影片，步骤如下。

① 当选择“导出”→“导出影片”命令时，Flash 将创建一个后缀为.swf 的 Flash 动画文件。可在网页制作工具中选择插入 Flash 影片将该文件应用到网页中。

② 当选择“文件”→“发布”命令时，Flash 将会自动创建一个 HTML 文档，该文档会在浏览器窗口中插入前面设计好的.swf 文件。可通过“文件”→“发布设置”命令设置发布参数。

③ 选择“文件”→“发布”命令，Flash 将按默认设置发布 Flash 动画，在保存 Flash 文档的目录下创建 myfirst.swf、myfirst.html 两个文件。

④ 浏览该文件，前面设计的舞台大小为 550×400 的 30 帧 Flash 动画仅为 804 字节。

2．补间动画

补间动画是一种通过创建起始帧和结束帧，由系统自动设置中间帧的动画方式。

可通过创建补间动画，让 Flash 创建中间帧。可通过更改起始帧和结束帧之间的对象大小、旋转、颜色或其他属性来创建运动的效果。还可以通过在时间轴中更改连续帧的内容来创建动画。可以在舞台中创作出移动对象、增加或减小对象大小、旋转、更改颜色、淡入或淡出，或者更改对象形状的效果。更改既可以独立于其他的更改，也可以和其他的更改互相协调。例如，可以创作出这样的效果：对象在舞台中一边移动，一边旋转，并且淡入。

Flash 可以创建两种类型的补间动画：补间动画和补间形状。本节先介绍补间动画，下面一小节再介绍补间形状。

在补间动画中，在一个时间点定义一个实例、组或文本块的位置、大小和旋转等属性，然后在另一个时间点改变那些属性。也可以沿着路径应用补间动画。

在补间形状中，在一个时间点绘制一个形状，然后在另一个时间点更改该形状或绘制另一个形状。Flash 会通过内插二者之间的帧的值或形状来创建动画。

补间动画是创建随时间移动或更改的动画的一种有效方法，并且最大程度地减小所生成的文件大小。在补间动画中，Flash 只保存帧之间更改的值。

【例 4-4-3】 **利用补间动画实现一个“滚动的小球动画”。

解：

（1）新建 Flash 文档，定义元件并放置到时间线

参考例 4-4-2 的步骤（1）、（2）、（3）、（4）完成 Flash 文档的创建、元件的定义及放置。

（2）利用补间动画实现滚动的小球动画

可以使用以下两种方法中的一种创建补间动画：

- 创建动画的起始关键帧和结束关键帧，然后使用“属性”检查器中的“补间动画”选项。
- 创建动画的第一个关键帧，在时间轴上插入所需的帧数，选择“插入”→“时间轴”→“创建补间动画”命令，然后将对象移动到舞台上的新位置。Flash 会自动创建结束关键帧。

下面介绍用第二种方法实现的补间动画。

（3）规划设置动画长度为 25 帧，补间动画具体实现如下。

① 在时间轴第 1 帧位置单击，连续按 F5 键插入 24 帧，具体如图 4-4-6 所示。

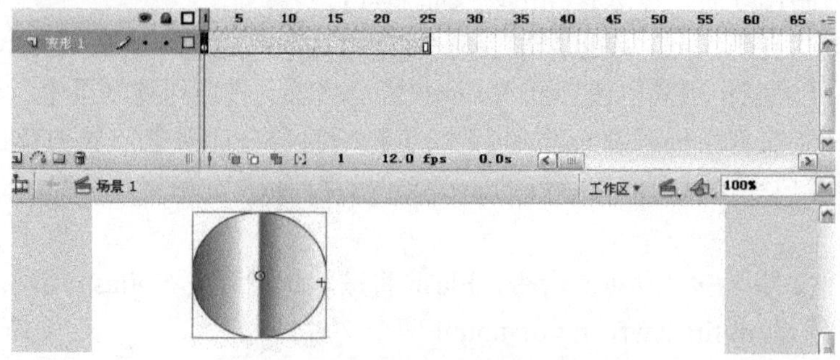

图 4-4-6　补间动画实现的图 1

② 在时间轴第 25 帧（最后 1 帧）位置单击，选择“插入”→“时间轴”→“创建补间动画”命令，具体如图 4-4-7 所示。

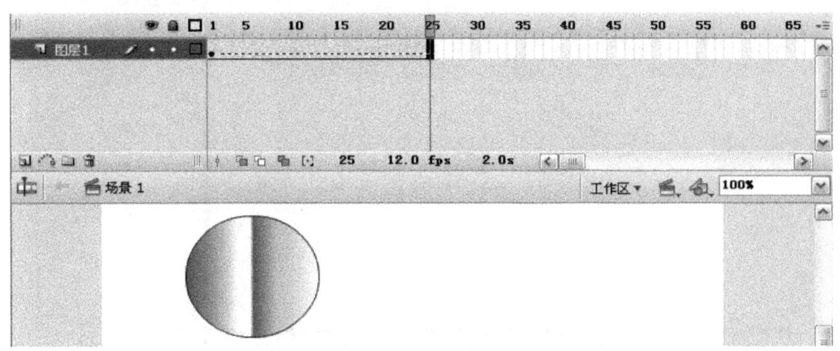

图 4-4-7　补间动画实现的图 2

③ 拖动舞台上的小球到合适的位置，具体如图 4-4-8 所示。

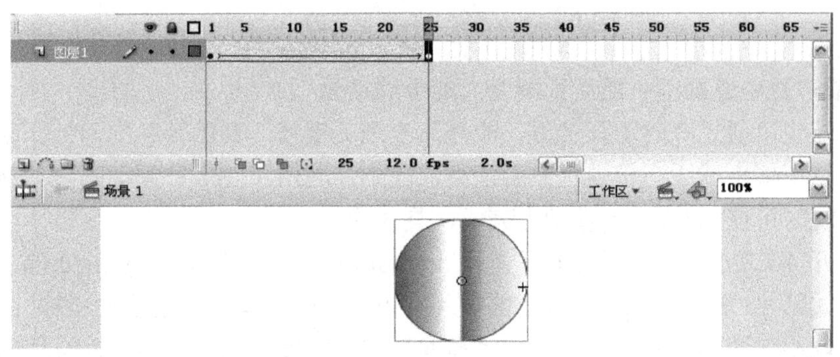

图 4-4-8　补间动画实现的图 3

④ 选择“控制”→“播放”命令，预览效果，满意后保存文件并输出。

3．逐帧动画

逐帧动画是一种逐帧设计动画元素的动画方式，相对费时，一般不使用。

4.4.3　添加效果的滚动小球动画

通过 4.4.2 小节的学习，读者不难看出，制作 Flash 动画并不难。下面将在 4.4.2 小节“滚动小球动画”的基础上进一步添加效果，以帮助读者进一步理解 Flash 动画的制作。

1．运动过程中渐渐消失的小球动画

这个效果可通过补间动画实现，其运动的制作和 4.4.2 小节一样。可在 4.4.2 小节的基础上进一步制作。

打开 4.4.2 小节制作的 Flash 文档 myfirst.fla，将其另存为 myfirst1.fla，在时间轴第 25 帧（最后 1 帧）位置单击，单击舞台上的小球，“属性”检查器中将出现小球图形的属性。在颜色下拉菜单选项中选中 Alpha（透明度），在透明度输入框中输入百分值 0，或将其右边的滑杆指针拖到最下端，使小球完全透明，参考界面如图 4-4-9 所示（图中为 6%）。

选择“控制”→“播放”命令，可看到运动过程中渐渐消失的小球动画。

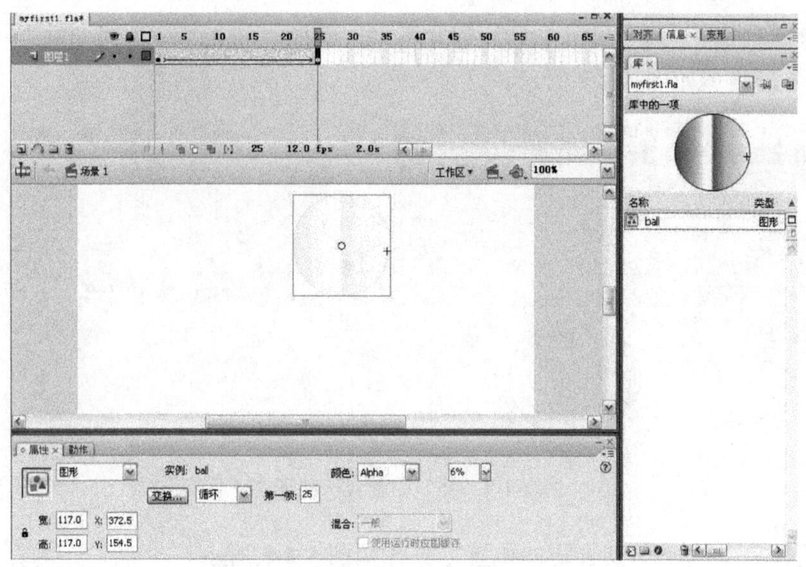

图 4-4-9 运动过程中渐渐消失的小球动画

2．运动过程中逐渐缩小然后逐渐变大的小球动画

这个效果也可通过补间动画实现。即插入三个关键帧，开始帧、中间帧、结束帧。开始帧小球和结束帧小球大小相同，中间帧小球较小，利用 Flash 补间动画自动插入各过渡帧即可。实现时可在 4.4.2 小节基础上完成，具体如下。

（1）打开 4.4.2 小节制作的 Flash 文档 myfirst.fla，将其另存为 myfirst2.fla，在时间轴中间位置（如第 13 帧）单击，按 F6 键插入一个关键帧，单击舞台上的小球，“属性”检查器中将出现小球图形的属性，在小球“高度”和“宽度”属性框中输入合适的值（如原始值的一半），参考界面如图 4-4-10 所示。

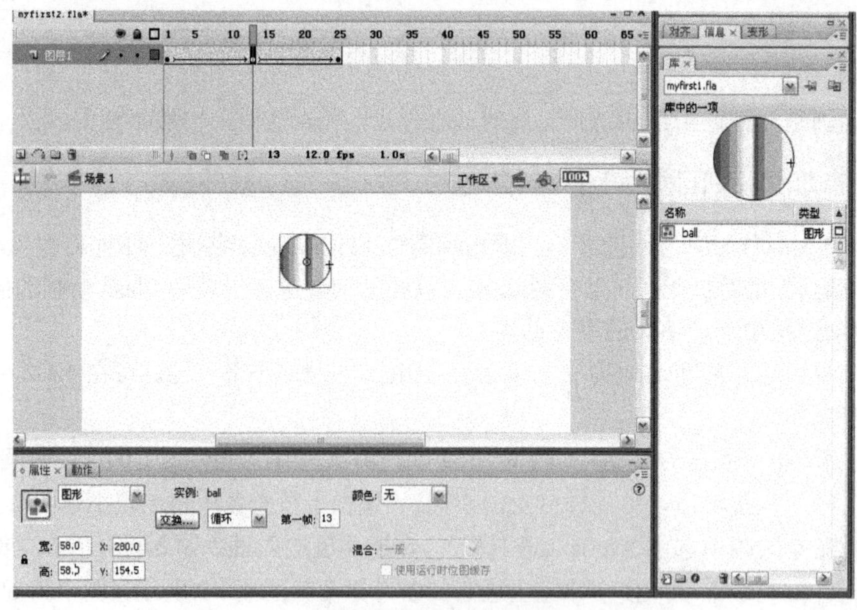

图 4-4-10 运动过程中逐渐缩小然后逐渐变大的小球动画

（2）保存文件，选择“控制”→“播放”命令，可看到运动过程中逐渐缩小然后逐渐变大的小球动画。

将前两种方法结合，进一步设置中间帧、最后 1 帧小球图形的颜色 Alpha 属性值为合适值，则可实现运动过程中逐渐缩小然后逐渐变大且逐渐消失的小球动画。

3．沿曲线运动的小球动画

为了实现让小球沿指定的路径运动，需要建立一个运动引导层。在 Flash 中，允许多个图层与同一个运动引导层关联，也就是说可以有多个对象沿同一个路径运动。

建立运动引导层有多种方法，一种是选择“插入”→“时间轴”→“运动引导层”命令，在当前层上新建一个运动引导层。之后，小球层向右缩进，小球层与其上的运动引导层发生关联。还有一种建立运动引导层的方法是用鼠标右键单击小球所在层的名称，在弹出的菜单中选择“添加引导层”命令，在小球图层上出现新的运动引导层，小球图层缩进显示二者关联。

打开 4.4.2 小节制作的 Flash 文档 myfirst.fla，将其另存为 myfirst3.fla，按上面的方法建立运动引导层，具体如图 4-4-11 所示。

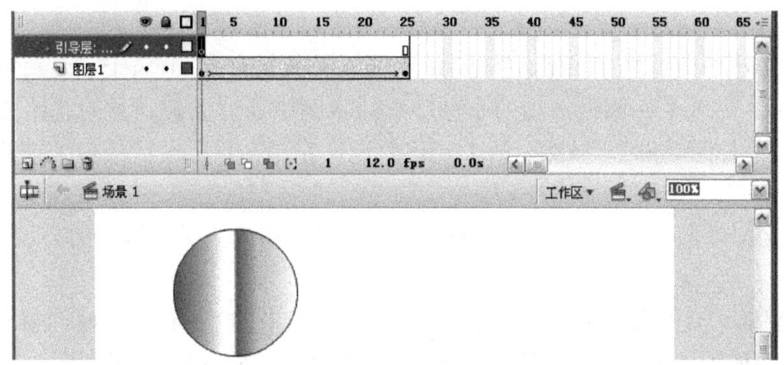

图 4-4-11　运动引导层示意图

在引导层中绘制一条小球运动的路径。为了避免对小球所在层进行误操作，单击小球所在层上所对应的中间黑点，使该层被锁定，不能被编辑。单击引导层第 1 帧，在绘图工具栏选择“铅笔工具”，单击下方选项下面的小三角形，使选项属性变为，在工作区画一条曲线。

解除小球所在层的锁定，恢复该层的可编辑状态。在绘图工具栏中选实心箭头工具（选择工具），确保选项属性为状态。单击小球所在层的第 1 帧，拖动小球靠近路径的起点，Flash 将自动捕捉至起点；单击小球所在层的第 25 帧（最后 1 帧），拖动小球靠近路径的另一端，Flash 将自动捕捉至终点，参考界面如图 4-4-12 所示。保存文件，观看效果并发布。

4．逐渐加速运动的小球动画

打开 4.4.2 小节制作的 Flash 文档 myfirst.fla，将其另存为 myfirst4.fla，在时间轴第 1 帧单击鼠标，在下方“属性”检查器中的“缓动”下拉列表框中拖动滑块至“–100”。在时间轴第 25 帧单击鼠标，在下方“属性”检查器中的“缓动”下拉列表框中拖动滑块至“100”，保存文件，观看效果，满意后发布即可。

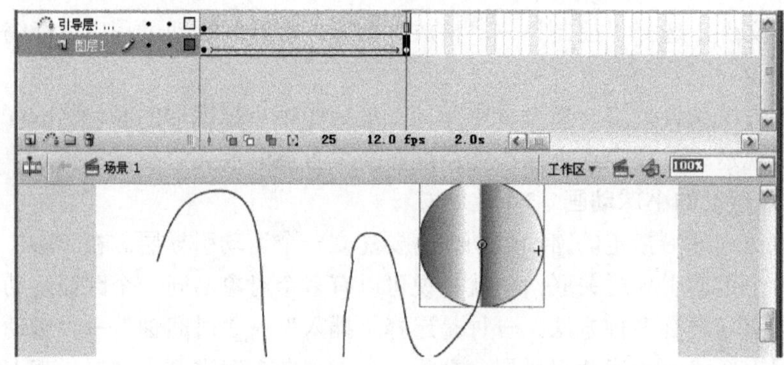

图 4-4-12　沿曲线运动的小球动画

【例 4-4-4】 **综合上面的应用技巧制作一个真正意义上的滚动小球动画。

解：

细心的读者不难发现，例 4-4-3 滚动小球动画中的小球并非真正的滚动，因此，只能算是一个滑动的小球动画。可利用时间轴特效结合补间动画实现一个真正意义上的滚动小球动画。

打开 4.4.2 小节制作的 Flash 文档 myfirst.fla，将其另存为 myfirst5.fla。

预览效果，为一个在原地滚动的小球动画，本例中通过创建动画的起始关键帧和结束关键帧来实现“补间动画”。显然，第 1 帧已经设计完毕，只要设计最后 1 帧并应用“补间动画”即可。

在时间轴第 30 帧（最后 1 帧）右击鼠标并选择“转换为关键帧”，拖动舞台上的小球至合适位置。

在时间轴第 1 帧单击鼠标，在下方“属性”检查器中的“补间”下拉列表框中选择“动画”，参考界面如图 4-4-13 所示。保存文件，观看效果，满意后发布即可。

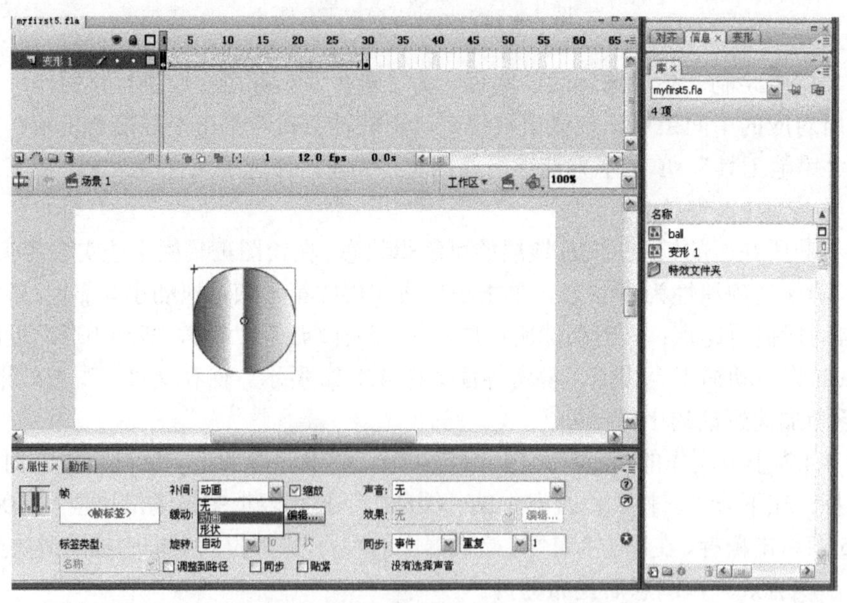

图 4-4-13　例 4-4-4 的图

4.4.4　补间形状的应用

通过补间形状，可以创建类似于形变的效果，使一个形状看起来随着时间变成另一个形状。Flash 也可以补间形状的位置、大小和颜色。

下面通过一个文字形变动画来介绍补间形状的应用。

（1）首先新建一个 Flash 文档（myfirst6.fla），修改电影属性，设置其宽度、高度及背景。在时间轴第 1 帧单击鼠标，选择绘图工具栏中的“文字工具”，在舞台合适位置单击鼠标，在下方“属性”检查器中选择好字体、字号、颜色等，输入“海内存知己”。在时间轴第 30 帧单击鼠标，按 F6 键插入一关键帧，这一帧的内容和第 1 帧一样。双击“海内存知己”，进入字符编辑模式，输入“天涯若比邻”，在下方“属性”检查器中适当设置字体、字号、颜色等。

（2）因为要制作的是补间形状动画，而上面输入的文字为一个整体，因此应把它们分离成形状。选择第 1 帧，选择“修改”→“分离”命令（或按 Ctrl+B 组合键）把文字分离，参考效果如图 4-4-14 所示。

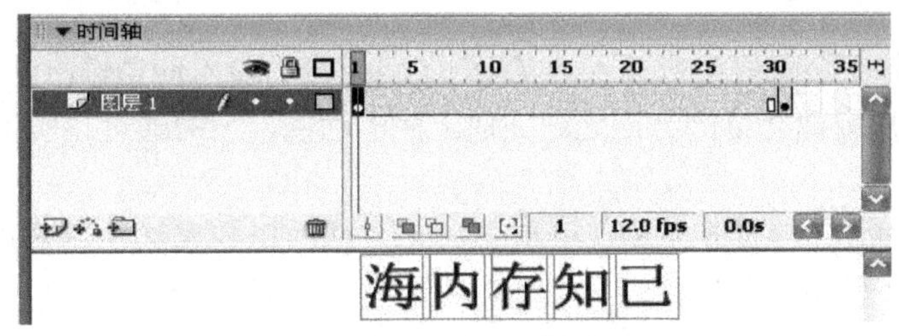

图 4-4-14　补间形状的应用图 1

（3）图中，虽然 Flash 已将五个文字分离成了单个的文字，但单个文字依然为一个整体，因此应把它们进一步分离成形状，再次选择“修改”→“分离”命令（或按 Ctrl+B 组合键）把文字分离，参考效果如图 4-4-15 所示。

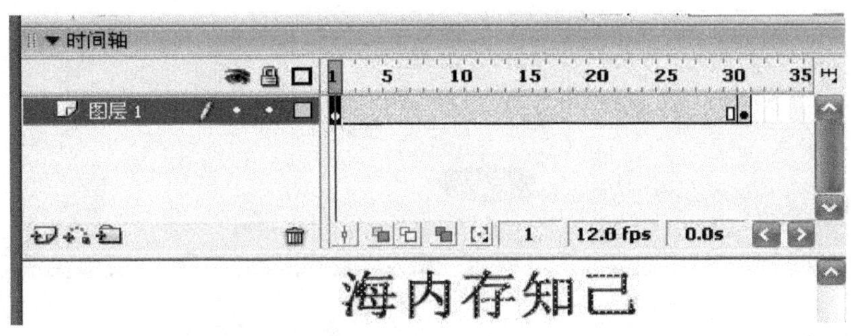

图 4-4-15　补间形状的应用图 2

（4）在时间轴第 30 帧单击鼠标，按上面的方法将“天涯若比邻”分离成形状。

（5）在时间轴第 1 帧单击鼠标，在下方“属性”检查器中将补间属性设置为“形状”，用类似方法设置第 30 帧补间属性设置为“形状”，预览效果，可看到文字“海内存知己”到“天涯若比邻”的渐变动画。

仔细观察，上面的这个动画中字符变形有点没有规则，变幻得有些莫名其妙。

在形体渐变动画中，如果用户没有指定变形规则的话，Flash 将自动为待变形的形体设置一些关键点。形体渐变动画实际上就是关键点位置的变化，形体其余部分的变化可以通过插值的方法计算出来。在 Flash 中提供了一种人为干预变形效果的方法，就是设置提示点，通过指定相应提示点间的变化方法可以指定整个形变的过程。

（6）选择第 1 帧，选择“修改”→“形状”→“添加提示点”命令，图中将加入一提示点（带红色的小圆圈的字符 a 用来标识提示点）。选择第 30 帧，选择“修改”→“形状”→“添加提示点”命令，把提示点 a 拖动到合适位置，提示点变绿了。回到第 1 帧，这时提示点由红色变成了黄色，提示点设置正确。反复修改提示点位置，直到效果满意为止。

4.4.5 动作脚本的应用

动作脚本是在 Flash 内开发应用程序时所使用的语言，一般不必使用动作脚本就可以使用 Flash，但是，如果要提供与用户的交互性、使用除内置于 Flash 中的对象之外的其他对象（例如按钮和影片剪辑）或者令.swf 文件更适合于用户使用，可能还是要使用动作脚本。

例如，想制作一个获取用户输入的文本区，将用户的输入信息输出到另一个文本区中。

显然，单纯用前面介绍的方法无法完成上面的功能，下面通过该实例介绍动作脚本的应用。

（1）首先新建一个 Flash 文档（myfirst7.fla），修改电影属性，设置其宽度、高度及背景，在时间轴第 1 帧单击鼠标，按 F6 键插入一关键帧。选择绘图工具栏中的“文字工具”，在舞台合适位置拖动鼠标建立一个合适大小的矩形文本输入区。

（2）在 Flash 中，文本具有三种类型：静态文本、动态文本、输入文本。在下方“属性”检查器中选择好字体、字号、颜色等，将文本类型设置为“输入文本”（用作获取用户输入信息文本区），定义文本区变量名称为“t0”（必须定义变量名称，只有定义了名称，才能为动作脚本程序访问），选中“在文本区周围显示边框”选项，参考界面如图 4-4-16 所示。

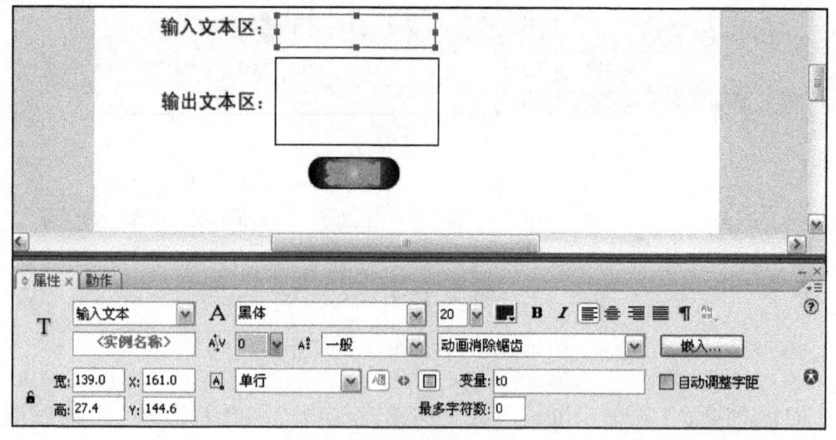

图 4-4-16　文本属性设置的图 1

（3）定义好了用户输入信息文本区后，参照上面的方法定义一个文本输出区，文本属性为“动态文本”，变量名称为“t1”，按下“在文本区周围显示边框”选项，选择好字体、字号、颜色，参考界面如图 4-4-17 所示。

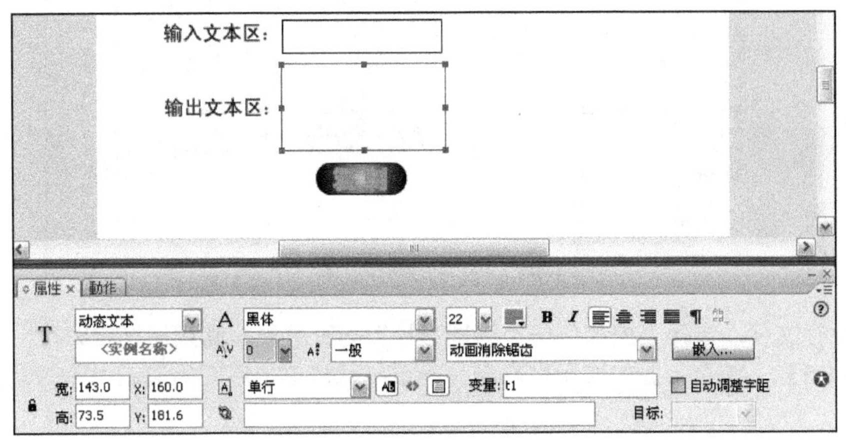

图 4-4-17　文本属性设置的图 2

> **提示**：为实现交互，还需要制作一个“复制”按钮，当用户按下“复制”按钮时，将输入文本区中的内容复制到输出文本区。通过图 4-4-3 可以看到，新建元件有三种类型：影片剪辑、按钮和图形。可通过新建一个按钮元件并将其放置到舞台来实现上面的功能。

（4）选择“插入”→“新建元件”，选中“按钮”单选按钮，将元件命名为“copy”，单击“确认”按钮后进入按钮的编辑窗口，时间轴如图 4-4-18 所示，共有 4 帧。

（5）先设计“弹起”帧，可画一圆角矩形，上面输入汉字“复制”，具体如图 4-4-19 所示。

图 4-4-18　按钮制作的图 1

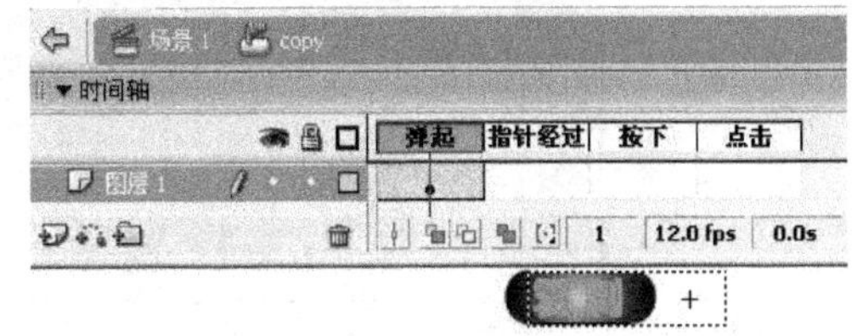

图 4-4-19　按钮制作的图 2

（6）继续设计“指针经过”、“按下”、“点击”帧。在“指针经过”帧上用鼠标左键单击，并按 F6 键把这一帧设为关键帧，这时该帧具有和“指针经过”帧相同的内容。连续插入三帧，适当设计各帧内容，保存元件，返回到场景。将按钮放置到舞台合适位置。

（7）按钮放置好后，可进一步设计按钮的动作脚本，实现将输入文本复制到输出文本区的功能。选中“部分选择工具”，单击“复制”按钮，在下方“属性”检查器中单击“动作-按钮”，将出现按钮的动作脚本设计界面，输入下面的脚本（如图 4-4-20 所示）：

```
on (release) {
    set ("t1",t0);
}
```

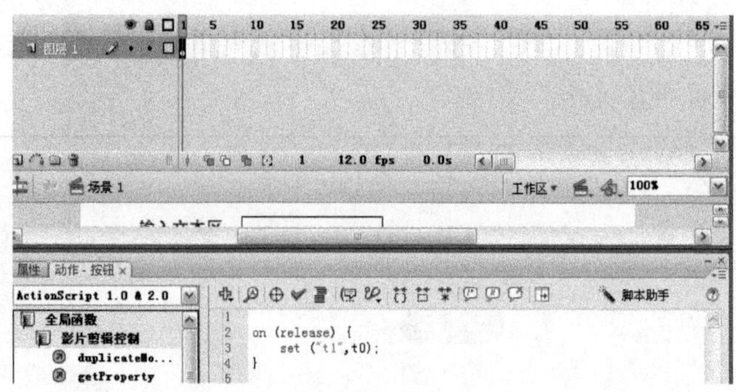

图 4-4-20　按钮的动作脚本设计

（8）保存文件，选择“控制”→“测试影片”观看效果，满意后发布即可。

【例 4-4-5】 **综合上面的应用技巧制作一个小球被单击后开始滚动的小球动画。

解：

可在例 4-4-4 的基础上制作。打开 4.4.3 小节制作的 Flash 文档 myfirst5.fla，将其另存为 myfirst8.fla。

预览效果，为一个滚动的小球动画，可在该动画的基础上添加按钮并应用动作脚本来制作一个小球被单击后开始滚动的小球动画。

（1）首先停止动画的自动播放

默认情况下，Flash 动画将被自动重复播放，可通过动作脚本停止动画的自动播放。

在时间轴第 1 帧单击鼠标选择第 1 帧，单击“属性”检查器中的动作切换到帧动作脚本编写任务窗格，单击左边的“时间轴控制”，展开“时间轴控制”，双击 stop 函数将该函数添加到帧的动作脚本中，参考界面如图 4-4-21 所示。

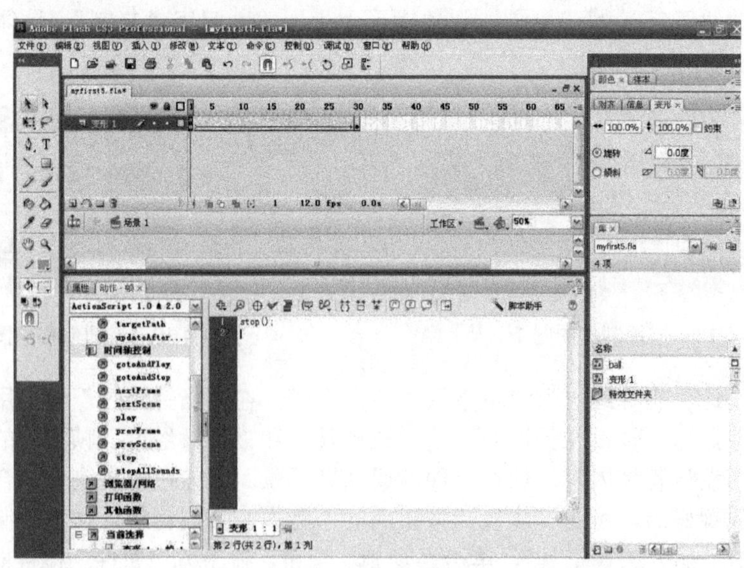

图 4-4-21　例 4-4-5 的图 1

按 Enter 键预览效果，小球依旧滚动，选择“控制”→“测试影片”命令，观看效果，可知小球已停止滚动。

（2）设计并放置按钮

① 选择“插入”→“新建元件”命令，在随后出现的对话框中选择元件类型为“按钮”，输入按钮元件名称为“ball”，并将其原件拖动到舞台，参考界面如图 4-4-22 所示。

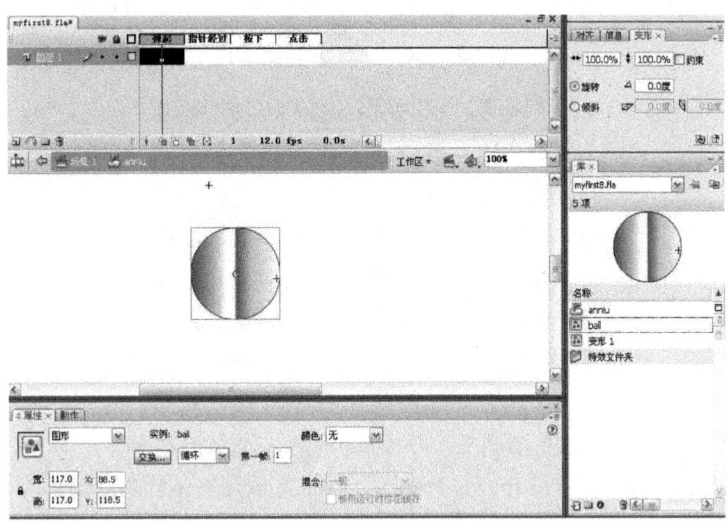

图 4-4-22　例 4-4-5 的图 2

② 单击“场景”，回到场景设计界面，在时间轴第 1 帧单击鼠标选择第 1 帧，将按钮元件 ball 拖动到舞台，并使之与已经存在的小球完全重合。

（3）设计按钮动作脚本

① 选择按钮元件，单击“属性”检查器中的“动作-按钮”切换到“按钮-动作”脚本编写任务窗格，单击左边的“影片剪辑控制”展开“影片剪辑控制”，双击 on 事件并选择 release（含义为当鼠标按下并释放时执行“{ }”中的脚本内容），在“{ }”中单击鼠标设置动作脚本插入位置。

② 单击左边的“时间轴控制”展开“时间轴控制”，双击 play 函数将该函数添加到帧的动作脚本中，参考界面如图 4-4-23 所示。

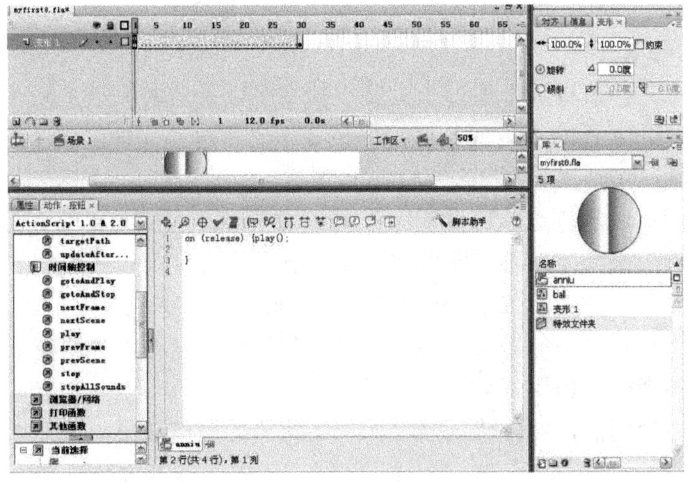

图 4-4-23　例 4-4-5 的图 3

③ 选择“控制”→“测试影片”命令，预览效果，并验证设计是否正确。

4.4.6 综合实例：诗词贺卡“人约黄昏后”

人 约 黄 昏 后

作者：二十一世纪

秋风清，秋月明，秋天，我们相识；
灭烛光，披觉露，深夜，我们诉说；
星悠悠，雾悠悠，清晨，我们倾听；
知我意，感君情，冬天，我们温暖；
秋叶散，风吹绿，春天，花儿在说；
烛光夜，空无人，午夜，我在孤独；
柳依青，星稀明，深更，我在徘徊；
思悠悠，爱悠悠，拂晓，我已出发；
月上柳梢头，人约黄昏后，恍如昨夜风。

该实例浏览网址如下：http://dgdz.ccee.cqu.edu.cn/dmtjp/ns902.htm，实现过程简述如下。

1．总体构思

诗词讲究的是意境，不同的人阅读相同的诗词可能会有不同的感觉，准确反映诗词的素材相对难以收集。

为保持诗词的原味，采用文字、背景变换结合音乐的表达手法制作该贺卡。

根据诗词内容，将诗词分为 4 个部分，具体为：

- 诗词名、作者
- 回忆篇（前 4 句）
- 进行篇（中间 4 句）
- 点题句（最后 1 句）

为使作品相对美观，设计一个矩形框用作文字显示版块边框，网上下载一些适合做背景的免费素材（http://www.3lian.com），适当设置贺卡背景色。

2．诗词名、作者

（1）诗词名“人约黄昏后”通过由大到小的文字效果引入，第 1 帧设置参考效果如图 4-4-24 所示。图中，单击右上方的“变形”设置该文字对应元件的大小为“300%”。为体现诗词的朦胧意境，可适当设置元件的 Alpha 属性。

（2）根据补间动画的特点，可设置终止帧（第 7 帧）对应元件的大小为“100%”，设置“第 1 帧”补间效果为“动画”即可实现由大到小的文字引入效果。

（3）进一步制作“作者：二十一世纪” 由大到小的文字淡入效果。

（4）之后制作合适大小的矩形框淡入，将下载的免费素材“透明花朵”背景变换效果引入到作品中，参考效果如图 4-4-25 所示。

（5）保持一段时间后，制作诗词名、作者、背景的淡出效果，诗词内容的第 1 部分制作完成。

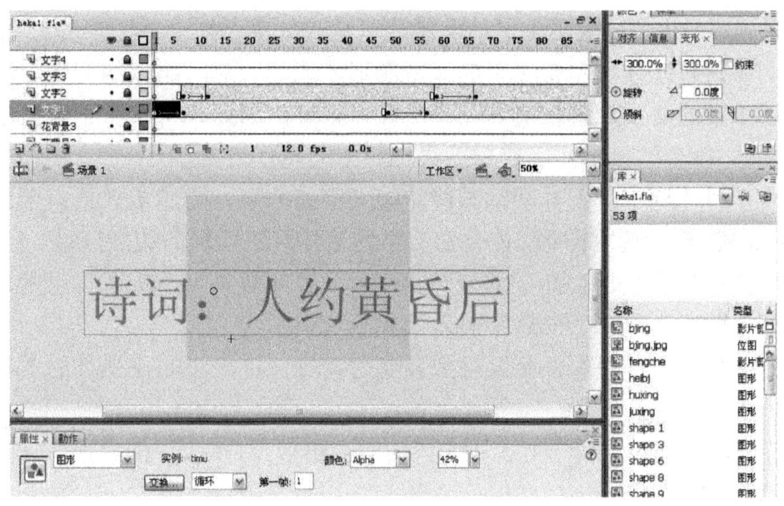

图 4-4-24　综合实例的图 1

3．回忆篇（前 4 句）

将文字显示版块矩形框放大到合适大小，将下载的免费素材“透明小花”背景变换效果引入到作品中，利用文字遮罩效果实现第 1 行文字的逐字淡入效果，参考实现过程如下。

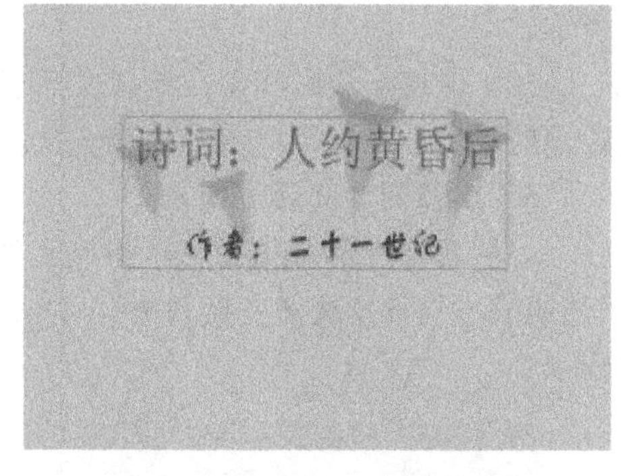

图 4-4-25　综合实例的图 2

（1）新建入文字、遮罩图形 2 个元件。文字元件内容为“秋风清，秋月明，秋天，我们相识”，遮罩图形为带渐进填充的合适大小的矩形框（能盖住全部文字即可）。

（2）新建一个场景元件，在该场景设计时间轴上插入一个新图层，将文字元件放置在图层 1，遮罩图形元件放置在图层 2。

（3）将鼠标指向图层 1（非时间轴），右击鼠标，将图层 1 设置成遮罩层。适当拖动文字及遮罩图形，使文字未遮住遮罩图形的任何区域，参考界面如图 4-4-26 所示。

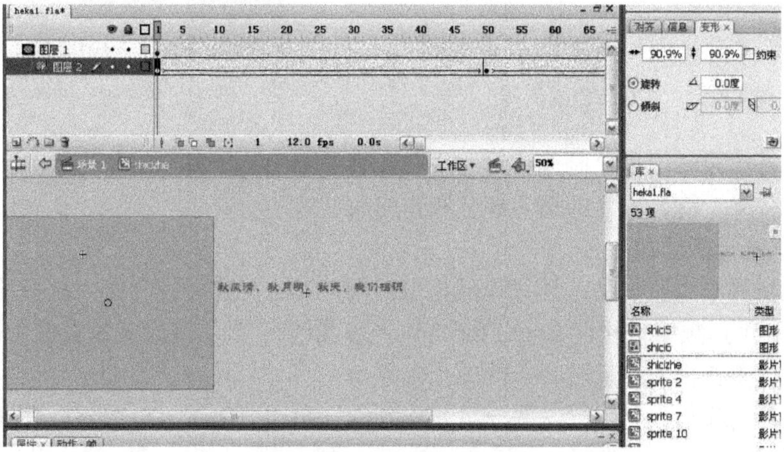

图 4-4-26　综合实例的图 3

（4）依照遮罩的含义，图层 1 中的文字显示颜色取决于被遮罩图形的颜色，也就是说，图层 1 中的文字只有遮住了图层 2 中的遮罩图形才能显示对应颜色的文字，如图 4-4-26 所示界面中图层 1 中的文字未遮住遮罩图形的任何区域，因此，文字将不被显示。单击锁定图层 1、图层 2，舞台将显示实际遮罩效果——未显示任何文字。

（5）进一步设计逐字淡入补间动画终止帧（第 50 帧）的遮罩效果为全部显示。选择图层 2 的第 50 帧，拖动遮罩图形，使全部文字均遮住遮罩图形的相应区域，全部文字可见。

（6）选择图层 2 的“第 1 帧”，设置“第 1 帧”补间效果为“动画”，进一步设计 Alpha 属性的补间效果即可实现文字的逐字淡入效果。

（7）回到主场景设计界面，将元件放置到时间轴，进一步制作另外的 3 行文字的“淡入”或“飞入”效果。

（8）保持一段时间后，制作上述 4 句诗词的淡出效果，诗词内容的第 2 部分制作完成。

4．进行篇（中间 4 句）

（1）将文字显示版块矩形框适当缩小，制作进行篇（中间 4 句）文字的淡入效果，进一步将下载的免费素材“透明的心”背景变换效果引入到作品中，参考效果如图 4-4-27 所示。

（2）保持一段时间后，制作文字显示版块矩形框由大到小的淡出效果，制作上述 4 句诗词的淡出效果，诗词内容的第 3 部分制作完成。

5．点题句（最后 1 句）

（1）新建黑色背景元件，将该元件拖入到时间轴，制作该元件的淡入及“透明小花”、“透明的心”背景减淡变换效果，进一步制作“点题句”的淡入效果，参考效果如图 4-4-28 所示。

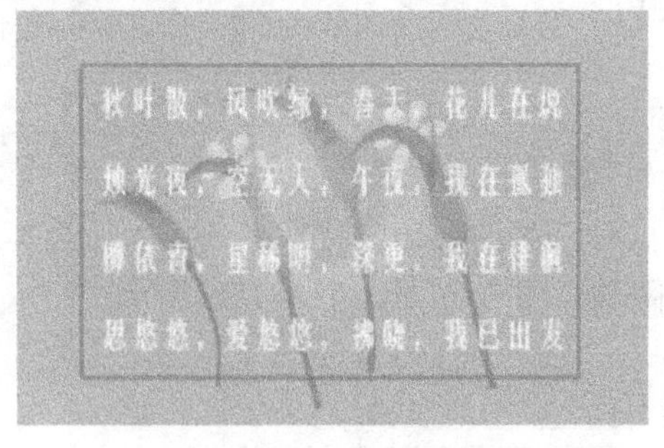

图 4-4-27　综合实例的图 4

图 4-4-28　综合实例的图 5

（2）保持一段时间后，制作“透明小花”、“透明的心”背景的淡出效果，制作“点题句”的淡出效果，诗词内容的第 4 部分制作完成。

6．背景音乐的添加

（1）反复调试预览作品，计算作品播放时间（70s），选择钢琴曲“秋日的私语”作为背景音乐，利用音频编辑软件 Cool Edit 将该音乐裁切到 70s，制作开始及结束部分的淡入、淡出效果，改善在播放结束时音乐的中止效果。

（2）选择“文件”→“导入”→“导入到库”命令，新建一个图层，将音乐文件拖动到时间轴即可。

7．最后的工作

默认情况下，动画采用循环播放方式，动画停止后音乐仍可能继续播放，可设计结束帧的动作脚本功能为“停止播放”；插入“重新播放按钮”，设计其动作脚本功能为“重新播放”，反复测试、调试完成后输出作品。

习　　题

4.1　填空题

1．视频本质上是利用人眼视觉暂留的原理，通过播放一系列的图像，使人产生运动的感觉，全称为________，广义上讲，计算机中存在着两种数字视频：________、________。

2．传统模拟电视主要有________、________、________3 种制式。其中：PAL 意思是________，供电频率为________、场频为每秒 50 场、帧频为每秒 25 帧、扫描线为 625 行，为________、德国等众多国家采用。

3．DV 中文含义：________。从行业标准角度，是索尼、松下等众多家电厂商联合制定的一种________。对大多数消费者而言，在绝大多数场合 DV 代表________。从数字视频记录角度，DV 格式是一种分量信号记录格式，分别记录________三个分量。

4．AVI 是________的英文缩写，中文翻译________，是 Microsoft 公司推出的一种视频格式。

5．Premiere 系统预制特效效果本质上是由________过程。此外，Premiere 还为每 1 段视频内置了固定特效，包括________、________、________3 个子效果控制。

6．Premiere 的________工具可改变一段素材的入点和出点，但视频轨的总长度________；而________工具用于改变前一个素材的出点和后一个素材的入点，视频轨的总长度________。

7．________是一种通过创建起始帧和结束帧，由系统自动设置中间帧的动画方式。Flash 可以创建两种类型的________：________和________。

8．Flash 元件有三种类型：________、________和________。实现“小球被单击后滚动”的交互效果应新建一个________元件并将其放置到时间轴并设计动作脚本来完成。

9．依照遮罩的含义，________中的文字显示颜色取决于________的颜色，也就是说，遮罩层中的的文字只有________被遮罩层中的遮罩图形才能________对应颜色的文字。

4.2　简答题

1．解释 MPEG 的含义。

2．什么是 4:2:0 采样结构？

3．解释 Premiere 的错落工具和滑动工具的用途。

4．什么是补间动画？它与补间形状有何不同？

5．解释遮罩层的含义及作用。

4.3　分析计算题

有人说在 32 位的操作系统环境中（文件最大容量为 4GB）采用 DV 格式记录视频单个文件只能记录不到 20 分钟的视频，你认为这种说法是否正确，说出你的理由。

4.4　上机应用题

1．参考 4.3.1 小节介绍的综合实例，利用 Snaglt 及其他工具制作一段游戏教程。

2．参考 4.3.2 小节介绍的综合实例，利用 Premiere 及其他工具制作一个个人或集体的电子相册。

3．参考 4.3.2 小节介绍的综合实例，利用 Premiere 及其他工具制作一个 MV。

4．参考例 4-4-5，制作一个单击鼠标后沿斜面滚动的小球动画。

5．参考 4.4.6 小节介绍的综合实例，制作一个节日贺卡。

CHAPTER5

第5章 多媒体数据的压缩、存储与管理技术

本章要点

本章理论性较强，较难掌握。读者学习本章应重点掌握数据压缩的含义、基本途径与方法；理解熵函数的概念、Huffman 编码、预测编码的基本理论；理解 JPEG、MPEG 的含义及其编码过程；理解 CD-ROM 中二进制数据的表示方法，物理格式与逻辑格式，能利用刻录软件制作光盘；了解多媒体数据的管理方法。

数字化后的信息如数字音频、视频数据量极为巨大，这种数据量与当前的计算机硬件设备、存储系统、网络信道带宽所能提供的数据量有较大差距，因此，多媒体数据压缩是多媒体技术走向应用的基本手段。此外，多媒体数据经压缩后依然占较大的空间，如何存储多媒体数据是多媒体技术走向繁荣的保证。

5.1 多媒体数据压缩概述

5.1.1 数据压缩的含义

信息时代的最大特征便是信息数字化。信息的本质是用于交流和传播。一个典型的数字传输系统模型如图 5-1-1 所示。

如图 5-1-1 所示，一个数字传输系统包括信源、信源编码、信道编码、调制、传输、解调、信道解码、信源解码、信宿几个过程。信源编码主要解决有效性问题。通过对信源的压缩、编码等的一系列处理，力求用最少的数码来传递最大的信息量。信道编码主要是解决可靠性问题，即尽量使处理过的信号在传输过程中不出错或减少错误。从信息论的角度来看，信源编码的目的便是数据压缩，它构成了数据压缩的基础。

可见，数据压缩就是以最少的数码表示信源所发出的信号，减少容纳给定消息集合或数据采样集合的信号空间。

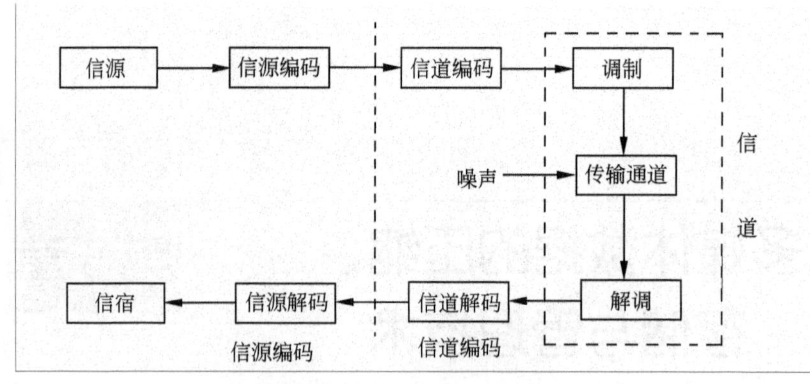

图 5-1-1　数字传输系统模型

5.1.2　多媒体数据压缩的必要性和可能性

采用数字技术，给信号处理带来了许多模拟信号处理无法比拟的优点，但却同时也使对应的数据量成倍地增加。

从传输的角度来看，数字电话传输率最低，按 μ 律或 A 律 PCM 编码，其数码率为 64kbps；一路 PAL 制式彩色电视信号经数字化以后，其数码率大于 100Mbps，若要实现实时传输，至少需要占用上述的数字话路 1 600 个以上；采用电信新业务，宽带 ISDN（2Mbps 带宽）传输，至少需要占用上述的数字话路 50 个以上；一路高清晰度电视数字化电视（HDTV），其数码率大于 1 000Mbps。由此可见，若将上述图像信号不压缩传输，其传输成本将非常昂贵。

从存储的角度来看，一幅标准 PAL 制式模拟图像（假设扫描线为 600 线，）用 24 位真彩色标准进行数字化后其存储空间至少为：

$$\frac{600\times800\times24}{8}\approx1.37\text{MB}$$

三分钟的数字视频所占的存储空间为：

$$3\times60\times50\times\frac{600\times800\times8}{8}\approx4\text{GB}$$

也就是说，一张 CD-ROM 光盘仅能保存不到一分钟的数字视频，多媒体数据其数据量之大可见一斑。

由此可见，信息时代带来了“信息爆炸”。多媒体数据如果不进行压缩，无论传输还是存储都难以实用化。也就是说，多媒体数据必须经压缩以后才能传输或存储。此外，多媒体数据更存在着广泛的压缩空间，主要体现在以下几个方面。

（1）空间冗余。所谓空间冗余是指一幅图像记录的画面的自然景物的各采样点的颜色之间往往存在着空间连续性，从而产生空间冗余。这是静态图像存在的最主要的一种数据冗余。如在静态图像中存在的一大块颜色均匀、差别不大的区域，显然，在这区域中的颜色点具有极大的相似性，因此，数据具有很大的空间冗余。

（2）时间冗余。位于时间轴区间上的一组连续的图像画面，其相邻帧往往包含相同的背景和移动物体，只不过移动物体的位置稍有区别而已，这便是时间冗余。这是序列图像存在的最主要的一种数据冗余。

（3）结构冗余。有些图像的纹理区、像素存在着明显的分布模式。如方格状的地板，方格是地板的基本图像元素，这便是结构冗余。

（4）知识冗余。有些图像与某些知识具有很大的相关性。如人的脸上，包括鼻子、眼睛、嘴等，这便是知识冗余。

（5）视觉冗余。人的视觉系统对图像场的敏感性是非均匀的，图像场的任何变化，也并不是都能为人眼感知。事实上，对灰度图像，人类视觉系统一般的分辨能力为 2^6 灰度等级，人眼对彩色的敏感程度低于对亮度信号的敏感程度。这些便是视觉冗余。

（6）图像区域相同性冗余。它是指在图像中的两个或多个区域的所有像素相同或相近，从而产生数据上的重复性存储，这便是图像区域相同性冗余。

（7）纹理的统计冗余。有些图像纹理尽管不严格服从某一分布规律，但是从统计的意义上服从该分布规律。利用这些性质也可以减少图像的数据量，这便是纹理的统计冗余。

当然，随着人类视觉系统和图像模型研究的进一步深入，人类可能会发现更多的冗余，从而推动图像压缩技术的进一步发展。

5.1.3 数据压缩的发展历史

压缩是指信源编码压缩，主要目的是为了传输与通信，因此，数据压缩技术几乎是与通信系统的发展同时发展。

1843 年出现的莫尔斯（Morse）电报码是最原始的变长码数据压缩实例。1939 年美国贝尔实验室（Bell Lab.）的达得利（H. Dudley）发明了通道声码器（Vocoder，即 Voice + Coder），成为第一个语音压缩系统。

1938 年里夫斯（Reeves）、1946 年得劳雷斯（E. M. Delorain）以及 1950 年贝尔公司的卡特勒（C. C. Cutler）分别取得脉冲编码调制（Pulse Code Modulation，PCM）、增量调制（Delta Modulation，ΔM）和差分脉冲编码调制（Differential PCM，DPCM）的专利。1952 年哈夫曼（D. A. Huffman）给出了最优变长码的构造方法，同年贝尔实验室的奥利弗（B. M. Oliver）等人开始了线性预测编码理论研究。1960 年马克斯（J. MAX）发表了确知分布信号最佳标量量化算法。这些为以后数据压缩的发展与成熟奠定了坚实的基础。

但是，有关数据压缩的理论研究，还是在香农（C. E. Shannon）信息论基础上开始的。1948 年，香农的经典论文“通信的数学原理”中首次提到信息率-失真函数概念，1959 年他又进一步确立了失真率理论，从而奠定了信源编码的理论基础。

随着信源编码理论的发展，语音编码走向成熟，成熟的语音编码技术与图像编码技术结合推动着图像压缩理论与技术的飞速发展。现代电子技术的发展，使得原来只能通过计算机仿真的技术方案已能用硬件实现，从而为使数据压缩技术转化为生产力，产生社会效益和经济效益奠定了坚实的基础。为进一步推动数据压缩技术的应用，1980 年以来，国际标准化组织（ISO）、国际电工委员会（IEC）和国际电信联盟（ITU，简称国际电联）下属的国际电报电话咨询委员会（CCITT）陆续完成各种数据压缩和通信的标准和建议。例如：

- 二值图像、传真机方面，有 CCITT T.4、ISO 11544（JBIG）标准。
- 语音编码方面，有 CCITT G.721、G.722 等。

- 在静止图像方面，有 ISO 10918（JPEG）标准。
- 在运动图像方面，有 MPEG-1、MPEG-2、MPEG-4、MPEG-Ⅴ等标准。

5.1.4 数据压缩的过程与分类

多媒体数据压缩方法从不同的角度有不同的分类方法，比较流行的分类方法有：

- 依有无失真可分为有损压缩和无损压缩。
- 依其作用域在空间域或频率域可分为空间方法、变换方法和混合方法。
- 依是否自适应可分为自适应压缩编码和非自适应压缩编码。

另外，还有一种分类方法广为人们接受，那便是按照多媒体数据压缩算法的分类方法。按照多媒体数据压缩算法的不同，多媒体数据压缩可分为以下几类。

- PCM 编码：固定、自适应。
- 预测编码：DPCM、ΔM。
- 变换编码：傅里叶、离散余弦（DCT）、离散正弦（DST）、小波变换等。
- 统计编码：哈夫曼、算术、LZW、游程长度（RLC）。
- 电视编码：帧内编码、帧间编码。
- 其他编码：矢量量化、子带编码。

5.1.5 量化理论概述

对模拟信号的压缩包括采样、量化、编码三个过程。如果采样满足采样定律，那么，数据率和信噪比取决于代表每个样值的比特位数，可见，量化在压缩编码中占有重要的地位。

量化过程始于取样，其理论值域为（$-\infty$，∞），量化器要完成的功能是按一定的规则对取样值做近似表示，使经量化器输出的幅值大小为有限个数。

以有限个离散值近似表示无限个连续值一定会产生误差，这种误差称为量化误差，由此造成的失真称为量化失真。从本质上看，量化误差不同于噪声，它是一种由输入信号引起且与输入信号有关的误差。量化误差可比拟为高阶非线性失真，而噪声则为纯随机信号，与输入信号无任何直接关系。

尽管如此，量化误差看起来还是很像噪声，也有很宽的频谱，因此，量化误差也常常称为量化噪声并用信噪比来度量。对于均匀量化，量化分层（分级）越多，量化误差就越小，但编码所用码字的比特数 R 也越多。以信号功率（S）与噪声功率（N）之比表示，近似有

$$S/N(\mathrm{dB}) \approx 6R + 20\lg(\sqrt{3}/\psi) \tag{5-1-1}$$

式中，$\Psi=V/\sigma$为负载因子，其中 V 为过载点电平，σ为均方根信号电平，而 Ψ选定即为一常数，从而 S/N 近似为 $6R$。

对于给定取样数据，进行量化并设计量化器时主要考虑两个因素：

- 给定量化电平数 J，希望量化失真最小。
- 给定量化噪声或失真要求，希望量化电平数 J 最少。

但是，这些指标与工程实现的现实常常相互矛盾，不可能同时满足，只能在满足一定

条件下作出最佳设计。

量化器可分为标量量化和矢量量化两大类。

1．标量量化

标量量化（Scale Quantization，SQ）也称无记忆量化、零记忆量化，它每次只量化一个模拟取样值且本次量化结果不影响下一次量化。

1）均匀量化

设 $x\in[a_L, a_m]$为量化器输入信号幅值，$p(x)$为其概率密度函数，则有

$$\int_{a_L}^{a_m} p(x)\mathrm{d}x = 1 \tag{5-1-2}$$

设总层数为 J，d_k（k=0，1，…，J）为判决电平，当

$$d_k < x \leqslant d_{k+1}$$

时,量化器输出信号幅值即量化值为 y_k，量化误差为 $x-y_k$，如果

$$d_{k+1}-d_k = d_k-d_{k-1} = \Delta \quad k=0,1,\cdots, J-1$$
$$y_k = (d_{k+1} + d_k)/2 \tag{5-1-3}$$

就称为均匀量化。

均匀量化器存在三个区域：

- 正常量化区。即信号幅值 $x\in[a_L, a_m]$，正常量化输出。
- 限幅量化区。即当信号幅值 $x<a_L$，量化输出恒定值 $a_L+\Delta/2$，当信号幅值 $x>a_m$，量化输出恒定值 $a_m-\Delta/2$。
- 空载区。当$|x-d_k|<\Delta/2$ 时，有两种情况：一种信号均值为 d_k，x 稍大于 d_k，量化输出上一级 y_k，x 稍小于 d_k，量化输出下一级 y_{k-1}。另一种输入信号电平总是位于 d_k 之上或之下，量化输出恒定值 $d_k-\Delta/2$ 或 $d_k+\Delta/2$。

显然，均匀量化为非最佳量化。

2）最佳量化

最佳量化可按均方误差最小来定义，也即使

$$\varepsilon = \mathrm{E}\left\{(x-y)^2\right\} = \int_{a_L}^{a_m}(x-y)^2 p(x)\mathrm{d}x = \sum_{K=0}^{J-1}\int_{d_K}^{d_{K+1}}(x-y_k)^2 p(x)\mathrm{d}x \tag{5-1-4}$$

最小。通常，量化分层数 J 较大时，$p(x)$在$(d_k, d_{k+1}]$中可视为常数，求最佳量化时的 d_k 和 y_k 可直接对式（5-1-4）求极值，即令

$$\begin{cases} \dfrac{\partial\varepsilon}{\partial d\kappa} = (d_K - y_{K-1})^2 p(d_K) - (d_K - y_K)^2 p(d_K) = 0 & k = 0,1,\cdots,J-1 \\ \dfrac{\partial\varepsilon}{\partial y_K} = -2\displaystyle\int_{d_K}^{d_{K+1}}(x-y_K)p(x)\mathrm{d}x = 0 & k = 0,1,\cdots,J-1 \end{cases} \tag{5-1-5}$$

因为

$$d_0 = a_L \qquad d_J = a_m$$

故对式（5-1-5），只须对 $1\leqslant k\leqslant J-1$ 求解；而 $p(d_k)\neq 0$，所以有

$$d_k = (y_{k-1} + y_k)/2 \tag{5-1-6}$$

$$y_k = \frac{\int_{d_K}^{d_{K+1}} xp(x)\mathrm{d}x}{\int_{d_K}^{d_{K+1}} p(x)\mathrm{d}x} \tag{5-1-7}$$

直接由式（5-1-6）及式（5-1-7）解出 d_k、y_k 并不容易，可用反复迭代的办法来求解。

（1）任选 y_0，由 $\int_{d_1}^{a_L}(x-y_0)p(x)\mathrm{d}x=0$ 解出 d_1。

（2）计算 $y_1=2d_1-y_0$。

（3）继续这一过程直至算出 y_{J-1}。

（4）检验 y_{J-1} 是否为 d_{J-1} 至 a_m 段的概率中心，即

$$\int_{d_{J-1}}^{a_L}(x-y_{J-1})p(x)\mathrm{d}x=0 \quad \text{（在一定误差范围内）}$$

是否成立。如果成立，结束；反之，选取另一个 y_0，重复上述操作。

这个方法为马克斯于 1960 年提出并发表，但上述算法只是必要条件而非充分条件，但已经证明，一些常见分布，如高斯分布、正态分布等，该算法的最佳量化器存在且唯一。对于标准正态分布，限制分层数为 16 时，其最佳量化结果如表 5-1-1 所示。

表 5-1-1　标准正态分布（J=16）最佳量化

k	判决电平 d_k	量化 y_k	k	判决电平 d_k	量化 y_k
0	$-\infty$	−2.7330	9	0.2582	0.3881
1	−2.4010	−2.0690	10	0.5224	0.6568
2	−1.8440	−1.6180	11	0.7996	0.9424
3	−1.4370	−1.2560	12	1.0990	1.2560
4	−1.0990	−0.9424	13	1.4370	1.6180
5	−0.7996	−0.6568	14	1.8440	2.0690
6	−0.5224	−0.3881	15	2.4010	2.7330
7	−0.2582	−0.1284	16	$+\infty$	
8	0.0000	0.1284			

3）压扩量化

在某些应用中，对于不同分布的信源使用不同的量化器不大现实，人们宁可选用那些对输入信号概率分布的变化相对不敏感的量化特性。如先用一个非线性函数进行压缩变换，然后再均匀量化。典型的算法如前面介绍的“对数 PCM”压扩算法。

2．矢量量化

标量量化的基本出发点是将信号的各个样值都看作互不相关彼此独立的。这样处理算法简单，但效果并非最好。因为大多数实际信号各样值之间总是相互关联、彼此不独立。如果能进一步利用这些相关性，无疑能进一步提高压缩效率。这种量化器称为带记忆的量化器，如 DPCM。带记忆的量化器也称矢量量化（Vector Quantization，VQ）。这里仅介绍矢量量化的一般原理。

给定 $N \cdot K$ 个信号样值组成信源序列 $\{x_i\}$，每 K 个数据分为一组，$N \cdot K$ 个信号样值分为 N 个 K 维随机矢量，构成信源空间 $X=\{X_1, X_2, \cdots, X_N\}$（$X$ 在 K 维欧几里德空间 R^K

中）。再把 R^K 无遗漏地划分成 $J=2^n$ 个互不相交的子空间 R_1，R_2，…，R_N，即满足

$$\begin{cases}\bigcup_{i=1}^{J} R_i = R^K \\ R_i \cap R_j = \Phi \qquad i \neq j\end{cases} \tag{5-1-8}$$

在每一个子空间 R_i 中找一个代表矢量 Y_i，令恢复矢量集

$$Y=\{Y_1,\ Y_2,\ \cdots,\ Y_J\}$$

其中，Y 叫输出空间、码书或码本，Y_i 称为码矢（code vector）或码字（code word），Y 内矢量的数目 J，则叫码书长度。

当矢量量化器输入任意矢量 $X_j \in R^K$ 时，它首先判断 X_j 属于哪个子空间，然后输出该子空间 R_i 的代表矢量 Y_i [$Y_i \in Y \subset R^K$，i=1，2，…，J]。一句话，矢量量化过程就是用 Y_i 代表 X_i。矢量量化原理如图 5-1-2 所示。

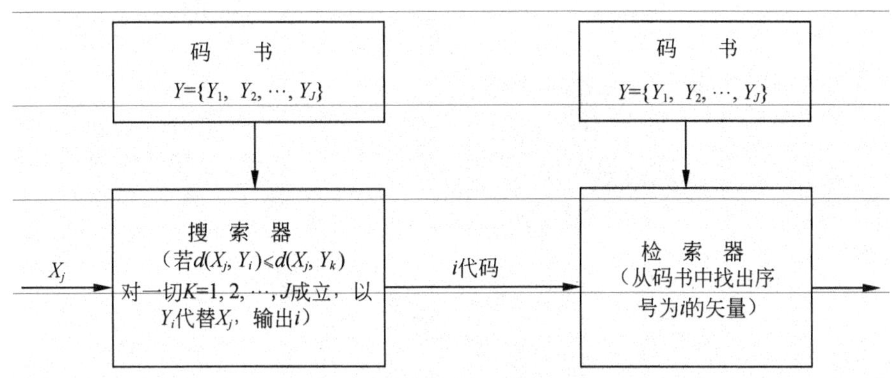

图 5-1-2 矢量量化原理

综上所述，矢量量化具有如下特点：

- 压缩能力很强。
- 有失真压缩，但压缩容易控制。适当选择码字数量，可控制失真不超过给定范围。因此，码书设计是矢量量化压缩的关键。
- 计算量巨大，每输入一个 X_i，都要和每一个 Y_j 逐一比较。X_i 和 Y_j 均为 K 维矢量，工作量很大，为此，不得不减少 K，但这又影响压缩能力。因此，快速算法是矢量量化实用化的第二个关键技术。不过，对矢量量化解码，只是个查表问题，因此解码非常快。
- 矢量量化是定长码，特别适合于通信。

5.1.6 压缩系统性能评估

一般情况下，压缩系统的性能可从以下几个方面进行评估。

1．信号质量

保证信号必需的质量是实用压缩系统对信号进行压缩的前提。一般可通过计算信噪比或用主观方法对信号的压缩质量进行评估。

2．比特率

比特率是压缩系统压缩率的体现，是压缩系统的基本指标。

3．编码解码速度

5.2 数据压缩的基本途径与方法

经典的数据压缩技术是建立在信息论的基础上的，香农（C.E.Shannon）建立的失真率理论是信源编码的理论基础。下面从信息论的角度来介绍数据压缩的基本途径。

5.2.1 信息熵

从信息论的角度来看，所有数据均可视为信息。一般情况下，信源发出的各种信号可视为一个随机过程来处理，因此，一个离散信源的输出可用序列集合

$$\{X_t;\ t=0,\ \pm1,\ \pm2,\ \cdots\}$$

来表示，集合中每个元素 X_t 取自有限符号集合

$$A_m=\{A_1,\ A_2,\ \cdots,\ A_m\}$$

中的一个。假定符号 A_j 出现的概率为

$$P(A_j)=p_j \quad j=1,\ 2,\ \cdots,\ m$$

那么，必有

$$0\leqslant p_j\leqslant 1 \quad \sum p_j=1$$

则符号 A_j 的自信息量（也称自信息函数）定义为

$$I(A_j)=-\log_r p_j \tag{5-2-1}$$

式（5-2-1）的单位将随对数所用的“底”的不同而不同。通常，取 r=2 时相应的单位称为比特(bit)；取 r=e 时相应的单位称为奈特(Nat)；取 r=10 时相应的单位称为哈特(Hart)。在本课程中，若不加特别说明，均取 r=2。

自信息函数是熵函数的基础，如何来理解自信息函数呢？

可以这样理解：有一则报道某国家的足球队打进世界杯决赛阶段的比赛的信息，从信息论的观点来看，它只是一则消息，而不能说是信息。不过信息寓于消息之中，只是同样一个消息会带有不相等的信息量。一则报道巴西队打进世界杯决赛阶段的比赛的消息不会有多大信息量，因为那是意料之中，是大概率事件。而一则报道巴西队没有打进世界杯决赛阶段的比赛的消息则信息量巨大，因为那是意料之外，是小概率事件。

可见，自信息函数是度量信息不确定性的多少的函数。必然发生的事件概率为 1，自信息函数值为 0，小概率事件自信息函数值大。

把自信息量的概率平均值，即随机变量 $I(A_j)$的数学期望值，叫做信息熵或简称熵（Entropy），记为 $H(X)$。

有

$$H(X)=\sum p_j\bullet I(a_j)=-\sum p_j\bullet\log p_j \tag{5-2-2}$$

单位为 bit/字符。通常，式（5-2-2）所定义的 $H(X)$也称一阶熵。

【例 5-2-1】 某信源有以下五个符号，其出现概率如下：

$$X=\begin{Bmatrix} a_1 & a_2 & a_3 & a_4 & a_5 \\ 1/4 & 1/4 & 1/4 & 1/8 & 1/8 \end{Bmatrix}$$

求其信息熵。

解：

$$H(X)=-(1/4)\log_2(1/4)\times 3-(1/8)\log_2(1/8)\times 2$$
$$=6/4+6/8=18/8=2.25\ (\text{bit/字符})$$

已经证明，$H(X)$为离散无记忆信源进行无失真编码的极限。下面联系一个实例说明 $H(X)$ 为离散无记忆信源进行无失真编码的极限。如上五个信源，用 PCM 编码如下：

$$\begin{matrix} a_1 & a_2 & a_3 & a_4 & a_5 \\ 000 & 001 & 010 & 011 & 100 \end{matrix}$$

显然，用 PCM 编码的平均码长为 3，大于信息熵 $H(X)$。用

$$\eta=\frac{H(X)}{l}(\%) \qquad (5\text{-}2\text{-}3)$$

表示编码效率。对 PCM 编码，其效率为 η=2.25/3=75%。

熵函数 $H(X)$具有一系列宝贵的数学特性，与信息源编码有关的几个结论如下。

（1）非负性：$H(X)\geqslant 0$。

（2）确定性：只要有一个 X 信源的概率为 1，则熵函数为 0。

（3）严格上凸性：对于任意 $0<a<1$，及两个任意的 m 维概率向量 p、q，都有

$$H(ap+(1-a)q)>H(p)$$

（4）极值性：

$$H(p)\leqslant -\sum \log p_j \cdot \log q_j$$

即：对任一概率分布 p_j，它对概率分布 q_j 的自信息量（$\log q_j$）取数学期望时必不小于 p_j 本身的熵。

若令 $q_j=1/m$，m 为信源个数，则

$$H(p)\leqslant \log m$$

也就是说，所有概率分布 p_j 所构成的熵以等概率时为最大，这便是最大离散熵定理。

可总结出如下的数据压缩途径：

设法改变信源的概率分布，使其尽可能地非均匀（熵更小，无失真编码的极限更小，因而压缩空间更大），再用最佳编码方法使平均码长逼近信源的熵。

此外，联合信源的冗余度也寓于信源间的相关性之中。去除它们之间的相关性，使之成为或差不多成为不相关信源，是实现数据压缩另一重要手段。

5.2.2　统计编码

统计编码的方法是通过统计信源概率从而找出一种编码来逼近信源的熵。最具代表性的算法是 Huffman 编码和算术编码。

1．Huffman 编码

Huffman 编码是 Huffman 本人于 1952 年提出，是一个古老而又高效的编码方法之一。Huffman 编码理论基础基于以下定理。

定理：在变长编码中，对出现概率大的信源赋予短码字，对出现概率小的信源赋予长码字。如果码字长度严格按照所对应符号出现概率大小的逆序排列，则编码结果平均码字长度一定小于其他排列方式。

实现上述定理的编码步骤如下。

（1）将信源符号出现概率依大小按递减顺序排列。

（2）将两个最小的概率进行组合相加，并继续这一步骤，始终将较高的概率分支放在上部，直到概率达到 1.0 为止。

（3）对每对组合中的上边一个指定为 1，下边一个指定为 0（或相反，上边一个指定为 0，下边一个指定为 1）。

（4）画出由每个信源符号概率到 1.0 处的路径，记下沿路径的 1 和 0。

（5）对于每个信源符号都写出 1、0 序列，则从右到左就得到 Huffman 编码。

【例 5-2-2】 某信源有以下五个符号，其出现概率如下：

$$X=\begin{Bmatrix} a_1 & a_2 & a_3 & a_4 & a_5 \\ 1/4 & 1/4 & 1/4 & 1/8 & 1/8 \end{Bmatrix}$$

求其 Huffman 编码。

解：

（1）Huffman 编码过程如图 5-2-1 所示。

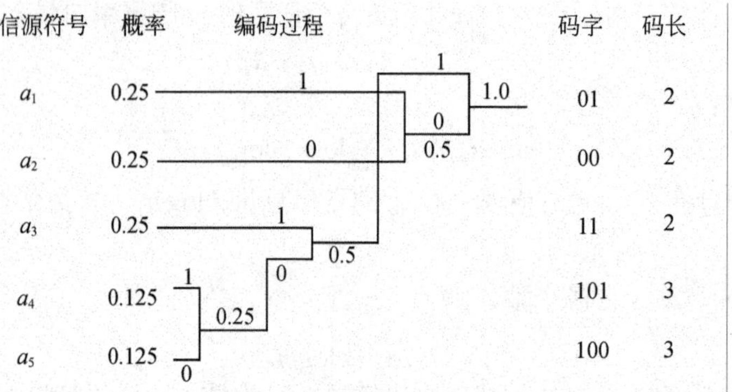

图 5-2-1　Huffman 编码过程

（2）上述编码的平均码字长度为：

$$R=\sum_{i=1}^{5}P_i\beta_i$$

$$=0.25\times2+0.25\times2+0.25\times2+0.125\times3+0.125\times3=2.25$$

（3）上述编码的编码效率为 η=2.25/2.25=100%。

例 5-2-1 已计算出该概率分布下压缩极限为 2.25(bit/字符)，对本例，Huffman 编码效率为 100%，可见，Huffman 编码为高效编码方法之一。

2．算术编码

算术编码（arithmetic coding）的概念最早由里斯桑内（J. Rissanen）在 1976 年以“后入先出（LIFO）”的编码形式引入。1979 年他和兰登（G. G. Landon）一起将其系统化，1981

年将其推广用于二值图像编码。由于其编码高效，且可省去乘法，JPEG 和 JBIG 标准均包含了其内容。与 Huffman 编码相比，算术编码是一种非分组编码方法，无须传送像 Huffman 编码的 Huffman 码表，还具有自适应能力，是一种很有前途的编码方法。

下面以二值图像编码为例介绍其基本原理。

算术编码初始化可置两个参数 P_e 和 Q_e。P_e 代表大概率，Q_e 代表小概率，信源连续发出的符号构成序列 s，每个序列 s 对应一个状态，在该状态下接着出现的符号按条件概率大小分为 H（条件概率≥0.5）和 L（条件概率<0.5）。对于一般的二进制数据序列，凡出现概率大的符号记为 H（条件概率≥0.5），出现概率小的符号记为 L（条件概率<0.5）。现在用 C(s)表示一个数据序列 s 的算术码，它可以看作一个小数。随着被编码的符号串“0”、“1”出现的概率，上述对应关系可自适应地改变。其编码原理如下：

根据概率 P_e 和 Q_e 值，将半开区间[0，1)分割成两个子区间，如图 5-2-2 所示。P_e 为大概率，那么 $P_e=1-Q_e$。

为简单起见，假定初始区间为[0，1]，P_e 和 Q_e 值分别为 2/3、1/3，设定 A、C 两个寄存器，A 寄存器为子区间宽度，C 寄存器为子区间起始位置。根据字符 0 和 1 的发生概率，假定 A(0)=2/3、A(1)=1/3，则 C(1)=0、C(0)=1/3。

当低概率符号来到时

$$\begin{Bmatrix} C = C \\ A = AQ_e \end{Bmatrix}$$

当高概率符号来到时

$$\begin{Bmatrix} C = C + AQ_e \\ A = A(1-Q_e) \end{Bmatrix}$$

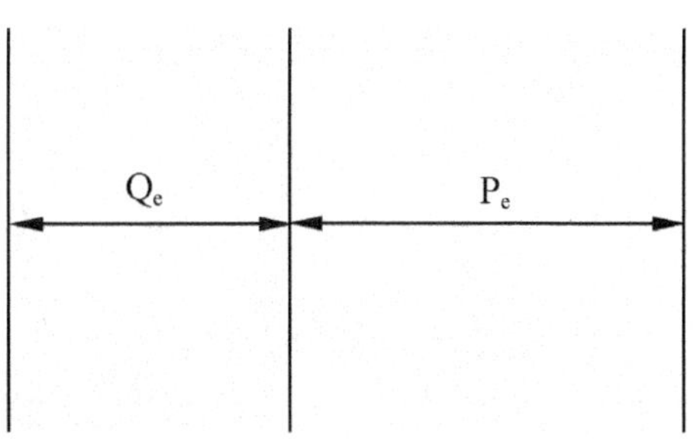

图 5-2-2　[0,1)区间分割

如图 5-2-3 所示，假定第一个字符为 0，则 A(0)为 2/3，C(0)为 1/3；若下一个字符为 1，则 A(01)值为 2/9，C(01)为 1/3；类似，A(11)为 1/9，C(11)为 0。依照上述方法进一步对输入信号进行编码，直到整个序列被编码完为止。

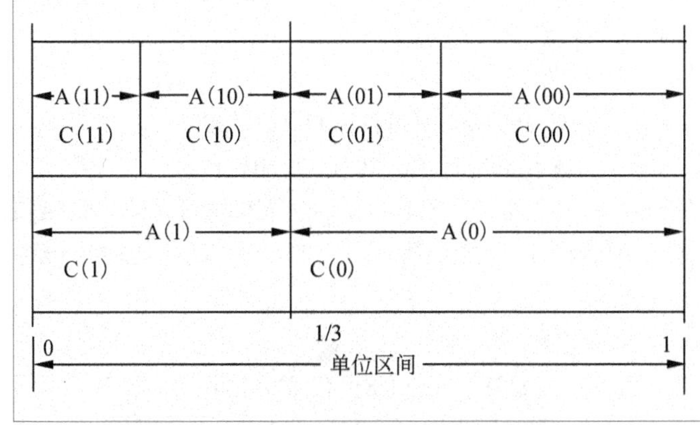

图 5-2-3　算术编码区间分割示意图

从上述算术编码过程可以看到，输入信号经过算术编码以后，体现为一个[0,1]之间的某一个区间。进一步分析不难发现，字符 0 的码字所代表的数总是大于字符 1 的码字所代表的数，因此，如果译码器知道输入序列长度，则编码器只须送出整个序列被编码所对应的一个区间中的某一个适当的数即可。

从上述区间分割过程可以看到，该区间分割过程是一个乘法运算过程。为避免乘法，便于硬件实现，设法将概率表示成 2 的负幂次，成为不对称数，以便于快速解码。关于化乘法为移位，请参看有关书籍。

【例 5-2-3】 对输入序列“11011111_b”进行算术编码。

解：

（1）显然，“0”为小概率事件符号，$P_e=(0.111)_b$，$Q_e=(0.001)_b$。

（2）计算公式如下：

当低概率符号来到时，

$$\begin{Bmatrix} C = C \\ A = AQ_e \end{Bmatrix}$$

当高概率符号来到时，

$$\begin{Bmatrix} C = C + AQ_e \\ A = A(1-Q_e) \end{Bmatrix}$$

（3）第一个符号“1”到来后

$$C=C+AQ_e=0.001$$
$$A=AP_e=0.111$$

第二个符号“1”到来后

$$C=C+AQ_e=0.001+0.111\times0.001=0.001111$$
$$A=AP_e=0.111\times0.111=0.110001$$

第三个符号“0”到来后

$$C=C=0.001111$$
$$A=AQ_e=0.110001\times0.001=0.000110001$$

其他数据具体计算过程见表 5-2-1。

（4）第 8 个符号“1”到来以后，

$$C=0.010001111110111100000001$$
$$A=0.000011001001000010111111$$

（5）根据前面分析，输入序列“11011111_b”的算术编码为[C，C+A]之间的某一个数。在这个范围之内选择一个较短的作为输出即可，如 0.0101，传送时只传送“0101”即可。

（6）估计压缩比

先计算信息熵：

$$H(X)= -(1/8)\times\log_2(1/8) -(7/8)\times\log_2(7/8)\times7$$
$$=1/8\times3+7/8\times0.193\times7=1.567\ (\text{bit/字符})$$
$$\eta=1.567/4=39\%$$

表 5-2-1　例 5-2-3 求解过程

序号	符号	C= C "0" C=C+AQ$_e$ "1"	A= AQ$_e$ "0" A= A(1−Q$_e$) "1"
1	1	0.001	0.111
2	1	0.001111	0.110001
3	0	0.001111	0.000110001
4	1	0.001111110001	0.000101010111
5	1	0.010000011011111	0.000100101100001
6	1	0.010001000001011001	0.000100000110100111
7	1	0.010001100010001101111	0.000011100101110001001
8	1	0.010001111110111100000001	0.000011001001000010111111

5.2.3　预测编码

预测编码（predictive coding）就是根据某一模型利用以往的样本值对于新样本进行预测，然后将样本的实际值与预测值相减得到一个误差值，再对这一误差值进行编码。如果模型建立科学，样本序列在时间上存在较强相关性，那么误差信号的幅度将远远小于原始信号幅度，从而达到压缩的目的。

预测编码是统计冗余数据压缩理论的三大重要分支之一，广泛应用于图像编码、数字通信等领域。预测编码方法包括线性预测和非线性预测两大类。线性预测编码方法也称差值脉冲编码调制法，简称 DPCM，是应用最广泛的预测编码方法之一。

DPCM 编码方法原理见图 5-2-4。

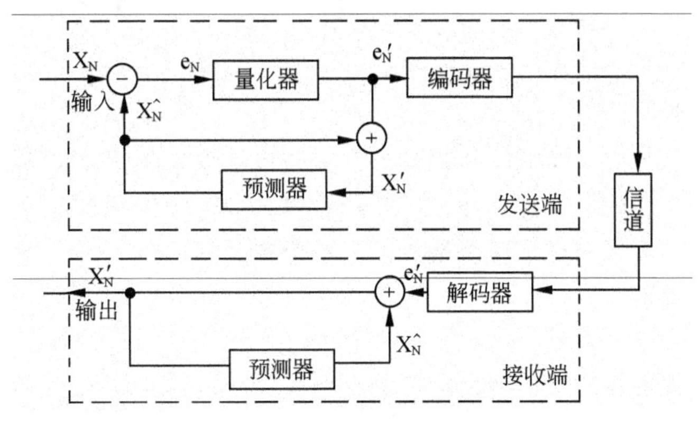

图 5-2-4　DPCM 编码原理

在图 5-2-4 中，X_N 为 t_N 时刻的样本值；

$\hat{X}_N$ 为 t_N 时刻以前已知的样本值 X_1，X_2，…，X_{N-1} 对 X_N 所做的预测；e_N 为 X_N 与 $\hat{X}_N$ 的差；e'_N 为 e_N 的 PCM 码；X'_N 为接收端输出，$X'_N = \hat{X}_N + e'_N$。

通过分析图 5-2-4 可以看到，在信道中传送的是输入 X_N 与预测器预测值 $\hat{X}_N$ 之间差值经量化器量化输出的误差值 e'_N。如果样本序列在时间上存在较强相关性，预测器设计合理，那么误差信号的幅度将远远小于原始信号幅度，从而达到压缩的目的。

从图 5-2-4 不难看出，DPCM 系统包括预测器、量化器两个主要部分。预测器是实现压缩的关键。我们以 N 点预测器为例讨论预测器的设计。

$X_N^\wedge$ 为 t_N 时刻以前已知的样本值 X_0，X_1，X_2，…，X_{N-1} 对 X_N 所做的预测，则有：

$$X_N^\wedge = a_0X_0 + a_1X_1 + a_2X_2 + \cdots + a_{n-1}X_{N-1}$$

$$e_N = X_N - X_N^\wedge$$

显然，e_N 越小，压缩效率越好。从数理统计的角度来看，X_N 的最优估计值是使 e_N 的期望值最小，即：

$$E\{ X_N - X_N^\wedge \}\text{为最小}$$

假定 X_N 为一个平稳随机过程，把 a_i 看成度量，求 $E\{e_n^2\}$对各个分量的偏导，并令其等于 0，可列出 N 个方程，求解方程可求出 $E\{e_n^2\}$为极小值时 a_0、a_1、…、a_{n-1} 的值。对四点预测系统，可求得解如下：

a_1=0.702　　a_2= –0.2　　a_3=0.437　　a_4=0.061

在实际使用上，为便于硬件实现，常采用：

a_1=0.75　　a_2= –0.5　　a_3=0.5　　a_4=0. 25

为帮助进一步理解线性预测编码压缩原理，下面介绍 JPEG 三点预测器的实现。

C	B
A	Y

如左图所示，JPEG 三点预测器用 A、B、C 三点预测 Y，其预测系数为

a_1=1　　a_2= 0.5　　a_3= – 0.5

即：

$$En=Y-(A+(B-C)/2)$$

显然，对第一行、第一列，无法采用三点预测器，因此，对第一列采用 Y–B 预测，对第一行采用 Y–A 预测。

上面介绍的预测器和量化器一旦设计好，便应用于整张图像，对图像的平坦区和边缘区将必然产生噪声。为解决上述问题，可将预测器、量化器改进为自适应预测器及自适应量化器。限于篇幅，关于自适应预测编码，请参考有关书籍。

5.2.4 变换编码

变换编码是通过变换改变信源的概率分布使其尽可能地非均匀，再结合最佳编码方法进行编码从而达到压缩的目的。变换编码原理如图 5-2-5 所示。

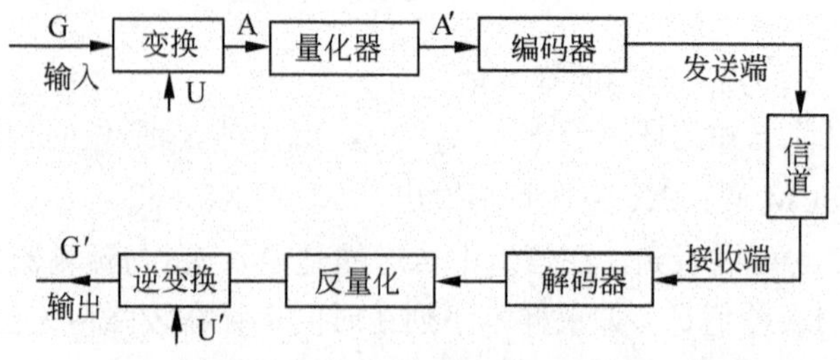

图 5-2-5　变换编码原理

图 5-2-5 中，输入信源 G 经 U 变换到频域空间，像素之间相关性进一步下降，能量集中在变换域中少数变换系数，经量化编码予以发送；在接收端经解码、逆变换解出原始信号。变换编码能达到很高的压缩比，应用十分广泛，常见变换编码有 K–L 变换编码、离散余弦变换（DCT 变换）、小波变换等。在此简单介绍离散余弦变换。

离散余弦变换是傅里叶变换的一种特殊情况，包括一维离散余弦变换和二维离散余弦变换两种形式。

假定空间域变量取值范围为：

$$x=0，1，2，\cdots，N-1$$

假定频域变量取值范围为：

$$u=0，1，2，\cdots，N-1$$

则一维离散偶余弦正变换公式定义如下：

$$C(u)=E(u)\sqrt{\frac{2}{N}}\times\sum_{x=0}^{N-1}f(x)\cos\left(\frac{2x+1}{2N}u\pi\right) \tag{5-2-4}$$

$$E(u)=1/\sqrt{2}\qquad u=0$$

$$E(u)=1\qquad u=1,2,\cdots,N-1$$

一维离散偶余弦逆变换公式定义如下：

$$f(x)=\sqrt{\frac{1}{N}}C(0)+\sqrt{\frac{2}{N}}\sum_{u=0}^{N-1}C(u)\times\cos\left(\frac{2x+1}{2N}u\pi\right) \tag{5-2-5}$$

在实际使用上，二维离散余弦变换应用更为广泛，其基本定义如下。

假定空间域变量取值范围为：

$$x=0，1，2，\cdots，N-1$$

$$y=0，1，2，\cdots，N-1$$

假定频域变量取值范围为：

$$u=0，1，2，\cdots，N-1$$

$$v=0，1，2，\cdots，N-1$$

则二维离散偶余弦正变换（FDCT）公式定义如下：

$$C(u,v)=E(u)E(v)\tfrac{2}{N}\times\sum_{x=0}^{N-1}\sum_{y=0}^{N-1}f(x,y)\cos\left(\frac{2x+1}{2N}u\pi\right)\cos\left(\frac{2y+1}{2N}v\pi\right) \tag{5-2-6}$$

$$E(u)=E(v)=1/\sqrt{2}\qquad u=0\,,\ v=0$$

$$E(u)=E(v)=1\qquad u=1,2,\cdots,N-1\ ,\ v=1,2,\cdots,N-1$$

一个具体的 8×8 图像阵列进行 FDCT 变换实例如图 5-2-6 所示。

在图 5-2-6 中，原图像样本经 FDCT 变换后的 FDCT 阵列，其主要能量均集中在左上角，对上述 DCT 系数进行适当的量化，那么输入的概率分布将显著地非均匀，从而实现压缩的目的。

二维离散偶余弦逆变换（IDCT）公式定义如下：

139	144	149	153	155	155	155	155
144	151	153	156	159	156	156	156
150	155	160	163	158	156	156	156
159	161	162	160	160	159	159	159
159	160	161	162	162	155	155	155
161	161	161	161	160	157	157	157
162	162	161	163	162	157	157	157
162	162	161	161	163	158	158	158

（a）原图像样本

235.6	–1.0	–12.1	–5.2	2.1	–1.7	–2.7	1.3
–22.6	–18.5	–6.2	–3.2	–2.9	–0.1	0.4	–1.2
–10.9	–9.3	–1.6	1.5	0.2	–0.9	–0.6	–0.1
–7.1	–1.9	0.2	1.5	0.9	–0.1	0.0	0.3
–0.6	–0.8	–1.5	1.6	–0.1	–0.7	0.6	–1.3
1.8	–0.2	1.6	–0.3	–0.8	1.5	1.0	–1.0
–1.3	–0.4	–0.3	–1.5	–0.5	1.7	1.1	–0.8
–2.6	1.6	–3.8	–1.8	1.9	1.2	–0.6	–0.4

（b）FDCT 系数

图 5-2-6　FDCT 变换实例

$$f(x,y)=\frac{2}{N}\times\sum_{x=0}^{N-1}\sum_{y=0}^{N-1}E(u)E(v)C(u,v)\cos\left(\frac{2x+1}{2N}u\pi\right)\cos\left(\frac{2y+1}{2N}v\pi\right) \qquad (5\text{-}2\text{-}7)$$

$$E(u)=E(v)=1/\sqrt{2} \qquad u=0\,,\ v=0$$

$$E(u)=E(v)=1 \qquad u=1,2,\cdots,N-1\ ,\ v=1,2,\cdots,N-1$$

图 5-2-6 中 8×8 图像阵列经量化逆量化，进行 IDCT 变换实例如图 5-2-7 所示。

144	146	149	152	154	156	156	156
148	150	152	154	156	156	156	156
155	156	157	158	158	157	156	155
160	161	161	162	161	159	157	155
163	163	164	163	162	160	158	156
163	164	164	164	162	160	158	157
160	161	162	162	162	161	159	158
158	159	161	161	162	161	159	158

（a）重构图像

240	0	–10	0	0	0	0	0
–24	–12	0	0	0	0	0	0
–14	–13	0	0	0	0	0	0
0	0	0	0	0	0	0	0
0	0	0	0	0	0	0	0
0	0	0	0	0	0	0	0
0	0	0	0	0	0	0	0
0	0	0	0	0	0	0	0

（b）逆量化系数

图 5-2-7　IDCT 变换实例

5.3　JPEG 压缩算法

JPEG 是 Joint Photographic Experts Group 的英文首字母缩写，中文译为“联合图像专家组”，它是国际电报电话咨询委员会（CCITT）和国际标准化协会（ISO）联合成立的图像专家小组。多年来，联合图像专家组一直致力于标准化工作，并研制开发出连续色调、多级灰度、静止图像的数字图像压缩算法，即 JPEG 算法。1991 年，JPEG 算法被确定为国际标准，全称为“多灰度连续色调静止图像的数字压缩编码”标准（简称为 JPEG 标准），最新标准为 JPEG 2000。

5.3.1 JPEG 标准的主要内容

JPEG 的目的是为了给出一个适用于连续色调图像的数字压缩编码标准，使之满足以下要求。

（1）开发的算法在图像压缩率方面达到或接近当前的科学水平，能覆盖一个较宽的图像质量等级范围，而图像的保真度在宽的压缩范围里的评价是“很好”、“优秀”到与原图像“不能区别”。

（2）开发的算法可实际应用于任何一类数字图像源，且长宽比不受限制，同时也不受限于景物内容、图像复杂程度和统计特性等。但对二值图像例外，JPEG 标准不大适合于二值图像，二值图像的压缩算法由另一个专家组开发，这个专家组叫 JBIG。

（3）对开发的算法，其计算复杂程度可调，因而可根据性能和成本要求来选择用硬件执行或软件执行。

（4）JPEG 算法具有以下 4 种操作模式：

- 顺序操作模式。每个图像分量按从左到右、从上到下扫描，一次扫描完成编码。
- 累进操作模式。以多遍扫描形式对图像进行编码，每做一次扫描，图像质量提高一步，由此方法得到的图像是一个由粗糙到清晰的累进过程。
- 无失真编码。为适应各种压缩应用的需要，JPEG 算法定义了无失真编码方法，可保证解码后完全精确地恢复源图像数据。无失真编码的压缩比低于有失真编码方法。
- 分层编码。图像在多个空间分辨率进行编码。用户可根据要求，作不同分辨率的图像解码。

基于上面 4 种模式，JPEG 算法要点如下。

（1）基本系统（baseline system）。基本系统采用顺序操作模式，结合 8×8 分块 DCT 变换编码算法、根据视觉特性设计的自适应量化器及用霍夫曼编码实现熵编码等。

（2）扩展系统（extended system）。扩展系统中可选择采用算术编码作为熵编码，它是基本系统的扩展与增强，因此，它必须包括基本系统。

（3）独立的信息保持型（lossless）压缩。采用 DPCM 预测法及霍夫曼编码（或算术编码），可保证解码后完全精确地恢复源图像数据。

5.3.2 基于 DCT 变换的 JPEG 基本系统的实现

1. JPEG 基本系统编码

JPEG 基本系统编码框图（单个分量）如图 5-3-1 所示。具体实现包括以下几个步骤。

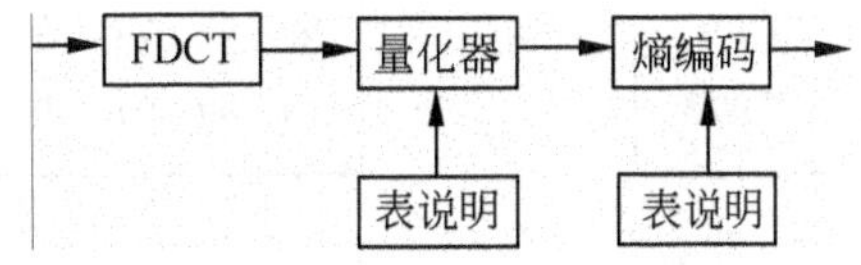

图 5-3-1　JPEG 基本系统编码原理

（1）图像变换

JPEG 基本系统采用顺序操作模式，每个图像分量按从左到右、从上到下扫描，一次扫描完成编码。因此，首先应对图像进行变换，将整个图像分成若干个 8×8 的子块。

（2）FDCT 变换

对上一步的各 8×8 的子块单独进行 FDCT 变换，将空间域的图像数据变换到频率域。一个 8×8 的子块进行 FDCT 变换后的数据样本如图 5-3-2 所示。

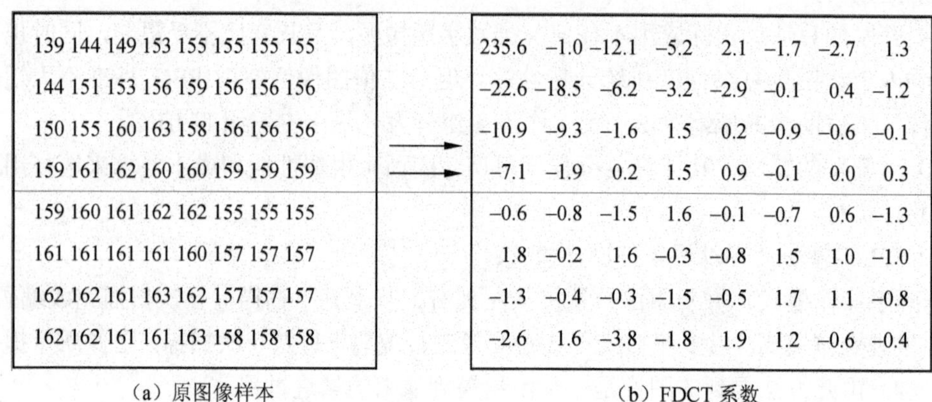

139	144	149	153	155	155	155	155
144	151	153	156	159	156	156	156
150	155	160	163	158	156	156	156
159	161	162	160	160	159	159	159
159	160	161	162	162	155	155	155
161	161	161	161	160	157	157	157
162	162	161	163	162	157	157	157
162	162	161	161	163	158	158	158

（a）原图像样本

235.6	–1.0	–12.1	–5.2	2.1	–1.7	–2.7	1.3
–22.6	–18.5	–6.2	–3.2	–2.9	–0.1	0.4	–1.2
–10.9	–9.3	–1.6	1.5	0.2	–0.9	–0.6	–0.1
–7.1	–1.9	0.2	1.5	0.9	–0.1	0.0	0.3
–0.6	–0.8	–1.5	1.6	–0.1	–0.7	0.6	–1.3
1.8	–0.2	1.6	–0.3	–0.8	1.5	1.0	–1.0
–1.3	–0.4	–0.3	–1.5	–0.5	1.7	1.1	–0.8
–2.6	1.6	–3.8	–1.8	1.9	1.2	–0.6	–0.4

（b）FDCT 系数

图 5-3-2　一个 8×8 的子块进行 FDCT 变换后的数据样本

（3）根据视觉特性设计的自适应量化

一个 8×8 的子块经过 FDCT 变换后，空间域的图像数据变成了频率域的系数。根据人的视觉特性，人眼对不同的频率分量具有不同的视觉敏感性，所以，可对不同的频率分量进行不同粗糙程度的量化。

JPEG 并未规定量化的标准表，但对于每样本 8 bit 的 Y、C_b、C_r 图像格式，JPEG 推荐了两个量化表：色度量化表和亮度量化表，具体如图 5-3-3 所示。上面介绍的 8×8 的子块经亮度量化表量化以后数据如图 5-3-4 所示。

16	11	10	16	24	40	51	61
12	12	14	19	26	58	60	55
14	13	16	24	40	57	69	56
14	17	22	29	51	87	80	62
18	22	37	56	68	109	103	77
24	35	55	64	81	104	113	92
49	64	78	87	103	121	120	101
72	92	95	98	112	100	103	99

（a）亮度量化表

17	18	24	47	99	99	99	99	99
18	21	26	66	99	99	99	99	99
24	26	56	99	99	99	99	99	99
47	66	99	99	99	99	99	99	99
99	99	99	99	99	99	99	99	99
99	99	99	99	99	99	99	99	99
99	99	99	99	99	99	99	99	99
99	99	99	99	99	99	99	99	99

（b）色度量化表

图 5-3-3　JPEG 推荐量化表

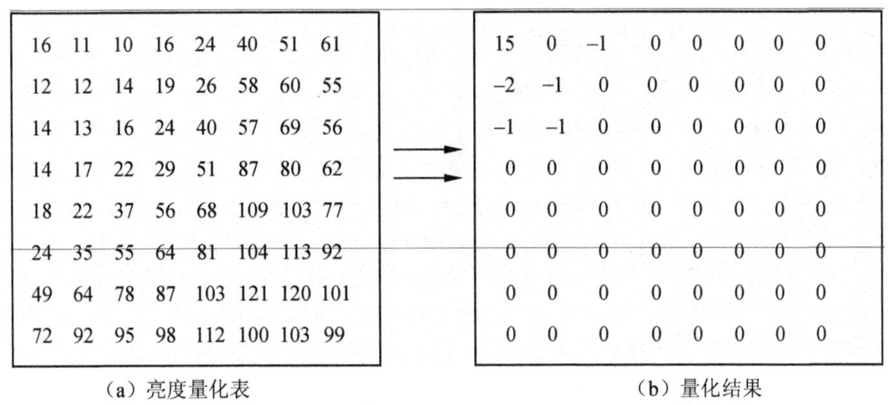

16	11	10	16	24	40	51	61
12	12	14	19	26	58	60	55
14	13	16	24	40	57	69	56
14	17	22	29	51	87	80	62
18	22	37	56	68	109	103	77
24	35	55	64	81	104	113	92
49	64	78	87	103	121	120	101
72	92	95	98	112	100	103	99

（a）亮度量化表

15	0	–1	0	0	0	0	0
–2	–1	0	0	0	0	0	0
–1	–1	0	0	0	0	0	0
0	0	0	0	0	0	0	0
0	0	0	0	0	0	0	0
0	0	0	0	0	0	0	0
0	0	0	0	0	0	0	0
0	0	0	0	0	0	0	0

（b）量化结果

图 5-3-4　8×8 的子块经亮度量化表量化的结果

（4）“Z”型展开

为进一步提高压缩效率，在进行熵编码以前，需要对单个 8×8 的子块的量化数据进行行程编码。我们把 8×8 量化数据阵列的第一个数据称为 DC 系数，其余的为 AC 系数。其行程编码步骤如下。

① DC 系数差分编码。一般情况下，与 AC 系数相比，DC 系数较大，应单独处理。可采用预测编码法。DC 系数差分编码如图 5-3-5 所示。假定前一个子块的 DC 系数为 13，则图 5-3-4（b）所示子块的 DC 系数差分值为 2。

② 8×8 量化数据阵列“Z”型展开。AC 系数行程编码前，为提高压缩比，应首先对 AC 系数进行“Z”型展开，“Z”型展开原理如图 5-3-6 所示。

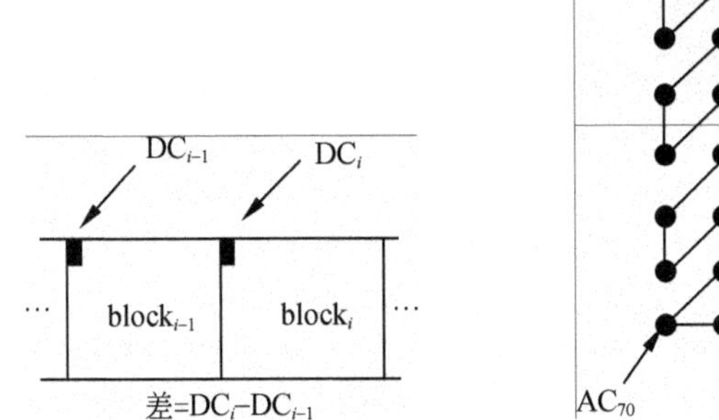

图 5-3-5　DC 系数差分编码

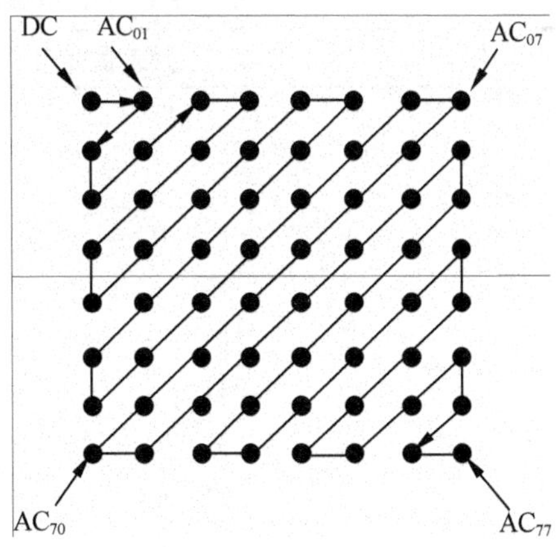

图 5-3-6　AC 系数“Z”型展开

图 5-3-4（b）中的 8×8 量化数据阵列经差分编码、“Z”型展开后为下面数据序列：

2，0，–2，–1，–1，–1，0，0，–1，0，…

（5）熵编码

为进一步提高压缩比，需要对“Z”型展开排列数据流进行基于统计特性的熵编码。JPEG 建议使用两种熵编码方法：哈夫曼编码和算术编码。熵编码可分两步进行：先将 DC

码和 AC 码转换成为中间码，然后给这些符号赋以变长码字。

熵编码的中间格式由两个符号组成。

- 符号 1：（行程，尺寸）。
- 符号 2：（幅值）。

对 AC 系数，符号 1 中的第一个信息参数“行程”表示前后两个非零 AC 系数之间连续零的个数，第 2 个信息参数“尺寸”表示后一个非零 AC 系数所需的比特数。对于 DC 系数，符号 1 表示“尺寸”。

DC 系数的变长编码字码结构为：

D=“SSSS”+附加位

“SSSS” 表示 DC 系数差值的幅度范围，共分为 16 类（见表 5-3-1）；由 DC 系数原始值，可查出其分类，由其分类，可从表 5-3-2 中查出其变长编码。附加位用于唯一地规定该类中一个具体的差值幅度，对原始值>0，附加位=原始值。对原始值<0，附加位=原始值–1 的最低 B 位。

对每一个非零的 AC 系数，均用一个 8bit 值 T 表示，即：

T=二进制“NNNNSSSS”

其中，低四位“SSSS”表示非零 AC 系数幅值范围分类（见表 5-3-3），高四位“NNNN”表示前后两个非零 AC 系数之间连续零的个数。由原始数据可确定 T，根据 T 查表（亮度、色度 AC 系数霍夫曼码表见表 5-3-4、表 5-3-5）可获得该 AC 系数的变长编码。

AC 系数的变长编码字码附加位编码方法与 DC 系数相同。

表 5-3-1　DC 系数差值幅度类别

SSSS	DC 系数差值幅度范围
0	0
1	–1；1
2	–3，–2；2，3
3	–7，…，–4；4，…，7
4	–15，…，–8；8，…，15
5	–31，…，–16；16，…，31
6	–63，…，–32；32，…，63
7	–127，…，–64；64，…，127
8	–255，…，–128；128，…，255
9	–511，…，–256；256，…，511
10	–1023，…，–512；512，…，1023
11	–2047，…，–1024；1024，…，2047
12	–4095，…，–2048；2048，…，4095
13	–8191，…，–4096；4096，…，8191
14	–16383，…，–8192；8192，…，16383
15	–32767，…，–16384；16384，…，32767

表 5-3-2　DC 系数差值码表

SSSS	亮度 DC 系数差值		色度 DC 系数差值	
	码长	码字	码长	码字
0	2	00	2	00
1	3	010	2	01
2	3	011	2	10
3	3	100	3	110
4	3	101	4	1110
5	3	110	5	11110
6	4	1110	6	111110
7	5	11110	7	1111110
8	6	111110	8	11111110
9	7	1111110	9	111111110
10	8	11111110	10	1111111110
11	9	111111110	11	11111111110

表 5-3-3　AC 系数差值幅度类别

SSSS	AC 系数差值幅度范围
0	0
1	–1；1
2	–3，–2；2，3
3	–7，…，–4；4，…，7
4	–15，…，–8；8，…，15
5	–31，…，–16；16，…，31
6	–63，…，–32；32，…，63
7	–127，…，–64；64，…，127
8	–255，…，–128；128，…，255
9	–511，…，–256；256，…，511
10	–1023，…，–512；512，…，1023
11	–2047，…，–1024；1024，…，2047
12	–4095，…，–2048；2048，…，4095
13	–8191，…，–4096；4096，…，8191
14	–16383，…，–8192；8192，…，16383
15	–32767，…，–16384；16384，…，32767

表 5-3-4　亮度 AC 系数霍夫曼码表

行程/大小 （Run/Size）	码长 （code length）	码字 （code word）
0/0(EOB)	4	1010
0/1	2	00
0/2	2	01
0/3	3	100
0/4	4	1011

续表

行程/大小 （Run/Size）	码长 （code length）	码字 （code word）
0/5	5	11010
0/6	7	1111000
0/7	8	11111000
0/8	10	1111110110
0/9	16	1111111110000010
0/A	16	1111111110000011
1/1	4	1100
1/2	5	11011
1/3	7	1111001
1/4	9	111110110
1/5	11	11111110110
1/6	16	1111111110000100
1/7	16	1111111110000101
1/8	16	1111111110000110
1/9	16	1111111110000111
1/A	16	1111111110001000
2/1	5	11100
2/2	8	11111001
2/3	10	1111110111
2/4	12	111111110100
2/5	16	1111111110001001
2/6	16	1111111110001010
2/7	16	1111111110001011
2/8	16	1111111110001100
2/9	16	1111111110001101
2/A	16	1111111110001110
3/1	6	111010
3/2	9	111110111
3/3	12	111111110101
3/4	16	1111111110001111
3/5	16	1111111110010000
3/6	16	1111111110010001
3/7	16	1111111110010010
3/8	16	1111111110010011
3/9	16	1111111110010100
3/A	16	1111111110010101
4/1	6	111011
4/2	10	1111111000
4/3	16	1111111110010110
4/4	16	1111111110010111
4/5	16	1111111110011000
4/6	16	1111111110011001
4/7	16	1111111110011010

续表

行程/大小 （Run/Size）	码长 （code length）	码字 （code word）
4/8	16	1111111110011011
4/9	16	1111111110011100
4/A	16	1111111110011101
5/1	7	1111010
5/2	11	11111110111
5/3	16	1111111110011110
5/4	16	1111111110011111
5/5	16	1111111110100000
5/6	16	1111111110100001
5/7	16	1111111110100010
5/8	16	1111111110100011
5/9	16	1111111110100100
5/A	16	1111111110100101
6/1	7	1111011
6/2	12	111111110110
6/3	16	1111111110100110
6/4	16	1111111110100111
6/5	16	1111111110101000
6/6	16	1111111110101001
6/7	16	1111111110101010
6/8	16	1111111110101011
6/9	16	1111111110101100
6/A	16	1111111110101101
7/1	8	11111010
7/2	12	111111110111
7/3	16	1111111110101110
7/4	16	1111111110101111
7/5	16	1111111110110000
7/6	16	1111111110110001
7/7	16	1111111110110010
7/8	16	1111111110110011
7/9	16	1111111110110100
7/A	16	1111111110110101
8/1	9	111111000
8/2	15	111111111000000
8/3	16	1111111110110110
8/4	16	1111111110110111
8/5	16	1111111110111000
8/6	16	1111111110111001
8/7	16	1111111110111010
8/8	16	1111111110111011
8/9	16	1111111110111100

续表

行程/大小（Run/Size）	码长（code length）	码字（code word）
8/A	16	1111111110111101
9/1	9	111111001
9/2	16	1111111110111110
9/3	16	1111111110111111
9/4	16	1111111111000000
9/5	16	1111111111000001
9/6	16	1111111111000010
9/7	16	1111111111000011
9/8	16	1111111111000100
9/9	16	1111111111000101
9/A	16	1111111111000110
A/1	9	111111010
A/2	16	1111111111000111
A/3	16	1111111111001000
A/4	16	1111111111001001
A/5	16	1111111111001010
A/6	16	1111111111001011
A/7	16	1111111111001100
A/8	16	1111111111001101
A/9	16	1111111111001110
A/A	16	1111111111001111
B/1	10	1111111001
B/2	16	1111111111010000
B/3	16	1111111111010001
B/4	16	1111111111010010
B/5	16	1111111111010011
B/6	16	1111111111010100
B/7	16	1111111111010101
B/8	16	1111111111010110
B/9	16	1111111111010111
B/A	16	1111111111011000
C/1	10	1111111010
C/2	16	1111111111011001
C/3	16	1111111111011010
C/4	16	1111111111011011
C/5	16	1111111111011100
C/6	16	1111111111011101
C/7	16	1111111111011110
C/8	16	1111111111011111
C/9	16	1111111111100000
C/A	16	1111111111100001
D/1	11	11111111000

续表

行程/大小 (Run/Size)	码长 (code length)	码字 (code word)
D/2	16	1111111111100010
D/3	16	1111111111100011
D/4	16	1111111111100100
D/5	16	1111111111100101
D/6	16	1111111111100110
D/7	16	1111111111100111
D/8	16	1111111111101000
D/9	16	1111111111101001
D/A	16	1111111111101010
E/1	16	1111111111101011
E/2	16	1111111111101100
E/3	16	1111111111101101
E/4	16	1111111111101110
E/5	16	1111111111101111
E/6	16	1111111111110000
E/7	16	1111111111110001
E/8	16	1111111111110010
E/9	16	1111111111110011
E/A	16	1111111111110100
F/0(ZRL)	11	11111111001
F/1	16	1111111111110101
F/2	16	1111111111110110
F/3	16	1111111111110111
F/4	16	1111111111111000
F/5	16	1111111111111001
F/6	16	1111111111111010
F/7	16	1111111111111011
F/8	16	1111111111111100
F/9	16	1111111111111101
F/A	16	1111111111111110

表 5-3-5　色度 AC 系数霍夫曼码表

行程/大小 (Run/Size)	码长 (code length)	码字 (code word)
0/0(EOB)	2	00
0/1	2	01
0/2	3	100
0/3	4	1010
0/4	5	11000
0/5	5	11001
0/6	6	111000

续表

行程/大小 （Run/Size）	码长 （code length）	码字 （code word）
0/7	7	1111000
0/8	9	111110100
0/9	10	1111110110
0/A	12	111111110100
1/1	4	1011
1/2	6	111001
1/3	8	11110110
1/4	9	111110101
1/5	11	11111110110
1/6	12	111111110101
1/7	16	1111111110001000
1/8	16	1111111110001001
1/9	16	1111111110001010
1/A	16	1111111110001011
2/1	5	11010
2/2	8	11110111
2/3	10	1111110111
2/4	12	111111110110
2/5	15	111111111000010
2/6	16	1111111110001100
2/7	16	1111111110001101
2/8	16	1111111110001110
2/9	16	1111111110001111
2/A	16	1111111110010000
3/1	5	11011
3/2	8	11111000
3/3	10	1111111000
3/4	12	111111110111
3/5	16	1111111110010001
3/6	16	1111111110010010
3/7	16	1111111110010011
3/8	16	1111111110010100
3/9	16	1111111110010101
3/A	16	1111111110010110
4/1	6	111010
4/2	9	111110110
4/3	16	1111111110010111
4/4	16	1111111110011000
4/5	16	1111111110011001
4/6	16	1111111110011010
4/7	16	1111111110011011
4/8	16	1111111110011100

续表

行程/大小 （Run/Size）	码长 （code length）	码字 （code word）
4/9	16	1111111110011101
4/A	16	1111111110011110
5/1	6	111011
5/2	10	1111111001
5/3	16	1111111110011111
5/4	16	1111111110100000
5/5	16	1111111110100001
5/6	16	1111111110100010
5/7	16	1111111110100011
5/8	16	1111111110100100
5/9	16	1111111110100101
5/A	16	1111111110100110
6/1	7	1111001
6/2	11	11111110111
6/3	16	1111111110100111
6/4	16	1111111110101000
6/5	16	1111111110101001
6/6	16	1111111110101010
6/7	16	1111111110101011
6/8	16	1111111110101100
6/9	16	1111111110101101
6/A	16	1111111110101110
7/1	7	1111010
7/2	11	11111111000
7/3	16	1111111110101111
7/4	16	1111111110110000
7/5	16	1111111110110001
7/6	16	1111111110110010
7/7	16	1111111110110011
7/8	16	1111111110110100
7/9	16	1111111110110101
7/A	16	1111111110110110
8/1	8	11111001
8/2	16	1111111110110111
8/3	16	1111111110111000
8/4	16	1111111110111001
8/5	16	1111111110111010
8/6	16	1111111110111011
8/7	16	1111111110111100
8/8	16	1111111110111101
8/9	16	1111111110111110
8/A	16	1111111110111111
9/1	9	111110111

续表

行程/大小 （Run/Size）	码长 （code length）	码字 （code word）
9/2	16	1111111111000000
9/3	16	1111111111000001
9/4	16	1111111111000010
9/5	16	1111111111000011
9/6	16	1111111111000100
9/7	16	1111111111000101
9/8	16	1111111111000110
9/9	16	1111111111000111
9/A	16	1111111111001000
A/1	9	111111000
A/2	16	1111111111001001
A/3	16	1111111111001010
A/4	16	1111111111001011
A/5	16	1111111111001100
A/6	16	1111111111001101
A/7	16	1111111111001110
A/8	16	1111111111001111
A/9	16	1111111111010000
A/A	16	1111111111010001
B/1	9	111111001
B/2	16	1111111111010010
B/3	16	1111111111010011
B/4	16	1111111111010100
B/5	16	1111111111010101
B/6	16	1111111111010110
B/7	16	1111111111010111
B/8	16	1111111111011000
B/9	16	1111111111011001
B/A	16	1111111111011010
C/1	9	111111010
C/2	16	1111111111011011
C/3	16	1111111111011100
C/4	16	1111111111011101
C/5	16	1111111111011110
C/6	16	1111111111011111
C/7	16	1111111111100000
C/8	16	1111111111100001
C/9	16	1111111111100010
C/A	16	1111111111100011
D/1	11	11111111001
D/2	16	1111111111100100
D/3	16	1111111111100101

续表

行程/大小（Run/Size）	码长（code length）	码字（code word）
D/4	16	1111111111100110
D/5	16	1111111111100111
D/6	16	1111111111101000
D/7	16	1111111111101001
D/8	16	1111111111101010
D/9	16	1111111111101011
D/A	16	1111111111101100
E/1	14	11111111100000
E/2	16	1111111111101101
E/3	16	1111111111101110
E/4	16	1111111111101111
E/5	16	1111111111110000
E/6	16	1111111111110001
E/7	16	1111111111110010
E/8	16	1111111111110011
E/9	16	1111111111110100
E/A	16	1111111111110101
F/0(ZRL)	10	1111111010
F/1	15	111111111000011
F/2	16	1111111111110110
F/3	16	1111111111110111
F/4	16	1111111111111000
F/5	16	1111111111111001
F/6	16	1111111111111010
F/7	16	1111111111111011
F/8	16	1111111111111100
F/9	16	1111111111111101
F/A	16	1111111111111110

为帮助理解 JPEG 熵编码原理，下面结合实例介绍 JPEG 熵编码方法的实现。

【例 5-3-1】 设某亮度子块按 Z 序排列的系数如下：

k	0	1	2	3	4	5	6～63
系数：	12	4	1	0	0	−1	0

按 JPEG 基本系统对其进行编码。

解：

（1）先求 DC 系数 ZZ(0)：ZZ(0)=12，由表 5-3-1，ZZ(0)落入（–15~8，8~15）区间，查表得“SSSS”=4，由表 5-3-2，查得其码字为“101”； 12>0，故四位附加位为“1100”，所以，DC 系数 ZZ(0)的编码为“101 1100”。

（2）ZZ(1)=4，它与 ZZ(0)之间无零系数，故 NNNN=0，由于 4 落入表 5-3-3 的第三组，

所以 SSSS=3；而 NNNN/SSSS=0/3 的编码查表 5-3-4 为“100”，所以 ZZ(1)=4 的编码为“100 100”。

（3）ZZ(2)=1，它与 ZZ(1)之间无零系数，故 NNNN=0，由于 1 落入表 5-3-3 的第 1 组，所以 SSSS=1；而 NNNN/SSSS=0/1 的编码查表 5-3-4 亮度 AC 系数为“00”，所以 ZZ(2)=1 的编码为“00 1”。

（4）ZZ(5)= –1，它与 ZZ(2)之间有 2 个零系数，故 NNNN=2，由于–1 落入表 5-3-3 的第 1 组，所以 SSSS=1；而 NNNN/SSSS=2/1 的编码查表 5-3-4 亮度 AC 系数为“11010”，ZZ(5)–1= –2，其编码为“0”，而所以 ZZ(5)=1 的编码为“11010 0”。

（5）ZZ(6)~ ZZ(63)=0，直接使用“EOB(%)”结束本子块，查表 5-3-4 其码字为“1010”。

所以，上述亮度子块的 JPEG 基本系统编码为：1011100+100100+001+110100+1010，共用了 26 位，压缩比为 512/26=19.68。

当然，除上述事先约定的哈夫曼码表进行编码的所谓“一次通过”模式以外，还可以采用“双次编码”模式，即第一次编码通过以后，再次对给定图像进行扫描编码。

2．JPEG 基本系统解码

解码是编码的逆过程，其原理框图如图 5-3-7 所示。

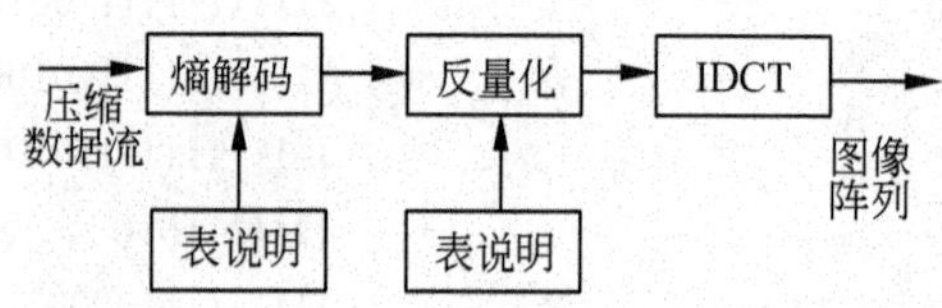

图 5-3-7　JPEG 基本系统解码原理框图

包括以下几个步骤。

（1）熵解码。对输入数据流进行熵解码，将压缩数据流变成量化数据矩阵。

（2）反量化与 IDCT 变换。对量化数据矩阵进行反量化，然后进行 IDCT 变换，解出原始图像数据。

5.3.3　JPEG 扩展系统简介

JPEG 标准是一个很灵活的图像压缩国际标准，定义了基本系统、扩展系统、无失真编码等各种压缩算法，适用范围很广。扩展系统是基本系统的扩展与增强，它必须包括基本系统。

在 JPEG 扩展系统中，可采用基于 DCT 的累进编码或分层编码两种操作模式。分层编码的步骤如下。

（1）把原始图像的空间分辨率按 2 的倍数降低。

（2）对已降低了分辨率的“小”图像可采用基于 DCT 的顺序方式、累进方式或无失真编码中的任何一种方式进行编码。

（3）对压缩数据解码，重建低分辨率图像，使用插值滤波器对其内插，恢复原图像的水平与垂直分辨率。

（4）把相同分辨率的插值图像作为原始图像的预测值，对二者的差值采用基于 DCT 的顺序方式、累进方式或无失真编码中的任何一种方式进行编码。

（5）重复步骤（3）、（4）直至达到完整的图像分辨率编码。

5.3.4　无失真编码压缩系统

为满足高保真图像的要求，JPEG 定义了独立的信息保持型（lossless）压缩（或称无失真编码压缩系统，JPEG 建议的独立的信息保持型压缩系统框图如图 5-3-8 所示。

它采用 DPCM 预测编码方法，对预测误差的熵编码，可采用霍夫曼编码（或算术编码），保证解码后完全精确地恢复源图像数据。

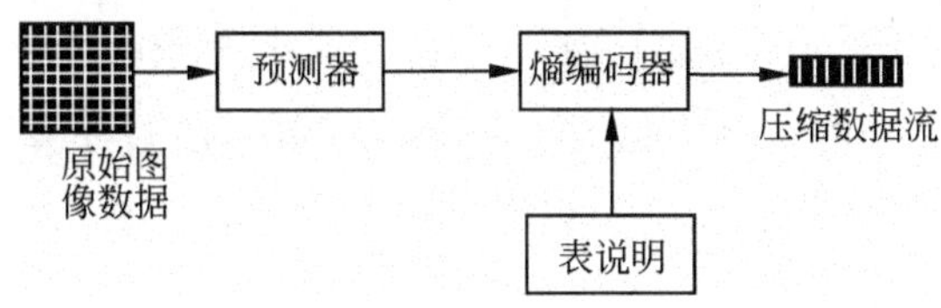

图 5-3-8　无失真编码压缩原理框图

5.3.5　JPEG 2000 简述

随着多媒体技术应用的不断增加，图像压缩技术不仅要求具有较高的压缩性能，而且还要求有新的特征来满足一些特殊的要求。为此，国际标准化组织（ISO）制定了新一代静止图像压缩标准：JPEG 2000。

JPEG 2000 与传统 JPEG 最大的不同，在于它放弃了 JPEG 所采用的以离散余弦变换（Discrete Cosine Transform）为主的区块编码方式，而采用以小波转换（Wavelet Transform）为主的多解析编码方式。

典型编码过程如下。

（1）把原图像分解成各个成分（亮度信号和色度信号）。

（2）把图像和它的各个成分分解成矩形图像片。图像片是原始图像和重建图像的基本处理单元。

（3）对每个图像片实施小波变换。

（4）对分解后的小波系数进行量化并组成矩形的编码块（code-block）。

（5）对在编码块中的系数“位平面”熵编码。

（6）为使码流具有容错性，在码流中添加相应的标识符（maker）。

（7）可选的文件格式用来描述图像和它的各个成分的意义。

关于 JPEG 2000 更深入的介绍，请参考相关书籍。

5.4　MPEG 标准

MPEG（Moving Picture Experts Group）是 1988 年成立的一个专家组，中文译为“动态图像专家组”。MPEG 专家组 1991 年提出草案，1992 年正式通过，标准编号为 ISO/IEC

11172，称之为 MPEG-1 标准。MPEG-1 标准是多媒体运动图像及其伴音的压缩编码标准，此后，为适应更高的应用要求，MPEG 专家组又相继推出了 MPEG-2、MPEG-4、MPEG-7、MPEG-21 标准。

5.4.1　MPEG-1 标准

MPEG-1 标准详细说明了视频图像和声音的压缩解压缩方法，以及播放 MPEG 数据所需的图像与声音同步，包括 4 部分：ISO/IEC 11172-1（MPEG 系统）、ISO/IEC 11172-2（MPEG 视频）、ISO/IEC 11172-3（MPEG 音频）、ISO/IEC 11172-4（测试和验证）。MPEG 视频详细说明了有关视频图像的压缩技术，即要把分辨率为 352×240、每秒 30 帧的电视图像，或把分辨率为 352×288、每秒 25 帧的电视图像压缩成数据速率为 1.2Mbps 的编码图像。MPEG 音频说明了有关声音的压缩编码技术，支持采样率为 48kHz、44.1kHz、32kHz，数据位为 16 的声音压缩。MPEG 系统说明了有关同步和多路复合等技术，用来把数字电视图像和声音复合成单一数据位流。它是 VCD 采用的压缩编码标准。

1．编码图像的类型

MPEG-1 视频压缩技术是针对运动图像的压缩技术，为提高压缩比，帧内图像压缩和帧间图像压缩技术同时使用，为此，在 MPEG-1 压缩标准中，定义了三种类型图像：帧内图（Intra Pictures ，I）、预测图（Predicted Pictures，P）和插补图，即双向预测图（Bidirectional Predicted，B）。帧内图采用 JPEG 压缩技术，直接对原始图像数据压缩，可提供随机存取的存取位置，但压缩比不大；预测图、双向预测图采用运动补偿编码技术，可获得很高的压缩比。

运动补偿编码技术是基于 16×16 子块的算法，每个子块可作为一个二维的运动矢量处理。运动补偿编码技术把当前 16×16 子块看作先前某一时刻图像子块的位移，并用这个子块来预测当前子块。由于动态视频具有动作上的连续性，相邻时刻的图像差别不大，也就是说只有局部图像的差异，因此，运动补偿编码技术事实上记录的是动态视频相邻时刻的图像的变化，可获得很高的压缩比，是减少帧序列冗余有效方法。

预测图采用运动补偿编码技术，用过去的（最靠近的）I 帧或 P 帧进行预测，因此，也称为前向预测帧，其示意图如图 5-4-1 所示。P 帧是预测的基础帧，可用来预测 B-帧或下一个 P 帧。

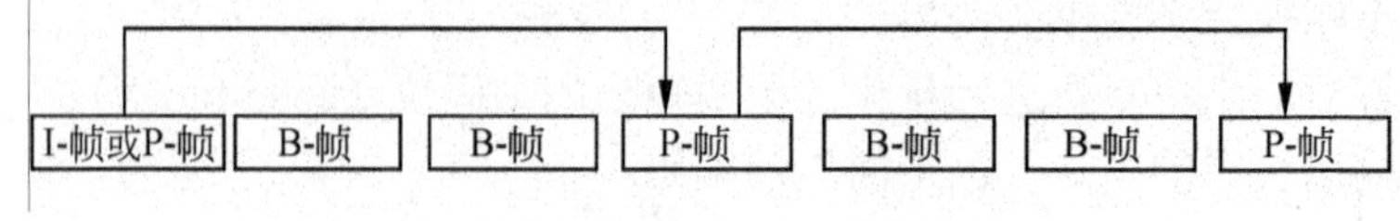

图 5-4-1　前向预测帧示意图

双向预测图采用运动补偿编码技术，利用前、后帧图像作为预测参考，其示意图如图 5-4-2 所示。B-帧不作为预测参考帧，因此，B-帧不仅图像压缩比高，而且误差不会传播。

2．视频流的组成

MPEG-1 的视频流组成相当灵活，主要体现为以下几个特点。

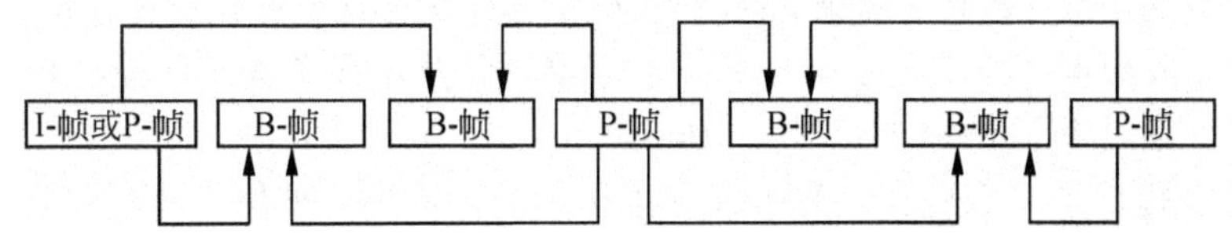

图 5-4-2　双向预测帧示意图

（1）允许编码端自行选择 I-帧的使用频率和在视频流中的位置。

（2）允许编码端自行选择任何两帧参考图像（I-帧或 P-帧）之间 B-帧的个数。

虽然，MPEG-1 并未规定三种类型图像的数量、排列顺序，但根据三种类型图像特性（帧内图采用 JPEG 压缩技术，可解压缩恢复原始图像信息；预测图、双向预测图采用运动补偿编码技术，记录的是动态视频相邻时刻的图像的变化，可获得很高的压缩比），为保证图像恢复质量，对大多数景物，在参考图像之间插入两帧 B-帧图像较为合适，最好每 16 帧图像至少有一个帧内图（I-帧）。一个典型的 MPEG-1 的视频流组成如图 5-4-3 所示。

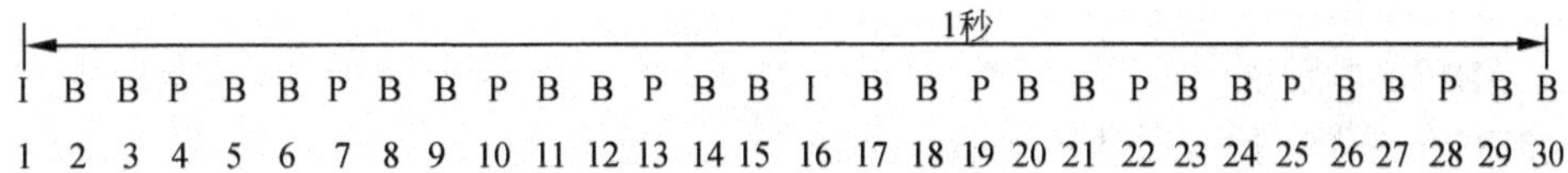

图 5-4-3　典型的 MPEG-1 的视频流组成

3．MPEG 音频编码

MPEG-1 标准音频部分规定了高品质音频编码方法、存储表示和解码方法，其编码原理如图 5-4-4 所示。

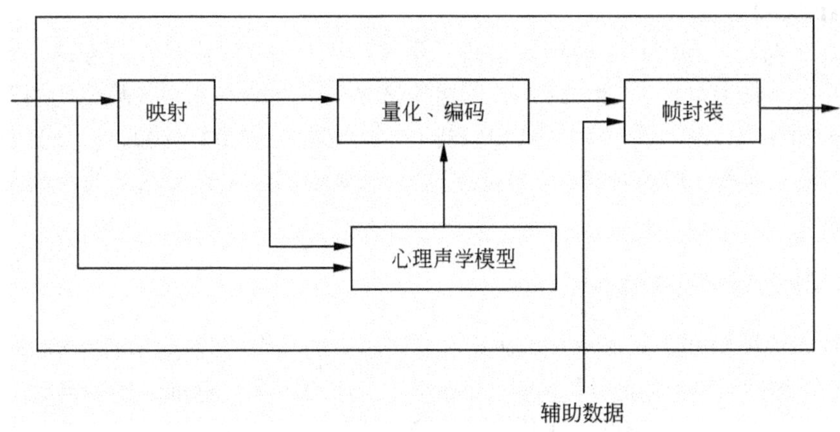

图 5-4-4　MPEG 音频编码原理

其编码过程如下：输入的音频抽样被读入编码器，编码器的映射器依照心理声学模型可按照三个层次进行映射变换；输入的音频抽样数据经映射器映射变换后经量化编码后与其他模块输出数据汇集成实际数据。

在 MPEG 音频编码过程中，根据应用需求的不同，可以使用不同层次的编码系统，具体包括以下三个层次：

- 层 1 利用有 32 个等带宽的网络分析滤波器组把输入声音信号的样本变换成频率系数，并根据心理声学模型，分析功率谱，计算出每个子带的掩蔽边界值。理论上，层 1 编码/解码的最少延时为 19ms。
- 层 2 提供了位分配、缩放因子和抽样的附加编码。理论上，层 2 编码/解码的最小延时为 35ms。
- 层 3 采用混合带通滤波器来提高频率分辨率，增加了差值量化、自适应分段和量化值的熵编码。理论上，层 2 编码/解码的最小延时为 59ms。

MPEG-1 标准是广为人知的 VCD 节目所采用的核心算法，利用 MPEG-1 音频编码第 3 层的 MP3 更是备受人们喜爱。

5.4.2 MPEG-2 标准简介

MPEG-2 草案由 MPEG 专家组 1992 年提出，1993 年正式通过。与 MPEG-1 类似，MPEG-2 标准（ISO/IEC 13813）也包括 MPEG 系统、MPEG 视频、MPEG 音频等部分内容，它是 DVD 所采用的核心算法。

1．MPEG-2 系统

MPEG-2 系统支持五项基本功能：

- 解码时多压缩流的同步。
- 将多个压缩流交织成单个的数据流。
- 解码时缓冲器初始化。
- 缓冲区管理。
- 时间识别。

2．MPEG-2 视频

MPEG-2 视频与 MPEG-1 视频体系向下兼容，并力图同时满足视频会议、数字电视、高清晰度电视（HDTV）、广播、通信、网络等诸多应用领域对视频音频编码的日益增长的要求。在分辨率上，有低分辨率（352×288）、中分辨率（720×480）、次高分辨率（1440×1080）、高分辨率（1920×1080）不同档次；压缩编码方法也要求从简单到复杂有不同等级。

5.4.3 MPEG-4 标准简介

MPEG-4 是在 MPEG-1 和 MPEG-2 标准发展起来的一个国际标准，标准编号为 ISO/IEC 14496，它在 1998 年 10 月完成，并在 1999 年 1 月成为国际化标准。1999 年底，为了获得正式的国际标准资格，与 MPEG-4 版本 2 兼容的扩展被停止了，但在专业领域的扩展工作仍在继续。

MPEG-4 标准提供了一套满足程序设计者、服务提供者、终端用户需要的技术。对程序设计者而言，MPEG-4 使内容的建立有更多的可重复使用性和实用性。这是同今天的个体化技术，如数字电视、动画图像、万维网页等相比的结果。对网络服务提供者，MPEG-4 提供了透明信息。在相关标准体帮助下，这些信息能被转换为适合于每个网络的固有信号。对终端用户，在程序设计者自设的限制内，MPEG-4 提供了对内容更高级的相互作用，也把多媒体带进了新的网络。这包括以相对低的比特率运行的网络和易变的网络。

MPEG-4 版本 1 的主要功能如下：

- DMIF（多路传输集成结构）功能。
- 定义了一个视频和音频信息的先进压缩算法的工具箱。编码过程的数据流能独立地传送或存储，并且在接收端组成实际的多媒体。
- MPEG-4 提供的标准化技术使数字化电视、图像相互运用、多媒体的相互作用等领域在研究成果、分布和内容接口方面结合成为一个整体。

MPEG-4 标准与 MPEG-1、MPEG-2 标准最根本的区别在于 MPEG-4 是基于内容的压缩编码方法，它突破了传统的以矩形/方形块处理图像的方法。它将图像按内容分割成块，如图像的场景、画面上的物体（物体 1、物体 2、…）被分割成不同的子块，将感兴趣的物体从场景中截取出来，进行编码处理。由于基于内容或物体截取的子块内信息相关性强，因而可以产生更高的压缩比。

5.4.4　MPEG-7 标准简介

制定 MPEG-7 标准的主要目的是为各类多媒体信息提供一种标准化的描述，允许快速和有效地查询用户感兴趣的资料，克服传统的基于关键字或文件名在多媒体数据检索方面的不足。

MPEG-7 标准于 1998 年 10 月提出， 2001 年最终完成并公布，正式名称为“多媒体内容描述接口”，扩展了现有内容识别专用解决方案的有限的能力，规定了一个用于描述各种不同类型多媒体信息的描述符的标准集合。MPEG-7 标准化的描述可以加到任何类型的多媒体资料上，不管该多媒体资料是什么格式，采用什么方法压缩。

MPEG-7 只规定了解码器的标准，而编码器的标准不在标准之内，最终目的是把网上的多媒体内容变成像现在的文本内容一样，具有可搜索性。这使得大众可以接触到大量的多媒体内容，主要应用如下。

（1）音视数据库的存储和检索。

（2）广播媒体的选择（广播、电视节目）。

（3）因特网上的个性化新闻服务。

（4）智能多媒体、多媒体编辑。

（5）教育领域的应用（如数字多媒体图书馆等）。

（6）多媒体目录服务（如黄页、旅游信息、地理信息系统等）。

5.4.5　MPEG-21 标准简介

开展 MPEG-21 研究工作的目的是：①是否需要和如何将不同的协议、标准、技术等有机地融合在一起；②讨论是否需要制定新的标准；③如果具备了前面两个条件，如何将这些不同的标准集成在一起。

MPEG-21 标准致力于在大范围的网络上实现透明的传输和对多媒体资源的充分利用，致力于为多媒体传输和使用定义一个标准化的开放框架。MPEG-21 标准事实上是一些关键技术的集成，通过这种集成环境对全球数字媒体资源进行透明和增强管理，实现内容描述、创建、发布、使用、识别、收费管理、产权保护、用户隐私权保护、终端和网络资源抽取、事件报告等功能。

MPEG-21 给我们提供了一种以高效、透明和可互操作的方式，在用户间实现交换、接入、消费、贸易和控制 DI（Digital Item）的解决方案。而且在 UMA（Universal Multimedia Access）中，MPEG-21 包含了对 DI 适应的技术，这使得 UMA 可以与服务器、网络和终端处的媒体源相适应。

5.5 多媒体计算机存储技术

多媒体数据经压缩后，所需的存储空间依然十分可观，采用传统的磁存储设备难以满足多媒体信息存储的要求。

20 世纪 70 年代初期，荷兰 Philips 公司的研究人员开始研究利用激光来记录和重放信息。1972 年 9 月，Philips 公司向全世界展示了长时间播放电视节目的光盘系统。1978 年，Sony 公司光盘播放机（Laser Vision，LV）正式投放市场，从此，光存储技术成为人们关心的热点，光存储技术的发展为多媒体技术走向繁荣提供了扎实的保障。

5.5.1 CD-ROM 光盘

1．CD-ROM 的起源

1979 年，Philips 公司发布激光唱机（Compact Disc player，CD player），将声音信号变成 1 和 0 表示的二进制数字，然后记录到以塑料为基片的金属圆盘上。1982 年， Philips 公司和 Sony 公司终于成功地把这种记录有数字声音的盘推向了市场。由于这种塑料金属圆盘很小巧，所以用英文 Compact Disc 来命名，而且制定了数字激光唱盘（Compact Disc-Digital Audio，CD-DA）标准——红皮书（Red Book）标准。

由于 CD-DA 能够记录数字信息，很自然就会想到将它用作计算机的存储设备。但从 CD-DA 过渡到计算机信息记录载体有两个重要问题需要解决：

（1）计算机如何寻找盘上的数据，也就是如何划分盘上的地址问题。CD-DA 记录歌曲时是按一首歌作为单位的，一片光盘也就记录着 20 首歌左右，平均每首歌占用 30MB 左右的磁盘空间，而用来存储计算机数据时，许多文件不一定都需要那么大的存储空间，因此需要在 CD 盘上写入很多地址编号。

（2）将 CD 盘作为计算机的存储器使用时，要求它的误码率（10^{-12}）远远小于声音数据的误码率（10^{-9}），而用当时现成的 CD-DA 技术不能满足这一要求，因此还需要采用错误校正技术。

1985 年，只读光盘（Compact Disc-Read Only Memory，CD-ROM）黄皮书（Yellow Book）标准制定，解决了硬件生产厂家的制造标准问题，即存放计算机数据的物理格式问题。黄皮书标准没有涉及逻辑格式问题，没有解决计算机文件如何存放在 CD-ROM 上、文件如何在不同的系统之间进行交换等问题。为此，在多方努力下，制定了一个文件交换标准，后来被国际标准化组织命名为 ISO 9660 标准。从此 CD-ROM 成为真正记录计算机信息的载体。

2．CD-ROM 光盘的结构

CD-ROM 光盘是由三层材料组成的圆盘，盘片厚度为 1.2mm，盘片外沿直径 12cm，中间有一个直径为 1.5cm 的圆孔，平均盘重 18g。其外形尺寸如图 5-5-1（a）所示。

光盘的底层为聚碳酸酯（Polycarbonate）或丙烯树压制出的一种极坚硬的塑料透明衬底，中间层是用铝（或其他合金）制成的一种很薄的金属反射层，顶层是涂漆的保护层，可在上面印刷 CD 标签，如图 5-5-1（b）所示。

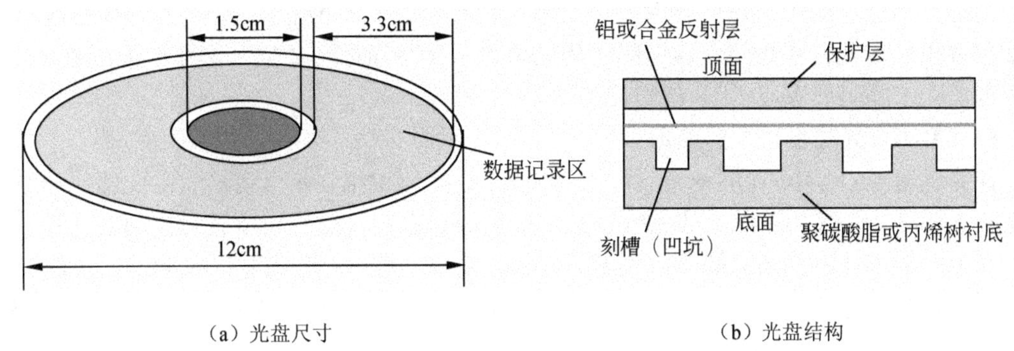

（a）光盘尺寸　　（b）光盘结构

图 5-5-1　CD-ROM 光盘

3．CD-ROM 光盘中二进制数据的表示

电路系统中的“0”、“1”可用电平的高低或脉冲的有无来表示。磁盘系统采用同心圆磁道，被磁化的地方表示“1”，未被磁化的地方表示“0”。CD-ROM 的光道是一条从外向内的螺旋线，采用机械方式表示数字信号“0”、“1”，具体如下：用凹坑和非凹坑之间机械性的跳变边沿代表“1”，而凹坑和非凹坑的平坦部分代表“0”，参考实例如图 5-5-2 所示。

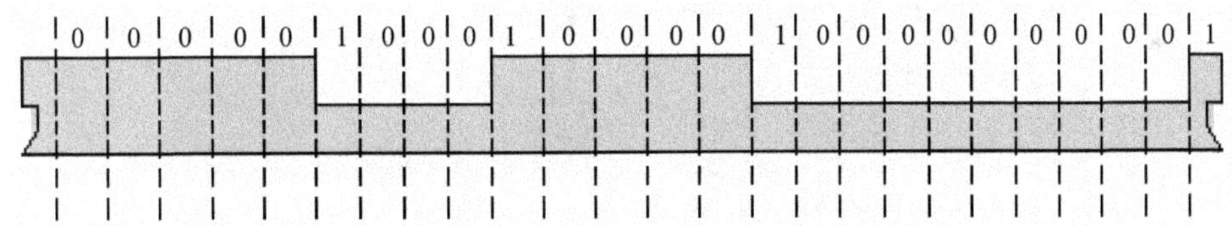

图 5-5-2　CD-ROM 中二进制数据的表示

显然，要求光头始终高速地沿着螺旋线形的光道准确识别数据要求较高的技术水平，光盘系统不可避免地存在搜索定位困难等不足。此外，当连续多个“1”存放在光盘时，将会出现连续的机械调变，在读出光盘上的信息时，光学检测部件就会较难感觉到光强的变化，也就不能正确地读取信息。理论分析和实验证明，把“0”的游程最小长度限制在 2 个，而最长限制在 10 个，光盘上的信息就能可靠读出。这便是“0”游程规则：

2 个“1”之间至少要有 2 个“0”，最多不超过 10 个“0”。

4．计算机中数据到 CD-ROM 光盘数据的转换

多媒体信息内容，是以“1”和“0”的二进制数据存放在磁盘中的，在存储到光盘之前，需要将磁盘中的二进制多媒体数据信息进行变换处理，这种处理过程称为通道编码。

CD-ROM 盘在记录信息过程中采用了 8 到 14 位的调制编码方案，简称为 EFM（Eight to Fourteen Modulation）编码方案。这种编码方案的含义就是将一个 8 位（即 1 个字节）

的数据用 14 位来表示。选择 14 位通道位既能表示 8 位数据，又能满足游程长度限制的位数。具体说，在 2^{14}=16 384 种通道码中，通过计算机的计算，有 267 种码能满足两个“1”之间至少 2 个“0”、最多 10 个“0”的要求。舍去高位为 1 的 11 种编码，可得到与 8 位数据相对应的 2^8=256 种通道码。

此外，当连续两个通道码合并时，可能会出现合并后不能满足“0”的游程长度至少为 2 的要求，因此，在每两个通道码之间又增加了 3 位通道合并位，这样一来，原来的 8 位数据实际上编码后变成了 17 位的信息了。

5. CD-ROM 光盘数据的读取

计算机通过 CD-ROM 驱动器读取 CD-ROM 数据，CD-ROM 驱动器的主要部件和结构有光头旋转马达、聚焦跟踪定位系统、数字信号处理系统、反变频及驱动控制系统等。

在上面的部件中，光头是非常关键的部件，主要功能有：把信息凹坑和非凹坑的长度和跳变沿转换成电信号；产生聚焦误差信号；产生跟踪误差信号。光头结构示意图如图 5-5-3 所示。

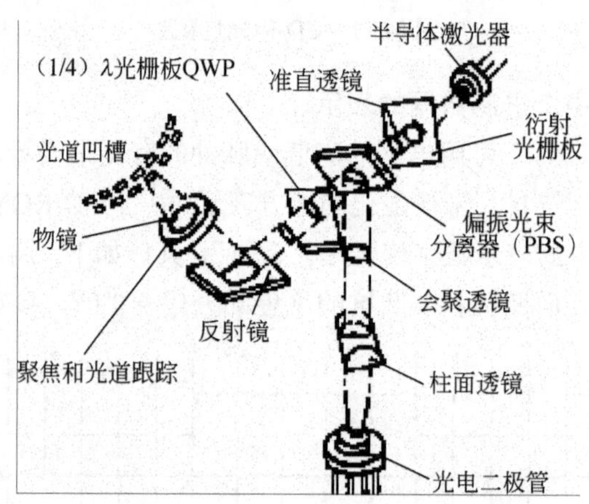

图 5-5-3　光头结构示意图

具体读取光盘数据时，光头根据光盘表面凹坑和非凹坑反射回来的光强，把光信号转换成电信号，经处理后变成 EFM 通道码。之后，光盘驱动程序将 EFM 码反变换还原成写入的数据，如果校验无错，将数据送给计算机作进一步处理。

6. CD-ROM 驱动器的主要指标

CD-ROM 驱动器的几个主要指标如下。

（1）数据传输速率（Data Transfer Rate）。数据传输速率是 CD-ROM 驱动器最重要的性能指标，它是指 CD-ROM 驱动器在 1s 的时间内所能读取的最大数据量。

（2）平均访问时间（Average Access Time）。平均访问时间又称为“平均寻道时间”，是指 CD-ROM 驱动器的激光头从原来的位置移动到一个新指定的目标（光盘的数据扇区）位置并开始读取该扇区上的数据这个过程中所花费的时间。

（3）CPU 占用时间（CPU Loading）。CPU 占用时间指 CD-ROM 驱动器在维持一定的转速和数据传输速率时所用 CPU 的时间。

（4）缓冲器容量。这也是影响速度的指标。缓冲区容量越大，CD-ROM 驱动器的响应速度也就越高。特别是对于要用 CD-ROM 驱动器播放视频图像的用户来说，选用具有较大缓冲器的 CD-ROM 驱动器，可以获得较好的图像播放效果。

7．光盘的类型与用途

1）光盘的类型

按照将信息写入光盘和从光盘读取信息的性质看，目前光盘可分为三种：只读光盘、一次写入式光盘、可擦写光盘。

（1）只读光盘（CD-ROM）

用户只能读出光盘上已记录的信息，不能修改或写入新的信息。光盘由专业化工厂压模处理后成批生产，因而特别适用于廉价、大量地发行同一种信息，已广泛用于教学、旅游、商业广告等领域。

（2）一次写入式光盘（CD-R）

一次写入式光盘是用会聚的激光束的热能，使材料的形变发生永久性变化而进行记录的，所以它是记录信息后不能在原址重新写入信息的不可逆转记录系统。它只能写入一次，但可以多次重复读出。它与只读光盘的不同之处在于，可由用户将数据直接写入光盘。

必须指出的是，一次写入是指光盘中的某个具体的单元只可写一次，若光盘上还有未写的空白区，可把要修改或重写的信息追记在空白区内。

（3）可擦写光盘（CD-RW）

可擦写光盘是用可以写入、擦除、重写的可逆型记录介质制成的。它利用激光照射，引起介质的可逆型物理变化而进行记录或擦除。目前主要有光磁记录和相变记录两种类型，分别称为磁光盘（Magento-Optical，MO）和变相光盘（Phase Change Disc，PCD）。

2）光盘的用途

光盘可以用来存储声音、文字、视频图像、静态图像、图形等多种媒体信息，根据不同的应用目的，人们制造了很多光盘产品，主要有以下几种。

（1）CD-DA（Compact Disc-Digital Audio）。1981 年制定的标准，存储数字化音乐节目。

（2）CD-ROM（Compact Disc- Read Only Memory）。1985 年制定的标准，存储数字化的图、文、声、像等多媒体信息。

（3）CD-G（Compact Disc Graphics）。1986 年制定的一种标准，存储静态图像和音乐节目。

（4）CD-I（Compact Disc Interactive）。1986 年制定的一种交互式光盘标准，存储数字化的图、文、声、像（静止的）、动画等，针对第二代家庭教育、娱乐电子产品的目标进行设计和开发。利用 CD-I 播放系统可实现人机对话。

（5）CD-V（Compact Disc Video）。1989 年制定的一种标准，存储模拟的电视图像和数字化的声音。

（6）CD-I FMV（Compac Disc Interactive Full Motion Video）。它是 1992 年制定的一种标准，存储数字化的电影、电视等节目。

（7）卡拉 OK CD（Karaoke CD）。1992 年制定的一种标准，存储数字化的卡拉 OK 节目。

（8）Photo-CD。用于存储照片、艺术品等，可用显示器或电视机欣赏高清晰度的彩色图片。

（9）Video-CD（Video Compact Disc）。它是影视节目的主要存储方式，采用了 MPEG-1 标准压缩视频和音频信号，可以播放 74 分钟的节目，1993 年 10 月以白皮书的形式公布。

（10）DVD (Digital Versatile Disc)。DVD 可记录影视、音频数据，采用了 MPEG-2 标准压缩，同 VCD 相比，容量更大，播放时间更长，清晰度更高。

8．CD-ROM 数据格式

在 CD-DA 中，以“帧”（Frame）作为存储声音数据的基本单位。每帧数据由 32 个字节组成，具体如表 5-5-1 所示。

表 5-5-1　CD-DA 帧结构

同步与控制信号 4B		帧数据 32B			
同步信号 3B	控制信号 1B	声音数据（左通道）12B（6 个样本）	Q 校验码 4B	声音数据（右通道）12B（6 个样本）	P 校验码 4B

校验码用来检测和校正读光盘时发生的错误。由于每帧数据都采用了双重的错误检测码（Error Detection Code, EDC）和错误校正码（Error Correction Code, ECC），所以 CD 声音数据的误码率很低。

在 CD-DA 光盘上，每秒钟的 CD 数据为 75 扇区，每扇区包括 98 帧，因此每个扇区共有声音数据：

$$12\times2\times98=2352\text{B}$$

在 CD-DA 的基础上，CD-ROM 做了进一步的定义，常用格式有两种：Mode 1 和 Mode 2。

1）Mode 1 扇区格式

Mode 1 扇区格式用于存放要求误码率很低的数据或者说对错误极为敏感的数据，如计算机程序、企业或金融数据等。Mode 1 扇区格式下，除同步信息和扇区头外，在用户数据区之后用 4 个字节存放 EDC（Error Detection Code）码，用 172 个字节存放 P 校验码，用 104 个字节存放 Q 校验码，两种校验码合称 ECC（Error Correction Code）码，由于在每个扇区中增加了校验码 EDC 和 ECC，真正用于存放用户数据的区域只有 2048 个字节，具体如表 5-5-2 所示。

表 5-5-2　CD-ROM Mode 1 扇区格式

2352 字节/扇区							
同步数据	扇区头		用户数据	检验码 EDC	未定	校验码 ECC	
	扇区地址	扇区类别				P 校验	Q 校验
12 字节	3 字节	1 字节(01H)	2048 字节	4 字节	8 字节	172 字节	104 字节

2）Mode 2 扇区格式

Mode 2 扇区格式用于存放对误码率要求不太高的数据或者说对错误不太敏感的数据，如声音、图像数据等。12 个字节的同步信息和 4 个字节的扇区头信息共占用 16 个字节，其余 2336 个字节为用户数据实际存放区域，具体如表 5-5-3 所示。

表 5-5-3　CD-ROM Mode 2 扇区格式

<table>
<tr><td colspan="4">2352 字节/扇区</td></tr>
<tr><td rowspan="2">同步数据</td><td colspan="2">扇区头</td><td>用户数据</td></tr>
<tr><td>扇区地址</td><td>扇区类别</td><td rowspan="2">2336 字节</td></tr>
<tr><td>12 字节</td><td>3 字节</td><td>1 字节(02H)</td></tr>
</table>

顺便指出一点，光驱速度中的单速是指 1 秒钟所读取的 CD 数据，按照上面的格式分析，Mode 1 扇区格式下的单速传送速度为 150KBps，Mode 2 扇区格式下的单速传送速度近似为 171KBps。

只读光盘除了其扇区格式外，还对应有逻辑格式。只读光盘的逻辑格式由 1988 年公布的 ISO 9660 标准规定。Microsoft 公司推出的 MSCDEX.EXE 文件的一个主要功能就是把 ISO 9660 的逻辑格式转换成 MS-DOS 能够识别的目录和文件名，使用户对光盘存储器的使用如同磁盘存储器一样。

只读光盘的逻辑格式由逻辑扇区、逻辑块、记录、文件、路径表、卷等组成。每个逻辑扇区的大小为 2048 个字节。一个逻辑扇区可分成一个或多个逻辑块，每个逻辑块的字节数可为 512 字节、1024 字节、2048 字节等。

只读光盘将目录当成文件一样看待，被称为目录文件。路径表用于存放目录文件及所有文件路径，可以反映出盘上所有的目录层次结构关系。

只读光盘通过路径表查找定位光盘中的所有目录及文件，即光盘中的各级目录层次下的文件只需经过路径表一次查询定位便可找到，较好地克服了光盘搜索定位难的不足。此外，只读光盘将目录当成文件，但该目录下的文件并不通过该目录中的登记查找，因此，只读光盘中列出目录中存在某文件，但该文件在光盘中事实上却并不存在也是可能的。

9．光盘与磁盘的比较

传统存储介质一般为磁盘，磁盘和光盘一同构成了计算机系统重要的信息载体，下面对光盘和磁盘作一简要对比。

（1）密度

磁盘的磁道为同心圆，磁道间必须留下足够的空间才能保证磁头读取数据时不会出现问题，而光盘的光道为一条从外向内的螺旋线，通过激光束读取信息，因而光盘的记录密度比磁盘高得多。

（2）数据记录方式

在磁盘中被磁化的地方表示 1，未被磁化的地方表示 0。在光盘中，激光照射的地方产生凹坑和非凹坑，其边沿表示 1，其他为 0。当从光盘中读取信息时，激光束聚焦在光道上，光被反射，平滑的地方反射的光要比凹陷边沿反射的光强得多，因此很容易区别 0 和 1。

（3）扇区

磁盘的扇区为 512 个字节，光盘的扇区一般为 2 048 个字节；光盘扇区的物理长度是不变的，而磁盘的扇区物理长度是变化的。

（4）旋转方式

磁头以恒定角速度方式沿同心圆旋转，而光头则是以恒定线速度方式沿螺旋线光道旋转。

（5）使用方式

可自由更换光盘，而硬磁盘却不能自由更换。使用光盘等于无限制地扩大了可联机存储的信息容量。

（6）使用环境

因磁盘使用过程中磁头和盘片接触，而光盘和光头不接触，这就决定了磁盘的使用环境要求比光盘的使用环境要求高得多。因为一粒灰尘就可能造成磁盘的损坏，而光盘却不会。

5.5.2 DVD 光盘

DVD 原名 Digital Video Disc，中文译为“数字视盘”。由于 DVD 不仅可以存储电视、电影节目，在计算机数据存储方面也具有 CD-ROM 无法比拟的容量和灵活性，因此，又把 Digital Video Disc 更改为 Digital Versatile Disc，所写依旧为 DVD。

1. DVD 光盘类型

从不同的角度，DVD 光盘有着不同的分类。

按单/双面与单/双层结构的各种组合，DVD 可以分为单面单层、单面双层、双面单层和双面双层四种物理结构。单面单层 DVD 盘的容量为 4.7GB(约为 CD-ROM 容量的 7 倍)，双面双层 DVD 盘的容量则高达 17GB(约为 CD-ROM 容量的 26 倍)，具体如表 5-5-4 所示。

表 5-5-4 DVD 光盘各种规格的存储容量

DVD 盘片规格	存储容量(GB)	MPEG-2 Video 的播放时间
单面单层（只读）	4.7	133
单面双层（只读）	8.5	240
单层双面（只读）	9.4	266
双面双层（只读）	17	480
单层双面（DVD-R）	6.6	215
单层双面（DVD-RAM）	5.2	147

按照 DVD 光盘的不同用途，可以把它分为：DVD-ROM——电脑软件只读光盘，用途类似 CD-ROM；DVD-Video——家用的影音光盘；DVD-Audio——音乐盘片；DVD-R（或称 DVD-Write-Once)——限写一次的 DVD；DVD-RAM(或称 DVD-Rewritable)——可多次读写的光盘，具体如表 5-5-5 所示。

表 5-5-5 DVD 常见类型

DVD 盘片类型	说明	对照 CD 盘类型
DVD-ROM	只读性 DVD，连接在计算机上使用	CD-ROM
DVD-Video	DVD 视盘，存放视频节目	CD-Video
DVD-Audio	DVD 唱盘，存放音频资料	CD-Audio
DVD-Recordable	只写一次式 DVD	CD-R
DVD-RAM	可擦写型 DVD，采用相变技术	CD-MO
DVD-RW	可反复擦写型 DVD，可擦写数千次	CD-RW

由于格式和版权等问题，DVD-Audio 目前尚未正式投产使用。DVD-R、DVD-RAM 成本较高，也未大范围普及。目前 DVD 光盘的主流应用为 DVD-ROM 和 DVD-Video。此外，虽然目前 DVD-ROM 驱动的价格已经非常便宜，但由于 DVD-ROM 的海量存储能力，目前，绝大多数软件公司依旧主要以 CD-ROM 形式发行其产品。

2．DVD 具有高存储容量的原因

（1）DVD 盘的记录区域从 CD 盘片面积 86cm^2 提高到 86.6cm^2，这样记录容量提高了 1.9%。

（2）为了提高接收盘片反射光的能力，提高光学读出头的分辨率，在 DVD 中将数值孔径由 CD 盘片的 0.45 加大到 0.6。使用短波长的激光源和数值孔径比较大的光学元件之后，最小凹坑的长度从 CD 盘片的 0.834μm 缩小到 0.4μm，DVD 光道之间的间距由 CD 盘片的 1.6μm 缩小到 0.74μm，总的容量提高了 4.486 倍。

（3）使用 DVD 盘的两个面来记录数据，以及在一个单面上制作好几个数据记录层，可大大增加 DVD 盘片的存储容量。在 IBM 工作的科学家于 1994 年就声称采用 CLC（Cholesteric Liquid Cystal）记录媒体，他们能够制作具有 10 层的盘片。在读取单面双层的信息时，其表面为第 0 层，最里层为第 1 层，开始工作时，激光束首先在第 1 层上聚焦和光道定位。当从第 0 层读出信息需要过渡到从第 1 层上读出信息时，激光读出头的激光束立即重新聚焦，电子线路中的缓冲存储器可确保从第 0 层到第 1 层的平衡过渡，而不会使信息中断。单面双层容量可达 8.5GB，双面双层容量可达 17GB。

3．DVD-Video

虽然 DVD-Video（简称 DVD）盘与 CD 光盘直径均为 120mm，但 CD 光盘的容量为 680MB，仅能存放 74 分钟 VHS 质量的动态视频图像，而单面单层 DVD 记录层具有 4.7GB 容量，若以接近于广播级电视图像质量需要的平均数据率 4.69Mbps 播放，能够存放 133 分 20 秒的整部电影。双面双层光盘的容量高达 17GB，可以容纳 4 部电影于单张光盘上，DVD 盘具有比 CD 高得多的密度。

VCD 采用 MPEG-1 标准，以保证能够在 650MB 空间储存长约 74min 的电影节目，即 VCD 以损失图像质量、丢失帧数、降低分辨率为代价。DVD 所采用的是 MPEG-2 压缩技术。MPEG-2 采取了变比特率（VBR）的编码方案，数据流传输的比特率可以从 1.5Mbps 到 40Mbps，比特率越高，每一帧所分配的比特数就越多，因而图像信号丢失得就越少，图像质量也就越高。在实际应用中，MPEG-2 的平均视频比特率在理论上应尽可能接近 3.5Mbps，同时又考虑到在运动或复杂的场景中，需要额外增加 1 帧以尽力避免比较生硬的人为痕迹，此时比特率最高可以达到 9.8Mbps，即使是平均比特率也可以达到 4.69Mbps。也就是说，MPEG-2 对视频图像的处理可以分为两步：首先确定图像的复杂程度，对于复杂的图像则在不影响图像的同时，提高图像的传输位流量；而对于简单的图像，则在不影响图像质量的前提下降低位流量，从而可以有效地消除在 VCD 中常见的“马赛克”现象，使 DVD 的图像与 VCD 相比更清晰。

音频编码方面，DVD 采用了杜比 AC-3 5.1 音响系列，能够有效地去除频带中能量较低的并且令现有设备都难于表现的数据信息，以及人耳生理上不容易感觉到的音频信息。同时为了增强音响效果，还采取了 5+1 层声道，即在空间模拟前左、前中、前右、后左、后右 5 个音源声道，同时增加超重低音环绕声道。

同时，杜比 AC-3 还采用了一种最新的称为交叉相关的方案，在消除冗余信息的同时，又保留了不同声道之间的差异信息，这使 5+1 声道环绕立体声比标准的 16bit 44.1kHz 立体声采用所需的比特率更低，存储容量更小，更便于存储，因此 DVD 允许同时存放几种不同的 AC-3 数据流。在部分 DVD 节目中，还采用了线性 PCM 的音频标准，这种标准采用了更高的数据采样率，更大数据传输率，更多的声道数和更小的压缩比，使声音失真度更小，音响效果更为逼真。

可见，与 VCD 相比，DVD 具有高密度、高画质、高音质、高兼容性和高可靠性等特点。

5.5.3 只读光盘的特点及制作

1．只读光盘的特点

只读光盘应用非常广泛，主要特点如下。

（1）存储结构简单，不需要超高精度的机械结构来读取信息。由于只读光盘的只读性，光盘不需要复杂的文件分配表，不需要添加、删除文件目录等功能，从而使其逻辑结构的设计相对简单。

（2）可靠性高，使用寿命长，可长期保存信息。光盘是以非接触方式读取信息的，光头不接触光盘表面，光盘表面还有一层保护膜，因而不易划伤，光盘不受外界磁场的干扰，受环境污染影响少，信息保存时间可达 40~60 年之久。

（3）存储容量大，可自由更换盘片。目前，一张只读光盘其存储容量可达 680MB，相当于 472 张 1.44MB 软盘的存储容量。而且可自由更换盘片，等于无限制地扩大了可联机存储的信息容量。

（4）单位成本低。光盘较大的存储量决定了它的单位存储量生产成本远低于磁带、磁盘的生产成本。

（5）应用范围广。光盘便携且可存储视频、音频及计算机数据信号，能将文、图、音、像融为一体，是全新的多媒体交互式信息载体。

2．只读光盘的制作

只读光盘的制作可以分为两种：批量制作 CD-ROM 盘和刻写 CD-R 盘。批量制作 CD-ROM 盘分为如下几个步骤。

（1）数据准备：包括撰稿、配乐、解说、画面等内容的组织，并进行必要的模拟信号到数字信息的转换，然后通过多媒体创作工具进行编辑和压缩处理，最后存入硬盘存储器中。

（2）光盘预制作：将准备好的数据按预先规定好的光盘格式转换成光盘存储用的数据格式，即对要写入光盘的数据进行编码，产生串行数据流送到专用的激光刻录机，以存储在 CD-R 盘上。

（3）母盘制作：把串行数据转换到玻璃主盘上。玻璃主盘是用来复制光盘的压模盘。玻璃主盘上涂有感光胶，通过相关设备将 CD-R 中读取的串行数据流调制成激光信号，让激光束使玻璃主盘上的感光胶曝光，然后用化学方法使曝光部分脱落（称为显影），从而得到一个阳模主盘，在其上作电镀处理生成镀银或镍的父盘，通过父盘制作成压模母盘。

（4）子盘复制：光盘的盘基是用聚碳酸酯塑料等做的，批量复制设备使用塑料注射成型机。聚碳酸酯等加热以后注入盘模里，压模就将它上面的凹坑数据信息压制到正在冷却的塑料盘上，然后在盘上溅射一层铝，用于读出数据时的反射激光束，最后涂一层保护漆和印制标牌。

制作很少数量的相同只读光盘采用刻写 CD-R 盘是一种很方便的方法。刻写 CD-R 盘需要购买光盘刻录机和空白的 CD-R 盘，通过光盘刻录机所附带的刻录软件或其他刻录软件来进行刻录。

常用的刻录软件有 FunCD、Nero Burning Rom、WinOnCD、Easy-CD Pro、Easy CD Creator、NTI CD-Maker、Sony CD-Maker 等。此外，第 4 章介绍的 Windows Movie Maker 视频编辑软件也支持视频光盘刻录。

Nero Burning Rom 7 的 Nero Express 7 组件的启动界面如图 5-5-4 所示。可利用 Nero Express 7 制作数据盘、音乐盘、视频盘，依提示操作即可，此处不再赘述。

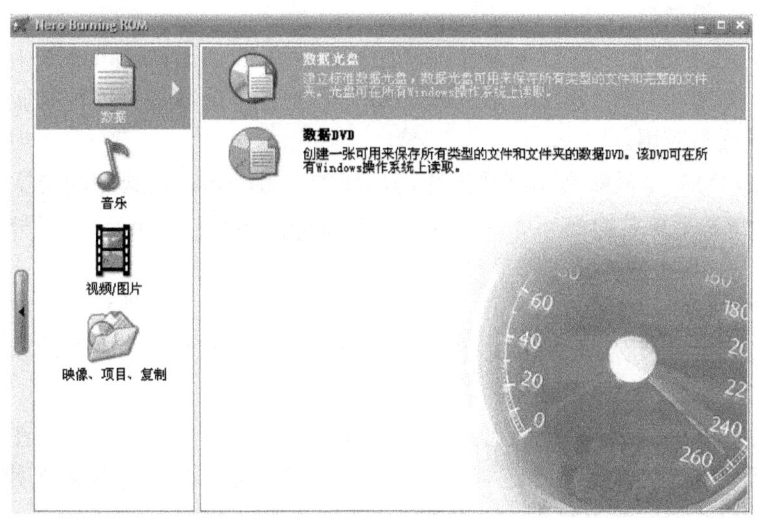

图 5-5-4　Nero Express 7 的启动界面

5.6　多媒体数据管理

多媒体系统中的数据不仅仅是字符、实数、整数等数据，而且还包含图形、图像、声音等多种媒体信息，这些信息存储空间大小不定，其管理方法更与字符、实数、整数等数据的管理方法存在很大差异，具有其自身的特点。

5.6.1　数据管理概述

计算机诞生于硝烟弥漫的二战末期，直接目的是为了解决军事武器设计的巨大计算问题。计算机单纯的计算功能大大限制了其应用。1951 年，雷明顿兰德公司（Remington Rand Inc）的一种叫做 Univac I 的计算机推出了一种一秒钟可以输入数百条记录的磁带驱动器，使用磁带作为数据存储设备，引发了计算机数据管理的革命。

磁带只能顺序存取数据，基于磁带的数据管理功能严格上讲只是一种简单的数据存储功能。1956 年 IBM 生产出第一个磁盘驱动器——the Model 305 RAMAC。此驱动器有 50 个盘片，每个盘片直径是 2 英尺，可以储存 5MB 的数据。

磁盘具有穿孔卡片和磁带无法比拟的优势，可以随机地存取数据，可以为不同的存储区域定义不同的名字，这个具有名字的存储特定数据的存储区域便是“文件”。利用操作系统的文件功能，人们可以分门别类地为不同数据建立不同的目录，为不同内容的文件定义与其内容关联的名字，从而达到管理数据的目的。

利用文件管理数据简单、方便，至今仍旧得到人们的喜爱。然而，利用文件管理数据的不足也是显而易见的。文件只是保存了数据本身，不能反映数据之间的联系，没有更好地利用计算机的智能特性。随着数据量的积累，这些不足所带来的弊端将更为突出，一种较好的解决办法是采用数据库技术。

数据库采用复杂数据模型来存储数据，依照数据模型的特点，数据库系统可分为网状、层次和关系三种类型。

1964 年，通用电气公司（General Electric Co.）的 Charles Bachman 等人成功地开发出了世界上第一个网状 IDS（Integrated Data Store），奠定了网状数据库的基础，并在当时得到了广泛的发行和应用。

层次型 DBMS 是紧随网络型数据库而出现的。最著名、最典型的层次数据库系统是 IBM 公司在 1968 年开发的 IMS（Information Management System），是一种适合其主机的层次数据库，是 IBM 公司研制的最早的大型数据库系统程序产品。

网状数据库模型对于层次和非层次结构的事物都能比较自然地模拟，在关系数据库出现之前网状 DBMS 要比层次型 DBMS 用得普遍。在数据库发展史上，网状数据库占有重要地位。

网状数据库和层次数据库较好地解决了数据的集中和共享问题，但是在数据独立性和抽象级别上仍有很大欠缺。用户在对这两种数据库进行存取时，仍然需要明确数据的存储结构，指出存取路径，编程复杂，不易掌握。

1970 年，IBM 的研究员 E. F. Codd 博士在刊物《Communication of the ACM》上发表了一篇名为“A Relational Model of Data for Large Shared Data Banks”的论文，提出了关系模型的概念，奠定了关系模型的理论基础，后来 Codd 又陆续发表多篇文章，论述了范式理论和衡量关系系统的 12 条标准，用数学理论奠定了关系数据库的基础。

关系模型有严格的数学基础，抽象级别比较高，而且简单清晰，便于理解和使用。但是当时也有人认为关系模型是理想化的数据模型，用来实现 DBMS 是不现实的，尤其担心关系数据库的性能难以接受，更有人视其为当时正在进行中的网状数据库规范化工作的严重威胁。为了促进对问题的理解，1974 年 ACM 牵头组织了一次研讨会，会上开展了一场分别以 Codd 和 Bachman 为首的支持和反对关系数据库两派之间的辩论。这次著名的辩论推动了关系数据库的发展，使其最终成为现代数据库产品的主流。

关系模式用二维表格表示实体，用外键表示联系，虽然查询效率不高，但简单易学、容易掌握，很快得到流行。关系型数据库系统以关系代数为理论基础，经过几十年的发展和实际应用，技术越来越成熟和完善。其代表产品有 Oracle、IBM 公司的 DB2、微软公司的 SQL Server 等。一个典型的数据库表如表 5-6-1 所示。

表 5-6-1　学生成绩表

学号	姓名	专业	班级	课程	成绩
20050001	张三	电子工程	1 班	C 语言	75
20053004	李四	计算机应用	3 班	多媒体技术	83
……	……	……	……	……	……

采用数据库管理数据，可有效保存数据，还可利用 SQL 等查询语言快速检索数据，故而得到了广泛应用。

尽管如此，数据库依旧不过是记录的线性叠加，还是一种线性结构，与人的思维形式是不吻合的。人的思维是一种网状结构，对某一个具体信息的认识是基于在此之前所积累的相关信息而形成的。数据库中的记录只是对某一个具体信息的描述，无法直接体现对这个具体信息的认识所需要的前期积累信息。

伴随着 Windows 帮助系统和 WWW 网页的流行，超文本的思想得到人们的普遍认同。超文本是一个具有独立语义的知识网络，采用网状结构组织管理数据，是一种深受人们喜爱的数据管理与组织形式。

5.6.2　多媒体数据管理的特点

表 5-6-1 中的数据的最大特点是表中的每 1 列的不同数据具有相同的变量属性，占用相同的存储单元，这样的数据称为格式化数据。对这样的数据进行管理时，可定义每 1 列数据的属性，利用数据库管理系统编写应用程序来实现。

多媒体数据的最大特点是不同的数据具有不同的格式，如图像、声音。此外，相同格式下的数据其存储空间也是不相同的。把这样的数据称为非格式化数据，参考数据库表如表 5-6-2 所示。

表 5-6-2　学生情况表

学号	姓名	专业	班级	年龄	相片
20050001	张三	电子工程	1 班	18	……
20053004	李四	计算机应用	3 班	20	……
……	……	……	……	……	……

表 5-6-2 中的相片数据为图像数据。该列数据不具有相同的变量属性，也不能通过定义相同大小的存储单元来存储相片数据，应寻找另外的方法对其进行管理。

可见，多媒体数据管理具有与传统数据管理不同的特点，主要体现在以下几个方面。

（1）多媒体数据数据量大，不同媒体之间差异也极大，影响着数据库中的数据组织和存储方法。

（2）媒体种类的增多增加了数据处理的难度。系统中不仅有声、文、图、像等不同种类的媒体，而且每种媒体还以不同的格式存在，如图像有 16 色图像和 256 色图像、GIF 格式图像和 TIF 格式图像、黑白图像与彩色图像之分。动态视频也有 AVI 格式与 DVI 格式之分。另外，多媒体数据还具有复合性、分散性、时序性的特点，这些都为数据处理提出了新的要求。

（3）多媒体不仅改变了数据库的接口，使其声、文、图、像并茂，而且也改变了数据库的操作形式，其中最重要的是查询机制和查询方法。查询不再是通过字符查询，而应是通过媒体的内容查询，难点是如何正确理解和处理许多媒体语义信息。查询的结果是综合多媒体信息的统一表现。

（4）传统的事务一般都短小精悍，在多媒体数据库管理系统（MDBMS）中也应尽可能采用短事务。但有时短事务不能满足需要，如从动态视频中提取并播放一部数字化影片，往往需要长达几个小时的时间。为保证播放不致中断，多媒体数据库管理系统 MDBMS 应增加这种处理长事务的能力。

（5）多媒体数据库管理还有考虑版本控制的问题。在具体应用中往往涉及某个处理对象的不同版本的记录和处理，MDBMS 应该提供很强的版本管理能力。

对多媒体数据进行有效管理，便于信息综合利用、数据共享、降低管理费用。例如在户籍档案管理系统中将人员的肖像、指纹、声音及其他常规数据信息全部统一管理，能通过输入模拟肖像、指纹、语音和其他信息进行查询操作，以便快速找到需要查找的可疑人员。

5.6.3 多媒体数据管理的方法

目前对多媒体数据信息的有效管理方法有以下几种。

1．基于目录的多媒体文档管理

这是一种最自然、最简单的方法，只利用操作系统提供的文件管理系统，通过不同媒体建立不同属性文件，把不同的源文件和数据资源文件分别存放在文件目录中，既可以放在同一个目录下，也可以分开单独存放。如一个目录存放图像文件，一个目录存放音频文件，一个目录存放动画文件等。

这种方法的最大好处是不需要掌握专门的知识，具有最基本的计算机操作技能即可，不足是数据冗余度高，查找不方便。

2．传统的字符、数值数据库管理系统

这种方法是目前开发多媒体应用系统常用的方法。它实际上是把文件管理系统和传统的字符、数值数据库管理系统两者结合起来。对多媒体数据资源中的常规数据（char、int、float 等）由传统数据库管理系统来管理，而对非常规的数据（音频、视频、图形），则按操作系统提供的文件管理系统要求来建立和管理，并把数据文件的完全文件名作为一个字符串数据纳入传统的数据库系统进行管理。

如表 5-6-2 所示的学生情况表，信息包括学号、姓名、专业、班级、年龄、相片。学号、姓名、专业、班级可用字符型数据表示，年龄可用数值型数据表示，可利用传统数据库管理系统建立数据库对它们进行管理。相片为非格式化数据，不能用传统字符、数值等类型数据表示，其信息以数据文件单独存放，并在数据库中以文件名形式存放。

与基于目录的多媒体文档管理方法相比，这种管理方法可通过查询数据库查找到相应的多媒体文件，不足是受操作系统文件数等诸多因素限制，不利于大量数据的存储、管理，无法实现具有多媒体特色的查询，如基于内容的查询。

3．采用扩充关系数据库方式

基于关系模型的 DBMS 是一种在理论上和产品上都获得巨大成功的数据库系统。关系模型已十分成熟，今天仍然是主流技术，居于明显的主导地位。基于市场考虑，随着多媒体技术的日趋成熟及广泛的普及应用，大多数关系型数据库系统如 SQL Server、Foxpro、Oracle、Sybase、Informix、IBM DB2 等对存储的数据类型进行了扩充。具体做法是除常规数据类型外还可定义 Binary、Image、Text 等数据类型；Text 类型最大长度可达 2GB，打破了传统字符数据长度不超过 255B 的限定；Image 数据类型的最大长度也可达 2GB，为图形图像数据的管理提供了支持。

这种管理方法较好地实现了多媒体数据的存储与管理，保留了实现基于内容查询的可能，不足是用户基于多媒体数据库开发的多媒体应用系统可能将因为不同版本数据格式的不同导致应用系统部分功能不正常。

4．基于多媒体制作工具的管理方法

为形象、引人入胜地展示相关的多媒体数据，在项目申报、评审等场合，经常要求申请人将涉及的相关数据制作成带解说词的成果视频，把这样的方法称为基于多媒体制作工具的管理方法。

这种管理方法的好处是充分利用计算机多媒体的优势，具有好的浏览效果，不足是管理功能弱。

5．基于超文本模型的数据库方法

超文本允许以事物的自然联系组织信息，实现多媒体信息之间的连接，从而构造出能真正表达客观世界的多媒体应用系统。超文本的数据模型是一个复杂的非线性网络结构，结构中包含的三要素是结点、链、网络。结点是表达信息的单位；链将结点连接起来；网络是由结点和链构成的有向图。从超文本模型研究多媒体数据的管理，可较好地解决多媒体数据的复合性、分散性和时序性等问题。

伴随着 WWW 的流行，基于各类多媒体数据库开发的 Web 应用系统已成为目前多媒体数据管理的主流。

5.6.4　多媒体数据库管理系统

1．MDBMS 的基本功能

根据多媒体数据管理的特点，多媒体数据库管理系统（MDBMS）应包括如下基本功能。

（1）MDBMS 必须能表示和处理各种媒体的数据，重点是不规则数据如图形、图像、声音等。

（2）MDBMS 必须能反映和管理各种媒体数据的特性，或各种媒体数据之间的空间或时间的关联。

（3）MDBMS 除必须满足物理数据独立性和逻辑数据独立性外，还应满足媒体数据独立性。物理数据独立性是指当物理数据组织（存储模式）改变时，不影响概念数据组织（逻辑模式）。逻辑数据独立性是指概念数据组织改变时，不影响用户程序使用的视图。媒体数据独立性是指在 MDBMS 的设计和实现时，要求系统能保持各种媒体的独立性和透明性，即用户的操作可最大限度地忽略各种媒体的差别，而不受具体媒体的影响和约束；同时要求它不受媒体变换的影响，实现复杂数据的统一管理。

（4）除了与传统数据库系统相同的操作外，MDBMS 的数据操作功能还提供许多新功能：提供比传统 DBMS 更强的适合非规则数据查询搜索功能；提供浏览功能；提供演绎推理能力；对非规则数据、不同媒体提供不同操作，如图形数据编辑操作和声音数据剪辑操作等。

（5）MDBMS 的网络功能。目前多媒体应用一般以网络为中心，应解决分布在网络上的多媒体数据库中数据的定义、存储、操作问题，并对数据一致性、安全性、并发性进行管理。

（6）MDBMS 应具有开放功能，提供 MDB 的应用程序接口 API，并提供独立于外设和格式的接口。

（7）MDBMS 还应提供事务和版本管理功能。

2．MDBMS 组织结构

MDBMS 在组织结构上一般可分为 3 种：集中型、主从型和协作型。集中型 MDBMS 是指由单独一个 MDBMS 来管理和建立多个不同媒体的数据库；主从型 MDBMS 是指存在多个分数据库系统，各自管理自己的数据库，同时还存在一个主数据库系统，控制和管理多个分数据库系统；协作型 MDBMS 也有多个数据库管理系统来组成，每个数据库管理系统之间没有主从之分，只要求系统中每个成员数据库管理系统能协调地工作。

3．MDBMS 中的 SQL

在 MDBMS 中，对多媒体信息的存储、查询等操作一般需要通过扩充了的结构化查询语言 SQL 来实现。SQL 是 Bovce 和 Chamberlin 于 1974 年提出的。1986 年 10 月，ANSI 颁布 SQL 语言的美国标准，即 SQL 86。1987 年 6 月，ISO 把 SQL 定为数据库语言的国际标准。1989 年 4 月 ISO 颁布了 SQL 89 版本，它在 SQL 86 基础上增强了完整性特征。1992 年，ISO 公布新 SQL 版本 SQL 2。SQL 主要包括 4 个部分。

（1）数据定义语言（DDL），用于描述关系数据库表、视图结构和授权规则。

（2）数据操纵语言（DML），用于数据库数据的查询和更新。

（3）模块语言（ML），用于说明数据库和用宿主语言编写的应用程序之间的调用界面。

（4）嵌入式语言，在宿主语言编写的应用程序中，作为 SQL 语句的使用规则。

SQL 3 的标准正在制定中，它将对 SQL 2 进行较大扩充，目的是增强数据库的可扩充性、可表示性、可重用性，主要包括以下几点：

- 增加面向对象的概念和功能，扩充数据类型包括抽象数据类型(ADT)、子类和超类关系（继承性）、带参数的类型等。
- 非过程查询语言的扩充，包括触发器、递归并、增加谓词、增加量词类型（built-indate type）等。
- 过程扩充，增加 Multi-statements，如控制流语句、发信号语句等。

4．MDBMS 中基于内容的检索技术

在数据库系统中，数据检索是一种频繁使用的任务。多媒体数据库数据量大，数据种类多，给数据检索带来了新的问题。由于多媒体数据库中包含大量的图像、声音、视频等非格式化数据，对它们的查询或检索比较复杂，往往需要根据媒体中表达的情节内容进行检索。基于内容的检索(CBR)就是针对多媒体信息检索使用的一种重要技术。

1）基于内容检索媒体的特征

基于内容的检索中常用的几种媒体特征如下。

（1）音频。常利用的音频特征包括基音、共振峰、线性预测倒谱系数（基于 VQ 的语音识别)、Mel 倒谱系数（基于高斯混合模型的语音识别）等音频底层特征，以及声纹、关键词等高层特征。

（2）静态图像。其底层特征包括颜色、纹理、几何形状、灰度统计特征（直方图）；高层特征包括人脸部特征、表情特征、物体（如零件）和景物特征。

（3）视频。视频包含的信息最丰富、最复杂，其底层特征包括镜头切换类型、特技效果、摄像机运动、物体运动轨迹、代表帧、全景图等，高层特征包括描述镜头内容的事件等。

2）基于内容的检索技术特点

基于内容的检索根据媒体对象的语义和上下文联系进行检索，有如下特点。

（1）媒体内容中提取信息线索，直接对媒体进行分析，基于表达式等抽取特征。

（2）提取特征方法具有多样性。如图像特征有形状、颜色、纹理、轮廓等。

（3）具有人机交互功能。人能迅速分辨要查找的信息，但难以记住信息，人工大量查询费时、重复，而这正是计算机的长处，人机交互检索可大大提高多媒体数据检索的效率。

（4）基于内容的检索采用一种近似的匹配技术。检索中，常采用逐步求精的方法，每一层的中间结果是一个集合，不断减少集合的范围，直到定位到查找的目标。而一般的数据库检索采用格式化信息精确匹配的方法。

3）基于内容检索的实现方法

实现基于内容检索的系统主要有两种途径：一是基于传统的数据库检索方法，即采用人工方法将多媒体信息内容表达为关键词属性集合，再在传统的数据库管理系统框架内处理。这种方法对信息采用了高度抽象，留给用户的选择余地小，查询方式和范围有所限制。二是基于信号处理理论，即采用特征抽取和模式识别的方法来克服基于数据库方法的局限性，但全自动性抽取特征和识别时间开销太大，并且过分依赖领域知识，识别难度大。

上述两种途径在实用系统中常结合使用，如 IBM 的 QBIC（Query By Image Content）。基于内容检索的图像、视频库特征，系统采用半自动方法抽取，用户通过提供例图、手绘素描、颜色或纹理模板、摄像机和物体运动情况来辅助检索。

习　题

5.1　填空题

1．数据压缩就是以________表示信源所发出的信号，减少容纳给定消息集合或数据采样集合的信号空间。

2．自信息函数是________的函数。必然发生的事件概率为________，自信息函数值为________。把________叫做信息熵或简称熵（Entropy），记为________。

3．所有概率分布 p_j 所构成的熵，以________为最大，因此，可设法改变信源的概率分布使________，再用最佳编码方法使________来达到高效编码的目的。

4．JPEG 中文翻译为________，JPEG 算法被确定为国际标准，全称为________标准。JPEG 标准具有以下 4 种操作模式，它们是________、________、________、________。

5．MPEG 中文翻译为“动态图像专家组”，MPEG 专家组推出的 MPEG-1 标准中文含义是________标准，它包括________、________、________、________四部分。

6．MPEG-1 标准是________的核心算法，备受人们喜爱的 MP3 事实上只是 MPEG-1

的一部分，其含义是________。

7．MPEG-2 标准是________的核心算法，之后的只规定了解码器标准，未规定编码器标准的 MPEG 标准的正式名称为________。

8．CD-DA 中文含义为________，其相应的国际标准称为________标准。CD-ROM 中文含义为________，其相应的国际标准称为________标准。

9．在 CD-ROM 光盘中，用________代表“1”，而________代表“0”，为保证光盘上的信息能可靠读出，把“0”的游程最小长度限制在___个，而最长限制在____个。

10．在 CD-DA 光盘上，每秒钟的 CD 数据为____扇区，每扇区包括____帧，因此每个扇区共有声音数据__________B。

11．DVD 原名________，中文翻译为________。DVD 光盘按单/双面与单/双层结构可以分为________、________、________、________四种。按照 DVD 光盘的不同用途，可以把它分为：________、________、________、________、________、________。

12．数据库采用__________来存储数据，依照数据模型的特点，数据库系统可分为________、________、________三种类型。

5.2　简答题

1．解释数据压缩的含义及其在多媒体技术中的重要地位。

2．解释标量量化与矢量量化的本质区别。

3．解释信息熵的本质。

4．结合实例解释数据压缩的基本途径。

5．简述 JPEG 标准的主要内容。

6．解释在 MPEG 压缩算法中，最好每 16 帧图像至少有一个帧内图（I 帧）的原因。

7．说明 ISO 9660 是一个什么样的光盘标准。

8．简要说明光盘的类型有哪些。

9．DVD 有哪些类型？DVD 存储容量大大增加的原因是什么？

10．简述多媒体数据库管理特点。

5.3　应用题

1．某信源有以下 6 个符号，其出现概率如下：

$$X=\begin{Bmatrix} a_1 & a_2 & a_3 & a_4 & a_5 & a_6 \\ 1/4 & 1/4 & 1/8 & 1/8 & 1/8 & 1/8 \end{Bmatrix}$$

求其信息熵及其 Huffman 编码。

2．对输入序列“11000111_b”进行算术编码。

3．设某亮度子块按 Z 序排列的系数如下：

k	0	1	2	3	4	5	6	7	8	9～63
系数：	12	4	1	0	0	–1	1	0	1	0

按 JPEG 基本系统对其进行编码。

5.4　计算题

计算 52 倍速光驱的传输速率。

5.5　上机应用题

用 Nero Express 7 将第 4 章编辑的电影剪辑制作成 VCD。

CHAPTER 6

第 6 章 网页设计的起点：超文本标记语言

本章要点

读者学习本章应重点理解超文本的基本概念，能认识常用 HTML 标记，理解网页的基本结构，懂得超文本标记语言在网页设计中的重要作用。

6.1 超文本概论

6.1.1 什么是超文本

文本是我们熟悉的信息表示方式。文章、程序、书、文件等都以文本的方式出现，通常以字、句子、段落、节、章作为文本内容的逻辑单位，以字节、行、页、册、卷为物理单位。文本的最显著特点是它在组织上是线性的和顺序的。这种线性结构体现在读文本时只能按固定的线性顺序一字一字、一行一行、一页一页地读下去。

人类的记忆过程是一种联想式记忆过程，想起这件事情时又引起对另一件事情的回忆，形成了人类记忆的网状结构。美国计算机科学家范尼瓦·布什在他于 1945 年发表的文章“按照我们的想象（As We May Think）”中呼唤在有思维的人和所有的知识之间建立一种新的关系。由于条件所限，布什的思想在当时并没有变成现实，但是他的思想在此后的数十年中产生了巨大影响。

1965 年，美国人工智能专家 Ted Nelson 在计算机上处理文本文件时想了一种把文本中遇到的相关文本组织在一起的方法，让计算机能够响应人的思维以及能够方便地获取所需要的信息。他为这种方法定义了一个词，称为超文本（hypertext）。

经过数十年的探索与应用，Ted Nelson 提出的超文本逐渐被人们认同并流行，下面是超文本的一个简洁定义。

> 超文本是由信息结点和表示信息结点间相关性的链构成的一个具有一定逻辑结构和语义的网络。

从以上定义不难看出，一个超文本系统包括三个要素：结点、链、网络。

1．结点

超文本将文本按其内部固有的独立性和相关性划分成不同的基本信息块，称为结点（node）。结点是表达信息的单位，是围绕一个特殊主题组织起来的数据集合。结点的内容可以是文本、图形、图像、动画、音频和视频等，也可以是一段计算机程序。

结点分为两种类型：一种称为表现型结点，用于记录各种媒体信息。表现型结点按其内容的不同又可分为许多类别，如文本结点和图文结点等；另一种称为组织型，用于组织并记录结点间的联结关系，它实际起索引目录的作用，是连结超文本网络结构的纽带，即组织结点的结点。

结点的基本类型主要有：

- 文本结点。
- 图形结点。
- 图像结点。
- 音频结点。
- 视频结点。
- 混合媒体结点。
- 按钮结点。
- 组织型结点。
- 推理型结点。

2．链

传统文本是以线性方式组织的，而超文本是以网状结构的非线性方式组织的。通常超文本由词、短语、符号、图像、声音剪辑、影视剪辑等文档元素对象组成，各结点之间按它们的自然关联用链连接成网。

超文本中的链是从一个结点指向另一个结点的指针，本质上表示不同结点上存在着的信息的联系，定义了超文本的结构并提供浏览和探索结点的能力。

链的一般结构可分为三个部分：链源、链宿及链的属性。依其属性不同，超文本中的链有多种类型，各类链的特点如下。

1）基本结构链

具有固定明确的导航和索引信息链。 主要有：

- 基本链，用来建立结点之间的基本顺序。
- 交叉索引链，将结点连接成交叉的网络结构。
- 结点内注释链，指向结点内部附加注释信息的链。
- 缩放链，可以扩大当前的结点。
- 全景链，这种链将返回超文本系统的高层视图。

2）组织链

用于结点的组织，包括索引链、Is-a 链，Has-a 链、执行链等。

3）推理链

推理链的主要形式是蕴涵链，用在推理树中事实的连接，通常等价于规则。

3．网络

超文本是由结点和链构成的网络，是一个有向图。这种有向图与人工智能中的语义网有类似之处。语义网是一种知识表示法，也是一种有向图。

6.1.2　什么是超链接

超链接（hyper link）即超文本链接，是指文本中的词、短语、符号、图像、声音剪辑或影视剪辑之间的链接，或者与它的文件、超文本文件之间的链接，也称为“热链接”。

超链接是目前万维网上广泛流行的概念，超链接的起始结点称为锚结点（anchor node），终止结点称为目的结点。超链接是文档元素对象之间的链接，建立互相链接的这些对象不受空间位置的限制，它们可以在同一个文本内，也可以在不同的文本之间，还可以通过网络与世界上的任何一台联网的计算机上的文件建立链接关系。

万维网是目前最流行的一种超文本应用，万维网中的超链接是超文本链的一种，属于基本结构链。

6.1.3　什么是超媒体

在 20 世纪 70 年代，用户语言接口方面的先驱者 Andries Van Dam 创造了一个新词，叫“电子图书”（electronic book）。电子图书中包括有许多静态图片和图形，它的含义是人们可以在计算机上去创作作品和联想式地阅读文件，它保存了用纸作存储媒体的最好特性，而同时又加入了丰富的非线性链接，这就促使 20 世纪 80 年代产生了超媒体（hypermedia）技术。超媒体不仅可以包含文字，而且可以包含图形、图像、动画、声音和活动影像，这些媒体之间也是用超链接组织的，而且它们之间的链接也是错综复杂的。

超媒体和超文本的关系可以表示成：超媒体=多媒体+超文本，含义就是超媒体是超文本的扩充，是超文本的超集。它们不同之处在于超文本是以文字的形式表示信息，建立的链接关系主要是文句之间的链接关系；超媒体除了使用文本外，还使用图形、图像、动画、声音和活动影像等多种媒体来表示信息，建立的链接关系是上述多种媒体之间的链接关系。

可见，超文本与超媒体具有一致性，在本书后面的内容中，不再区分超文本与超媒体。

6.1.4　超文本系统的特点

超文本系统是对超文本进行管理和使用的系统。一个超文本系统一般具有以下特点。

1．在用户界面中包括对超文本系统的网状结构的一个显式表示

超文本系统是一个知识网络，该网络具有的结点和链的数目取决于该知识网络的复杂程度。知识网络越复杂，结点和链的数目也就越多。

如本教材的公开教学网络，涉及文字信息数十万字，具有很多信息结点，需要建立很多链来管理该知识网络，以便使用者能快速找到所需要的知识点。

在万维网系统中，该用户界面称为首页。首页是超文本系统展示给用户的第一印象，应尽可能地向用户显式展示超文本系统的网状结构，展示超文本系统知识网络的精髓。关于网页设计的进一步阐述，请参考下一章的内容。

2．给用户一个网络结构的动态总貌图

当知识网络非常庞大时，用户在使用该系统时经常容易迷路，就像一个人被置身于汪洋大海中，若没有指南针的指引，是难以找到回归的路途的。为此，对于复杂超文本系统，应提供网络结构的动态总貌图，以提示用户目前所处的知识网络的具体位置，使用户在每一时刻都可以得到当前结点的邻接环境。

超文本系统一般使用双向链，这种链应支持跨越各种计算机网络，包括局域网和因特网。

3．可以动态改变网络中的结点和链

用户可以通过自己的联想及感知，根据自己的需要动态地改变网络中的结点和链，以便对网络中的信息进行快速、直观、灵活的访问，如浏览、查询、标注等。

不同用户一般具有不同的知识结构，对某个特定知识网络的要求、认识当然也是显著不同的。如何适应不同用户的浏览需求是超文本系统设计人员必须考虑的重要问题。较好的解决方法是建立各信息结点及链接的索引，将它们保存到数据库中，供用户快速查询，并根据其需要快速切换到网络中的结点。

4．强调视觉和感受

尽可能不依赖于具体特性、命令和信息结构，而更多地强调用户界面的“视觉和感觉”。

在系统功能上，超文本系统一般应包括底层数据系统、编辑系统和用户系统三个部分。底层数据系统完成各类媒体数据的准备和处理，包括存储、输入输出、数据库管理等；编辑系统作为中间层为用户提供生成超文本/超媒体的手段，包括超文本语言、各种媒体编辑及合成工具和编辑器；用户系统作为最上层，由系统向用户提供使用超文本应用的手段，这种手段应尽可能不依赖于该超文本系统的具体的信息结构、特性、命令等。

6.1.5　典型超文本系统

超文本的思想萌芽于 1945 年，名词诞生于 1965 年。后来，超文本一词得到世界的公认，成了这种非线性信息管理技术的专用词汇。著名的早期超文本系统有以下几个：美国布朗大学在 1967 年为研究及教学开发的“超文本编辑系统”（Hypertext Editing System）、1978 年美国麻省理工学院开发的“白杨树镇电影地图”、美国马里兰大学的 HyperTIES、布朗大学 1985 年开发的 Intermedia 超文本系统等。

20 世纪 80 年代后期，超文本的概念得到了普及，超文本的思想逐渐深入人心，典型的超文本系统有以下 2 个。

（1）Windows 帮助系统。Windows 操作系统诞生于 1985 年，并将超文本技术引入到其帮助系统中。20 世纪 90 年代以后 Windows 逐渐流行并成为主流操作系统，超文本形式的帮助系统逐渐被人们熟悉，成为超文本的典型应用之一。

（2）WWW 系统。网络的诞生改变了一代人，运行在 Internet 上的 WWW 系统将网络变成了信息的海洋。而今，互联网已成为年轻一代生活的重要部分，WWW 系统更成为了目前最流行的超文本系统。

6.2　超文本标记语言

万维网（WWW）文档主要由超文本标记语言（HTML）结合其他脚本语言构成，理解 HTML 语言是制作网页的基础。

6.2.1　标准通用标记语言

HTML 语言实际上是标准通用标记语言（SGML，Standard Generalized Markup Language）的一个子集。SGML 是 1986 年发布的一个信息管理方面的国际标准（ISO 8879）。该标准定义独立于平台和应用的文本文档的格式、索引和链接信息，为用户提供一种类似于语法的机制，用来定义文档的结构和指示文档结构的标记（tag）。插入到文档中的标记分成两种，一种称为程序标记（procedural markup），用来描述文档显示的样式（style），例如字体的大小、黑体、斜体和颜色等；另一种称为描述标记（descriptive markup），用来描述文档中的文句的用途，而不是描述文句所显示的样式，例如篇、章、节等。

SGML 规定了在文档中嵌入描述标记的标准格式，指定了描述文档结构的标准方法，可使用 SGML 为创作的每一种类型的文档设置层次结构模型。

SGML 的主要特点如下：

- 它可以支持众多的文档结构类型，例如布告、技术手册、章节目录、设计规范、各种信函等；
- 它可以创建与特定的软硬件无关的文档，因此很容易与使用不同计算机系统的用户交换文档。

一个典型的文档可被分成三个层次：结构、内容和样式。结构为组织文档的文档元素（例如章、章标题、节和主题等）提供了一个框架，并为文档元素之间的相互关系制定了规则；内容就是指信息本身，包括标题、段落、项目列表和表格中的具体内容、具体的图形和声音等；样式即为文档显示风格。SGML 主要处理结构和内容之间的关系。创建 SGML 文档实际上就是围绕内容插入相应的标记，这些标记就是给结构中的每一部分的开始和结束做标记。

使用 SGML 对多媒体的创作将带来许多好处。例如可使创作人员更集中于内容的创作，可提高作品的重复使用性能、可移植性以及共享性等。

6.2.2　常用 HTML 标记简介

超文本标记语言 HTML 标记的一般格式如下：

<标记名>…正文…</标记名>

注意，标记名不区分大小写，有些标记没有结束标记或可不要结束标记。

1．文字标记

文字是构成网页必不可少的元素之一，标记主要有字体、字号与颜色、段落等标记，字体标记如表 6-2-1 所示。

表 6-2-1　字体标记

字体	标记形式	效果	字体	标记形式	效果
粗体	<B>文本</B>	**文本**	斜体	<I>文本</I>	*文本*
下划线	<U>文本</U>	文本	删除线	<S>文本</S>	~~文本~~
下标	_{文本}	文本	上标	<SUP>文本</ SUP >	文本

（1）设定基准字号的标记

<BaseFont size=n>文本</BaseFont>

其中，n=1~7（n 越大，字号越大）

（2）设定指定字号的标记

<Font size=n>文本</Font>

其中，n=+（–）2，3，4，5，6，表示字体大小的相对改变。

（3）设定字体颜色标记

<Font size=n color=red>文本</Font>

或

<Font size=n color=#RRGGBB>文本</Font>

其中，RR、GG、BB 分别表示红、绿、蓝颜色分量，用十六进制表示。例如设定文本的显示颜色为红色的标记为：

<Font size=4 color=#FF0000>文本</Font>

（4）段落格式标记

主要有：换行符号
；分段符号<P>…</P>（结尾标识可省）；水平线标记起<HR>等。

2．超链接标记

超链接标记<a>是英文 anchor（锚点）的简写，可实现由一个页面到另一个页面的跳转，包括很多选择参数，如图 6-2-1 所示。

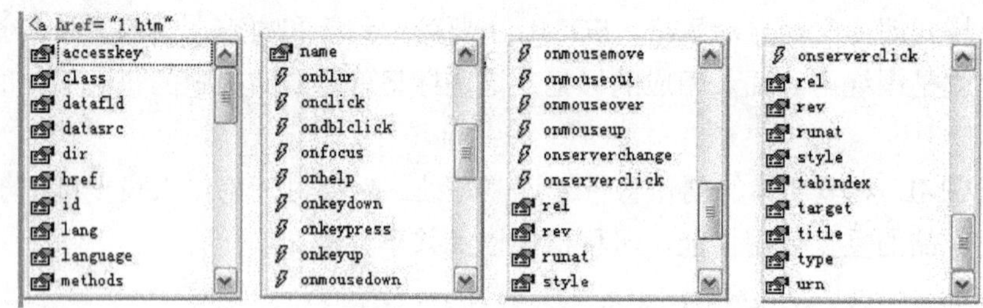

图 6-2-1　超链接标记包括的选择参数

最常用的参数是 href（hypertext reference 的缩略词），用于设定链接地址，下面介绍几种应用实例。

（1）文本链接

可通过单击文本浏览另一页面文档，例如：

```
<A href="booklist.html">书目列表清单</A>
```

当文本“书目列表清单”被单击时，将进入 booklist.html 页面。

（2）图像链接

可通过单击一幅图像跳转到另一页面文档或跳转到另外一幅图像，例如：

```
<A href="booklist.html"><IMG SRC="booklist.gif" alt="书目列表"> </A>
<A href="booklist.gif"><IMG SRC="booklist.gif" alt="书目列表"> </A>
```

超链接标记是一个非常复杂的标记，可通过设计相关的选择参数实现一些特殊的效果，如想实现当鼠标指向该超链接时给出提示，可设计 title 参数，参考代码如下：

```
<a href="new_page_1.htm" title="链接标记实例">链接标记实
例</a>
```

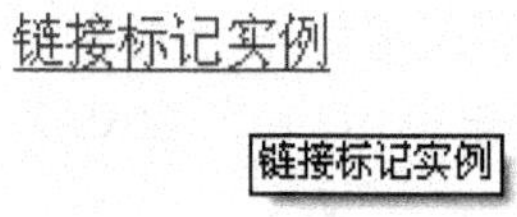

链接标记实例

链接标记实例

图 6-2-2　超链接效果图

效果如图 6-2-2 所示。

（3）列表与特殊符号

列表分为有序列表和无序列表，具体如表 6-2-2 所示。

表 6-2-2　列表符号

有序列表	无序列表
<ol>	<ul>
<li>有序列表 	<li>无序列表
1 有序列表 	1 无序列表
2 有序列表 	2 无序列表
</li>	</li>
</ol>	</ul>

列表中，“ ”表示一个空格。在 HTML 中有一些特殊字符必须用转义字符来代替。例如“&”用“&”、“”用“"”、“<”用“<”、“>”用“>”、“©”用“©”、“®”用“®”表示。

无序列表和有序列表分别与 Microsoft Word 中项目符号和编号相对应，它们的含义是一样的。

（4）表格标记

表格是使用得最多的文档元素之一，主要用于网页元素的布局。

表格实例如下：

```
<TABLE BORDER=1 WIDTH=80%>
    <TR> <TH>Heading 1</TH> <TH>Heading 2</TH> </TR>
    <TR><TD>Row 1, Column 1 text.</TD><TD>Row 1, Column 2 text.</TD></TR>
    <TR> <TD>Row 2, Column 1 text.</TD><TD>Row 2, Column 2 text.</TD></TR>
</TABLE>
```

该表格实例浏览效果如图 6-2-3 所示。其中，<TABLE>…</TABLE>定义表格；<TR>…</TR>定义表的行；<TH>…</TH>定义列标题；<TD>…</TD>定义表格数据单元。

Heading 1	Heading 2
Row 1, Column 1 text.	Row 1, Column 2 text.
Row 2, Column 1 text.	Row 2, Column 2 text.

图 6-2-3　表格浏览效果

（5）媒体标记

① 显示图像的标记格式

```
<IMG SRC=url alt=text_1 border=n_1 height=n_2 width=n_3 align=mode hspace=n_3
vspace=n_4>
```

其中，SRC 表示图像来源（Source）文件所在的 URL 地址，alt 表示将鼠标移到该图像上出现的文字提示 text_1，border 表示图像对象的边界厚度为 n_1，height 和 width 分别表示图像的高度和宽度分别为 n_2 和 n_3，hspace 和 vspace 分别表示图像水平和垂直方向的图像边幅分别为 n_3 和 n_4。align 表示图像的放置方式，mode= ABSBOTTOM | ABSMIDDLE | BASELINE | BOTTOM | LEFT | MIDDLE | RIGHT | TEXTTOP | TOP。

例如：

```
<img src="icm00 .gif" height=200 width=300>
```

② 指定背景音乐标记

```
<BGSound SRC=url  Loop=n1  BALANCE=n2  VOLUME=n3 >
```

其中，SRC 表示声音文件所在的 URL 地址；Loop 表示声音循环播放的次数，当为 infinite 或为负数时，表示无限循环；BALANCE 表示左右喇叭的音量均衡度，大小在 –10 000～10 000 之间，为 0 时，左右喇叭音量均衡；VOLUME 表示音量的大小，大小为 –10 000～0 之间，为 0 时，表示音量最大。例如：

```
<BGSound SRC="ieeec.mid" Loop= infinite  BALANCE=0  VOLUME=0>
```

（6）表单标记

表单是 HTML 页面与浏览器端实现交互的重要手段，是实现动态网页的一种主要的外在形式，是常用的一类 HTML 标记。

表单的主要功能是收集信息，具体说是收集浏览者的信息，如收集登录账号、密码等，也包括许多选择参数，如图 6-2-4 所示。

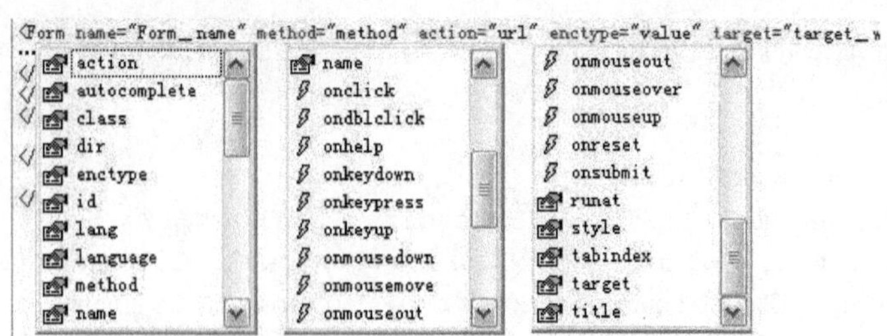

图 6-2-4　表单标记包括的选择参数

基本语法实例如下：

```
<Form  name="Form _ name"  method="method"  action="url"  enctype="value"
target="target _ win">
…
</Form>
```

其中，name—表单的名称。

method—定义表单结果从浏览器传送到服务器的方法，一般有两种方法：get 和 post。

action—用来定义表单处理程序（ASP、CGI 等程序）的位置（相对地址或绝对地址）。

enctype—设置表单资料的编码方式。

target—设置返回信息的显示方式。

一般情况下，表单标记中需要进一步放置文本框、复选框、提交按钮等表单域元素以构成 1 个完整的表单域（<Form>…</Form>之间的区域）。

6.2.3　用 HTML 标记构成网页

大多数 Web 网页主要由 HTML 标记组成。在网页可视制作工具出现以前，网页制作全部通过编写、组织 HTML 标记完成。虽然，目前网页制作主要由制作工具完成，但懂得代码编辑、编写依然是网页设计工程师的基本技能。

1．HTML 语言结构

HTML 语言编写的网页文档结构如下：

```
<HTML>
 <HEAD> <TITLE>标题名</TITLE></HEAD>
<BODY> …… Web 页面内容  </BODY>
</HTML>
```

上面的代码在 IE 浏览器中的浏览效果如图 6-2-5 所示。

图 6-2-5　HTML 结构网页浏览效果

结合浏览效果分析代码可知：HTML 页面的所有内容包含在<HTML> 和</HTML>之间，具体内容包括网页头部和正文两部分。<HEAD>和</HEAD>标记是网页头部标识，其中的浏览器窗口标题放在<TITLE>和</TITLE>之间。页面的所有内容放在<BODY>和</BODY>之间。

可见，HTML 页面文档是文本格式的文档，可使用任何一种编辑器来编辑，例如记事本、写字板、Microsoft Word 等，但一般用 Frontpage、Dreamweaver、Microsoft Interdev 等工具提供的页面编辑器来生成页面更为方便。

2．HTML 语言实例

【例 6-2-1】 分析下面 HTML 代码的显示效果。

```
<html>
<head>
```

```
<meta http-equiv="Content-Type" content="text/html; charset=gb2312">
<title>多媒体演示教学</title>
<meta name="GENERATOR" content="Microsoft FrontPage 6.0">
</head> <!--网页头部结束 -->
<body>
<p></p>
<h1 align="center"><font color="#0000FF">多媒体演示教学</font></h1>
<hr>  <!--插入水平线 -->
<p><font size="5">同学们! 大家好! </font></p>
<p><font size="5">  欢迎学习 HTML 语言，主要讲述下列内容</font>
<menu>
  <li><font size="5">  <a href="file:///D:/CXL/TEACH/标记.htm">HTML
  语言的标记</a></font></li>
  <li><font size="5">  HTML 语言的应用范围</font></li>
  <li><font size="5">  HTML 语言的具体实例</font></li>
  </menu><p>  </p><hr><p>  </p>
</body></html>
```

简要分析如下（代码中的“<!--… -->”表示为提示作用，浏览时不显示）：

网页头部代码定义网页标题为“多媒体演示教学”（显示在浏览器标题栏）。正文中首先以 h1 号字体居中显示“多媒体演示教学”，之后插入水平线，另起 1 行显示“同学们！大家好！”等文字信息。

上面的代码在浏览器中显示效果如图 6-2-6 所示。

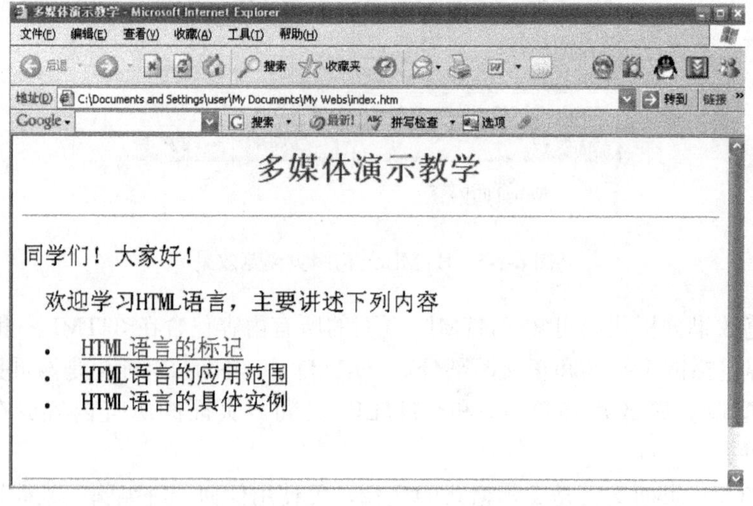

图 6-2-6　HTML 语言实例网页浏览效果

6.3　HTML 语言的可视设计工具 FrontPage 2007

通过书写 HTML 代码的方法来制作网页是一件非常烦琐的工作。目前有很多工具软件可以帮助你设计和制作网页，它们可以极大地减轻程序员的工作量，提高工作效率，加快工作进程。

目前流行的网页制作工具有：Microsoft FrontPage 2003、SharePoint Designer 2007、SharePoint Designer 2010、MacroMedia Dreamweaver CS 系列等。

本节主要介绍 Microsoft SharePoint Designer 2007 的界面、特点，将在后面的章节中介绍它在网页制作中的应用，其他工具请读者参考相关书籍。

Microsoft SharePoint Designer 2007 是目前使用最为广泛的所见即所得的网页设计工具之一，习惯上也称它为 FrontPage 2007。它的功能主要有三个：网页制作、非 SharePoint 网站建立与管理、SharePoint 网站建设。本章及下一章主要介绍其常规网站建设、网页制作功能，将使用 FrontPage 2007 的习惯叫法。

6.3.1　制作网页

FrontPage 2007 启动后的界面如图 6-3-1 所示，主要菜单如图 6-3-2、图 6-3-3 所示。

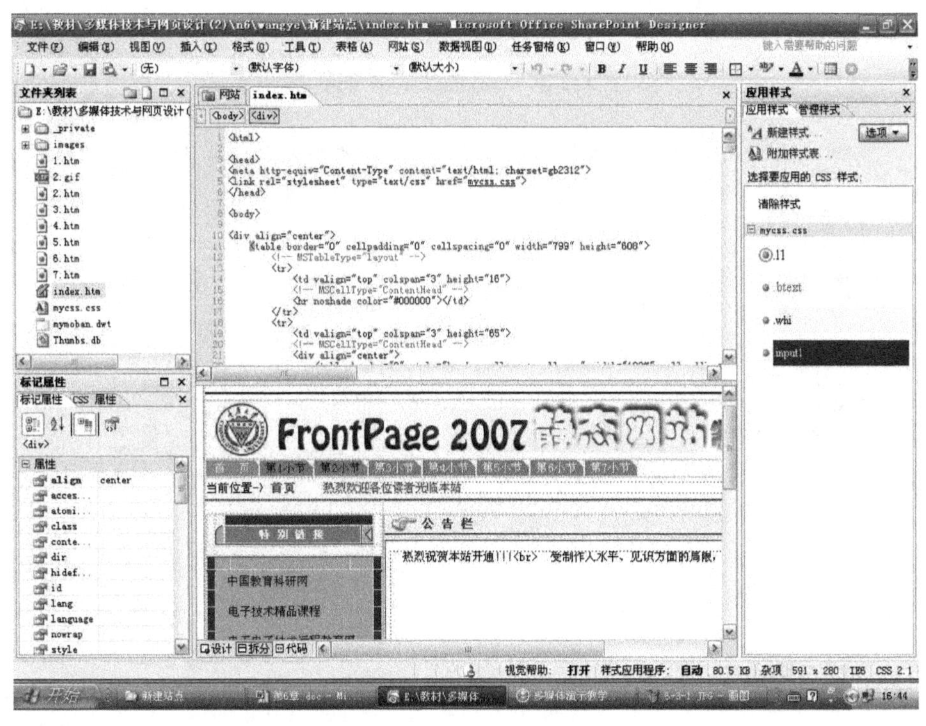

图 6-3-1　FrontPage 2007 界面

FrontPage 2007 具有 3 种网页设计模式：设计、拆分、代码。在“设计”模式下可以和在 Word 中一样输入文字、插入图像、插入表格，定义超链接等；在“代码”模式下可查看页面 HTML 代码，还可直接在页面代码中加入自己编写的页面代码；制作的页面效果可通过“文件”菜单中的“在浏览器中预览”来查看（若系统中装入了多种浏览器，可通过添加后，双击之来查看）。“拆分”模式下上半区为“代码”模式，下半区为“设计”模式。

FrontPage 2007 具有强大的网页制作设计功能，可方便处理制作表格，支持框架模板，提供了较多的组件与特殊效果，是目前流行的两大网页制作工具之一。

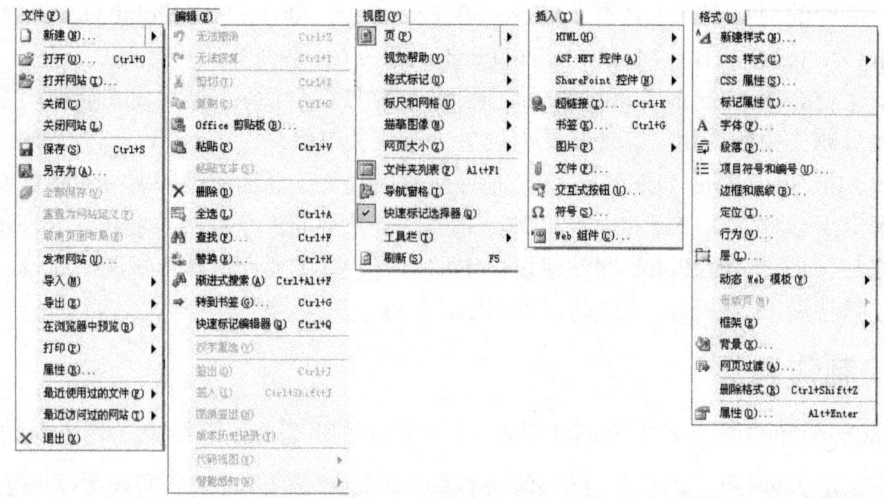

图 6-3-2　FrontPage 2007 菜单 1

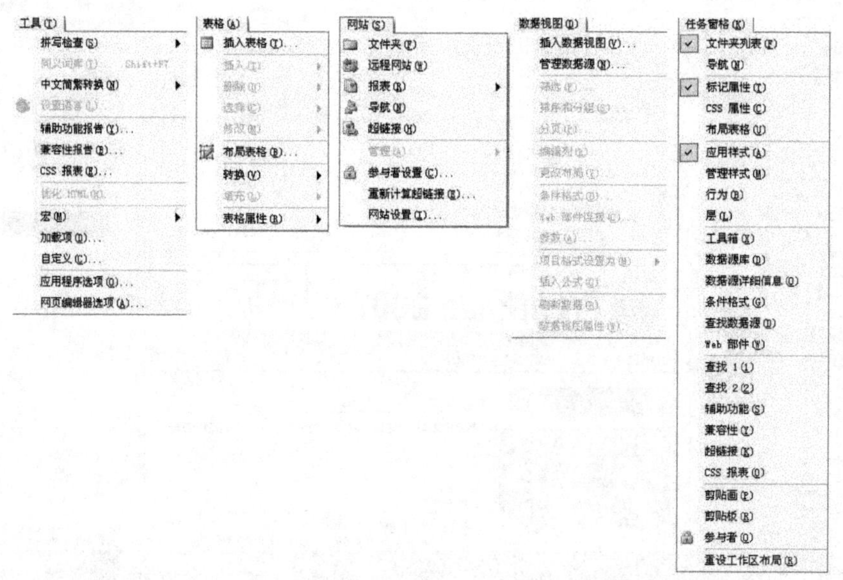

图 6-3-3　FrontPage 2007 菜单 2

6.3.2　建立和管理网站

要新建一个网站，可选择“文件”菜单中的“新建”命令，在随后出现的对话框中单击“网站”选项卡，界面如图 6-3-4 所示。

可选择新建网站中的“只有一个网页的网站”，指定新网站的位置后确认即可建立站点。当然，也可以在如图 6-3-4 所示界面中选择“网站导入向导”，参考界面如图 6-3-5 所示。

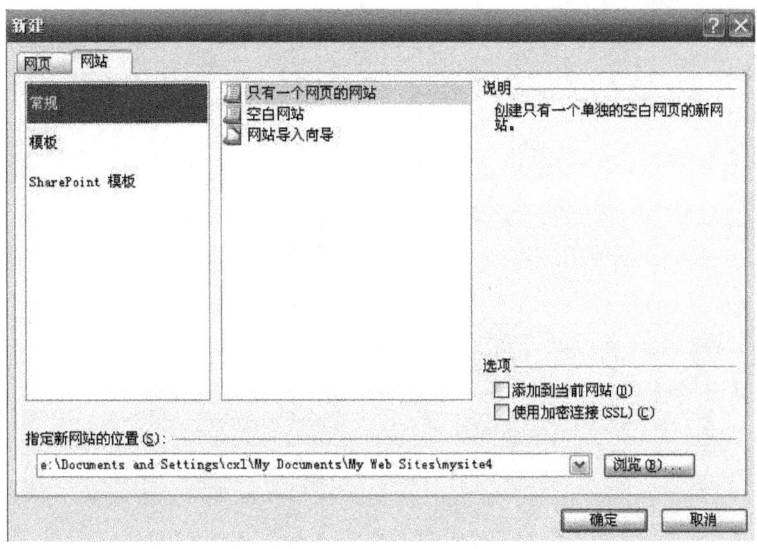

图 6-3-4 “新建”对话框

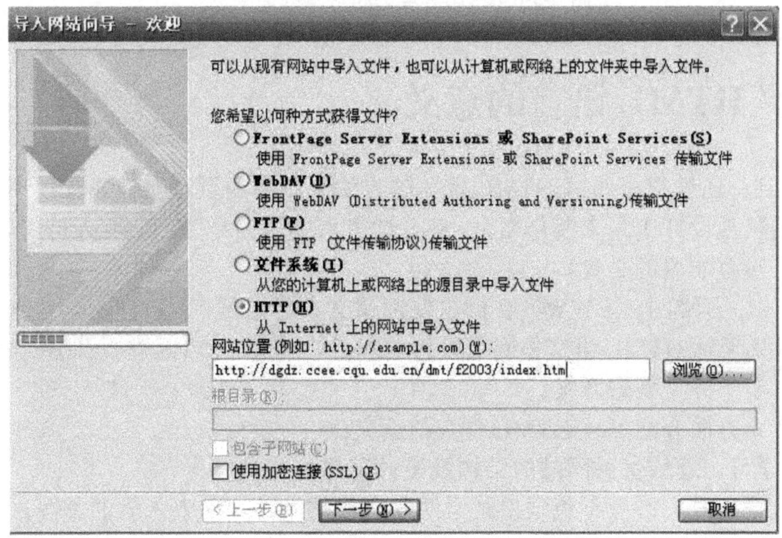

图 6-3-5　网站导入向导

FrontPage 2007 可完整导入静态网站，可在网站位置中输入本书的制作实例（http://dgdz.ccee.cqu.edu.cn/dmt/f2003/index.htm）网址后单击“下一步”按钮，系统将在如图 6-3-5 所示界面中指定的新网站位置导入该网站。

站点建立以后，可通过“文件”→“打开网站”设计、管理该网站，管理网站的菜单栏在屏幕的下方中部位置，包括“文件夹”、“远程网站”、“报表”、“导航”、“超链接”5 个功能项。

如图 6-3-5 所示界面中导入的“静态网站制作实例”网站的首页超链接界面如图 6-3-6 所示。

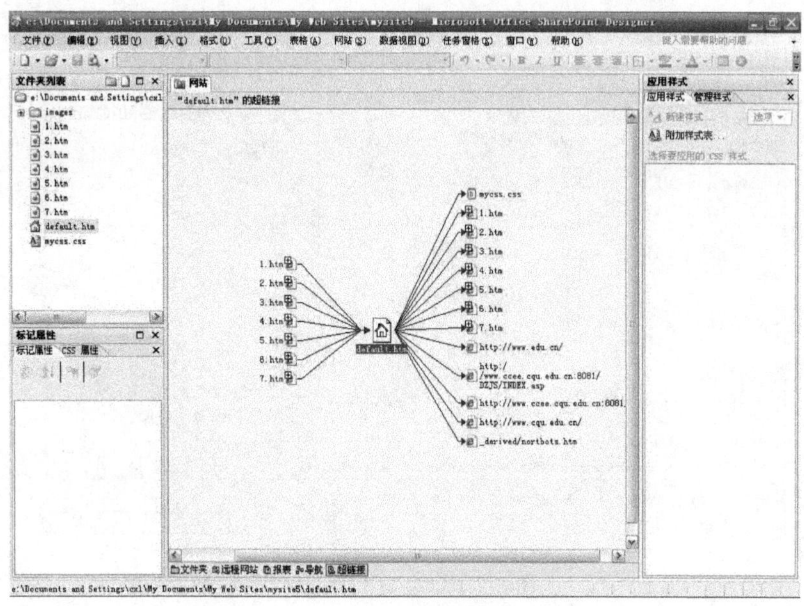

图 6-3-6　网站管理的超链接界面实例

6.4　理解 HTML 语言的意义

6.3 节提到，通过直接书写 HTML 代码的方法来制作网页是一件非常烦琐的工作，现在一般均使用可视设计工具来制作网页，部分读者可能认为学习 HTML 语言等于学习过时的技术，似乎没有学习的必要。

6.2 节指出，万维网（WWW）文档主要由超文本标记语言（HTML）结合其他脚本语言构成，可以说理解 HTML 语言是网页设计的起点，对进一步理解网页制作技术、提高网页制作水平有着十分重要的意义。

下面从 3 个方面介绍理解 HTML 语言的意义。

1．帮助学习、理解优秀网站的结构及设计思想

从浏览效果角度，读者不免发出某个网站制作得精美、引人入胜的感慨，想学习其制作方法。

通过浏览该网站可从一定程度上学习到该网站的初步结构，通过 FrontPage 2007 的网站导入功能将该网站导入到本地，之后可打开导入的网站，切换到代码设计模式，可更深入地学习理解其结构及设计思想。

2．实现一些可视设计工具中不方便实现的操作

许多情况下，网页制作元素（如表格）在设计过程中可见，初步设计完成后因浏览效果的需要反而变得不可见，对这些不可见的网页元素的操作开始变得不方便，较好的方法是直接通过代码进行修改或调整。

如笔者在本课程实验结束测评时发现某学生制作的网页浏览效果明显超出了正常学生的水平（参考效果如图 6-4-1 所示），存在着请人代做的可能，曾要求该学生当场完成该网页中“休闲地带”、“个人作品”2 个栏目位置对调，完成该操作的最佳方法是 2 段代码互换。

图 6-4-1　通过代码进行调整的实例

3．学习应用他人网站的效果

如浏览电工电子技术远程教育网站（参考效果如图 6-4-2 所示，网址为 http://dgdz.ccee.cqu.edu.cn），对该网站快速通道栏目下 4 本书的封面图片来回自动滚动效果感兴趣，想学习一下制作方法。

图 6-4-2　学习应用他人网站效果的实例

学习应用该效果的最佳方法如下：

打开该网页，将网页保存到本机，用 FrontPage 2007 打开该网页，该栏目代码如下：

```
<MARQUEE onmousemove=stop() id=Marquee1 style="WIDTH: 310px; HEIGHT:
100px" onmouseout=start()   scrollAmount=3 scrollDelay=50 behavior=
alternate>
        <TABLE id=TABLE3 style="HEIGHT: 100px" onclick="return TABLE3_
        onclick()" cellSpacing=10 cellPadding=0 border=0>
              <TBODY> <TR>
            <TD style="WIDTH: 100px; HEIGHT: 100px"><A href="http://dgdz.
            ccee.cqu.edu.cn/E0.asp">
                  <IMG id=Image3 style="BORDER-TOP-WIDTH: 0px; BORDER-LEFT-
                  WIDTH: 0px; BORDER-BOTTOM-WIDTH: 0px; WIDTH: 100px; HEIGHT:
                  100px; BORDER-RIGHT-WIDTH: 0px"
      src="电工电子技术远程教育网_files/SC.gif"></A></TD>
           <TD style="WIDTH: 100px; HEIGHT: 100px"><A href="http://dgdz.
           ccee.cqu.edu.cn/E3.asp">
               <IMG id=Image4 style="BORDER-TOP-WIDTH: 0px; BORDER-LEFT-
               WIDTH: 0px; BORDER-BOTTOM-WIDTH: 0px; WIDTH: 100px; HEIGHT:
               100px; BORDER-RIGHT-WIDTH: 0px"
              src="电工电子技术远程教育网_files/018563-01.jpg"></A></TD>
         <TD style="WIDTH: 168px; HEIGHT: 100px"><A href="http:
         //dgdz.ccee.cqu.edu.cn/E8.asp"><IMG id=Image5
                  style="BORDER-TOP-WIDTH: 0px; BORDER-LEFT-WIDTH: 0px;
                  BORDER-BOTTOM-WIDTH: 0px; WIDTH: 100px; HEIGHT: 100px;
                  BORDER-RIGHT-WIDTH: 0px"
              src="电工电子技术远程教育网_files/bkbk840541.jpg"></A></TD>
           <TD style="WIDTH: 100px; HEIGHT: 100px"><A href="http://dgdz.
           ccee.cqu.edu.cn/E4.asp"><IMG id=Image7
                  style="BORDER-TOP-WIDTH: 0px; BORDER-LEFT-WIDTH: 0px;
                  BORDER-BOTTOM-WIDTH: 0px; WIDTH: 100px; HEIGHT: 100px;
                  BORDER-RIGHT-WIDTH: 0px"
               src="电工电子技术远程教育网_files/018487-01.jpg"></A></TD>
               </TR>
    </TBODY></TABLE></MARQUEE>
```

加粗处是该代码结构性的关键标记，分析该代码，实现封面图片来回自动滚动效果的关键标记如下：

```
<MARQUEE onmousemove=stop() id=Marquee1  style="WIDTH: 310px; HEIGHT: 100px"
onmouseout=start() scrollAmount=3  scrollDelay=50 behavior=alternate>
```

核心参数“behavior=alternate”。

理解以后，可做适当修改，如只想让图片向左滚动，可修改核心参数“behavior=alternate”为“behavior=left”。

习　　题

6.1　填空题

1．超文本是由________构成的一个具有________网络。

2．结点可分为________、________两种类型。

3．超文本中的链是_______的指针，本质上表示_______的联系，定义了超文本的结构并提供浏览和探索结点的能力。链的一般结构可分为三个部分：_______、_______、_______。

4．万维网中的超链接的起始结点称为________，终止结点称为________。万维网中的超链接是超文本链的一种，属于________。

6.2　简答题

1．简述超文本与超媒体的含义。

2．简述超文本的三要素。

6.3　分析题

1．分析下面 HTML 代码，写出其浏览效果。

```
<HTML><HEAD><TITLE>代码实例</TITLE></HEAD>
<body>  <center>
  <table border="4" cellspacing="1" bordercolor="#800000" width="450">
  <tr> <td align="center"> <div align="left">
 <table border="0" cellspacing="0" width="450" cellpadding="0" style=
 "border-collapse: collapse" bordercolor="#111111">
  <tr> <td bgcolor="#008080" width="450">
     <p align="center"><font size="2" color="#FFFFFF"><b>代码分析实例</b>
     </font></td>  </tr>
   <tr><td bgcolor="#800080" style="line-height: 0" height="2" width="450">
   </td>   </tr>
    <tr> <td bgcolor="#EEEEEE" width="450" height="4">
      <p style="line-height: 0">  </td>  </tr>
     <tr> <TD width=450>
<p style="line-height: 200%">    <font size="2">
     代码分析实例</font></p>      </TD>   </tr>
 <center> <tr><td bgcolor="#EEEEEE" width="450" height="4">
    <p style="line-height: 0">  </td> </tr>
   <tr><td bgcolor="#800080" height="2" width="450" style="line-height: 0">
   </td>   </tr>
   <tr> <td bgcolor="#008080" width="450">
<p align="center"><font size="2" color="#FFFFFF">
<marquee align="middle">欢迎进入《电工电子技术》网络课程世界</marquee>
</font></td>  </tr>
</table> </center>  </tr>  </table>  </center>
  </BODY>  </HTML>
```

2．分析下面 HTML 代码，写出其浏览效果。

```
<html><head>
<meta http-equiv="Content-Type" content="text/html; charset=gb2312">
<title>用户名</title>
<style><!--
p { font-family:"宋体"; font-size: 12px }
form { font-family:"宋体"; font-size: 12px }
input { font-family:"宋体"; font-size: 12px }
td { font-family:"宋体"; font-size: 12px }
td { table-layout:fixed; word-break :break-all }
.border { border:1px dotted #111111; border-collapse: collapse; color:#000000;
background-color: #EFEFEF }
font { font-family:"宋体"; font-size: 12px }
.p4 { color: #007CD3; font-size: 12px; text-decoration: none; }
--></style></head>
<body><table border="0" cellpadding="2" cellspacing="0" width="170"
height="171" style="border-collapse: collapse; border-left: 1px solid
#EE9C00; border-right: 1px solid #EE9C00; border-top-width: 1; border-bottom-
width: 1" id="table1">
    <tr> <form method="post" style="font-family: 宋体; font-size: 12px"
    action="--WEBBOT-SELF--">
            <input type="hidden" name="action" value="login" style="font-
            family: 宋体; font-size: 12px">
            <td width="170" valign="top" style="table-layout: fixed;
            word-break: break-all; font-family: 宋体; font-size: 12px">
            <img border="0" src="forumlogin.gif" width="140" height="23">
            </td></tr>
    <tr> <td width="170" align="center" style="table-layout: fixed; word-
    break: break-all; font-family: 宋体; font-size: 12px">
        用户名: <input NAME="username" SIZE="12" MAXLENGTH="25" class=
        "border"></td>  </tr>
    <tr> <td width="170" align="center" style="table-layout: fixed;
    word-break: break-all; font-family: 宋体; font-size: 12px">
    密码: <input TYPE="PASSWORD" NAME="password" SIZE="12" MAXLENGTH="13"
    class="border"></td>    </tr>    <tr>
        <td width="170" align="center" style="table-layout: fixed; word-
        break: break-all; font-family: 宋体; font-size: 12px">
        <input type="submit" value="登  录" class="border"> 注册 参观
        </td></form></tr></table>
    </body></html>
```

3．分析下面 HTML 代码，写出其浏览效果。

```
<html><head>
  <script language="javascript">
     function pushbutton()
     {alert("嗨！你好");}
 </script></head><body><form>
  <input type="button" name="Button1" value="Push me" onclick=
  "pushbutton()">
  </form></body></html>
```

CHAPTER 7

第7章 静态网页制作方法及其实例

本章要点

本章从Internet基本知识出发，介绍了WWW的起源、静态网页的含义及其制作方法；介绍了FrontPage 2007静态网页制作基础；介绍了静态网页设计的脚本语言：JavaScript、VBScript；最后介绍了静态网页2个综合实例的制作实现过程。

读者学习本章应重点理解Internet的基本概念，深入理解网页制作的基本原理与技术路线，在此基础上，能运用FrontPage结合JavaScript等脚本语言制作设计网页。

7.1 Internet基础知识

网页是Internet发展到一定阶段后的产物，理解Internet基础知识是网页制作设计的基础。Internet音译“因特网”，在字面上讲就是将不同地理位置的计算机网络相互联接，因此，也叫互联网。

Internet起源于美国1969年开始实施的ARPANET计划，其目的是建立分布式的、存活力极强的全国性信息网络。1972年，由50个大学和研究机构参与连接的Internet最早的模型ARPANET第一次公开向人们展示。到1980年，ARPANET成为Internet最早的主干。20世纪80年代初，2个著名的科学教育网CSNET和BITNET又先后建立。1984年，美国国家科学基金会NSF规划建立了13个国家超级计算中心及国家教育科研网（NSFNET），替代ARPANET的主干地位。随后，Internet开始接受其他国家地区接入。

目前，互联网已成为当今世界上最大的连接计算机的电脑网络通信系统，拥有成千上万个数据库，所提供的信息包括文字、数据、图像、声音等形式，信息属性有软件、图书、报纸、杂志、档案等,其门类涉及政治、经济、科学、教育、法律、军事、物理、体育、医学等社会生活的各个领域，是资源的海洋。

7.1.1 Internet 的基本概念

Internet 是通过 TCP/IP 协议实现不同子网的相互联接的，而 IP 地址是进行 TCP/IP 通信的基础，每个连接到网络上的计算机都必须有一个 IP 地址。

目前 Internet 上使用的 IP 协议基本上均为 IPv4。IPv4 中的 IP 地址是 32 位的，分为四个字节，中间用点分割，每个字节用十进制表示。参考形式如: 192.168.1.1。

1．IP 地址类型

IP 协议的设计者为了便于网络寻址以及层次化构造网络，将每个 IP 地址分为两个标识（ID）：网络 ID 和主机 ID。同一个物理网络上的所有机器都用同一个网络 ID，网络上的每一个主机（包括网络上的工作站、服务器和路由器等）有一个主机 ID 与其对应。

IP 地址根据网络 ID 的不同分为 5 种类型，具体为 A 类地址、B 类地址、C 类地址、D 类地址、E 类地址。

A 类地址如表 7-1-1 所示。

表 7-1-1 A 类 IP 地址结构

网络 ID	主机 ID
1 字节（0×××××××）	3 字节

由上表知，A 类地址最高位（二进制）必须是 0，其中 0 和 127 保留，不能使用，因此，A 类 IP 地址范围为：1.×.×.×～126.×.×.×。

A 类子网主机 ID 为 24 个二进制位，主要分配给国家，目前已经全部分配完毕。

B 类地址如表 7-1-2 所示。

表 7-1-2 B 类 IP 地址结构

网络 ID	主机 ID
2 字节（10××××××××××××××）	2 字节

由上表知，B 类地址最高位（二进制）必须是 10，因此，B 类 IP 地址范围为：128.×.×.×～191.×.×.×。

B 类子网主机 ID 为 16 个二进制位，主要分配给跨国性的组织。

C 类地址如表 7-1-3 所示。

表 7-1-3 C 类 IP 地址结构

网络 ID	主机 ID
3 字节（24 个二进制位：110……）	1 字节

由上表知，C 类地址最高位（二进制）必须是 110，因此，C 类 IP 地址范围为 192.×.×.×～223.×.×.×。

D 类网络地址的最高四位（二进制）必须是 1110， 它是一个专门保留的地址，它并不指向特定的网络，目前这一类地址被用在多点广播（Multicast）中。

E 类地址的最高五位（二进制）必须是 11110，保留待用。

2．网络掩码与子网掩码（Sub-Net Mask）

IP 地址必须和一个网络掩码（Net Mask）对应使用，缺一不可。网络掩码的主要作用是告诉计算机如何从 IP 地址中析取网络标识和主机标识。A、B、C 类地址都有默认的网络掩码，A 类地址的网络掩码是 255.0.0.0，B 类地址的网络掩码是 255.255.0.0，C 类地址的网络掩码是 255.255.255.0。

子网掩码的作用是将一个过大的 IP 网络（如主机量超过了物理设备的限制）划分为更多的子网络，而每个子网络的主机数量相对而言维持在一个较少的量上，起到物理设备上的负载均衡以及提高网络可靠性的作用。具体实现上是通过设置掩码来将原本属于主机 ID 的位（bit）借用给网络 ID, 从而起到减少主机数量的作用。

当通过设置掩码从主机 ID 来借用位（bit）时，至少要留下 2 个位（bit）来做主机 ID。因为在只留一个位的情况下，全 0 和全 1 都没有意义。

3．私有 IP 地址

为了减少对于有限的 IP 地址资源的消耗，最初设计者在 A、B、C 类地址中各自划分了一些地址范围作为私有地址来使用，如下所示。

- A 类：10.0.0.0～10.255.255.255
- B 类：172.16.0.0～172.31.255.255
- C 类：192.168.0.0～192.168.255.255

私有 IP 地址的主要特点如下。

（1）私有 IP 地址不能唯一标识一台联网的计算机，无须担心私有 IP 地址在全球范围内的冲突问题。

（2）私有 IP 地址的路由信息不能对外发布，外部的 IP 数据包无法路由到私有 IP 地址的计算机上。

4．不同主机相互访问原则

TCP/IP 协议规定，两台具有相同的网络标识和不同的主机标识联网主机可以直接通信，而具有不同的网络标识的两台主机要想通信的话必须通过一台中间设备——路由器的转发才可实现。

5．路由器与网关

路由是数据从一个节点传输到另一个节点的过程，路由器是一种连接多个网络或网段的网络设备，它能将不同网络或网段之间的数据信息进行“翻译”，以使它们能够相互“读”懂对方的数据，从而构成一个更大的网络。路由器可以是专门的硬件设备，也可以由软件实现。

顾名思义，网关是一个网络的关卡，从身份角度，是该网络中的一个具体的 IP 地址，从功能角度，应完成不同网络之间的数据收发等。

习惯上，人们也把 TCP/IP 网络中的 IP 路由器称为 IP 网关。

6．组网原理

可通过如图 7-1-1 所示的 Internet 网络示意图来理解 Internet 组网原理。

图中的网络包括两个子网络，网络 1 和网络 2。两个网络通过路由器相互联接。适当地设置每个网络中计算机的 IP 地址与网络掩码，使处于相同网络中的计算机具有相同的网络 ID，可通过 TCP/IP 协议直接通信。同时设置 TCP/IP 协议属性中默认网关为路由器中对应的 IP 地址，使网络 1 和网络 2 中的计算机可通过路由器相互通信。

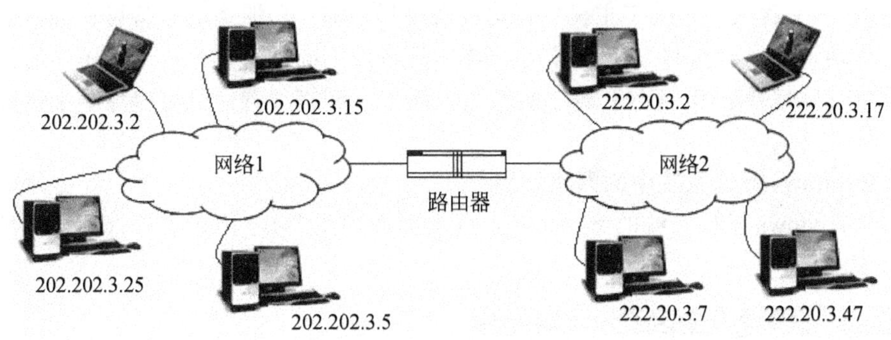

图7-1-1　Internet网络示意图

【例 7-1-1】 在如图 7-1-1 所示的网络示意图中，假定网关已正确设置，各台计算机的 IP 地址如图 7-1-1 所示，若网络 1 和网络 2 中的每台计算机的子网掩码均为 255.255.255.0，请分析网络设置是否正确。若每台计算机的子网掩码均为 255.255.255.224，分析网络设置是否正确。

解：

（1）由不同主机相互访问原则，判断网络设置是否正确，首先应分析同一物理子网中的计算机的网络 ID 是否相同，然后再分析不同子网路由器设置是否正确。图中假定网关已正确设置，因此，分析的重点是看同一物理子网中的计算机的网络 ID 是否相同。

（2）可通过将每台计算机的 IP 地址与子网掩码位作与运算求出每台计算机的网络 ID。当子网掩码均为 255.255.255.0（二进制表示为 11111111. 11111111. 11111111.00000000）时，将网络 1 中各计算机 IP 地址与子网掩码位作与运算，可求出网络 1 的网络 ID 为 202.202.3.0，各计算机属于同一子网，设置正确。类似可求出网络 2 的网络 ID 为 222.20.3.0，设置也是正确的。虽然网络 1 和网络 2 网络 ID 不同，但题中假定网关已正确设置，因此，整个网络设置正确。

当子网掩码均为 255.255.255.224（二进制表示为 11111111. 11111111. 11111111.11100000）时，将网络 1 中各计算机 IP 地址与子网掩码位作与运算，可求出网络 1 的网络 ID 为 202.202.3.0，各计算机属于同一子网，设置正确。将网络 2 中 IP 地址为 222.20.3.2、222.20.3.17、222.20.3.7 的计算机与子网掩码按位求与，可求出网络 ID 为 222.20.3.0；但将 222.20.3.47 与子网掩码按位求与，求出的网络 ID 为 222.20.3.32，与前面的三台计算机不属于同一子网，需要为该子网设置专门的路由器才能实现与其他计算机的通信，网络设置不正确。

7．DNS 与 DHCP

通过上面的例子可以看出，网络设置需要较专业的知识，以 IP 地址为标识的计算机难以记忆，利用 DNS 与 DHCP，可较好解决这些问题。

DNS 中文译为“域名服务”，可实现名称与 IP 地址的转换。如 202.202.0.35 为重庆大学服务器 IP 地址，由于 IP 数字形式的标识非常不直观、难以记忆，为此，DNS 专门为其分配了另外一个名字：www.cqu.edu.cn。当用户请求登录 www.cqu.edu.cn 时，DNS 将其翻译为 202.202.0.35，从而实现与该主机的连接与通信。

DHCP 中文含义为“动态主机配置协议”，提供 DHCP 服务的设备可完成对该子网中计算机 IP 地址、子网掩码、默认网关、DNS 等参数的配置，其他位于该子网的计算机可通过该设备自动获取 IP、DNS 等参数，大大简化了网络设置，且可避免手工设置带来的冲突。

8．Windows 操作系统中的网络设置

打开 Windows 操作系统的网络连接，参考界面如图 7-1-2 所示。选择属性，参考界面如图 7-1-3 所示。

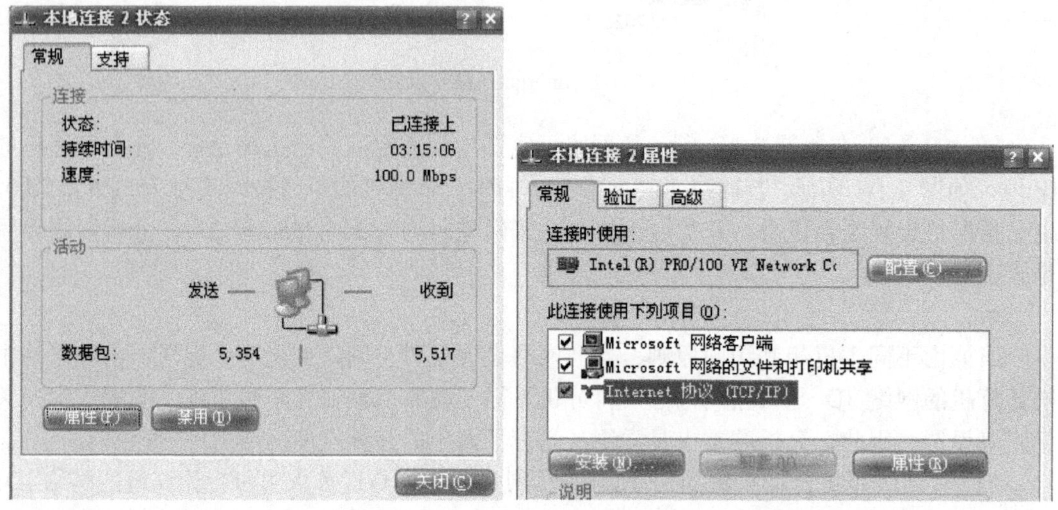

图7-1-2　Windows中的网络设置图1　　　　图7-1-3　Windows中的网络设置图2

单击“Internet 协议（TCP/IP）”，选择属性，参考界面如图 7-1-4 所示。

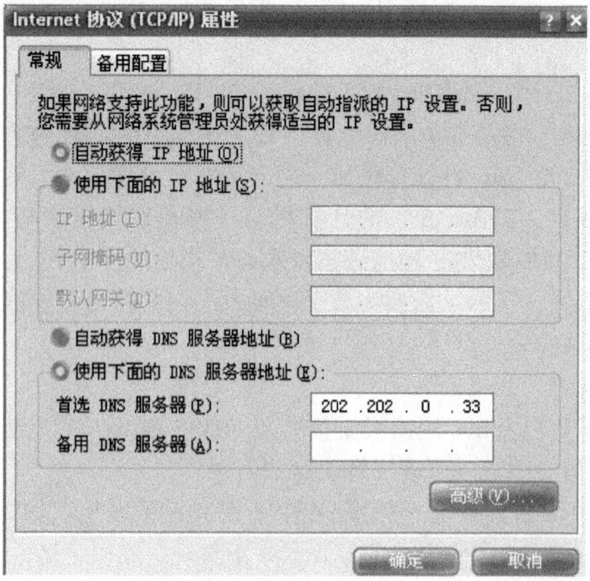

图7-1-4　Windows中的网络设置图3

可根据网络要求设置相关参数。图中的设置为“自动获得 IP 地址”。

7.1.2　WWW 的基本概念

Internet 使计算机工具、网络技术和信息资源不仅被科学家、工程师和计算机专业人员使用，同时也为广大群众服务，进入非技术领域、进入商业、进入千家万户。Internet 已经成为当今社会最有用的工具，它正在悄悄改变着我们的生活方式。

Internet 的主要服务有 WWW 服务、E-mail 服务、远程登录 Telnet 服务、文件传输 FTP 服务、信息浏览 Gopher 服务等。其中，WWW 服务是 Internet 最重要的服务之一，其他服务也常以 WWW 形式提供。

1．WWW 的历史

TCP/IP 协议成功实现了全球计算机网络的硬件连通，掀起了网络技术领域新的革命。早期文字世界的 Internet 要求想在 Internet 上遨游的人们熟悉 UNIX 系统及其操作，大大限制了 Internet 的应用。

1989 年，在瑞士日内瓦 CERN 实验室主任 Tim Berners-Lee 的带领下开始实施信息全球网（World Wide Web，WWW），设计和开发出一系列的概念、通信协议和系统，以支持各种类型信息之间的相互链接以及在网络上的具体实现，开发了基于超文本和超媒体技术的 HTML 语言，构想用一套跨平台的通信协议，在 WWW 任何平台上的电脑都可以阅读远方主机（Server）上的同一文件，这个协议便是目前众所周知的“超文本传输协议（HyperText Transfer Protocol，HTTP）”。

20 世纪 90 年代，Web 网络迅速兴起，HTML 空前繁荣并发展成为了许多不同的版本。1995 年 11 月，当时的因特网工程任务组（Internet Engineering Task Force，IETF）在 1994 年 HTML 实践基础上进行编纂整理，倡导开发了 HTML 3.0 规范。1996 年 W3C（World Wide Web Consortium）组织的 HTML Working Group 开始编纂新的规范，在 1997 年 1 月推出了 HTML 3.2。

1998 年 4 月 W3C 发布了 HTML 4.0 版本，将原来 HTML 3.2 扩展到了一些全新的领域，例如样式表单、Script 语言、框架结构、内嵌对象、丰富的表格以及增强的表单功能、支持从右到左的文本等。同时，支持 HTML 语言可视设计的工具软件功能逐渐完备，网页设计逐渐由以前的代码编写转向主要通过制作工具实现，WWW 进入了空前繁荣时期。Internet 丰富的资源被更为形象地表象，使 Internet 真正成为普通百姓的资源海洋，成为一个虚拟的、神奇的、丰富多彩的世界。

2．WWW 的特点

WWW 能够处理文字、图像、声音、视频等多媒体信息。由于它的信息处理能力远远超出了处理纯文本的范围，所以它又是一个多媒体信息系统。

WWW 提供了大量的、内容丰富的信息资源，这些信息一页一页分门别类地存放在各个服务器上，读者可以根据个人的兴趣爱好选择阅读内容。在浏览信息的过程中，读者可以一屏一屏顺序阅读，也可以跳跃阅读，既能很方便地从文件的一页跳到另一页，又不受文本内容前后顺序的限制。WWW 之所以能够在很短的时间内在全世界广泛流行，不仅由于它的信息资源非常丰富，而且组织方式也很有特点，它具有广域性、交互性、动态性和分散性等一些基本特征。

WWW 的大量信息存放于世界各地的不同的服务器上，这些服务器通过 Internet 相连。存放 WWW 信息的服务器叫做 Web 服务器或 WWW 服务器。用户和 Internet 接通后，可通过浏览器软件阅读 Web 信息。Web 服务器是驻留在服务器上的一个程序，它能处理用户发来的各种请求，将满足用户要求的信息返回给用户，用户通过浏览器查看各种信息。用户浏览器和 Web 服务器通过使用超文本传输协议（HyperText Transfer Protocol，HTTP）互相通信。还存在其他类型的服务器，如 FTP 服务器（实现文件传输）、邮件服务器（发送和接受电子邮件）等。

为了在 WWW 上发布信息或提供信息服务，首先必须建立 WWW 网站页面文档，将这些页面文档放于 Web 服务器上，Web 服务器可以采用虚拟主机、租用、托管、本地直接连接的 4 种方式接入 Internet。虚拟主机即为因特网服务提供者（Internet Service Provider，ISP）提供了一个服务器，在这个服务器上分配一部分磁盘空间存放网站页面文档信息，在这个服务器上可以存放很多用户的网站页面文档，通过特定软件使得人们通过浏览器访问各自的网站主页时，人们感觉不到这些网站页面文档是存放在一台 Web 服务器上的，这种方法使在 Internet 上发布信息或提供信息服务价格非常便宜。当然，如果同时访问该服务器上的不同站点的页面文档的人较多时，Web 提供的服务就会受到影响，速度较慢。租用即是 ISP 提供服务器硬件，装入网站页面文档，服务器在 ISP 处，就可接入 Internet。托管和租用唯一不同之处在于托管是用户提供服务器硬件。从 WWW 服务性能和价格方面的综合考虑来看，租用或托管无疑是一种非常好的方法。直接本地接入 Internet，需要铺设专线，是成本最高的一种方法，但有很多优点，例如局域网中的用户可以直接上网，网站维护也比较方便等。

Web 服务器可在多种环境下运行，如 UNIX、Linux、Windows 2003/2008 等，一般来说，Web 服务器的信息是允许所有人访问的，但也有例外，Web 服务器可以建立用户，并设定访问权限，限制用户对某些内容的访问。

在客户端，用户通过浏览器浏览信息。浏览器目前有很多种，如 Internet Explorer(IE)、NetScape Navigator、Opera、Mosaic、Lynx 等，最常使用的是 IE 和 NetScape 浏览器。浏览器识别 HTML 标记语言并解析它，将相应内容显示在屏幕上。

3．统一资源定位器（URL）

URL（Uniform Resource Locators）中文翻译为统一资源定位器。

信息资源放在 Web 服务器之后，需要将它的地址告诉给用户，这就是 URL 的功能。URL 字串分成三个部分：协议名称、主机名、文件名（包含路径）。协议名称通常为 http、ftp、file 等，例如：http://www.yahoo.com.cn/index.htm 为一个 URL 地址，其中 http 指的是采用的传输协议是 http，www.yahoo.com.cn 为主机名，index.htm 为文件名。又如“file://C:/windows/Sandstone.bmp”也为一个 URL 地址，指向 C 盘中 Windows 目录下的 Sandstone.bmp 文件，此处的主机名为 C:。

URL 地址有相对地址和绝对地址之分。在 Web 服务器(假定 IP 地址为 61.128.193.200)上需要设定页面文档的主目录(主页所在目录)，假如主目录为 d:\ieeec，存在文件 index.htm，其下有一个子目录 00cieeec，存在文件 a.htm 则“/00cieeec/a.htm”为相对地址，等同于 http://61.128.193.200/00cieeec/a.htm；“../index.htm”表示上一级目录下的文件 index.htm，也是 URL 相对地址。

7.1.3 IPv6 网络

现有 Internet 的基础是 IPv4，到目前为止有近 30 年的历史了。由于 Internet 的迅猛发展（据统计平均每年 Internet 的规模就扩大一倍），IPv4 的局限性就越来越明显，对新一代互联网络协议（Internet Protocol Next Generation，IPng）的研究和实践已经成为世界性的热点。

20 世纪 90 年代初，人们就开始讨论新的互联网络协议。IETF 的 IPng 工作组在 1994 年 9 月提出了一个正式的草案"The Recommendation for the IP Next Generation Protocol"，1995 年底确定了 IPng 的协议规范，称为"IP 版本 6"（IPv6）。

和 IPv4 相比，IPv6 的主要改变就是地址的长度为 128 位，也就是说可以有 2 的 128 次方的 IP 地址，相当于 10 的后面有 38 个零。这么庞大的地址空间，足以保证地球上的每个人拥有一个或多个 IP 地址。

IPv4 地址长度为 32 位（4 个字节）。书写 IPv4 的地址是用一个字节来代表一个无符号十进制整数，4 个字节写成由 3 个点分开的 4 个十进制数，例如 10.1.123.56。

对于 128 位的 IPv6 地址，定义相似的表示方法是必要的。考虑到 IPv6 地址的长度是原来的四倍，RFC1884 规定的标准语法建议把 IPv6 地址的 128 位（16 个字节）写成 8 个 16 位的无符号整数，每个整数用 4 个十六进制位表示，这些数之间用冒号（：）分开，例如：

3ffe:3201:1401:1:280:c8ff:fe4d:db39

IPv6 较好地解决了 IPv4 网络 IP 地址短缺的问题，是下一代互联网络的组网基础。必须指出的是，IPv4 网络已经有近 30 年的历史，可以肯定，IPv6 网络、IPv4 网络将在相当长的一段时间内长期共存。

7.2 静态网页设计概论

使用 Web 浏览器浏览因特网上的信息时，在显示屏幕上看到的页面称为网页（web page），它是 Web 站点上的文档。进入该站点时在屏幕上显示的第一个综合界面称为起始页面或者主页（home page），多个网页通过超链接共同构成网站（web site），在后面的内容中不特别区分网站、网页 2 个概念。

网页有静态、动态 2 种形式。静态的含义是"构成网页的代码静止不变"。具体而言，计算机 A 通过网络请求访问某站点文档 a.htm 时，该站点主机直接将 a.htm 通过网络传送给计算机 A，在计算机 A 上浏览的文档 a.htm 的代码和存储在该站点上的文档 a.htm 代码完全相同。

7.2.1 网站的规划与建设

建立网站和做其他任何项目一样，规划是成功的关键。建立网站首先要明确建立网站的目标是什么并对目标进行分析，并从市场观念风险、技术风险、执行风险、组织风险、政策风险等方面综合考虑，然后最终确定网站建立的目标和实施策略，接着进行费用预算和制定时间表。

在确定网站目标后，需要申请域名，安装 Web 服务器、邮件服务器、数据库服务器等，并确定网站接入 Internet 的方法，然后通过 FrontPage、Dreamweaver、Microsoft Interdev 等工具进行网站设计和开发，最后进行网站调试，调试成功后最终开通网站，提供信息服务。

1．网站准备阶段

当需要建立一个网站时，首先要做的事情就是冷静下来、认真思考和计划，进行可行性分析，根据建立网站的目标，规划出网站的大致结构，并考虑采用哪一种操作系统，因为不同的操作系统将采用不同的 Web 服务器、邮件服务器、数据库服务器。采用数据库系统建立的网站可以极大地提升网站的功能，因此进行数据库的初步规划是必要的。还必须考虑开发一个网站并维持网站运行的费用问题。准备工作基本确定后，下一步就是域名注册。

2．域名注册

域名注册实际上就是申请网站的一个名称，以便方便人们来访问建立的网站。域名只是一个 Internet 中用于解决地址对应问题的一种方法，代表着一个 IP 地址。域名存放在一个数据库中，有一些服务器专门负责域名与 IP 地址的解析工作，该服务器称为域名服务器（Domain Name Server，DNS）。域名具有唯一性，已被企业誉为“企业的网上商标”。域名区分为国际域名和国内域名，例如 ieeec.com 为国际域名，而 ieeec.com.cn 为国内域名。域名中.com 表示工、商、金融企业；.edu 表示教育机构；.gov 表示政府部门；.net 表示网络服务部门；.ac 表示科研机构。国内域名中.cn 表示中国，其他如.hk 表示香港；.us 表示美国等。申请国际域名还是申请国内域名，应该根据网站的服务范围来选择，如果网站服务范围仅限于国内，则可以考虑申请一个国内的域名，如果建立的网站面向全球提供信息服务，可以申请一个国际域名。当然，不管申请国际域名还是国内域名，都一样可以被 Internet 上的任何用户访问。

申请域名可以委托一些网络服务商来办理，也可以自行通过 Internet 网注册。注册国际域名可通过 http://www.networksolutions.com，注册中国域名可通过 http://www.cnnic.net.cn。注册域名时应首先确定一个域名，该域名是否已经被注册可通过上述网站进行检查。

3．网站运行环境的确定

网站运行环境的确定是非常重要的一步。网站运行的操作系统目前主要有两种，一种是采用 Windows Sever 2003 系统，另一种是采用 Linux 系统。究竟用哪一种操作系统并不非常关键，可根据自己的爱好特点选用喜欢的操作系统。必须指出的是，在不同的操作系统上运行的 Web 服务器、邮件服务器、下载服务器、数据库服务器软件有所不同。Windws 操作系统采用 IIS（Internet Information Service）作为 Web 服务器软件；邮件服务器、下载服务器、数据库服务器软件则更多采用第三方软件。

4．网站的总体设计

设计网站时，不必一开始就忙着准备素材，必须进行网站的总体设计。确定网站的主页版面，最好勾画出整个网站系统的所有全貌。网站的结构层次不能太深，应遵从“三次单击”原则，即网站的任何信息都应该在最多三次单击后找到。另外也要注意结构层次不能太浅，什么东西都放在一个页面上，给人以网站组织混乱、设计者毫无经验的印象。应该确定一种方法，使得网页内容在 Internet Explorer 和 NetScape 两种主流浏览器中都能被正常显示，一般通过在页面脚本程序中进行控制或通过制作两种版本的页面文档来实现。

5．网站的组织与风格

网站的组织与风格是至关重要的。有些网站充满了各种“酷”的特效和五彩缤纷的图片，却无实际内容；有些网站只重视提供信息，但界面却显得呆板、乏味等，因此必须精心安排和组织页面。一个成功的网页应包含网站名称、网站徽标、网页标题、网页内容、指向主页的链接、指向其他网页的链接、版权陈述、网站的 Email 地址和其他联系方法等基本要素。

一个网页的长度一般应控制在 2 页到 3 页的篇幅内，太短则无法容纳足够的信息，太长则使网页下载的时间变长，可能会使人们失去耐心而转向其他网站，也会使人们因为长长的网页拖动滚动条而搞得晕头转向。

在进行网页的版面设计时，应注意页面的简洁性和高效性，让人们易于找到所关心的信息，不要让精美的动画和花哨的图片喧宾夺主。网站应确定一个主色调和一个统一的字体风格、图素风格等。所有的网页都要采用这个主色调和风格。颜色搭配要协调，过于繁多和凌乱的颜色会使人们感到无所适从。页面布局采用框架结构还是采用表格方式应根据实际情况确定。框架结构是将整个屏幕分成若干个小区域，每一区域可以显示不同的网页，单击某一区域上的超链接除了可以在本区域显示另一页面外，还可在另外一个区域显示对应此超链接的页面文档，而其他区域的页面不必重新下载，唯一不便之处是对于不同的浏览器可能显示的结果不会完全一致。采用表格方式来布局页面（目前很多网站采用的方法），虽然每次超链接都得下载所有的整个页面，但不存在浏览器不兼容的问题。页面中采用导航条可以使人们在浏览页面时不会迷失方向。导航条实际上就是一组超链接，它告诉人们目前所在的位置，可以使人们既快又容易地转向网站的其他主要页面。

6．建设与调试

网站规划、组织好后，剩下的大量的工作是设计制作每一个页面，建立链接，调试程序，预览效果。可通过 FrontPage、Dreamweaver、Microsoft Interdev 等工具来建设网站，可适当使用 VBScript 或 JavaScript 等脚本语言使得网页更具特色。关于网页设计的具体原则、技巧，将在后面的内容中详细介绍。

7．发布运行

网站开发成功后，可将网站发布到网络，供人们访问。

必须指出的是，网站运行以后，还存在着大量的后续工作，涉及较多的问题。如网站的安全性、数据的更新等。因此，对网站的维护是网站运行中的关键，应及时对存在的问题进行修改，对网站内容进行更新，及时清除一些垃圾页面，对数据库进行备份。

7.2.2　网页设计的基本原则

网站、网页是一个超文本系统，是一个具有独立逻辑语义的知识网络，基于这个本质特性，总结出如下网页设计的基本原则：主题鲜明，美观大方，运行流畅，操作方便，富有特色。

主题是网站、网页作为一个具有独立逻辑语义的知识网络的首要要求，组成网页的各元素的组织应围绕主题展开，各元素相互映衬，给浏览者一个鲜明的印象。

如图 7-2-1 所示的网站尽管简单，却诞生了一批千万富翁，成为了国内最具影响力的网站之一。可见，主题是网页设计的第一要务，是网站长期存在与发展的前提。

美观是网页设计的第二要旨。网页作品的艺术性是评价该作品的重要指标。在实际设计制作网页时，在不冲淡主题的前提下，应尽可能使网页美观，给人一种赏心悦目的感觉，给人一种大方、大气的印象。

图7-2-1　百度网站首页

由于因特网用户非常之多，在因特网上传输的资源更是非常的巨大，可以肯定，在很长时间以内，把网页浏览速度作为网页设计的重要因素是必需的。毫无疑问，一个网页无论多么主题鲜明、美观大方，让用户等待数分钟才能完整浏览是难以想象的。因此，组成网页的媒体应尽可能地小，以确保网页在因特网上运行流畅。

当组成网站的知识网络非常复杂时，浏览该网站的用户常常容易迷路，因此，在规划设计网站时，应尽可能地使超文本网络清晰，尽可能地在醒目的位置提示用户当前所在的超文本网络中的位置，尽可能提供导航，可根据需要快速改变进入指定页面。

综上所述，一个成功的网站无处不体现设计者的心血，而特色则是一个网站能够走向成功的必备条件。一个成功的网站，不仅要主题鲜明、美观大方、运行流畅、操作方便，更要具有与众不同的特色。从这个角度看，网页设计中艺术更重于技术，也只有眼光独特、富有艺术修养的人才能创作出更有特色的网站。

【例 7-2-1】 评价如图 7-2-2 所示网页作品。

图7-2-2　学生网页作品实例1

解：

该作品为 2004—2005 学年第一学期网页设计实践环节作品，得分为 A。作品名称：梦泽紫轩；作品类型：个人网站。主要评价如下。

主要优点：作品超文本系统构成完整，具有一定的主题，包括了个人网站的基本要素，能运用因特网上的模板美化网页，能较明显地提示浏览者所处的超文本系统的位置。作品美观大方、运行流畅，是较好的学生作品。

主要不足：作品虽然具有一定的主题，但不够鲜明，美丽的重（庆）大（学）、梦泽紫轩、海内存知己……，这些素材难以衬托出一个明确的主题；此外，作品单纯运用因特网上的模板美化网页，设计性不强。

【例 7-2-2】 评价如图 7-2-3 所示网页作品。

图7-2-3 学生网页作品实例2

解：

该作品为 2005—2006 学年第一学期网页设计实践环节满分作品。作品名称：虚幻时空；作品类型：个人网站。主要评价如下。

主要优点：作品超文本系统构成完整，主题鲜明，包括了个人网站的基本要素，较好地利用了表格、单元格美化网页，能利用 JavaScript 代码增强交互性。作品美观大方，运行流畅，是优秀的学生作品。

主要不足：作品名称为虚幻时空，虽然作品中的元素并未冲淡主题，但由于此主题非常难以把握，因此，网页中的元素并不能充分展示虚幻的含义。

7.2.3 网页设计的技术路线

了解了网站规划的过程，理解了网页设计的基本原则后，可以开始规划设计自己的网站。在规划阶段，应选定你要制作的网站的主题。主题确定后，应重点围绕着选定的主题准备素材、编写脚本等，所有的这些准备好了之后便可开始利用工具或代码编辑器设计、制作网页了。

利用制作工具设计制作网页的一般技术路线如下：利用表格美化网页、利用链接构成系统、利用框架网页组合页面、利用表单实现交互、利用程序而特色独具。

1．利用表格美化网页

主题是网站、网页的第一要旨，规划准备阶段的主要任务便是提炼主题、完善素材。在实际制作设计阶段，主要的任务便是利用工具将规划准备阶段的素材适当组织，使网站美观大方、主题鲜明。

网页设计中，编排组织网页中的元素的主要方法是利用表格、单元格将网页中的元素排列整齐，达到简洁、美观的效果。因此，插入表格是网页设计的第一步，以达到分割屏幕、将网页中的元素排列整齐的目的。

【例 7-2-3】 分析如图 7-2-3 所示网页作品中“休闲地带”栏目的表格应用技巧。

解：

从表格应用角度，“休闲地带”栏目为一个大表格的单元格插入小表格的结构。设置大表格的单元格边框颜色，并用此颜色作为栏目的边框。设置小表格背景颜色，并用此颜色作为栏目的背景颜色。栏目下面的卷角则是通过单元格内插入图片实现的。

必须指出的是，利用表格美化网页只是网页设计的最基础的技巧，要制作设计出非常美观、引人入胜的网页，还需掌握更多的网页设计、媒体处理等应用技巧。

2．利用链接构成系统

利用表格将超文本系统各信息结点制作成网页后，可利用制作工具建立各信息结点的链接，从而构成完整的超文本系统。

必须指出的是，超链接标记是非常复杂的 HTML 语言标记，实际网站中的超链接效果也是各种各样的。当然，在网页中建立超链接的目的是将各信息结点通过链构成超文本系统，实际网站中的复杂的超链接效果目的主要是美化网页、简化操作等。

【例 7-2-4】 分析如图 7-2-4 所示网页作品中的超链接效果。

图7-2-4 超链接效果实例

解：

图中，将鼠标指向“理论学习”，鼠标指针变为手形，“理论学习”超链接下面出现下划线，同时弹出“电工基础”等系列超链接选择菜单。

查看该网页代码，该超链接标记内容如下：

```
<a href="../enter.asp" id=act0
     onmouseout="ypSlideOutMenu.hideMenu('menu1')"
     onmouseover="ypSlideOutMenu.showMenu('menu1')">
<font color=#ffffff>理论学习</font></a>
```

从上面的 HTML 代码可以看出，在该超链接标记中，定义了当鼠标指向该链接时显示菜单“menu1”，移出该超链接区时隐藏菜单“menu1”。

3．利用框架网页组合页面

框架网页是一种网页，当在浏览器中显示时，框架网页中具有多个称为框架的区域。每个框架中都可以显示不同的网页。

框架网页本身并不包含可见内容，它只是一个容器，用于指定要在框架中显示的其他网页及其显示方式。

网页设计时，可利用框架网页将多个页面组合，从浏览角度看，仿佛为一个页面。例如，使用“横幅和目录”型框架网页创建的框架网页实际上在浏览器中同时显示四个网页：作为容器的框架网页和分别显示在三个框架中的三个网页。

【例 7-2-5】 分析如图 7-2-5 所示网页作品中的框架网页的特点。

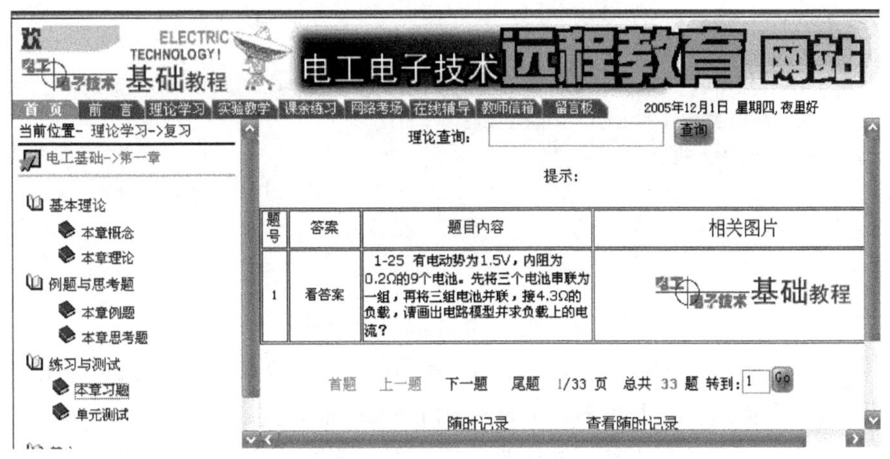

图7-2-5　框架网页效果实例

解：

图中的框架网页为“横幅和目录”型框架，除作为容器的框架网页外，还包括三个网页。

最上面的框架为横幅框架，图中显示的是网站快速导航栏。左侧为目录框架，图中显示的是电工基础第一章的复习内容列表。右侧框架为主框架，显示的是左侧目录框架中具体目录的内容。图中为第 1 章的习题。

当单击左侧目录框架中的超链接时，会在主框架中打开该超链接指向的网页。

框架网页通常用于目录、文章或信息列表或任何其他类型的网页（在一个框架中单击超链接并在另一个框架中显示相应网页）。作者使用框架网页是因为框架网页能够包含内置导航并显示一致的用户界面。

从上面的例子可以看出，框架网页是一种提前设计好的网页模式，这种预先设计的，可以包含网页设置、格式和网页元素的网页称为网页模板。框架网页便是网页模板的一种常见应用。

一般情况下，网页制作工具提供了一些默认的网页模板。读者也可以创建自己的网页模板，以便可以快速一致地为网站创建网页。

模板在多作者环境中非常有用，这是因为它们可以帮助作者以相同方式创建网页。例如，如果所有网页顶部都总是包含公司徽标和说明，则可以创建包含这些元素的模板。然后可使用该模板新建网页，徽标和说明将会自动显示在网页上。

4．利用表单实现交互

表单主要负责数据采集、实现不同网页间的数据交互、人机交互等，如可以采集访问者的名字和 E-mail 地址、调查表、留言簿等。

如图 7-2-3 所示学生网页作品中的用户登录表单代码如下：

```
<form action="login.asp" method="post"> <!--表单标记，后台脚本程序为当前目录下
login.asp，提交方法为 post -->
<tr><td width=170 align=center>用户名：<INPUT NAME="username" SIZE=12
MAXLENGTH=25 class=border></td> </tr>
<!--用户名输入框标记 -->   <tr>
<td width=170 align=center>密  码：<INPUT TYPE="PASSWORD" NAME="password"
SIZE=12 MAXLENGTH=13 class=border></td>
</tr> <!--密码输入框标记 -->
<tr><td width=170 align=center><input type="submit" name="k0" value="登 录"
class=border> 注册 参观</td> <!--提交按钮标记 -->
</form>
```

从上面代码可以看出，一个表单由三个基本部分组成。

（1）表单标记（＜form＞＜/form＞），包含了处理表单数据所用程序的 URL（用 action 短句定义）以及数据提交到服务器的方法（用 method 短句定义）。

（2）表单域，包含了文本框、密码框、隐藏域、多行文本框、复选框、单选按钮、下拉列表框和文件上传框等。

（3）表单按钮，包括“提交”按钮、“重置”按钮和“一般”按钮。“提交”按钮用于将数据传送到服务器上的脚本程序，“重置”按钮用于取消输入。其中，“type="submit"”定义“提交”按钮，name 属性定义“提交”按钮的名称，value 属性定义按钮的显示文字。

上面代码中的表单后台处理程序为 login.asp，交互实现简要解释如下：

用户在包含上面表单的客户端网页中输入用户名、密码等信息，输入无误后单击“登录”按钮提交信息。浏览器将上面的信息发送给服务器上的脚本程序 login.asp，login.asp

收到信息后，分析处理信息，从而实现交互。

交互实现的进一步解释将在第 8 章讨论。

5. 利用程序而特色独具

特色鲜明、与众不同是网页制作的更高追求。从技术角度看，追求特色的常用方法是适当地编写程序，利用这些程序更具特色地组织、控制网页元素，使作品更具有交互性，从而也更具特色。

网页设计中常用的脚本语言有 JavaScript、VBScript 等，利用这些脚本语言，可灵活控制网页元素。此外，脚本语言与 ASP 内建对象结合，可方便实现与服务器的交互。

7.3 FrontPage 2007 静态网页制作基础

FrontPage 是微软公司推出的网页制作工具，是目前使用最为广泛的所见即所得的网页设计工具之一，本节以 FrontPage 2007 为例介绍静态网页制作。

从字面意思上看，静态网页是静止不变的页面。随着 GIF、DHTML、JavaScript 等动态效果的引入，现在的静态网页普遍具有较多、较生动的动态效果。静态网页中的“静态”是相对动态网页而言的，其特点是浏览时无须获取服务器数据，是目前常用的网页形式之一。

7.3.1 建立简单的网页

FrontPage 是优秀的专业化网页设计软件之一，可像使用 Word 一样使用 FrontPage 建立一个简单的页面。具体操作如下。

（1）启动 FrontPage，选择“文件”→“新建”→“网页”，用户区右边将出现“新建网页”任务窗格，选择该窗格中的“常规”→“HTML”，FrontPage 将自动创建一个空白网页。

必须指出的是，空白网页并不代表该网页文件全部内容为空，而是指网页文件在浏览器浏览时正文为空。FrontPage 在自动创建一个空白网页时已经将 HTML 网页的结构定义好，只是<body>标记内容为空。

（2）当设计模式为“设计”或“拆分”方式时（若不是，请单击左下设计模式切换栏），可在空白用户区域像使用 Word 一样输入你想输入的文字，例如输入“建立一个简单的页面”，选择“文件”菜单中的“在浏览器中预览”，保存文件后，浏览器浏览效果如图 7-3-1 所示。

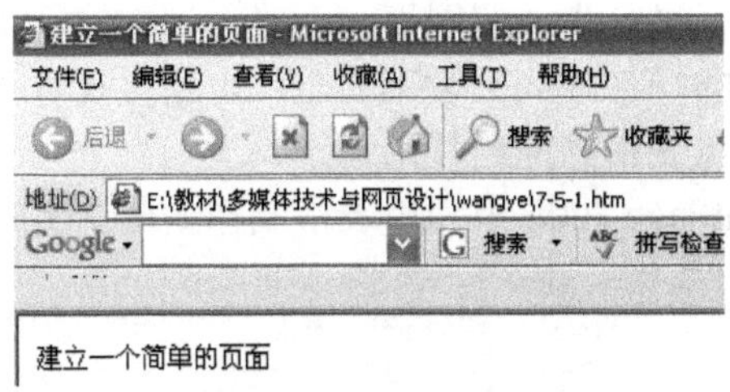

图7-3-1　简单页面建立

7.3.2 利用表格美化网页

虽然在上面介绍简单页面制作时，将网页中的文字直接放置在正文区，但当网页元素较多时，将网页元素直接放置在正文区将使各元素排列十分凌乱，而且将导致在不同显示方式下浏览效果不同，大大影响网页的美观。

在网页设计中，插入表格的作用是分割屏幕，以保证网页中的元素排列整齐。因此，从美观角度，插入表格是网页设计的第一步，掌握制作工具中的表格应用方法及其技巧是网页制作的基础。

插入表格方法如下：在“网页”视图中文档窗口的底部，单击“设计”，选择“表格”→“插入表格”，设置所需表格的属性（要让指定的表格属性在所有新表格中都是默认的，请在“插入表格”任务窗格下方的“设置”栏，勾选“设为新表格的默认值”复选框），单击“确认”按钮即可。如图7-3-2所示为一个宽度为400、边框为1、边框颜色为黑色、包括2行2列的表格浏览效果图。

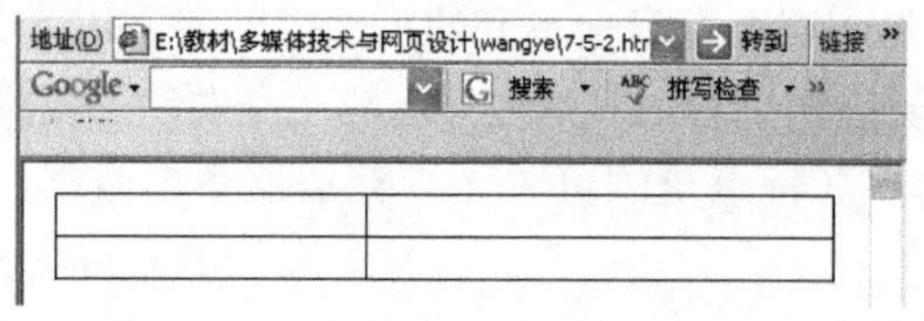

图7-3-2 表格插入效果

表格设置的主要属性有：行数、列数、宽度、高度、对齐方式、边框颜色、背景颜色等。表格的宽度、高度设置有百分比、像素两种单位。当宽度设置为百分比时，表格的大小为屏幕大小的百分比，因此，在最先插入的初始表格中，建议读者不要使用百分比作为单位，以免制作的网页在不同的屏幕分辨率下产生不同的浏览效果。当希望表格在浏览时不可见，请设置表格边框为0。

表格中的具体单元称为单元格，除设置表格外，还应设置单元格属性。由于同一表格中的单元格具有相同的布局特性，因此，当在表格的不同单元格放置不同的网页元素（尤其是放置大小差别较大的图像元素）时，可能因为本单元格放置了较大的图像元素而导致其他单元格中的网页元素排列不整齐，从而使网页不简洁或不美观。此时，可在单元格中进一步插入表格以达到美观的目的。

综上所述，利用表格分割屏幕的基本方法如下：首先插入一个大表格用于布局。为保证足够的布局与调整空间，建议首先插入一个1列多行、指定宽度单位为像素的表格用于布局设计。当需要在某1行进一步放置网页元素时，请在该行进一步插入表格用于放置更多的网页元素。当表格中的行（或列）数不够时，可通过拆分单元格进一步分割。

下面通过一个例题介绍表格的应用技巧。

【例7-3-1】 **在FrontPage 2007中利用表格制作如图7-3-3所示的网页。

解：

具体制作过程如下。

（1）启动FrontPage 2007，创建一个空白网页。

（2）插入一个表格用作边框，方法如下：选择“表格”→“插入表格”，设置表格属性（如 400 像素宽，1 行 1 列，居中，边框粗细为 4，颜色自定，单元格衬距，间距为 0），单击“确认”按钮完成创建，浏览效果如图 7-3-4 所示。

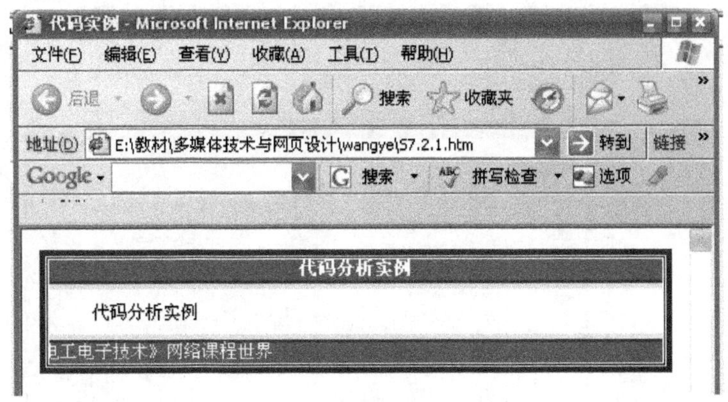

图7-3-3　表格的应用技巧图1

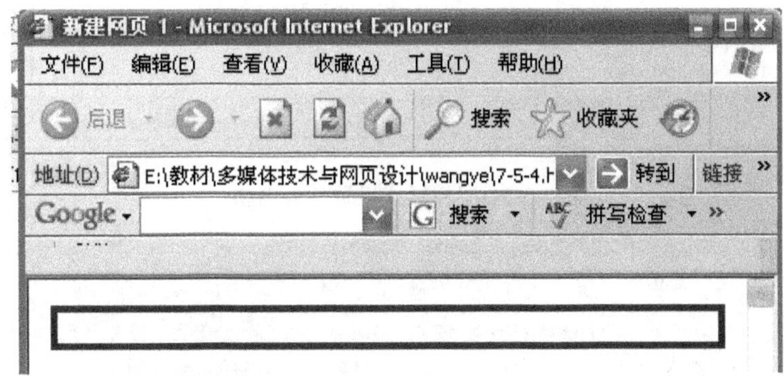

图7-3-4　表格的应用技巧图2

（3）在上一步创建的表格中插入一个宽度相同的表格用于内容设计，具体操作是在表格单元格中单击鼠标，确定表格插入位置，再按第（2）步的方法插入表格，具体设置如下：400 像素、居中、边框粗细为 0（该表格用于内容设计，边框应不可见，因此，粗细为 0）、单元格衬距、间距为 0。

（4）在上一步创建的表格中进一步插入行。由图 7-3-3 可知，图中网页至少包括三行，最上一行为标题行，最下一行为滚动字幕，中间行为正文，因此，应将第（3）步中插入的表格拆分为三行（标题、正文、底部）。具体操作时，在第（3）步创建的表格区单击鼠标，选择“表格”→“插入”→“行（在上方）”，连续插入 2 行。

（5）输入标题文字。将第一个单元格背景色设置为喜欢颜色，具体方法如下：在该单元格区域单击鼠标右键，选择“单元格属性”，选择单元格背景颜色为喜欢颜色后确认即可。

（6）之后，在该区域输入文字“代码分析实例”，选择文字属性为居中，设置文字颜色为合适颜色。操作方法如下：单击左下角“标记属性”任务窗格中的“style”，进一步单击▭，打开“修改样式”对话框，参考界面如图 7-3-5 所示，网页效果如图 7-3-6 所示。

（7）由图 7-3-6 可知，预览效果不太美观，可将第（2）步中制作的表格单元格衬距改为 1。具体方法如下：选中最外边的表格，单击鼠标右键，选择“表格属性”，将单元格衬距改为 1，确认后预览效果，有所改善。

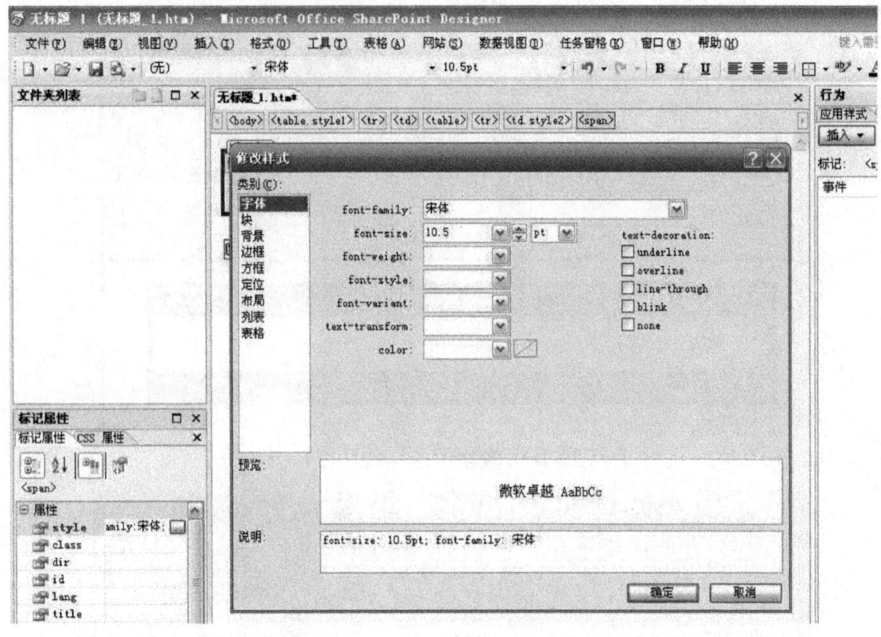

图7-3-5　字体样式设置任务窗格

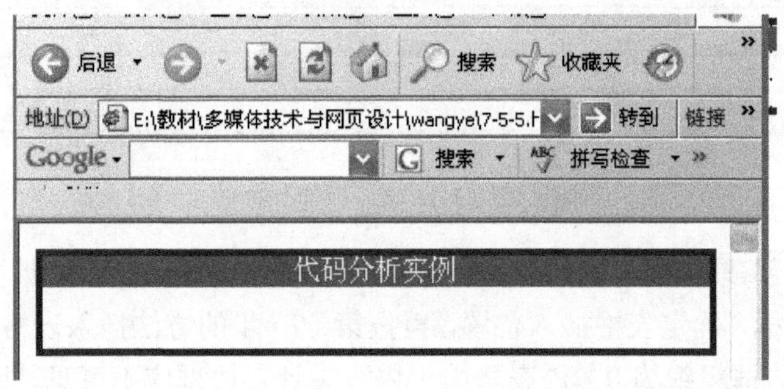

图7-3-6　表格的应用技巧图3

（8）类似设置底部背景色，并在底部边框内插入滚动字幕。插入滚动字幕方法如下：在“设计”模式下，单击要创建字幕的位置（或是选择要显示在字幕中的文本）。在“插入”菜单上，单击“Web 组件”。在左边的窗格中，单击“动态效果”。在右边的窗格中，双击“字幕”。在“文本”框中，键入需要显示在字幕中的文字后确认即可。如果选择了网页上的文本，那么“文本”框中就会包含这些选中的文本。

（9）预览效果，不太美观。可应用样式适当调整字幕字体大小、颜色及单元格背景颜色，方法如下：单击字幕选择字幕，单击“应用样式”将右边的样式属性栏切换到应用样式，选择网页中的某个合适的“样式”应用即可。

（10）FrontPage 2007 会对每次的表格修改创建 1 个新样式。本例中有 2 次表格修改：步骤(2)中插入了有色边框表格(style1)、步骤(5)中设置了带背景的标题栏单元格(style2)，可修改样式“style2”中的字体颜色为“白色”并应用到字幕中，具体方法如下：单击字幕，单击应用样式栏中的样式“style2”，参考界面如图 7-3-7 所示。

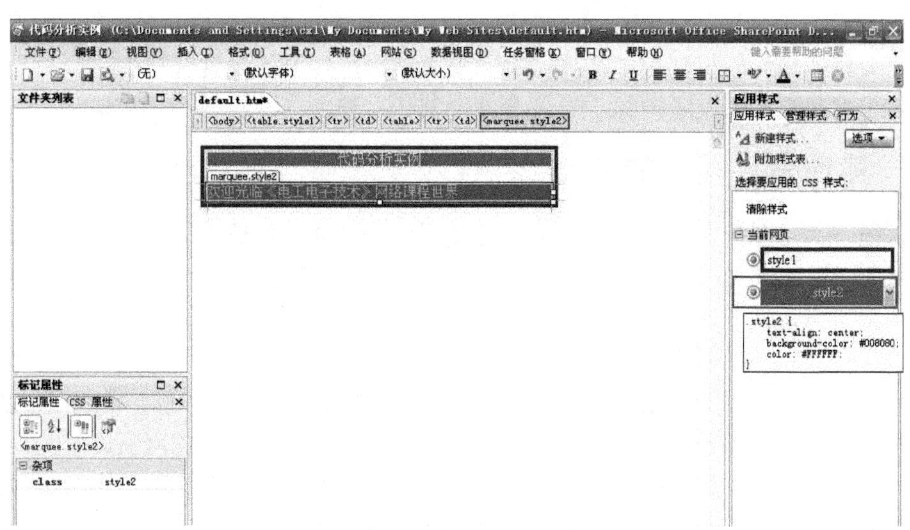

图7-3-7　样式应用参考界面

（11）输入正文。在中间单元格输入正文“代码分析实例”，预览效果，不太美观。适当地调整字体大小和颜色，有所改善，但依旧不是非常美观。在正文行上、下各插入 1 行，效果如图 7-3-8（a）所示。

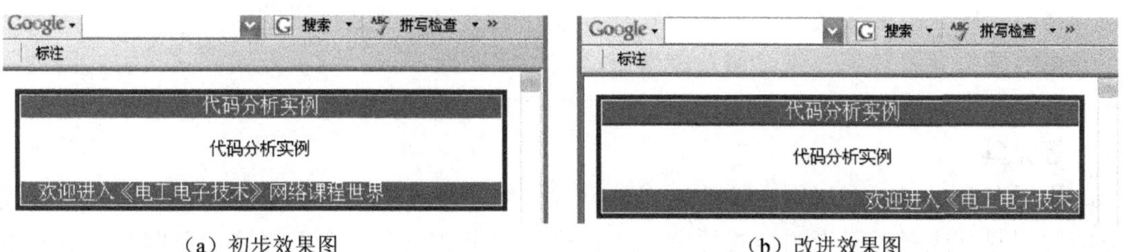

（a）初步效果图　　（b）改进效果图

图7-3-8　表格的应用技巧图4

（12）在标题栏及底部插入分割行。在标题栏下面插入 1 行作为分割行，设置自己喜欢的颜色，预览效果，仍不好看（分割行太宽）。将该行指定高度为 2 像素，适当设置单元格背景色，修改该单元格对应的样式“style4”属性，选中样式“style4”,右击鼠标选择修改样式，在如图 7-3-5 类似的界面中单击块，在行距“line-height”大小文本框输入 0 并确认，效果如图 7-3-8（b）所示。类似设置底部的分割行，可得到如图 7-3-3 所示的网页。

通过上面的例子，读者对表格应用有了一定的认识。

必须指出的是，要熟练应用表格，需要在实践中自己不断总结。顺便指出一点，当网页非常复杂时，表格的分割将是非常复杂的。为帮助读者快速分割屏幕，FrontPage 2007 提供了布局表格，以达到快速分割屏幕的目的。

布局表格是为网页布局创建的框架。布局单元格是该框架中包含网页内容（包括文本、图像、Web 部件和其他元素）的区域。布局表格和单元格共同表示用户可添加到网页的水平与垂直区域，这些区域可以为内容提供复杂的可视结构。可使用布局表格和单元格来创建具有专业外观的网页布局。可通过使用“布局表格和单元格”对话框中提供的预定义的布局表格，帮助读者快速创建网页。

插入布局表格方法如下：在“表格”菜单中，单击“布局表格”。在“布局表格”对话框的“表格布局”模板列表中选择一个布局表格即可。可像设置普通表格一样设置布局表格。关于布局表格，限于篇幅，请读者参考其他书籍。

7.3.3 其他美化网页的方法

要做出一个十分美观的网页，应适当地使用一些媒体，如适当地插入一些图片、动画等。利用表格可使这些网页元素排列更整齐，使页面更为简洁大方，因此，排除技术因素，一个美观且富有个性的网页，主要取决于设计者的媒体运用水平。

在 FrontPage 2007 中引入图片十分简单，可通过选择“插入”→“图片”→“来自文件”，选择对应的图片文件，之后输入“替代文字”、“长说明”等信息即可完成图片的引入。

从技术角度，为保证页面的美观、风格统一，可使用样式来美化网页。

样式是由唯一名称标识的格式特征集合。可以使用样式在一个简单的任务中快速设置一组网页元素的格式，可以将样式应用到 Microsoft FrontPage 中的多数网页元素，包括文本（单个字符或整个段落）、图形以及表格。

在以前的版本中，FrontPage 对样式支持不足，一直被认为是该制作工具的弱项。FrontPage 2007 增强了对样式、CSS 的支持，可以从一组内置样式中选择样式，并对每次的表格修改创建 1 个新的用户样式。内置样式常用来设置默认情况下“样式”框中可用选项的格式。用户定义样式可以是对内置样式或自己创建的类选择器的修改。

可对网页元素使用样式，包括段落级样式、字符级样式、网页元素样式（有些网页元素的属性对话框上有一个“样式”按钮。这些样式允许您向特定的网页元素添加特定的样式）等类型。

用于在多个网页上应用一致的样式信息称为级联样式表（CSS)。CSS 包含了用来描述要应用到网页或网页元素的样式的定义。每个样式定义包含一个选择器，并跟有此选择器的属性和值。

FrontPage 主要处理两种类型的级联样式表：内嵌式级联样式表和外部级联样式表。所谓的内嵌式级联样式表，是指存储在该网页上的<HEAD>标记之间的 HTML<STYLE>标记间的代码集。为该网页所创建的所有样式都将作为类选择器存储在内嵌式样式表中。外部级联样式表可以附加到多个网页上，所以最为有用，可以在整个网站中统一应用相同的样式。如果要更改某种样式，只需在外部级联样式表中做一次更改，网站中的网页即可随之更改。通常，外部级联样式表使用.css 作为文件扩展名，例如 active.css。

创建外部级联样式表（CSS）的方法如下：选择“文件”→“新建”→CSS，Microsoft FrontPage 将创建一个文件扩展名为 .css 的新网页，并将其打开以供编辑（在将 .css 文件链接到网页之前，必须保存它)。

外部级联样式表创建好了以后，可将网站中的所有网页链接到你定义的外部级联样式表，具体方法如下：打开网页，在“网页”视图中文档窗口的底部，单击“设计”。选择“格式”→“CSS 样式”→“管理样式表链接”，在随后出现的对话框中，单击“添加”按钮，找到并单击外部级联样式表（CSS）的.css 文件，再单击“确定”按钮即可。

当然，也可以直接用代码方式建立外部级联样式表的链接，方法为在网页<HEAD> </HEAD>之间加入一个<link>标记，实例如下：

```
<link rel="stylesheet" type="text/css" href="active.css">
```

上面标记的含义为在当前网页中使用当前目录下 active.css 文件定义的级联样式表。

下面通过实例介绍 FrontPage 2007 中 CSS 的定义方法。

【例 7-3-2】 定义如图 7-3-9 所示风格的样式：正常显示时超链接文字为海军蓝，无下划线；当鼠标指向超链接时，超链接文字为红色，有下划线。

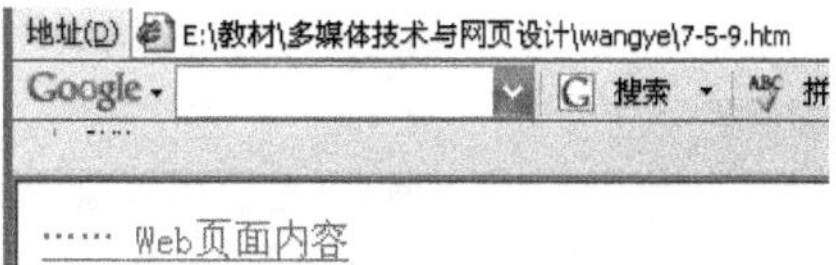

图7-3-9　CSS 效果图

解：

可用下面的方法创建 CSS。

（1）选择“文件”→“新建”→CSS，创建一个空白的 CSS 文件，保存文件。

（2）选择“格式”→“新建样式”，在随后出现的对话框中单击“选择器”下拉列表框，选中 a:link，单击 “字体”，设置文字格式颜色为海军蓝，无文本效果，如图 7-3-10 所示。用类似方法设置 a:visited。

图7-3-10　CSS效果定义的图1

（3）进一步设置 a:hover，CSS 效果为红色，有下划线，参考定义如图 7-3-11 所示。

（4）将定义好的 CSS 文件保存到需要使用该效果的网页目录下，将该 CSS 文件链接到该网页中，可实现如图 7-3-9 所示的 CSS 效果。

图7-3-11 CSS效果定义的图2

必须指出的是，定义 CSS 需要掌握更多的 HTML 标记及其参数。关于 CSS 的进一步介绍请读者参考专门的书籍。

7.3.4 超链接的应用

超链接是从一个网页或文件到另一个网页或文件的链接，包括图片或多媒体文件，还可以指向电子邮件地址或程序。当网站访问者单击超链接时，将根据目标的类型执行相应操作：显示在 Web 浏览器中、打开或运行。

1．超链接的类型

超链接目标的类型主要有：

- 网页文件。
- 图片。
- 电子邮件。
- 发送消息。
- 书签（以引用为目的在文件中命名的位置或文本选定范围）。
- 其他文件。

创建超链接时，其目标将编码为统一资源定位符（URL）。建立方法如下：选择要建立超链接的网页元素，单击鼠标右键，选择“超链接”，将出现如图 7-3-12 所示的“插入超链接”对话框。

2．超链接的作用

超链接标记是一个非常复杂的 HTML 标记，除上面介绍的超链接具有多种目标类型外，超链接标记本身也具有许多效果参数，适当地设置这些参数，可使网页更加生动，界面更加友好，操作也更加方便，其主要作用如下。

1）建立超链接的屏幕提示

在如图 7-3-12 所示的“插入超链接”对话框中，选择最上方的“屏幕提示”按钮，输入要提示的文字后确认即可完成超链接屏幕提示的建立。提示建立后，将鼠标指向建立了超链接的网页元素，鼠标将变成手形，同时，将在旁边出现设定的屏幕提示。

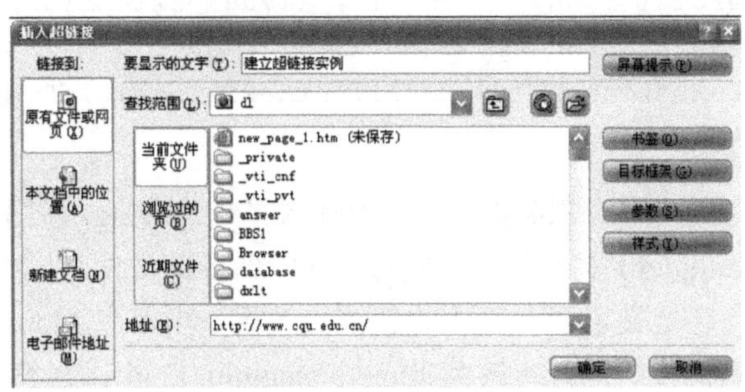

图7-3-12 建立超链接

2）改变超链接目标页面的打开方式

在如图 7-3-12 所示的“插入超链接”对话框中，单击“目标框架”按钮，选择目标框架类型，确认即可完成设置。如想单击超链接后在新的窗口中打开网页，可将目标框架类型设置为“新建窗口”。

3）向超链接添加字体效果

向超链接添加字体效果后，当网站访问者将指针悬停在超链接上时，字体就会更改。

有多种方法实现向“向超链接添加字体效果”，如图 7-3-9 所示便是该效果的一种实例，可参考例 7-3-2 介绍的方法为整个网页的超链接设计效果。

3．特殊超链接效果的制作

上面介绍的方法针对整个网页有效，要对个别超链接添加效果，可通过添加“超链接标记”相关参数代码并适当编写脚本语言实现。

1）为超链接建立菜单

在许多专业网站中，读者经常看到如图 7-3-13 所示的超链接效果。图中，当用鼠标指向“理论学习”文字超链接时，将出现理论学习模块选择菜单。

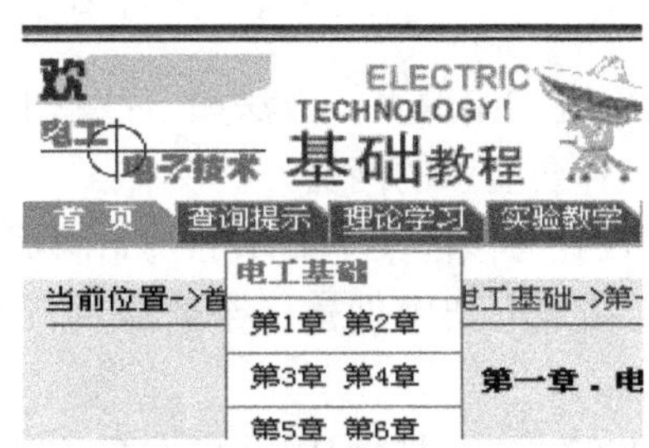

图7-3-13 为超链接建立菜单

要为超链接建立菜单，涉及脚本语言，将在下一节介绍。

2）建立图片更改的超链接效果

可结合下面的代码理解：

```
<a onMouseOut="MM_nbGroup('out');"
```

```
onMouseOver="MM_nbGroup('over','lilunxuexianniu','lilunxuexianniu_f2.gif',
'lilunxuexianniu_f3.gif',1);"
onClick="MM_nbGroup('down','navbar1','lilunxuexianniu','lilunxuexianniu
_f3.gif',1);" href="SSDW.asp">
<img name="lilunxuexianniu" src="lilunxuexianniu.gif" width="60"
height="25" border="0"></a>
```

上面的代码中在<a></a>（超链接标记）中插入了一个<img>（图像标记），含义是为当前目录下 lilunxuexianniu.gif 文件建立超链接，链接到目标文件（当前目录下）SSDW.asp。

在上面的代码中，还定义了图片更改的超链接效果，当发生 MouseOver 事件（鼠标指向）时，当前建立了超链接的图片更改为 lilunxuexianniu_f2.gif，当发生 Click 事件（鼠标单击）时，当前建立了超链接的图片更改为 lilunxuexianniu_f3.gif。上面的效果综合，产生一个特殊的按钮被按下的超链接效果。

上面的超链接效果是通过调用 MM_nbGroup 函数实现的，也涉及 JavaScript 脚本语言，具体实现将在 7.4 节介绍。

7.3.5 框架及其应用

框架网页是一种网页，框架网页本身并不包含可见内容，它只是一个容器。使用 Microsoft FrontPage 中的框架网页网站模板可以创建框架网页，其中每个模板的框架间导航都已被设置。框架网页可使多个网页组合成一个综合页面，因此运用十分广泛。

1．创建框架网页

在 FrontPage 2007 中创建框架网页方法如下。

（1）选择“文件”→“新建”→“网页”。在“新建网页”对话框中，单击“框架网页”选项卡。选择一个模板，预览其布局，单击“确定”按钮即可完成创建。一个新建的标题、页脚目录型空白框架网页初始设计界面如图 7-3-14 所示。

（2）选择“文件”→“在浏览器中预览” →“HTML 文件的默认浏览器”，显示效果为一个只具有边框的空白网页。

2．设置框架的初始网页

可设置要显示在每个框架中的初始网页，方法如下：单击要设置的框架，在框架中，单击“设置初始网页”，然后选择要显示的网页。

也可创建新网页，并将其设置为该框架中显示的初始网页，方法如下：在框架中，单击“新建网页”。FrontPage 会在该框架中创建一个新网页，该新网页会自动设置为初始网页。

【例 7-3-3】 在 FrontPage 2007 中利用框架网页将本章及以前涉及的网页组合成一个综合页面供读者浏览。

解：

（1）新建框架网页

新建一个如图 7-3-14 所示的标题、页脚目录型空白框架网页，将其命名为 k7-3-3.htm 并保存到与前面的网页相同的目录下。

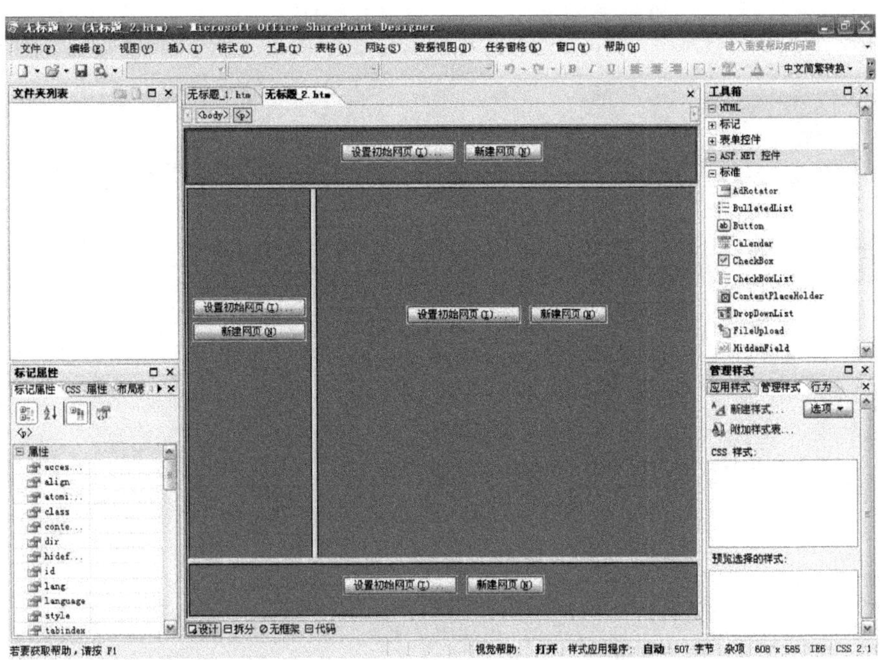

图7-3-14　标题、页脚目录型空白框架网页初始设计界面

（2）设置各框架的初始网页

① 单击标题框架，在框架中，单击“设置初始网页”，选择“7-3-3title.htm”作为初始网页（专门为本框架网页制作的标题网页）。

② 单击主框架，在框架中，单击“设置初始网页”，选择“6-2-1.htm”作为初始网页（例题 6-2-1 的对应网页）。

③ 单击目录框架，在框架中，单击“新建网页”，保存为 k7-3-3A.htm。

④ 单击页脚框架，在框架中，单击“新建网页”，保存为 k7-3-3B.htm。

（3）设计目录框架中的网页

制作前面介绍的“多媒体演示教学（6-2-1.htm）”、“一个简单的页面（t7-3-1.htm）”、“例 7-3-1（7-3-1.htm）”、“例 7-3-2（t7-3-9.htm）”的链接并保存。

（4）设计页脚框架中的网页

在页脚框架网页中输入“FrontPage 2007 框架网页制作实例”，设置对齐属性为居中，保存并在浏览器中预览，效果如图 7-3-15 所示。

（5）美化网页

上图浏览效果不太美观，可通过进一步设置框架显示属性使页面更为简洁。框架的显示属性主要有：显示或隐藏框架周围的边框，设置框架间距、边距、滚动条，创建不可见框架等。

本例中，选择隐藏框架网页的框架周围的边框。具体操作方法如下：在框架网页中的任何位置单击鼠标右键，单击快捷菜单上的“框架属性”，在随后出现的对话框中，单击“框架网页”，清除“显示边框”复选框，单击“确认”按钮即可完成。

进一步设置目录框架页的滚动条始终出现，将前面建立的 CSS 文件链接到目录框架、主框架网页中，适当调整框架大小，保存并在浏览器中预览，效果如图 7-3-16 所示。

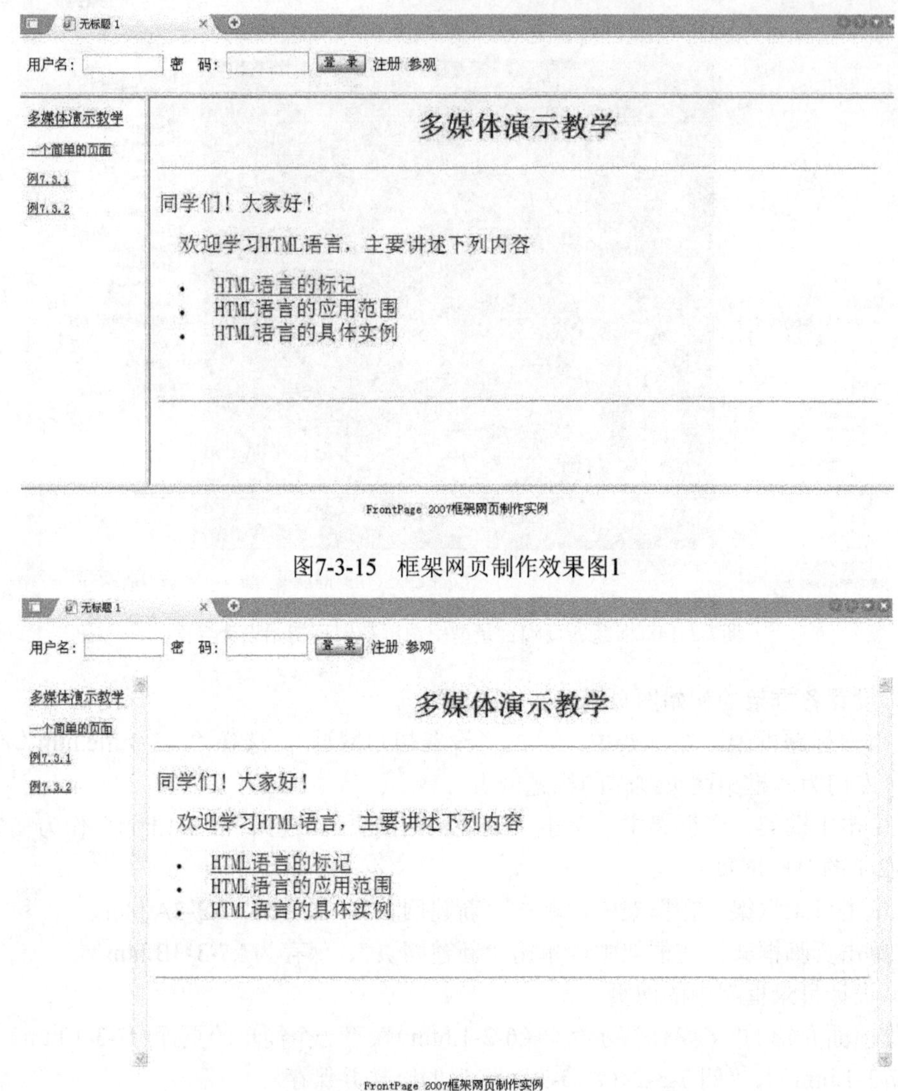

图7-3-15　框架网页制作效果图1

图7-3-16　框架网页制作效果图2

7.3.6　网页模板

网页模板是预先设计的、可以包含网页设置、格式和网页元素的网页。Microsoft FrontPage 提供了一些默认的网页模板，也可以创建自己的网页模板，使用模板可以快速一致地为网站创建网页。模板在多作者环境中非常有用，可帮助作者以相同方式创建网页。

有三种方法创建网页模板，具体为：

- 从空白网页创建网页模板。
- 从现有网页中创建网页模板。
- 更改现有模板来创建网页模板。

具体操作时，可选择“文件”→“新建”→“网页”，单击“HTML”创建 1 个空白网页，利用上面介绍的方法像设计普通网页一样设计自己的模板。

模板设计好后，在“文件”菜单上，单击“另存为”，在“保存类型”下拉列表框中，选择“网页模板（*.tem)”，输入相关信息并保存即可。

也可创建动态 Web 模板。通过共享动态 Web 模板，可以创建共享同一布局的 HTML 页。除了提供共享布局外，还可以允许对模板中的一些区域进行编辑，同时防止更改该模板中的其他区域。这意味着可以允许他人添加和编辑内容，但仍保留网页的布局与模板本身。

可以在网站中使用任意数量的动态 Web 模板，并根据需要将动态 Web 模板附加到任意数量的网页上。还可以将动态 Web 模板 (.dwt) 文件保存到任何位置。如果选择从网站中的一个或多个网页分离动态 Web 模板，将不会删除这些网页中的内容，而只删除该模板提供的格式。

创建动态 Web 模板与创建 FrontPage 模板方法相同，仅将“保存类型”修改为“动态 Web 模板”即可。

模板设计完毕并保存后，可在模板的基础上进一步设计页面。具体操作时，可选择“文件”→“新建”→“网页”，单击“我的模板”选项卡，将出现所有已定义的网页模板，选中需要的网页模板，确认后将基于模板创建 1 个新的网页。

7.3.7　表单及其应用

表单的主要作用是收集数据、实现不同网页间的数据交互、人机交互等。FrontPage 中的表单域元素包括文本框、文本区、单选按钮、复选框、分组框、下拉框和文件上传框等。

在 FrontPage 2007 中插入表单的方法如下：在网页中要插入表单的位置单击鼠标，在屏幕右上方的“工具箱”任务窗格单击展开“表单控件”（若“工具箱”任务窗格不可见，可选择“任务窗格”→“工具箱”显示该任务窗格），选择具体的表单域元素，FrontPage 会自动创建一个表单区域并将该表单域元素插入到此表单区域中。插入一个文本框、一个“提交”按钮、一个“重置”按钮的表单界面如图 7-3-17 所示。

为使页面更具特色，可设置按钮的效果，如修改“提交”按钮代码，具体如下：

```
<INPUT class=buttonface name=cmdok
onmouseout="this.style.color='000000'"
onmouseover="this.style.color='FF9900'"
style="BACKGROUND-COLOR: #e0e0e0;
BORDER-BOTTOM: 1px double;
BORDER-LEFT: 1px double;
BORDER-RIGHT: 1px double;
BORDER-TOP: 1px double;
COLOR: #000000" type=submit value=提交>
```

修改“重置”按钮代码，具体如下：

```
<INPUT class=p9 name=b1 style="BACKGROUND-COLOR:
rgb(145,148,195); COLOR: rgb(255,255,255)"
```

```
type=reset value="重置">
```

修改以后的表单界面如图 7-3-18 所示。

图7-3-17 含单行文本框的表单界面 1　　图7-3-18 表单界面 2

可双击文本框设置文本框属性，具体如图 7-3-19 所示。图中，最上面的文本框中字符表示文本框在网页中的名字，这个名字在表单中是唯一的，后台处理程序可通过这个名字获取文本框中的数据。可选中是否为密码域的单选按钮。当该按钮被选中时，用户在文本框中输入的字符将会代之以“*”字符显示，因此称做密码域。

图7-3-19 文本框设置界面

可在表单中进一步插入其他表单元素，但必须指出的是，你所单击的屏幕位置有可能不在要求的表单中，插入时应注意该表单元素是否插入到了指定的表单中，不可以把表单元素的相互距离作为是否在一个表单域的判断标准，应通过查看代码来判断，在“<form >……</form>”之间的表单域元素才属于同一个表单。

上面介绍的只是在 FrontPage 中表单操作的一般方法，关于如何获取并处理表单中的数据将在 7.4 节介绍。

7.4 静态网页设计脚本语言

单纯利用 HTML 标记制作网页相对单调，在网页中适当引入在客户端运行的脚本代码可使设计的网页更为生动，更具特色。

7.4.1 JavaScript 语言

提到 JavaScript，很多读者可能会联想到 Java。虽然 JavaScript 与 Java 有紧密的联系，但却是两个公司开发的不同的两个产品。Java 是 Sun 公司推出的面向对象程序设计语言，较适合 Web 应用程序开发，主要面向计算机程序设计人员。

JavaScript 语言的前身为 LiveScript，是 NetScape 公司引进了 Sun 公司有关 Java 的程序设计概念，将自己原有的 LiveScript 重新进行设计而成。JavaScript 是一种基于对象（object）和事件驱动（event driven）并具有安全性能的脚本语言，通俗易懂，简单易学。

JavaScript 的出现有效弥补了 HTML 语言的缺陷，是目前流行的网页设计脚本语言之一。还有一种类似的脚本语言叫 JScript，它是 Microsoft 公司对 ECMA 262 语言规范的一种实现。

1．JavaScript 程序的执行

JavaScript 是一种脚本编写语言，它采用小程序段的方式实现编程，是一种解释性语言。JavaScript 的基本结构形式与 C、C++等语言类似，但它不需要先编译，而是在程序运行过程中被逐行地解释。完成特定功能的 JavaScript 小程序段直接嵌入到 HTML 文档中，可通过下面的 HTML 文档来理解：

```
<html>
<Head></Head>
<body>
<script language="JavaScript">
   document.write("我的第一个 JavaScript 程序")
</script> </body> </html>
```

上面的网页文档正文中只有<script>...</script>一个标记，浏览效果如图 7-4-1 所示。

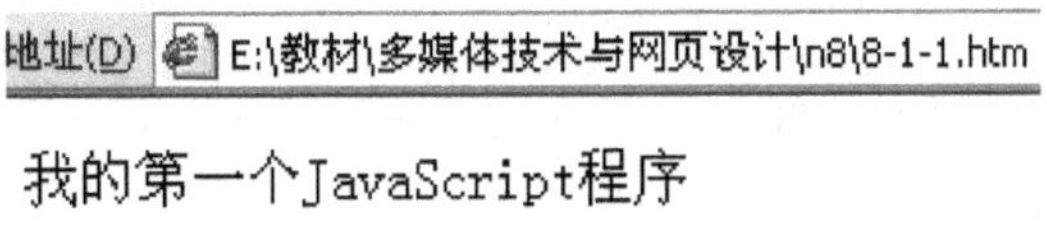

地址(D) E:\教材\多媒体技术与网页设计\n8\8-1-1.htm

我的第一个JavaScript程序

图7-4-1　JavaScript程序浏览效果图1

可见：JavaScript 代码由<script language ="JavaScript">...</script>说明。在标识<script Language ="JavaScript">...</script>之间加入具体的 JavaScript 脚本即可。

2．JavaScript 语法基础

JavaScript 编程与 C 相似，它只是去掉了 C 语言中有关指针等容易产生的错误，并提供了功能强大的类库。

1）数据类型

JavaScript 数据类型主要有：数值型(number，如 12.32、5E7、4e5 等)、字符串型（string)、布尔型（boolean)、对象类型（object)、空值（null）等。

字符串常量用单引号或双引号来说明，可使用单引号来输入包含引号的字符串。

可能的布尔型值有 true 和 false 两种。这是两个特殊值，不能用 1 和 0 代替。

空值用 null 表示，含义为没有任何值，什么也不表示。

对象类型将在后面介绍。

2）变量

JavaScript 是一种区分大小写的语言，其变量命名和 C 语言非常相似，以字母开头，中间可以出现数字，如 js1、js2 等。除下划线（_）作为连字符外，变量名称不能有空格、+、–、逗号（,）或其他符号，当然也不能使用 JavaScript 中的关键字作为变量。

JavaScript 是一种宽松类型的语言，可不显式定义变量的数据类型。尽管如此，在使用变量之前先进行声明是一种好的习惯，还可避免一些意外的错误。

3）运算符

JavaScript 的运算符如表 7-4-1 所示。

表 7-4-1　JavaScript 的运算符

<table>
<tr><th colspan="2">计算运算符</th><th colspan="2">逻辑运算符</th><th colspan="2">位运算符</th><th colspan="2">赋值运算符</th></tr>
<tr><td>描述</td><td>符号</td><td>描述</td><td>符号</td><td>描述</td><td>符号</td><td>描述</td><td>符号</td></tr>
<tr><td>负值</td><td>–</td><td>逻辑非</td><td>!</td><td>按位取反</td><td>~</td><td>赋值</td><td>=</td></tr>
<tr><td>递增</td><td>++</td><td>小于</td><td><</td><td>按位左移</td><td><<</td><td>运算赋值</td><td>oP=</td></tr>
<tr><td>递减</td><td>– –</td><td>大于</td><td>></td><td>按位右移</td><td>>></td><td></td><td></td></tr>
<tr><td>乘法</td><td>*</td><td>小于等于</td><td><=</td><td>无符号右移</td><td>>>></td><td></td><td></td></tr>
<tr><td>除法</td><td>/</td><td>大于等于</td><td>>=</td><td>按位与</td><td>&</td><td></td><td></td></tr>
<tr><td>取模</td><td>%</td><td>等于</td><td>==</td><td>按位异或</td><td>^</td><td></td><td></td></tr>
<tr><td>加法</td><td>+</td><td>不等于</td><td>!=</td><td>按位或</td><td>|</td><td></td><td></td></tr>
<tr><td>减法</td><td>–</td><td>逻辑与</td><td>&&</td><td></td><td></td><td></td><td></td></tr>
<tr><td></td><td></td><td>逻辑或</td><td>||</td><td></td><td></td><td></td><td></td></tr>
<tr><td rowspan="2"></td><td rowspan="2"></td><td rowspan="2">条件（三元运算符）</td><td rowspan="2">?:</td><td colspan="4">杂项</td></tr>
<tr><td colspan="2">描述</td><td colspan="2">符号</td></tr>
<tr><td></td><td></td><td>逗号</td><td>,</td><td colspan="2">删除</td><td colspan="2">delete</td></tr>
<tr><td></td><td></td><td>恒等</td><td>===</td><td colspan="2">typeof 运算符</td><td colspan="2">typeof</td></tr>
<tr><td></td><td></td><td>不恒等</td><td>!==</td><td colspan="2">void 运算符</td><td colspan="2">void</td></tr>
</table>

4）语句

（1）变量声明，赋值语句：var。

语法：

```
var 变量名称 [=初始值]
```

示例：

```
var d0 = 32
```

（2）函数定义语句：function，return。

语法：

```
function 函数名称 （函数所带的参数）
{  函数执行部分  }
```

（3）条件和分支语句：if…else，switch。

If…else 语句完成了程序流程块中分支功能：如果其中的条件成立，则程序执行紧接着条件的语句或语句块；否则程序执行 else 中的语句或语句块。

语法：

```
if （条件）  { 执行语句 1  }
else         { 执行语句 2  }
```

分支语句 switch 可以根据一个变量的不同取值采取不同的处理方法，语法规则与 C 语言类似。

（4）循环语句：for，for…in，while，break，continue。

for 语句的语法如下：

```
for （初始化部分；条件部分；更新部分）
{        执行部分...                    }
```

for…in 语句与 for 语句有一点不同，它循环的范围是一个对象所有的属性或是一个数组的所有元素。For…in 语句的语法如下：

```
for (变量 in 对象或数组)
{      语句...                    }
```

可通过显示数组中内容的函数来理解 for…in 与 for 的区别：

```
function showData(aa)
    {for (var X=0; X<30;X++)
     document.write(aa[X]); }
function showData(aa)
  {for(var Y in aa)
  document.write(aa[Y]); }
```

左边函数用 for 语句实现，在这种方式下，必须确切知道数组的下标范围。右边函数使用 for…in 语句，无须确切知道数组的下标范围。

While、break、continue 语法规则与 C 语言类似。

（5）对象操作语句：with，this，new。

with 语句的语法如下：

```
with (对象名称){      执行语句       }
```

作用是这样的：当你想使用某个对象的许多属性或方法时，只要在 with 语句的“()”中写出这个对象的名称，然后在下面的执行语句中直接写这个对象的属性名或方法名就可以了。

new 语句是一种对象构造器，可以用 new 语句来定义一个新对象。this 运算符总是指向当前的对象。

（6）注释语句：//（单行注释），/*...*/（多行注释）。

3．事件机制

在 JavaScript 中，事件是用户与页面交互（也可以是浏览器本身，如页面加载等）时产生的具体操作，如鼠标单击、鼠标移动等。浏览器为了响应某个事件而进行的处理过程，叫做事件处理。JavaScript 的事件处理机制可以改变浏览器响应用户操作的方式，从而开发出具有交互性并易于使用的网页。

在 JavaScript 中，事件处理通过函数来实现，可通过下面的例子来理解。

【例 7-4-1】 将如图 7-4-1 所示网页修改为用函数实现，要求初始页面显示一个按钮，当用户单击此按钮时，调用函数，输出字符串“我的第一个 JavaScript 程序”。

解：

根据上面的要求，可在网页文档<head>标记间定义一个函数，然后在正文插入一个按钮，将该按钮的鼠标单击事件的处理函数指向该函数即可，具体代码如下：

```
<html><head>
  <script language="JavaScript">
 function pushbutton()
    {document.write("我的第一个 JavaScript 程序");}
```

```
</script>
</head><body><form>
  <input type="button" name="Button1" value="单击此处打印字符串"
  onclick=pushbutton()>
  </form></body></html>
```

上面的网页文档浏览效果如图 7-4-2 所示（<head>标记间的函数正常情况下不显示在正文区）。

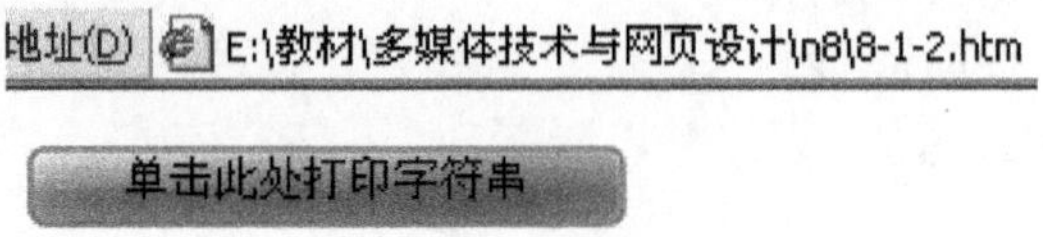

地址(D) E:\教材\多媒体技术与网页设计\n8\8-1-2.htm

单击此处打印字符串

图7-4-2　例7-4-1的浏览效果

文档中的“onclick="pushbutton()"”短句定义了该按钮鼠标单击事件的处理函数为 pushbutton 函数，因此，当图中的按钮被单击时，将产生鼠标单击事件，调用 pushbutton 函数，参考浏览效果如图 7-4-1 所示。

当然，JavaScript 函数也可以在网页文档中直接调用。下面代码的浏览效果和图 7-4-1 相同。

```
<html><head><script language="JavaScript">
    function pushbutton()
    {document.write("我的第一个 JavaScript 程序");}
 </script></head><body>
 <script language="JavaScript">
   pushbutton()
 </script>
 </body></html>
```

事件机制是 Windows 操作系统应用程序的基本特点，也是 JavaScript 程序设计的基础。基于事件机制，网页设计中的 JavaScript 脚本编写思路如下：为需要 JavaScript 脚本支持的网页元素定义相应的事件处理函数，利用 JavaScript 语言实现该函数。

JavaScript 中的事件主要有三大类。

（1）引起页面之间跳转的事件，主要是超链接事件。

（2）浏览器自己引起的事件。

（3）表单内部对象同界面的交互事件。

4．对象的使用

JavaScript 是一种基于对象的语言，使用的对象包括属性（properties）和方法（methods）两个基本要素。属性是该对象在实施其所需要行为的过程中涉及的数据信息，与变量相关联；方法是该对象能执行的具体操作，与特定的函数相关联。

1）对象的引用

一个对象在被引用之前，这个对象必须存在，可通过引用该对象的名称引用该对象，可引用的对象有以下三种：JavaScript 内部对象、浏览器内部对象、已经创建的新对象。

JavaScript 中，对象和数组是按同样方法处理的，可以按名称（使用对象名称，后跟一个圆点和属性的名称）来引用一个对象的任何成员（属性和方法），也可以按其数组下标索引来引用（下标从 0 开始编号），也可以通过其成员名称字符串来引用下标。

引用对象的属性常用下面的方式：

- 使用点（.）运算符实现引用。
- 通过字符串的形式实现引用。
- 通过下标的形式实现引用。

假定有一个已经存在的对象 university，具有 Name、City、Date 三个属性，下面的语句等价：

```
university.Name="重庆大学"
university[0] = "重庆大学"
university["Name"]="重庆大学"
```

引用 Math 内部对象中 cos()方法的实例如下：

```
with(Math)
{document.write(cos(60));}
```

若不使用 with，引用时则要写出对象的名称，实例如下：

```
document.write(Math.cos(35))
```

2）JavaScript 的内部对象和方法

在此介绍 String（字符串）、Math（数值计算）和 Date（日期）三种 JavaScript 内部对象。

（1）String 对象

String 对象只有一个属性：length，含义为该字符串对象中的字符个数。

String 对象中的方法有 30 多个，主要用于该字符串在 Web 页面中的显示，字体大小、字体颜色的设置、字符的搜索以及字符的大小写转换等。

String 对象的主要方法如下：big()：大体字显示；Italics()：斜体字显示；bold()：粗体字显示；blink()：字符闪烁显示；small()：字符用小体字显示；fixed()：字符用固定高亮字显示；fontsize(size)：按给定字体大小显示；fontcolor(color)：按给定字体颜色显示。toLowerCase()：小写转换；toUpperCase()：大写转换。字符搜索方法 indexOf[charactor, fromIndex]含义如下：从指定 fromIndex 位置开始搜索 charactor 第一次出现的位置。

返回字串的一部分字串方法 substring(start,end)含义如下：返回从 start 开始到 end 结束的全部字符。

（2）Math 对象

Math 中提供了 8 个属性，它们是数学中经常用到的常数 E、LN10、LN2、LOG10E、LOG2E、圆周率 PI、1/2 的平方根 SQRT1_2、2 的平方根为 SQRT2。

主要方法有：abs()、sin()、cos()、asin()、acos()、tan()、atan()、round()、sqrt()、pow(base,exponent)。

（3）Date 对象

Date 是有关日期和时间的对象，它与 String、Math 对象的最大区别在于 String、Math

对象无需创建实例就可直接使用，程序段：

```
S0="This is a JavaScript"
document.write(S0.length)
```

的执行结果为 20。

Date 对象必须使用 new 运算符创建一个实例才能在程序中使用，要在程序中显示当前日期的程序段如下：

```
NowDate=new Date()
  with(NowDate)   {
  document.write(getYear()+"-"+getMonth()+"-"+getDate()) }
```

Date 对象没有提供直接访问的属性。主要方法有：getYear()返回年数；getMonth()返回当月号数；getDate()返回当日号数；getDay()返回星期几；getHours()返回小时数；getMinutes()返回分钟数；getSeconds()返回秒数；getTime()返回毫秒数；setYear()设置年；setDate()设置当月号数；setMonth()设置当前月份数；setHours()设置小时数；setMinutes()设置分钟数；setSeconds()设置秒数；setTime ()设置毫秒数。

（4）JavaScript 中的系统函数

JavaScript 中的系统函数又称内部方法，它是与任何对象无关的函数，使用这些函数不需创建任何实例,可直接使用。主要有 eval（字串表达式）、unescape (string)、escape(character)等。

3）浏览器内部对象

浏览器内部对象有：文档对象 document，窗口对象 window，历史对象 history，位置对象 location。

历史对象 history 提供了与历史清单有关的信息，如前进、后退等。位置对象 location 提供了与当前打开的 URL 一起工作的方法和属性，如主机名、路径等。document 对象即文档对象，通过文档对象，可以更新正在装入或已经装入的文档，并可以访问装入文档中所包含的 HTML 元素。相关的子对象，有 links、forms、location 等。此外，document 对象还具有较多的方法，如 write()、close()等，是较难掌握的一个对象。

窗口对象 window 包含了与窗口相关的许多子对象，如 document、history 等。此外，document 对象也具有较多的方法，如 alert()、close()、confirm()、open()等，是另一个较难掌握的一个对象。

必须指出的是，在浏览器内部对象中，默认情况下所用的对象为 window 对象，因此，使用 window 对象中的方法时，对象名称 window 可以省略不写，即“window.alert ("你好")”与“alert ("你好")”具有相同的效果。

【例 7-4-2】 分析下面代码的功能。

```
<html><head>
  <meta http-equiv="Content-Language" content="zh-cn">
  <script language="JavaScript">  /*（1）*/
  function title(h1,h2)
   {this.h1="JavaScript 对象的使用";
```

```
    this.h2="简单实例";}
  function pushbutton()
    { if (confirm("你是否确信退出本系统"))
      close();          }           /*(1)*/
 </script></head>
<body><p align="center"><font size="5"
   color="#000080"><script language="JavaScript">
   U1=new title();
   for(var Y in U1)
      document.write(U1[Y]);        /*(2)*/
   document.write("<br></br>");    /*(3)*/
   NowDate=new Date();
   with(NowDate)   {
   document.write(getYear()+"-"+getMonth()+"-"+getDate())}
      </script></font>              /*(3)*/
<form> <input type="button" name="Button1" value="退 出 系 统"
onclick="pushbutton()"> </form>
 </body></html>
```

解：

（1）网页的<head>…</head>之间定义了一个 title 对象和一个 pushbutton 函数。

（2）网页正文中首先设置文字大小为 5，颜色为半蓝色，居中显示；之后，利用 new 为 title 对象定义了一个实例 U1；之后，利用 for…in 语句结合 document 对象的 write 方法将 U1 实例中的元素输出到屏幕。

（3）正文中接着利用 document 对象的 write 方法输出一个
标记（换行）；之后，利用 Date 对象结合 document 对象的 write 方法将当前年-月-日输出到屏幕。

（4）正文中接着插入了具有一个按钮的表单，定义该按钮鼠标单击事件的处理函数为 pushbutton 函数

网页参考浏览效果如图 7-4-3 所示。

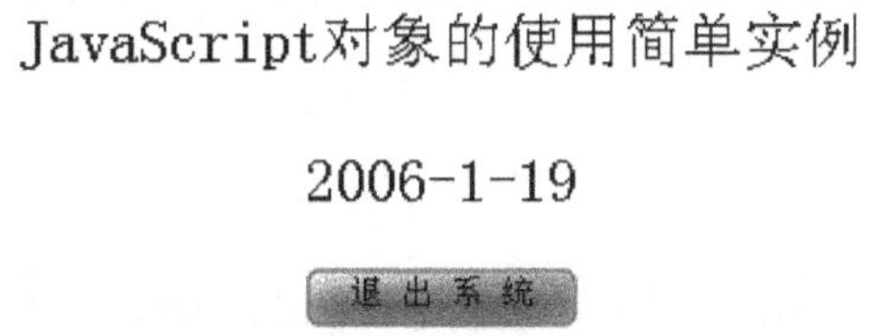

JavaScript对象的使用简单实例

2006-1-19

退出系统

图7-4-3　例7-4-2的浏览效果

当图中的按钮被单击时，将产生鼠标单击事件，调用 pushbutton 函数，弹出确信退出确认框。

5．应用实例

【例 7-4-3】 分析下面的为超链接建立解释型菜单的网页代码。

```
<html><head><title>解释型菜单</title>
<SCRIPT LANGUAGE="JAVASCRIPT">
```

```
str0="<TABLE bgColor=#7b7b7b border=0 cellPadding=3 cellSpacing=1
width=92>"
str1='<TBODY><TR><TD bgColor=#ffffff style="color: #333333; font-size:
12px" width="84"><b><font color="#FF0000">多媒体技术</font></b></TD></TR>'
str2='<TR><TD bgColor=#ffffff style="color: #333333; font-size: 12px"
width="84"> <a href="7-4-4.htm">第 1 章</a></TD></TR></TBODY>
</TABLE>'
messages=new Array(3)
messages[0]=str0+str1+str2
messages[1]="<font color=red><b>为超链接建立解释型菜单</b></font>"
messages[2]="<font color=red><b> </b></font>"
if (document.all) {
        layerRef='document.all.'
        changeMessages=".innerHTML=messages[num]"
        closeit=""
        browser=true   }
else { alert("此效果在 Netscape 浏览器中不能实现！");}
function mover(num){
if(browser)
        {eval(layerRef+'startingMsg'+changeMessages);  }
}
function mout(num){
if(browser){eval(layerRef+'startingMsg'+changeMessages);}
}
</SCRIPT></head>
<body> <table width="760" border="0" cellspacing="0" cellpadding="0">
  <tr><td><a onMouseOver="mover(0)"onMouseOut="mout(0)"href="7-4-4.htm">
  菜单实例</a>
     <p> <a onMouseOver="mover(1)" onMouseOut="mout(2)" href="7-4-4.htm">
    本页提示</a>  </td> </tr></table>
<div id="startingMsg" style="left:54px;POSITION:absolute;top:20px;width:
414px; height: 10px">  </div>
</body></html>
```

解：

（1）网页的<head>…</head>之间首先定义了 str0、str1、str2 三个字符串（请读者参考上一章分析这些字符串的含义）；之后，定义了具有三个元素的 messages 数组，用于保存具体解释内容。

（2）在<head>标记之间接着定义了 mover()、mout()两个函数（为求简便，两个函数代码相同），用于处理 MouseOver 和 MouseOut 事件。

（3）正文中建立了“菜单实例”、“本页提示”两个超链接并定义了各自的 MouseOver 和 MouseOut 事件处理函数。

（4）正文中接着对 startingMsg 进行了说明。

当鼠标指向图中“菜单实例”超链接时，将产生 MouseOver 事件，调用 mover(0)函数，将 messages[0]中的代码执行，得到如图 7-4-4 所示的浏览效果。

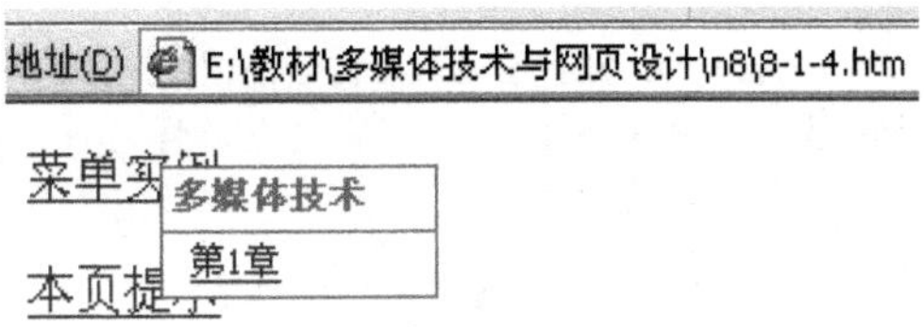

地址(D) E:\教材\多媒体技术与网页设计\n8\8-1-4.htm

菜单实例　多媒体技术

本页提示　第1章

图7-4-4　例7-4-3的浏览效果

【例 7-4-4】 分析下面建立图片更改超链接效果的网页代码。

```
<html><head><SCRIPT Language="JavaScript">
function MM_findObj(n, d) {  var p,i,x;
if(!d) d=document;
if((p=n.indexOf("?"))>0&&parent.frames.length)
  { d=parent.frames[n.substring(p+1)].document;
    n=n.substring(0,p);}
 if(!(x=d[n])&&d.all) x=d.all[n];
 for (i=0;!x&&i<d.forms.length;i++) x=d.forms[i][n];
 for(i=0;!x&&d.layers&&i<d.layers.length;i++)
     x=MM_findObj(n,d.layers[i].document);
 if(!x && document.getElementById)
     x=document.getElementById(n); return x; }
function MM_nbGroup(event, grpName) { //v3.0
  var i,img,nbArr,args=MM_nbGroup.arguments;
  if (event == "init" && args.length > 2)
  { if ((img = MM_findObj(args[2])) != null && !img.MM_init)
  { img.MM_init = true; img.MM_up = args[3]; img.MM_dn = img.src;
    if ((nbArr = document[grpName]) == null)
      nbArr = document[grpName] = new Array();
   nbArr[nbArr.length] = img;
   for (i=4; i < args.length-1; i+=2)
    if ((img = MM_findObj(args[i])) != null)
        {if (!img.MM_up) img.MM_up = img.src;
        img.src = img.MM_dn = args[i+1];
        nbArr[nbArr.length] = img;    }
        }
            }
else if (event == "over")
   {document.MM_nbOver = nbArr = new Array();
    for (i=1; i < args.length-1; i+=3)
if ((img = MM_findObj(args[i])) != null)
     {if (!img.MM_up) img.MM_up = img.src;
    img.src = (img.MM_dn && args[i+2]) ? args[i+2] : args[i+1];
     nbArr[nbArr.length] = img; }
```

```
    }
  else if (event == "out" )
   { for (i=0; i < document.MM_nbOver.length; i++)
   {img=document.MM_nbOver[i]; img.src=(img.MM_dn)?img.MM_dn:img.MM_up; }
      }
     else if (event == "down") {
     if ((nbArr = document[grpName]) != null)
      for (i=0; i < nbArr.length; i++) { img=nbArr[i]; img.src = img.MM_up;
      img.MM_dn = 0; }
     document[grpName] = nbArr = new Array();
     for (i=2; i < args.length-1; i+=2)
     if ((img = MM_findObj(args[i])) != null) {
       if (!img.MM_up) img.MM_up = img.src;
     img.src = img.MM_dn = args[i+1];
     nbArr[nbArr.length] = img;
     } }} </SCRIPT></head>
<body>
<A onmouseover="MM_nbGroup('over','zaixianfudaoanniu','
zaixianfudaoanniu_f2.gif','zaixianfudaoanniu_f3.gif',1);" onclick="MM_
nbGroup('down','navbar1','zaixianfudaoanniu','zaixianfudaoanniu_f3.gif',1);"
onmouseout="MM_nbGroup('out');" href="7-4-5.htm">
<IMG height=25 src="zaixianfudaoanniu.gif" width=60 border=0
     name=zaixianfudaoanniu></A></body></html>
```

解：

（1）网页的<head>…</head>之间定义了MM_nbGroup()函数。

（2）正文中建立了一个图片超链接（zaixianfudaoanniu.gif），并定义了MouseOver、MouseOut和click事件处理函数。具体地说，当鼠标指向该超链接时，用另一张类似图片替换原始超链接图片，类似其他事件处理。这些效果组合，实现了一个特殊的按钮被按下的效果（由你设计的三张图片的效果决定），浏览效果如图7-4-5所示。

图7-4-5　例7-4-4的浏览效果

【例7-4-5】 分析下面的动态数字时钟代码。

```
<html><head><title>动态数字时钟</title>
<SCRIPT language=JavaScript>
function show()
{ if (!document.layers&&!document.all)  return;
 var timer=new Date();
```

```
var hours=timer.getHours();
 var minutes=timer.getMinutes();
var seconds=timer.getSeconds();
var noon="AM" ;
 if (hours>12)
     {noon="PM"; hours=hours-12; }
 if (hours==0)  hours=12;
 if (minutes<=9)   minutes="0"+minutes;
 if (seconds<=9)   seconds="0"+seconds;
 myclock="<font class=p3  color=blue><b>"+hours+
":"+minutes+":" +seconds+noon+"</b></font>";
if (document.layers)
{document.layers.position.document.write(myclock);
document.layers.position.document.close();}
else if (document.all)
     position.innerHTML=myclock;
setTimeout("show()",1000);
 }
</SCRIPT></head>
<body>  <SPAN id=position style="LEFT: 400px; WIDTH: 128px; POSITION:
absolute; TOP: 10px; HEIGHT: 15px"></SPAN>
<SCRIPT language="javascript"> show() </SCRIPT>
</body></html>
```

解：

上面代码的浏览效果如图 7-4-6 所示，简要解释如下：

图7-4-6　例7-4-5的浏览效果

（1）网页的<head>…</head>之间定义了一个 show()函数。

show()函数首先获取当前日期及时间，用 myclock 变量保存当前时间并输出到屏幕，输出的具体位置由 position 决定。

show()函数最后设置定时器时间为 1000ms，溢出时调用 show()，从而实现时间的自动刷新。

（2）网页正文中首先对 position 进行了说明，然后调用 show()函数实现动态数字时钟，网页参考浏览效果如图 7-4-6 所示。

7.4.2 VBScript 语言

VBScript 即 Microsoft Visual Basic Scripting Edition，它将灵活的 Script 应用于更广泛的领域，包括 Microsoft Internet Explorer（IE）中的 Web 客户机 Script 和 Microsoft Internet Information Server（IIS）中的 Web 服务器 Script，是应用广泛的脚本语言之一。

1．VBScript 脚本的执行

VBScript 也是一种解释性语言。VBScript 不仅包括了浏览器中的 Web 客户机 Script，还包括了 IIS 中的 Web 服务器 Script，因此，VBScript 脚本的执行有两种方式：由浏览器解释执行和经 IIS 解释后由浏览器执行。

当 VBScript 程序无需与服务器交换数据时，可直接由浏览器解释执行。完成特定功能的 VBScript 小程序段直接嵌入到 HTML 文档中，可通过下面的 HTML 文档来理解：

```
<html> <Head></Head><body>
<script language="VBScript">
   document.write("我的第一个 VBScript 程序")
</script> </body> </html>
```

上面的网页文档正文中只有<script>...</script>一个标记，浏览效果如图 7-4-7 所示。

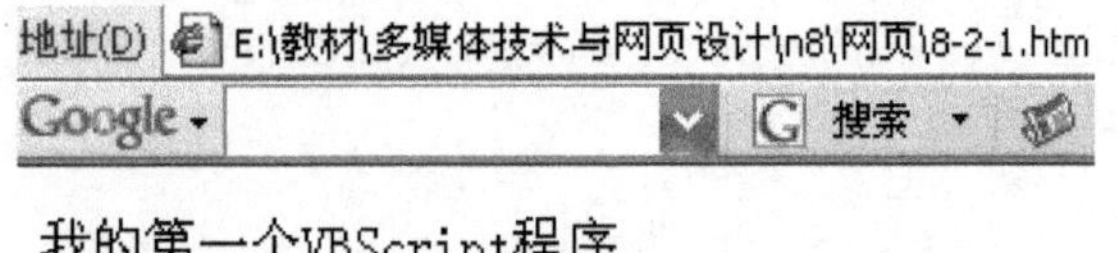

我的第一个VBScript程序

图7-4-7　VBScript程序浏览效果图1

可见：可在标识<Script Language ="VBScript">...</Script>之间加入具体的 VBScript 脚本执行 VBScript 脚本，但此时的 VBScript 程序不能与服务器交换数据。

2．VBScript 语法基础

VBScript 是程序开发语言 Visual Basic 家族中的一员，语法与 Visual Basic 相近。

1）数据类型

VBScript 只有一种数据类型，称为 Variant。Variant 是一种特殊的数据类型，根据使用的方式，它可以包含不同类别的信息。如当 Variant 用于数字上下文中时，它作为数字处理；当它用于字符串上下文中时，它作为字符串处理。此外，Variant 还可以进一步区分数值信息的特定含义，如当使用数值信息表示日期或时间时，此类数据在与其他日期或时间数据一起使用时，结果也总是表示为日期或时间。

Variant 包含的数值信息类型称为子类型。大多数情况下，可将所需的数据放进 Variant 中，而 Variant 也会按照最适用于其包含的数据的方式进行操作。Variant 包含的数据子类型如表 7-4-2 所示。

表 7-4-2 Variant 包含的数据子类型

子类型	描述
Empty	未初始化的 Variant。对于数值变量，值为 0；对于字符串变量，值为长度为零的字符串("")
Null	不包含任何有效数据的 Variant
Boolean	包含 True 或 False
Byte	包含 0 到 255 之间的整数
Integer	包含–32 768 到 32 767 之间的整数
Currency	取值范围为–922 337 203 685 477.5808 到 922 337 203 685 477.5807
Long	包含–2 147 483 648 到 2 147 483 647 之间的整数
Single	包含单精度浮点数，负数范围从–3.402823E38 到–1.401298E–45，正数范围从 1.401298E–45 到 3.402823E38
Double	包含双精度浮点数，负数范围从–1.79769313486232E308 到 –4.94065645841247E–324，正数范围从 4.94065645841247E–324 到 1.79769313486232E308
Date (Time)	包含表示日期的数字，日期范围从公元 100 年 1 月 1 日到公元 9999 年 12 月 31 日
String	包含变长字符串，最大长度可为 20 亿个字符
Object	包含对象
Error	包含错误号

2）变量

显然，VBScript 中的变量只有一个基本数据类型，即 Variant。VBScript 支持隐式声明变量。当然，变量不声明而直接使用可能由于变量名被拼错而导致在运行 Script 时出现意外的结果。因此，最好使用 Option Explicit 语句强制要求显式声明脚本中的所有变量，并将其作为 VBScript 的第一条语句。

3）运算符

VBScript 的运算符如表 7-4-3 所示。

表 7-4-3 VBScript 的运算符

算术运算符		比较运算符		逻辑运算符	
描述	符号	描述	符号	描述	符号
求幂	^	等于	=	逻辑非	Not
负号	–	不等于	<>	逻辑与	And
乘	*	小于	<	逻辑或	Or
除	/	大于	>	逻辑异或	Xor
整除	\	小于等于	<=	逻辑等价	Eqv
求余	Mod	大于等于	>=	逻辑隐含	Imp
加	+	对象引用比较	Is		
减	–				
字符串连接	&				

4）语句

（1）变量声明

可用 Dim、Public 和 Private 语句显式声明变量。如 Dim a(10)。

（2）条件和分支语句：If...Then...Else 语句

上面的语句完成了程序流程块中分支功能，解释如下：如果 If 条件成立，则程序执行 Then 后面的语句或语句块；否则程序执行 Else 后面的语句或语句块。

条件语句的语法有两种形式：

```
If 条件  Then 单行语句（多条语句则用:分割） Else 单行语句
    If...Then...Else 语句在 1 行中书写完毕。
 If 条件  Then
    多行语句
Else
    多行语句
End If
```

（3）循环语句

VBScript 中的循环语句有以下几种形式：

- Do…Loop：当（或直到）条件为 True 时循环。
- While…Wend：当条件为 True 时循环。
- ForvNext：指定循环次数，使用计数器循环执行语句。
- For Each…Next：对于集合中的每项或数组中的每个元素，循环执行一组语句。

【例 7-4-6】 分析下面代码的浏览效果。

```
<html><head></head>
<body>
<script language="VBscript">
 Do Until DefResp = vbNo
 MyNum = Int (200 * Rnd + 1)      '产生 1 到 200 之间的随机数
  DefResp = MsgBox (" 当前随机数: "&MyNum & "   想要另一个数吗？", vbYesNo)
  Loop
</script></body></html>
```

解：

例 7-4-6 的浏览效果如图 7-4-8 所示，简要解释如下：

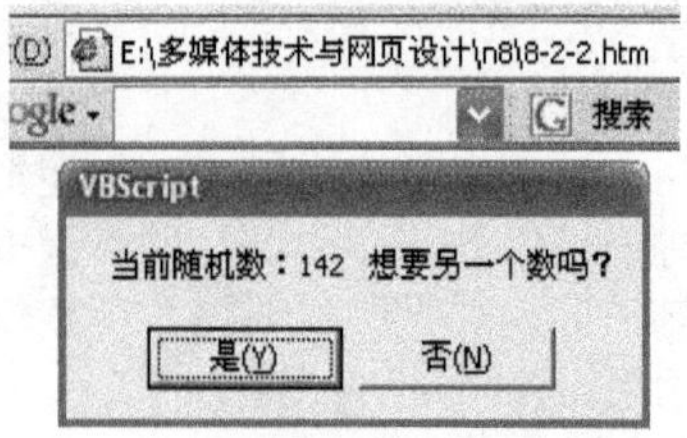

图7-4-8 例 7-4-6的浏览效果

① MsgBox 为内部函数，作用为在对话框中显示消息，等待用户单击按钮，并返回一个值指示用户单击的按钮。

vbYesNo、vbNo 为与 MsgBox 函数一起使用常数，前者含义为“显示是和否按钮”，后者含义为“否按钮被单击”。

② 正文中只有<script>…</script>一个标记，标记中的脚本包括一个 Do Until...Loop 循环，为直到型循环。

③ 代码的功能为重复产生一个显示 1 到 200 之间的随机数的消息框，直到否按钮被单击。

（4）过程语句

在 VBScript 中，过程被分为两类：Sub 过程和 Function 过程。

Sub 过程是包含在 Sub 和 End Sub 语句之间的一组 VBScript 语句，执行操作但不返回值。语法如下：

```
Sub name (参数表)
      语句块
End Sub
```

Function 过程是包含在 Function 和 End Function 语句之间的一组 VBScript 语句。Function 过程与 Sub 过程类似，但是 Function 过程可以返回值。

【例 7-4-7】 分析下面代码的浏览效果。

```
<html><head>
<script language="vbscript">
 Sub ConvertTemp()
    temp = InputBox("请输入华氏温度。", 1)
    MsgBox "温度为 " & Celsius(temp) & " 摄氏度。"
 End Sub
 Function Celsius(fDegrees)
    Celsius = (fDegrees - 32) * 5 / 9
 End Function
</script></head>
<body><script language="vbscript">
  ConvertTemp
</script></body></html>
```

解：

例 7-4-7 的浏览效果如图 7-4-9 所示，简要解释如下。

① <head>...</head>标记之间定义了一个 Sub 过程 ConvertTemp 及一个 Function 过程 Celsius(fDegrees)。ConvertTemp 过程通过调用 Celsius 过程实现将华氏度换算为摄氏度。

② 正文中只有<script>...</script>一个标记，标记中的脚本只有一条语句：调用 ConvertTemp 过程。

③ 可通过输入“函数名（参数表）”调用 Function 过程，输入过程名及所有参数值（参数值之间使用逗号分隔）调用 Sub 过程。

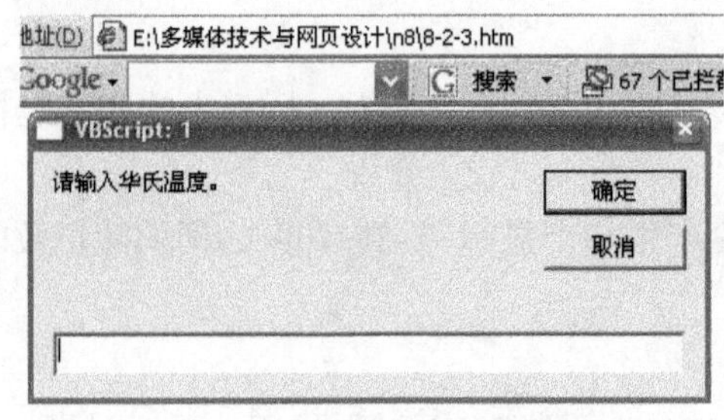

图 7-4-9　例 7-4-7的浏览效果

3．事件机制

事件机制是Windows程序的基本特点，当然也是VBScript程序设计的基础。在VBScript中，事件处理有两种方式。

（1）采用事件过程处理事件。用于事件处理的事件过程采用一种特殊的方法来命名，格式为："对象名_事件"。当该对象触发事件时，就会寻找相应的处理过程来处理。

（2）向事件附加代码。向事件附加 VBScript 代码的方法有两种：一种是在定义控件的标记中添加较短的内部代码；另一种方法是在<SCRIPT>标记中指定特定的控件和事件。

【例 7-4-8】 分析下面代码的浏览效果。

```
<html><head><script language="vbscript">
Sub Button1_OnClick
  Do
  MyNum = Int (200 * Rnd + 1)
  DefResp = MsgBox (" 当前随机数: "&MyNum & "   想要另一个数吗? ", vbYesNo)
  Loop While DefResp = vbYes
End Sub
</script></head>
<body>
<FORM><INPUT NAME="Button1" TYPE="BUTTON" VALUE="产生随机数消息框"></FORM>
</body></html>
```

解：

例 7-4-8 的浏览效果如图 7-4-10 所示，简要解释如下：

图 7-4-10　例 7-4-8 的浏览效果

（1）正文中定义了一个表单，含有一个名为 Button1 的按钮。

（2）<head>...</head>标记之间定义了一个 Button1_OnClick 过程，从过程名可看出，该过程为按钮 Button1 的鼠标单击事件处理过程。

（3）当按钮 Button1 被单击时，调用 Button1_OnClick 过程，重复产生一个显示 1 到 200 之间的随机数的消息框，直到“否”按钮被单击。

4．应用实例

【例 7-4-9】 分析下面代码的浏览效果。

```
<HTML><HEAD><TITLE>简单验证</TITLE>
<SCRIPT LANGUAGE="VBScript" EVENT="OnClick" FOR="Button1">
  Dim TheForm
  Set TheForm = Document.ValidForm
   If IsNumeric(TheForm.Text1.Value) Then
     If TheForm.Text1.Value < 1 OR TheForm.Text1.Value > 10 Then
      MsgBox "请输入一个 1 到 10 之间的数字。"
     Else
       Document.write("你输入的数字是"&TheForm.Text1.Value)
     End If
   Else
    MsgBox "请输入一个数字。"
   End If
        </SCRIPT></HEAD>
<BODY>
        <H3>简单验证</H3><HR>
        <FORM NAME="ValidForm">
        <font size="4">请输入一个 1 到 10 之间的数字: </font>
       <INPUT NAME="Text1" TYPE="TEXT" class='9v'>
       <INPUT NAME="Button1" TYPE="BUTTON" VALUE="提交">
       </FORM></BODY></HTML>
```

解：

例 7-4-9 的浏览效果如图 7-4-11 所示，简要解释如下。

简单验证

请输入一个 1 到 10 之间的数字：［　　　　］［提交］

图 7-4-11　例 7-4-9 的浏览效果

（1）在 <head>...</head>标记之间定义的 VBScript 脚本为按钮 Button1 的鼠标单击事件处理脚本，采用了在 <SCRIPT> 标记中直接指定特定的控件和事件的定义方法。

（2）正文中主要定义了一个表单，含有一个名为 Button1 的按钮及一个名称为 Text1 的文本框。当按钮 Button1 被单击时，调用（1）中定义的 VBScript 脚本。

（3）（1）中定义的 VBScript 脚本实现的具体功能为获取正文表单中文本框（名称为

Text1）的具体内容，若为一个 1 到 10 之间的数字，将其打印，否则给出提示。

显然，实现上面的功能涉及如何利用 VBScript 访问网页文档中的元素。浏览器对象 Document 采用分层对象结构，最顶层代表整个网页文档，之后是该文档具有的 HTML 元素对象。

在 VBScript 脚本中，首先定义了 TheForm 变量，然后将其指向名为 ValidForm 的 HTML 元素对象（对应正文中定义的表单）。按照分层对象结构，TheForm.Text1 对应正文中定义的表单的文本框，其具体内容可用 TheForm.Text1.Value 表示。

7.5 静态网页制作设计综合实例

7.5.1 FrontPage 2007 静态网页制作教学网站

下面通过一个设计实例向读者展示网站建设的一般过程。

【例 7-5-1】 在 FrontPage 2007 中建立一个关于 FrontPage 2007 静态网页制作的教学网站。

（1）网站规划

浏览 7.3 节目录，本节包括 7 小节，为此，规划设计 8 个页面，一个页面为网站首页，其余 7 个页面分别对应 7 个小节。将这 7 个小节文件命名为 1.htm～7.htm，首页命名为 default.htm。

（2）新建一个站点

选择“文件”→“新建”→“网站”，在随后出现的对话框中，选择 “常规”→“只有一个网页的网站”，指定新网站的位置后确认，界面如图 7-5-1 所示。

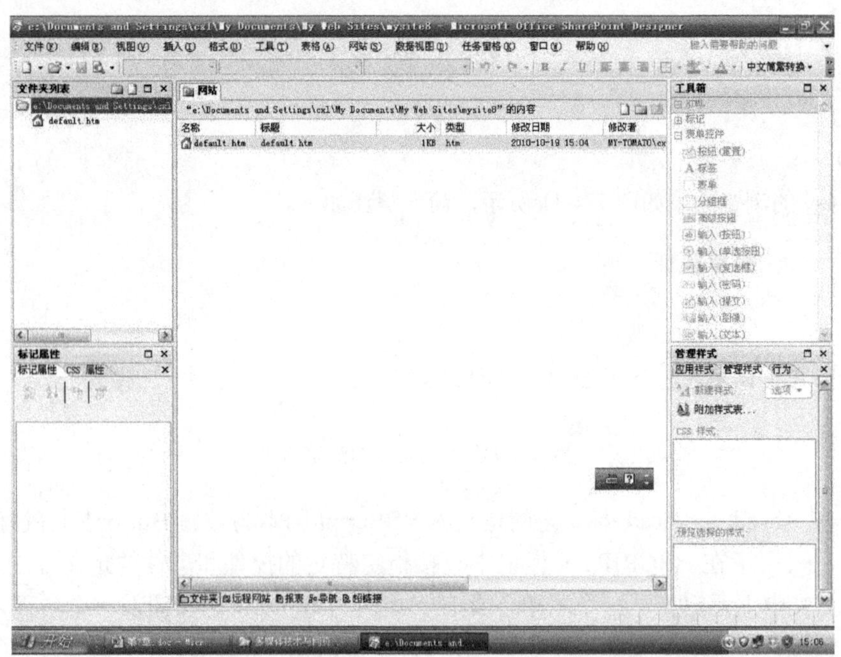

图 7-5-1 例 7-5-1 的图 1

（3）设计站点的 CSS

一般情况下，一个网站应该具有统一的风格，建立统一风格的方法之一是定义网站的 CSS 及网站的模板，将定义的 CSS 文件链接到网站的模板中。当然，也可以使用开发工具自带的模板来统一风格。

下面介绍站点 CSS 的建立，方法如下：选择“文件”→“新建”→“CSS”，创建一个空白的 CSS 文件，选择“文件”→“另存为”，命名文件为：mycss.css。

CSS 定义的主要内容包括：超链接风格，表格风格，默认字体风格等。定义正常显示时超链接文字（A:link、A:visited 标记）为海军蓝，无下划线；当鼠标指向超链接（A:hover 标记）时，超链接文字为红色，有下划线。单元格默认字体（TD 标记）为 9pt，行距（.l1 标记）为 120%。正文区默认字体（BODY 标记）为 9pt。

具体操作如下：打开 mycss.css 文件，选择“格式”→“新建样式”，界面如图 7-3-10 所示。选择“选择器”中的“BODY”标记，选择“定义位置”为“现有样式表”，在下面的任务窗格中选择“字体”，fontsize 设置大小为 9pt，确认即可完成。进一步设置其他 CSS 效果，保存文件供网站使用。

（4）设计站点的模板

通过定义模板，可大大简化网站建设的周期，提高效率。本站点自定义模板规划如图 7-5-2 所示。

图 7-5-2　例 7-5-1 的图 2

（5）具体实现过程

具体实现方法如下。

① 双击网站中的 defaule.htm，打开该文件，切换到设计模式。

② 将 CSS 文件链接到该文件：在“格式”菜单上，单击“CSS 样式”，再单击“附加样式表”。找到并单击外部级联样式表(CSS) mycss.css 文件，再单击“确定”按钮。

③ 插入布局表格。选择“表格”→“布局表格”，在左下边的“布局表格”任务窗格中的“表格布局”栏选择“标题、页脚和三列”，界面如图 7-5-3 所示。

- 可在右边的“布局表格”任务窗格中进一步设置布局表格的属性，如宽度、高度、对齐方式，图中设置布局表格对齐方式为居中，高度和宽度在插入具体网页元素时再调整。
- 各区域安排如下：最上面的行为标题栏，用于显示网站名称（“FrontPage 2007 静态网站制作实例”）及本节教学内容中 7 小节页面的链接。最下面为页脚栏，用于显示版权、制作信息等。中间的 3 列待定。

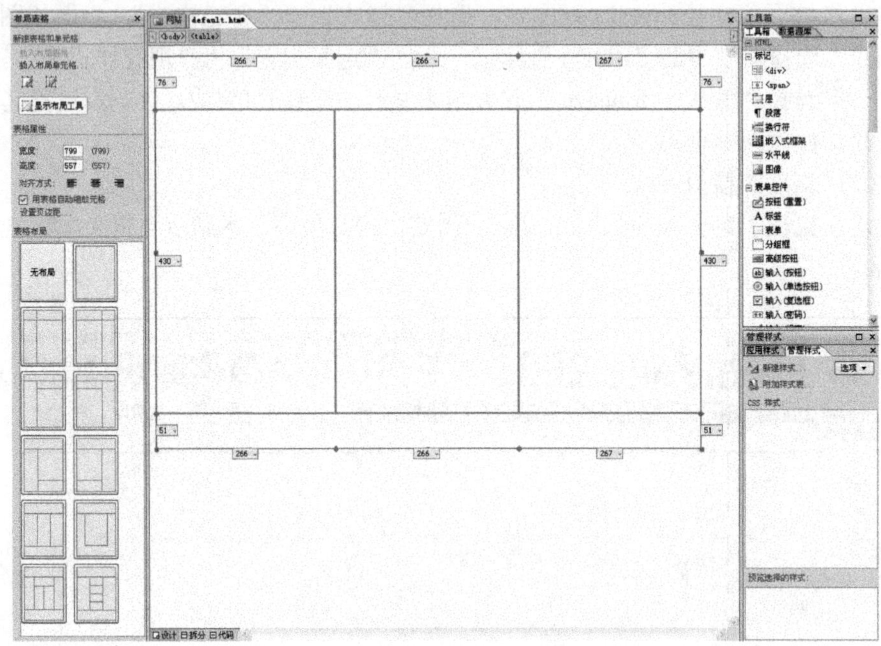

图 7-5-3　例 7-5-1 的图 3

④ 设计标题栏。

考虑美观，在网页的最上面插入水平线，中间放置标题图片及其他，下面放置各小节页面的链接，留一行用于提示浏览者所处的网站位置。为此，可将标题行拆分为 5 行，方法如下：在标题行任意位置单击鼠标右键，选择“修改”→“拆分单元格”，将标题行拆分为 5 行。

在第 1 行任意位置单击，选择“插入”→HTML→“水平线”，按 Del 键删除多余的空格，使页面更紧凑。双击水平线，设置水平线属性为“实线无阴影”。

第 2 行计划放两张图片，为方便放置，可在该行插入一个 1 行 2 列的表格。在第 2 行任意位置单击，选择 “表格”→“插入表格”，设置表格属性为宽度 100%，1 行 2 列。在该表格的第一个单元格单击，选择“插入”→“图片”→“来自文件”，选择 images 目录下的 1.jpg 文件，单击确认。适当调整单元格宽度。按照上面的方法在第 2 个单元格插入

images 目录下的 2.gif 个文件，参考效果如图 7-5-4 所示。

图 7-5-4　例 7-5-1 的图 4

由图可见，页面不太美观，1.jpg 图片太大，应调整其大小。单击 1.jpg 图片，移动鼠标到图片右下边沿，待鼠标变成斜向双箭头形状时调整图片，高度与 2.gif 基本一致，如图 7-5-5 所示。

图 7-5-5　例 7-5-1 的图 5

进一步观察页面，发现该行右边存在一定的空白区域，影响标题栏美观，可进一步放置一些关于作者的信息。可在 2.gif 所在单元格单击鼠标右键，选择 “修改” → “拆分单元格”，将其拆分为 2 列。适当调整单元格，输入相关信息，设置字体大小，适当地缩小 2.gif 水平宽度，适当地设置第 3 个单元格段落行距（在第 3 个单元格单击鼠标，选择“格式” → “段落”，在“行距大小”文本框输入 15pt）使页面更加美观。参考效果如图 7-5-6 所示。

图 7-5-6　例 7-5-1 的图 6

继续设计第 3 行，第 3 行作为快速导航条，包括首页、7 小节页面的快速导航。为实现上面的设计，可插入一个 1 行 9 列的表格（多 1 列备用）。

在第 3 行任意位置单击，选择“表格” → “插入表格”，设置表格属性：宽度为 100%，高度为 19 像素，1 行 9 列。为使导航栏更加美观，可给每个单元格定义背景图片。

选择前八个单元格，单击鼠标右键，选择“单元格属性”，选中“使用背景图片”复选框，在“单元格属性”任务窗格中单击“浏览”，选择 images/bg02.gif 文件，设置背景图片为 bg02.gif。

初始时图片排列不太整齐，不美观，适当地调整前八个单元格宽度，使页面更简洁，参考效果如图 7-5-7 所示。

图 7-5-7　例 7-5-1 的图 7

变更第 1 个单元格背景图片，设置该单元格背景图片为 bg01.gif，以突出首页。

分别在第 1～8 个单元格中输入“首　页”、“第 1 小节”、“第 2 小节”、“第 3 小节”、“第 4 小节”、“第 5 小节”、“第 6 小节”、“第 7 小节”，并将它们分别链接到 default.htm、1.htm、2.htm、3.htm、4.htm、5.htm、6.htm、7.htm，预览效果，不太美观。可设置文字对齐属性为居中，颜色为白色，大小为 10pt。参考效果如图 7-5-8 所示。

图 7-5-8　例 7-5-1 的图 8

进一步观察页面，发现该行右边存在较多的空白区域，影响标题栏美观，可进一步放置时间信息，适当地插入一段 JavaScript 脚本程序，获取当前日期、时间、星期等信息并显示，参考效果如图 7-5-9 所示。

图 7-5-9　例 7-5-1 的图 9

实现获取当前日期、时间、星期等信息的代码请读者参考例 7-4-5 对照网页中的代码自己分析。

进一步设计浏览者所处的网站位置提示。考虑用三行放置网站位置提示网页元素。中间为网站位置提示文字信息，前后单元格为分割行，使页面更美观。

在第 4 行任意位置单击鼠标，选择“修改”→“拆分单元格”，将其拆分为 2 行（标题栏共 6 行）。

在第 4 行任意位置单击鼠标，删除该单元格中多余的空格，单击鼠标右键，选择“单元格属性”，指定该单元格高度为 1 像素，设定背景颜色为喜欢的颜色；单击鼠标右键，选择“选择”→“行”，然后单击属性窗格的“格式”，在弹出的“修改样式”对话框中选择“段落”，在“行距大小”文本框输入 0，确认。类似设置第 6 行的单元格高度为 2 像素，背景颜色为喜欢颜色，行距大小为 0。浏览器浏览效果如图 7-5-10 所示（图中设定颜色为黑色，同时将水平线颜色由自动修改为黑色）。

图 7-5-10　例 7-5-1 的图 10

在第 5 行任意位置单击鼠标，选择　“表格”→“插入表格”，设置表格属性“宽度”为 100%，1 行 2 列。在第 1 列任意位置单击鼠标，输入文字“当前位置-〉”，预览效果，不太美观，将表格高度指定为 15 像素，设置垂直对齐属性为“相对垂直居中”，浏览器浏览效果如图 7-5-11 所示。

图 7-5-11 例 7-5-1 的图 11

进一步观察页面，发现该行右边存在较多的空白区域，影响标题栏美观，可进一步放置欢迎信息，可在第 2 列插入滚动的欢迎字幕。具体实现如下：

在第 2 列任意位置单击鼠标，在“插入”菜单上，单击“Web 组件”。在左边的窗格中，单击“动态效果”。在右边的窗格中，双击“字幕”。在“文本”文本框中，输入显示在字幕中的欢迎信息（如“热烈欢迎各位读者光临本站”）并确认。预览效果，不太美观，适当地调整字幕字体大小和颜色（设置好字幕后在屏幕上选中字幕，在最上方菜单栏选择“格式”→“字体”，可调整字幕字体大小和颜色），进一步调整 2 个单元格宽度，浏览器浏览效果如图 7-5-12 所示。

图 7-5-12 例 7-5-1 的图 12

⑤ 设计页脚。

在页脚任意位置单击鼠标，选择“表格”→“插入表格”，设置表格属性：宽度为 100%，2 行 1 列。

在第 1 行任意位置单击鼠标，删除该单元格中多余的空格，单击鼠标右键，选择单元格属性，指定该单元格高度为 2 像素，设定背景颜色为喜欢颜色，然后确定，在最上面菜单栏选择“格式”→“段落”，在“行距大小”文本框输入 0 并确认。

在第 2 行任意位置单击鼠标，输入版权信息，如“电工电子技术远程教育网出品 版权所有侵权必究”，设置文字对齐属性为“居中”，字号为 3，参考效果如图 7-5-2 所示。

保存网页（供主页设计），在“文件”菜单上，单击“另存为”，在“保存类型”下拉列表框中，单击“动态 Web 模板”，输入 mymoban 后确认。

（6）进一步设计主页

双击网站中的 default.htm，打开该文件，切换到设计模式。适当调整布局表格中间 3 列宽度，设置左、右两列宽度为 200 像素左右，具体实现如下：

激活布局表格（在左下边布局表格工具栏选择“显示布局工具”☑），如图 7-5-13 所示。

将鼠标指向最上方列宽标签（◆）上，待鼠标变成水平伸缩后调整列宽，参考界面如图 7-5-14 所示。

图 7-5-13　例 7-5-1 的图 13

图 7-5-14　例 7-5-1 的图 14

在“当前位置提示行”输入“首页”作为当前页面提示。

最左边列规划插入相关链接、网上调查等信息，最右边列插入网页设计的一般原则、技术路线等。

① 设计最右边列

在最右边列任意位置单击鼠标，选择 “表格”→“插入表格”，设置表格属性为“宽度为 100%、3 行 1 列（2 行做分割行，中间行用于添加正文）”。

在第 2 行任意位置单击鼠标，插入一个表格用作边框。具体实现如下：选择“表格”→“插入表格”，设置表格属性为宽度 100%，1 行 1 列，边框粗细为 1、边框及背景颜色选择自己喜欢的颜色。

插入一个表格用作正文设计，具体实现如下：选择“表格”→“插入表格”，设置表格属性为宽度 98%，1 行 1 列。将网页设计的一般原则、技术路线等文字输入到该表格中。适当调整字体大小，段落行距及布局表格列高。参考效果如图 7-5-15 所示。

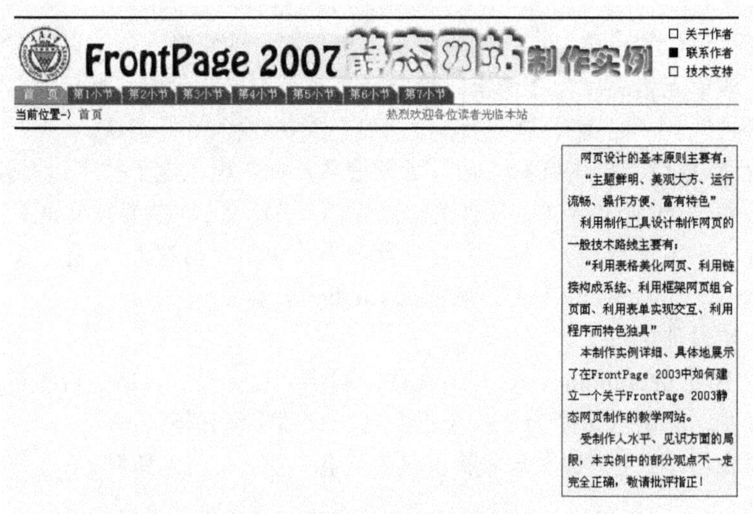

图 7-5-15　例 7-5-1 的图 15

② 设计最左边列

最左边列规划设计一个链接栏、一个网上调查栏。为此，可插入一个 5 行 1 列的表格，第 1、3、5 行用于分割，第 2、4 行分别放置链接栏、网上调查栏。具体实现如下：

在最左边列任意位置单击鼠标，选择“表格”→“插入表格”，设置表格属性为：宽度为 100%，5 行 1 列。

在第 2 行任意位置单击鼠标，插入一个表格用作链接栏，参考效果如图 7-5-16 所示。

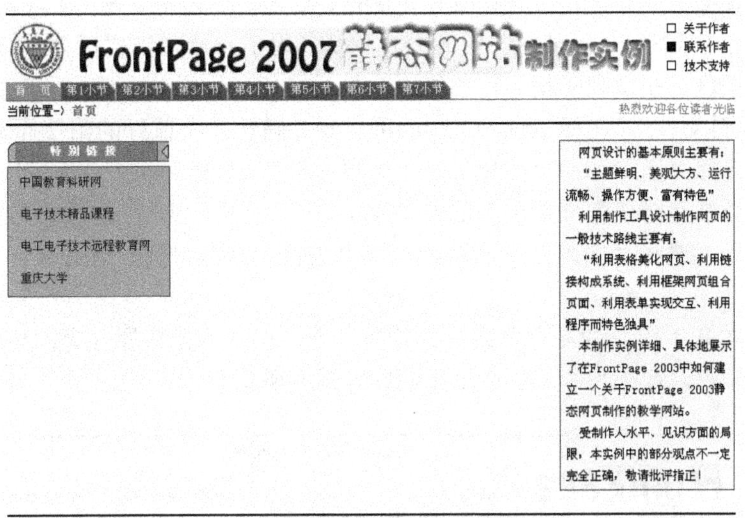

图 7-5-16　例 7-5-1 的图 16

在第 4 行任意位置单击鼠标，插入一个表格用作网上调查栏，适当调整布局表格中间 3 列宽度，最右边列段落行距，使左右两列网页元素排列整齐，参考效果如图 7-5-17 所示。

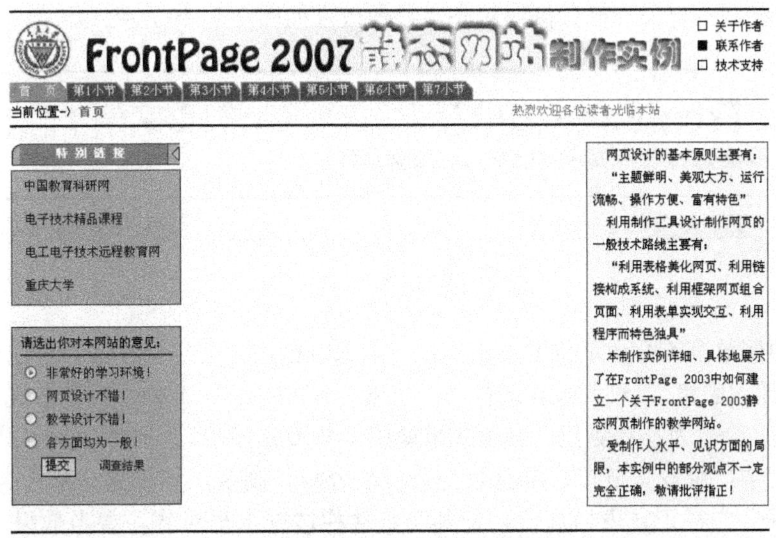

图 7-5-17　例 7-5-1 的图 17

③ 设计中间列

中间列规划两个栏目：一个公告栏，一个网上平台风采栏目。为此，可插入一个 5 行 1 列的表格，第 1、3、5 行用于分割，第 2、4 行分别放置公告栏、网上平台风采栏。

首先设计公告栏，具体实现如下：在中间列任意位置单击鼠标，选择“表格”→“插入表格”，设置表格属性为：宽度为 100%，5 行 1 列。在第 2 行任意位置单击鼠标，选择“表格”→“插入表格”，设置表格属性为：宽度为 100%，3 行 1 列（用于设计公告栏）。

在第 2 个表格中的第 1 行任意位置单击鼠标，选择 “表格”→“插入表格”，设置表格属性为：宽度为 99%，2 行 4 列，对齐方式默认（用于设计公告栏标题），设置背景颜色为自己喜欢的颜色。在该表格第 1 行的第 1 个单元格任意位置单击鼠标，选择“插入”→“图片”→“来自文件”，选择 images/al_b.gif 文件并确认。在该行的第 2 个单元格任意位置单击鼠标，选择“插入”→“图片”→“来自文件”，选择 images/hand.gif 文件并确认。在该行的第 3 个单元格任意位置单击鼠标，输入文字“公告栏”。在该行的第 4 个单元格任意位置单击鼠标，选择“插入”→“图片”→“来自文件”，选择 images/ar_b.gif 文件并确认。

选择该表格第 2 行，将 4 个单元格合并为一个，设置单元格属性为：高度为 1，背景颜色为喜欢的颜色，行距为 0，参考效果如图 7-5-18 所示。

图 7-5-18 例 7-5-1 的图 18

图中链接栏与公告栏分割线未对齐，重新调整该表格第 1 行各单元格高度（如设置为 20 像素），使链接栏与公告栏分割线对齐，参考效果如图 7-5-19 所示。

图 7-5-19 例 7-5-1 的图 19

在中间列倒数第 5 行任意位置单击鼠标，插入表格用作公告栏正文，方法如下：选择“表格”→“插入表格”，设置表格属性为：宽度为 99%，1 行 1 列，对齐方式为左对齐，边框粗细为 1，颜色为喜欢颜色。参考效果如图 7-5-20 所示。

页面不简洁，可设置链接栏分割行与公告栏分割行高度，如设置分割行高度为 4 像素。适当设置公告栏正文表格高度，使其与链接栏边框水平对齐，参考效果如图 7-5-21 所示。

图 7-5-20　例 7-5-1 的图 20

图 7-5-21　例 7-5-1 的图 21

在公告栏正文区插入上下滚动字幕，方法如下：在该单元格任意位置单击鼠标，选择“插入”→“Web 组件”→“字幕”，输入公告信息并确认。

动态 Web 组件中的字幕默认为水平滚动，可通过修改代码将其变为上下滚动。方法如下：单击字幕，切换到代码方式，在<marquee >标记中添加 direction="up"短句，将滚动方向改为上下方式。切换到设计方式，调整滚动字幕大小，使其滚动区域充满整个公告栏，参考效果如图 7-5-22 所示。

图 7-5-22　例 7-5-1 的图 22

进一步设计“网上平台风采”栏，参考效果如图 7-5-23 所示。

图 7-5-23 例 7-5-1 的图 23

（7）建立标题栏第 1～7 小节超链接页面

① 双击网站中的 mymoban.dwt，打开该动态模板，切换到设计模式。激活布局表格，调整布局表格中间 3 列宽度，设置左、右两列宽度为 7 像素左右，保存模板。

② 在“文件”菜单上，单击“另存为”，在“保存类型”下拉列表框中，单击“HTML 文件”，输入“1.htm”并保存。

③ 按照上面的方法继续将动态模板文件分别另存为 2.htm～7.htm，以快速建立标题栏第 1～7 小节超链接页面。

④ 在浏览器中预览效果，可知该网站已经初具规模，风格统一，界面简洁，运行也较流畅。

（8）设计标题栏第 1～7 小节超链接页面

双击网站中的 1.htm，打开该文件，切换到设计模式。在标题栏下面行的当前位置提示行输入“第 1 小节”，在布局表格中间 3 列中的中间列输入第 1 小节的教学内容，参考效果如图 7-5-24 所示。

参照上面的方法进一步设计 2.htm～7.htm，全面完成网站的建设。

7.5.2 小人物之歌:电影“大兵小将”主题曲《油菜花 MV》同步流媒体系统

1．什么是流媒体

流媒体（streaming media）是指采用流式传输的方式在 Internet 上播放的媒体格式。

7.5.1 建立简单的页面

FrontPage是优秀的专业化网页设计软件之一，可像使用Word一样使用FrontPage建立一个简单的页面。具体操作如下：

启动FrontPage，选择“文件”菜单中的“新建”，用户区右边将出现新建网页子窗口，选择该子窗口中的空白网页，FrontPage将自动创建一个空白网页。

必须指出的是，空白网页并不代表该网页文件全部内容为空，而是指网页文件在浏览器浏览时正文为空。FrontPage在自动创建一个空白网页时已经将HTML网页的结构定义好，只是<body>标记内容为空。

当设计模式为“设计”或“拆分”方式时（若不是，请单击左下设计模式切换栏），可在空白用户区域像使用Word一样输入你想输入的文字，例如输入“建立一个简单的页面”，选择“文件”菜单中的“在浏览器中预览”，保存文件后，浏览器浏览效果如图7-5-1所示。

电工电子技术远程教育网出品　版权所有　侵权必究

图 7-5-24　例 7-5-1 的图 24

在网络上传输音/视频等多媒体信息主要有下载和流式传输两种方案。A/V 文件一般都较大，所需的存储容量也较大；由于网络带宽的限制，下载常常要花数分钟甚至数小时。

流式传输时，声音、影像或动画等时基媒体由音/视频服务器向用户计算机连续、实时传送，用户不必等到整个文件全部下载完毕，而只需经过几秒或十数秒的启动延时即可进行观看。当声音等时基媒体在客户机上播放时，文件的剩余部分将在后台从服务器内继续下载。流式传输不仅使启动延时成十倍、百倍地缩短，而且不需要太大的缓存容量，有效避免了用户必须等待整个文件全部从 Internet 上下载才能观看的缺点，得到了广泛应用。常用流媒体格式如下。

- RA：实时声音。
- RM：实时视频或音频的实时媒体。
- RT：实时文本。
- RP：实时图像。
- SMIL：同步的多重数据类型综合设计文件。
- SWF：Macromedia 的 real flash 和 shockwave flash 动画文件。
- RPM：HTML 文件的插件。

2．什么是同步流媒体

同步流媒体可理解为流媒体同步技术，指在 Internet 上将声音、图像、视频、文本等流媒体按照其内在联系同步播放的一种方法，典型应用如网上试听下载歌曲效果时将同步实时出现歌词。

在流媒体同步技术领域中，最常见的技术有：Microsoft 的 Windows Media Tools、SMIL 语言和 Microsoft Producer。

Windows Media Tools 提供了一系列的工具帮助用户生成“.asf”格式的多媒体流，包括创建工具和编辑工具两种。“.asf”格式的多媒体流制作完成后，在 Media Server 和 Media Player 的支持下实现流媒体的同步播放。

SMIL（Synchronized Multimedia Integration Language）中文翻译为“同步多媒体集成语言”，属于扩展标记语言（Extension Mark-up Language，XML）的范畴。采用 SMIL 可以方便地描述各种媒体之间的时间同步关系和空间编排关系，是 Internet 上用于集成多媒体节目，尤其是流媒体的主要语言工具之一，在 Real Player 播放器的支持下实现流媒体的同步播放。

Microsoft Producer 可使 PowerPoint、录像和声音同步播出，是制作课堂教学类同步流媒体系统的一种集成解决方法。

3．基于 SMIL 语言的“油菜花 MV”同步流媒体实例的制作

《小人物之歌：电影“大兵小将”主题曲“油菜花”MV》同步流媒体实例播放网址为 http://dgdz.ccee.cqu.edu.cn/dmtjp/files/demo1.htm，下面介绍具体实现方法。

1）RM、RT 流媒体格式的制作

该实例涉及视频、文本 2 种类型的流媒体。基于 SMIL 语言的同步流媒体系统必须在 Real Player 播放器的支持下实现，应将视频、文本 2 种类型的媒体制作成 Real Player 支持的 RM、RT 格式。

可参照 4.3.1 小节介绍的方法利用视频转换工具“格式工厂”将《油菜花 MV》视频转换成 RM 格式，该视频大小为“720×480”，持续时间 3 分 51 秒。

RT 文件后缀名为“rt”，是 1 个纯文本文件，可用记事本等文本编辑软件编写，主要内容为视频某一具体时间点涉及的相关文本。

本实例的 rt 文件参考结构及部分内容如下：

```
<window type="teleprompter" width="240" height="480" duration="231"
bgcolor="silver">
   <font COLOR=black charset="gb2312">
      <br/><b><font size=+1>油菜花</font></b>
      <p/><time begin="2"/>制作: 电工电子技术远程教育网
      <p/><time begin="4"/>演唱: 成龙  陈新龙
      <p/><time begin="14"/>一条大路呦通呀通我家
  … …
   </font>
</window>
```

在上面的代码中，第 1 行“window”标记定义了一个大小、播放时间与视频“油菜花 MV”相适应的窗口，用于显示同步文字信息，设定窗口高度为“480”、宽度为“240”，通过“duration="231"”短句设置窗口播放持续时间为 231 秒。

“font”标记设置字体颜色，之后的语句定义播放时立即出现比默认字号“大一号”并加粗的文字“油菜花”，短句“<time begin="2"/>制作：电工电子技术远程教育网”表示第 2 秒出现文字“制作：电工电子技术远程教育网”，其他各短句作用类似。

2）SMIL 格式文件的设计

SMIL 语言编写的代码文件后缀名为“smi”，也是 1 个纯文本文件，可用记事本等文本编辑软件编写，主要内容为 RM、RT 等流媒体文件同步播放的方式。

本实例的 SMIL 文件格式参考内容如下：

```
<smil>
<head>
  <layout>
    <region id="video-region" left="20" width="720" height="480" />
    <region id="text-region" left="750" width="240" height="480" />
  </layout>
</head>
<body>
  <par>
     <video src="hclzhd.rm" region="video-region" regPoint="middle"/>
     <textstream src="LRC.rt" region="text-region" regPoint="middle"/>
    </par> </body>
</smil>
```

可见，SMIL 文件为一个大的<smil>，具有和 HTML 文档相类似的结构。在上面的代码中，<head>标记中的<layout>标记定义了 id 分别为“video-region”、“text-region”的 2 个播放区。<body>标记中的<par>标记定义了“video-region”、“text-region” 2 个播放区，分别播放 hclzhd.rm、LRC.rt 2 个流媒体文件。

用 Real Player 播放器打开该 SMIL 文档，系统自动将 hclzhd.rm、LRC.rt 2 个流媒体文件按照设定方式同步播放。

3）RPM 文件的制作

网页中只能引入 RPM 文件。RPM 文件也是 1 个纯文本文件，可用记事本等文本编辑软件编写，主要内容为网页中使用的 SMIL 文档，参考内容如下：

```
http://dgdz.ccee.cqu.edu.cn/dmtjp/1.smi
```

上面的代码含义是播放对应 RPM 文件时播放指定网址上 1.smi 同步流媒体文件。

4）将 RPM 文件嵌入到网页文件中

本实例的网页文档代码如下：

```
<html>
<head>
<title></title>
</head>
<body>
<p align="center">
<embed src="1.rpm" width=980 height=480 controls=imagewindow console=one
autostart=true>
<br>
<embed src="1.rpm" width=980 height=100 controls=all console=one>
</p>
</body>
</html>
```

习　　题

7.1　填空题

1．Internet 是通过________实现不同子网的相互联接的，每个连接到网络上的计算机都必须有一个________；Internet 上使用的 IP 协议基本上均为________，其 IP 地址是位的，分为四个字节，用________表示，中间用________分割。

2．IP 协议中的 IP 地址分为两个标识(ID)：________和________。IP 地址根据网络 ID 的不同分为________种类型，具体为：________、________、________、________、________。两台具有相同的网络标识和不同的主机标识联网主机可以________，而具有不同的网络标识的两台主机必须通过________转发才可实现通信。

3．使用 Web 浏览器浏览万维网上的信息时，在显示屏幕上看到的页面称为________，它是 Web 站点上的文档。进入该站点时在屏幕上显示的第一个综合界面称为________。

4．Web 网页主要由________组成，页面中的内容包含在________之间，包括________和________两部分，________标记是网页头部标识，其中的浏览器窗口标题放在________之间，页面的所有内容放在________之间。

5．网站、网页是一个________，是一个________的知识网络，网页设计的基本原则有：________。

6．编排组织网页中的元素的主要方法是________，可建立各信息结点的________构成完整的超文本系统。

7．框架网页是一种________，本身并不包含可见内容，它只是一个________。网页设计时，可利用框架网页________，从浏览角度看，仿佛为________。

8．________是由唯一名称标识的格式特征集合。用于在多个网页上应用一致的样式信息称为________，包含了________。

9．JavaScript 是一种________和________并具有安全性能的脚本语言，通俗易懂，简单易学。JavaScript 代码由________说明。在标识________之间加入具体的 JavaScript 脚本即可。

10．JavaScript 是一种区分________的语言，是一种________的语言，可不显式定义________，其数据类型主要有：________，而________值只有 true 和 false 两种，不能用________和________代替。

11．JavaScript 中的 for...in 语句与 for 语句有一点不同，它循环的范围是________。

12．在 JavaScript 中，________是用户与页面交互（也可以是浏览器本身，如页面加载等）时产生的具体操作。浏览器为了响应某个事件而进行的处理过程，叫做________。

13．JavaScript 中的对象包括________和________两个基本要素，可引用的对象有以下三种：________、________、________。

14．假定有一个已经存在的对象 university，具有 Name、City、Date 三个属性，访问 Name 属性的三种方法为：________、________、________。

15．与历史信息有关的浏览器对象为________，可以访问 HTML 元素的浏览器对象为________,该对象采用________结构，最顶层代表________，之后是________。

16．VBScript 包括________ Script 和________ Script，因此，VBScript 脚本的执行有两种方式：由________执行、由________执行。

17．VBScript 的语言基础是________，是一种不区分________的语言，只有一种数据类型，称为________，它所包含的数值信息类型称为________。

18．VBScript 支持隐式声明变量，可使用 Option Explicit 语句强制要求显式声明脚本中的所有变量，但应将其作为________。

19．在 VBScript 中，过程被分为两类：________和________，可通过输入"函数名（参数表）"调用________，输入过程名及所有参数值（参数值之间使用逗号分隔）调用________。

20．在 VBScript 中，事件处理有________方式，其中的采用________处理事件的事件过程采用一种特殊的方法来命名，格式为：________。

7.2　简答题

1．简述 DNS、DHCP 的含义。

2．简述下面 URL 的含义：

http://www.ccee.cqu.edu.cn:8081/index.asp

3．什么是 FrontPage 2007 的布局表格？

4．什么是框架？框架与模板有什么联系？

5．简述 JavaScript 程序的执行方式。

6．简述 JavaScript 语言对象的引用方法。

7．简述 VBScript 程序的执行方式。

8．简述 VBScript 数据类型的种类。

7.3　分析题

1．在如图 7-1-1 所示的网络示意图中，假定网关已正确设置，各台计算机的 IP 地址如图，若网络 1 和网络 2 中的每台计算机的子网掩码均为 255.255.255.240，请分析网络设置是否正确。若每台计算机的子网掩码均为 255.255.255.200，请分析网络设置是否正确。

2．结合网页设计原则分析下图网页作品的特点与不足。

3．结合网页设计的技术路线分析下图网页作品的表格应用特点。

4．结合网页设计的技术路线分析下图网页作品中哪些网页设计元素是用程序控制的。

5．分析下面代码的浏览效果。

```
<html><head>
  <script language="JavaScript">
  function integerCheck(a, b, c)  {
  var triplet = false;
  if ( (a*a) == ((b*b) + (c*c)) )  triplet = true;
  return triplet;}
</script></head><body>
<script language="JavaScript">
   document.write(integerCheck(5, 4, 3))
 </script></body></html>
```

6. 分析下面代码的浏览效果。

```
<HTML><HEAD></HEAD>
<BODY><script language="JavaScript">
  var deadline= new Date("3/20/2009");
  var  symbol="3 月 20 日";
  var now = new Date();
  var leave =deadline.getTime() - now.getTime();
  var day = Math.floor(leave / (1000 * 60 * 60 * 24));
  if (day > 0)
     document.write("今天离"+ symbol+"还有"+day +"天")
   else if (day == 0)
     document.write("只有 1 天啦！")
   else
    document.write("唉呀！已经过了！");
         </script></BODY></HTML>
```

7. 分析下面代码的浏览效果。

```
<HTML><HEAD><script language="JavaScript">
 done = 0;step = 4;
 function anim(yp,yk)
 {if(document.layers) document.layers["napis"].top=yp;
    else  document.all["napis"].style.top=yp;
```

```
 if(yp>yk) step = -4
  if(yp<60) step = 4
 setTimeout('anim('+(yp+step)+','+yk+')', 35);}
function start()
 { if(done) return
   done = 1;
if(navigator.appName=="Netscape") {
    document.napis.left=innerWidth/2 - 145;
    anim(60,innerHeight - 60) }
  else {
    napis.style.left=10;
     anim(60,document.body.offsetHeight - 60) }
     }
</script></HEAD>
<BODY>
      <div id="napis" style="position: absolute;top: 20;">
        <p><a href="http://dgdz.ccee.cqu.edu.cn/"> 电工电子技术远程教育网
        </a></p></div>
<script language="JavaScript">
 setTimeout('start()',10);
</script></BODY></HTML>
```

8．分析下面代码，写出其浏览效果。

```
<HTML><HEAD><TITLE></TITLE></HEAD>
<BODY>
<FORM NAME="Form1">
<INPUT TYPE="Button" NAME="Button1" VALUE="单击">
   <SCRIPT FOR="Button1" EVENT="onClick" LANGUAGE="VBScript">
      MsgBox "按钮被单击! "   </SCRIPT>
</FORM></BODY></HTML>
```

9．分析下面代码，写出其浏览效果。

```
<html><head>
<script language="vbscript">
 Sub ChkFirstWhile(kk)
     Dim counter, myNum
     counter = 0
     myNum = 1
     Do
         myNum = myNum + 1
         counter = counter + 1
     Loop Until myNum > kk
     MsgBox "循环重复了 " & counter & " 次。"
 End Sub
```

```
</script></head>
<body><script language="vbscript">
  ChkFirstWhile 11
  </script></body></html>
```

10. 分析下面代码，写出其浏览效果。

```
<html><head><title></title>
<SCRIPT LANGUAGE="VBScript">
<!--
Sub writeVBScript
    document.writeln "<SCRIPT LANGUAGE=""VBScript"">"
    document.writeln "Sub DisplayTopic(ByVal URL)"
    document.writeln "Window.Open URL, ""_self"""
    document.writeln "End Sub"
    document.writeln "</SCRIPT>"
End Sub
-->
</SCRIPT></head>
<body><TABLE  WIDTH=400 ><TR >  <TD>
 <FORM ACTION="" NAME="Form1">
         <SELECT NAME="Target1"> <OPTION
VALUE="http://dgdz.ccee.cqu.edu.cn/">
电工电子技术远程教育网 </SELECT>  </TD>
<TD > <SCRIPT LANGUAGE="VBScript">writeVBScript</SCRIPT>
<INPUT TYPE="button" Language="VBScript"
onClick="DisplayTopic document.Form1.Target1.options
(Target1.selectedIndex).value"  Value="  转到!  ">
</TD></FORM></TR></TABLE></body></html>
```

7.4 上机应用题

1. 使用表格技巧在 FrontPage 2007 制作如右图所示网页。

2. 对照例 7-5-1 建立一个关于 FrontPage 2007 静态网页制作的教学网站。

3. 使用布局表格制作一个个人求职信息网站。

4. 对照例 7-5-2 制作一个 mp3 歌曲试听同步流媒体系统。

5. 在 FrontPage 2007 中对照例 7-4-3 建立一个含解释型菜单的主页，链接到例 7-3-3 中的 4 个链接页面。

本教材特色
1. 本书强调网站、网页是一个超文本系统，是一个具有独立逻辑语义的知识网络的规划设计宗旨，并以“主题鲜明、美观大方、运行流畅、操作方便、富有个性”为设计原则...

CHAPTER 8

第8章 动态网页设计初步

本章要点

本章从动态网页的含义出发，介绍动态网站服务器的构建和 ASP、ASP.NET 平台下动态网页设计的方法，并给出简单实例。

读者学习本章，应重点理解动态网页的含义及其运行环境，初步懂得 ASP、ASP.NET 网站的构建原理及其设计方法。

8.1 动态网页的含义及其构建方法

上一章介绍的 JavaScript、VBScript 等脚本语言引入到浏览器客户端，在一定程度上克服了 HTML 文档的不足，使网页内容表面上具有动感，更为生动，也更具特色。

必须指出的是，包括 JavaScript、VBScript 客户端脚本语言的网页文档就其代码本身而言依旧是静止不变的。如例 7-4-5 所示的动态数字时钟，从浏览效果上看，数字时钟与时间同步变化，然而其客户端代码与服务器上的代码是一致的，这样的网页依旧为静态网页。

静态网站有许多显著的不足，像网上调查之类的简单应用也无法实现。此外，由于静态网站不能根据用户要求生成页面，其维护工作量也是非常巨大的。为了不断更新网页内容，必须不断地重复制作 HTML 文档，随着网站内容和信息量的日益扩增，其工作量大得出乎想象，动态网站应运而生。

8.1.1 动态网页的含义

静态网页的代码静止不变，在客户端浏览的静态网页文档代码和存储在该站点上的文档代码完全相同。当用户浏览器通过互联网的 HTTP 协议向 Web 服务器请求访问静态网页时，服务器仅仅是将原已设计好的静态网页代码传送给用户浏览器。

动态网页可根据用户要求动态生成页面，在客户端浏览的文档代码和存储在该站点上的文档代码不相同。可通过以下两个网址的浏览效果比较来理解。

网址 1 如下，浏览效果如图 8-1-1 所示。

http://dgdz.ccee.cqu.edu.cn/dmtjp/shijianhuanjie.aspx?shijianID=2

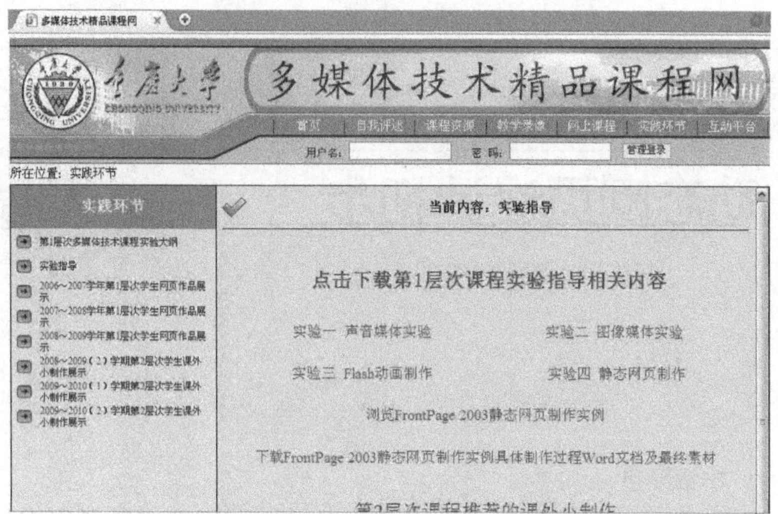

图 8-1-1 动态网页客户端浏览效果的图 1

网址 2 如下，浏览效果如图 8-1-2 所示。

http://dgdz.ccee.cqu.edu.cn/dmtjp/shijianhuanjie.aspx?shijianID=8

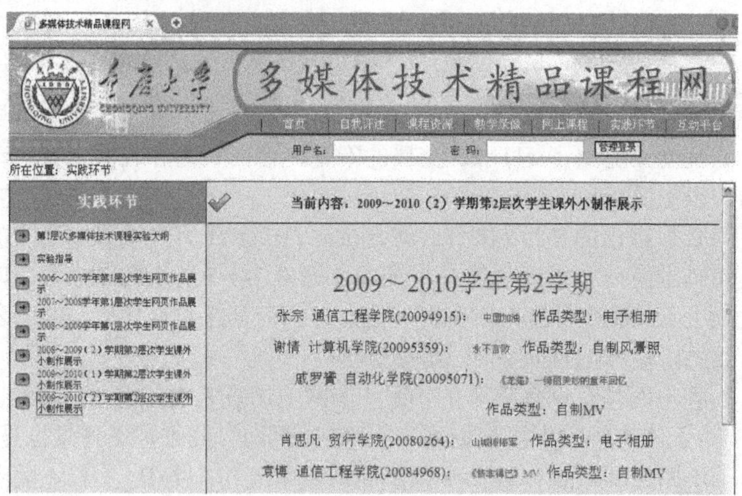

图 8-1-2 动态网页客户端浏览效果的图 2

两个网址浏览效果差别很大，因此，这两个网址在客户端的代码差别也很大。仔细分析网址 1、网址 2，它们均对应 dgdz.ccee.cqu.edu.cn 服务器上 dmtjp 子目录下 shijianhuanjie.aspx 文件，也就是说，图 8-1-1、图 8-1-2 所示的网址在服务器上的代码完全相同。

当然，既然网址 1、网址 2 浏览效果差别很大，网址 1、网址 2 还是有区别的。网址 1 传给文档 shijianhuanjie.aspx 的参数为“shijianID=2”，网址 2 传给文档 shijianhuanjie.aspx 的参数为“shijianID=8”，这便是导致相同文件两次不同浏览效果差别很大的表面原因，将在后面的内容中给出上面两个网址浏览效果差别的本质原因。

8.1.2　动态网页的浏览方法

既然动态网页在客户端浏览的文档代码和存储在该站点上的文档代码不相同，那么，当用户浏览器通过互联网的 HTTP 协议向 Web 服务器请求访问动态网页时，服务器肯定不能直接将原已设计好的动态网页代码传送给用户浏览器，其浏览方式也与静态网页有着本质区别。

下面以 ASP 页面的浏览方法为例介绍二者的区别。

ASP 是 Active Server Pages 的英文缩写，中文译为“动态服务器页面”。微软公司称 ASP 为“一个服务器的脚本环境，在这里可以生成和运行动态的、交互的、高性能的 Web 服务器应用程序”。就其本质而言，ASP 是一种技术框架，它把 HTML、脚本、组件等有机结合在一起，形成能在服务器上运行的应用程序，并能按照用户的请求转化成为标准的 HTML 代码回送到用户的浏览器。ASP 网页称为动态网页，相对应的网站称为动态网站。

ASP 是一种 Web 服务器端开发环境，属于 ActiveX 技术中的服务器端技术，与 JavaScript 等客户端脚本语言有着本质不同，可通过图 8-1-3 来理解。

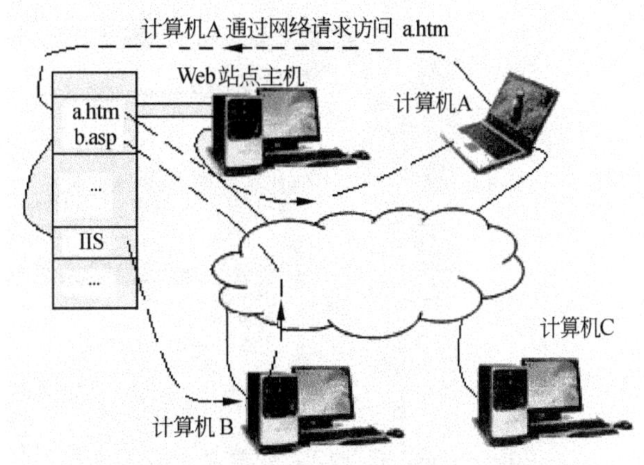

图 8-1-3　ASP 动态页面与静态页面的区别

图中，计算机 A 通过网络请求访问 a.htm，该网页为静态网页，该站点主机直接将 a.htm 通过网络传送到计算机 A，计算机 A 中浏览器解释该网页文档并给出浏览效果。

图中，计算机 B 通过网络请求访问 b.asp，该网页为 ASP 页面，为动态网页，该站点主机先将 b.asp 送往 Web 服务器软件（如 IIS）解释，Web 服务器软件将解释结果转换为标准静态网页代码后通过网络传送到计算机 B，计算机 B 中浏览器解释转换后的网页文档并给出浏览效果。

可见：静态网页代码静止不变，既可在服务器端运行，也可在客户端运行；动态网页必须经 Web 服务器软件（如 IIS）解释后才能将解释结果传给客户端浏览器浏览。

8.1.3　动态网站运行环境的确定与构建

如图 8-1-1 和图 8-1-2 所示的网页尽管浏览效果差别很大，但它们均对应服务器上同一个网页文件 shijianhuanjie.aspx，因此，图 8-1-1 和图 8-1-2 对应的两个网址不过是对同一文件的两次不同浏览而已。

导致两次浏览效果差别很大的表面原因是两次浏览传给文档 shijianhuanjie.aspx 的参数不同，但在客户端显示的不同的代码数据毫无疑问应该存储在服务器上的某个位置，一个较好的解决方法是将这些不同参数的浏览数据存储在数据库中，如图 8-1-1 和图 8-1-2 所示的网页尽管对应服务器上同一个网页文件，但针对不同的入口参数将读取不同的数据库记录，这便是导致两次浏览效果差别很大的本质原因。

动态网站运行需要网络操作系统、Web 服务器软件、数据库服务器软件、外部框架等支持。应根据要建设的动态网站开发环境确定并构建你的运行环境。

现在流行的网络操作系统有 Windows 系统和 Linux 系统，下面以 Windows 系统为例介绍运行环境的构建。

1．安装并设置 Web 服务器

Windows 2000/XP/2003 及以上版本操作系统的 Web 服务器软件名称为 IIS（因特网信息服务器），对 Windows 2000/2003 Server 版的操作系统，系统默认安装时自动安装 IIS。对 Windows 2000/XP/2003 Professional 版（个人版），系统默认不安装 IIS，需要读者添加安装，添加参考过程如下：选择“开始”→“控制面板”→“添加/删除程序”→“添加/删除 Windows 组件”。选中 IIS 组件，界面如图 8-1-4 所示。单击“下一步”按钮，按提示进行即可完成组件添加。

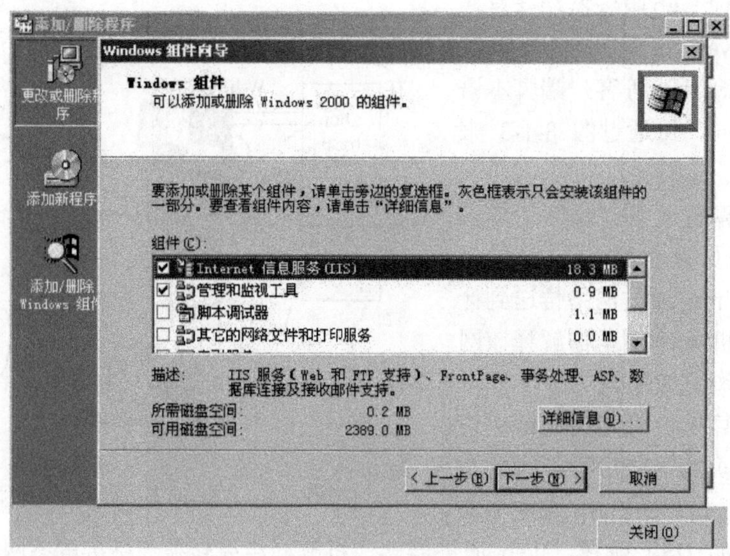

图 8-1-4　添加 IIS 组件界面

IIS 组件安装好后，还需要进一步设置 IIS。选择“开始”→“管理工具”→“Internet 信息服务”，进入 IIS 设置对话框。

进一步展开“网站”，具体选中某个网站，右击鼠标并选择“属性”，参考界面如图 8-1-5 所示（系统安装时会自动创建一个默认网站，图中创建有 3 个网站，默认网站被删除）。

除设置网站对应的 IP 地址、端口号、说明外，至少应该设置网站对应的硬盘目录，单击如图 8-1-5 所示对话框中的“主目录”选项卡并设置，参考界面如图 8-1-6 所示。

必须指出的是，制作网络服务器是一项复杂的工作，涉及账号、权限等众多安全配置设置，具体请参考网站管理方面的书籍。

在图 8-1-5 和图 8-1-6 所示设置中，将例 8-2-1 对应的文件 8-2-1.asp 及例 7-3-1 对应的文件 7-3-1.htm 拷贝到该机器 d:\wwwroot2 目录下，若默认访问账号、权限等设置正确，可通过浏览网址：

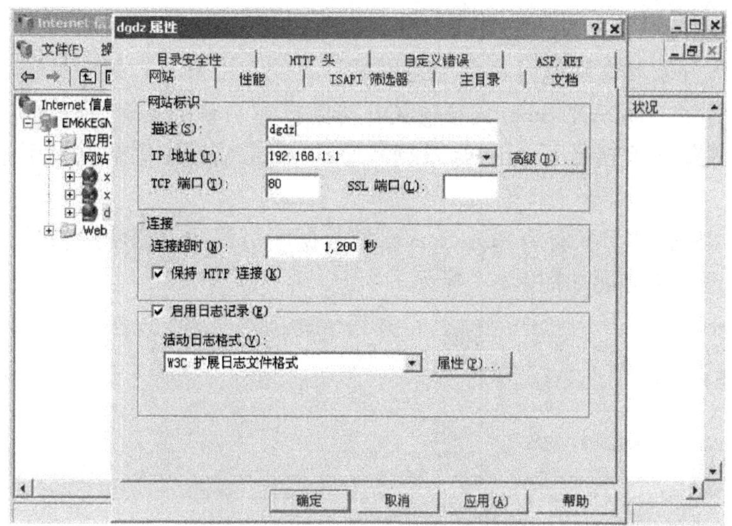

图 8-1-5　IIS 设置的图 1

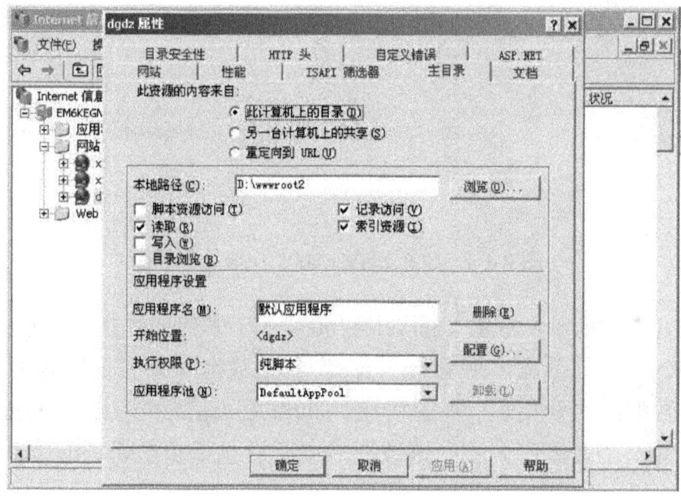

图 8-1-6　IIS 设置的图 2

```
http://192.168.1.1/8-2-1.asp、http://192.168.1.1/7-3-1.htm
```

浏览该机器上的 8-2-1.asp、7-3-1.htm 网页文档。

对 7-3-1.htm 网页文档，在该服务器上，也可用本地文档方式访问，具体如下：

```
file://d:\ wwwroot2\7-3-1.htm
```

不能按照上面的方式访问 8-2-1.asp 文档，具体原因请参照图 8-1-3 理解。

浏览协议中，专门定义了一个域名“localhost”，对应本地网站地址，因此，在网站开发建设过程中，也可以不定义网站 IP 地址，通过访问 http://localhost/8-2-1.asp 和 http://localhost/7-3-1.htm 浏览 8-2-1.asp、7-3-1.htm 两个网页文档，这种方式在网站开发、调试过程中广泛使用。

2．安装数据库服务器

结合数据库开发动态网站是目前动态网站开发的常用方式。访问量较小的网站可采用 Access 数据库开发，而 SQL Server、MySQL 等数据库引擎则具有更好的并发性能。

Windows 系统一般自带了 Access 数据库驱动，SQL Server 等数据库引擎一般需要自己安装。

正确设置 IIS 后进一步安装 SQL Server 等数据库引擎及管理应用软件，安装好的 SQL Server 2005 管理参考界面如图 8-1-7 所示。

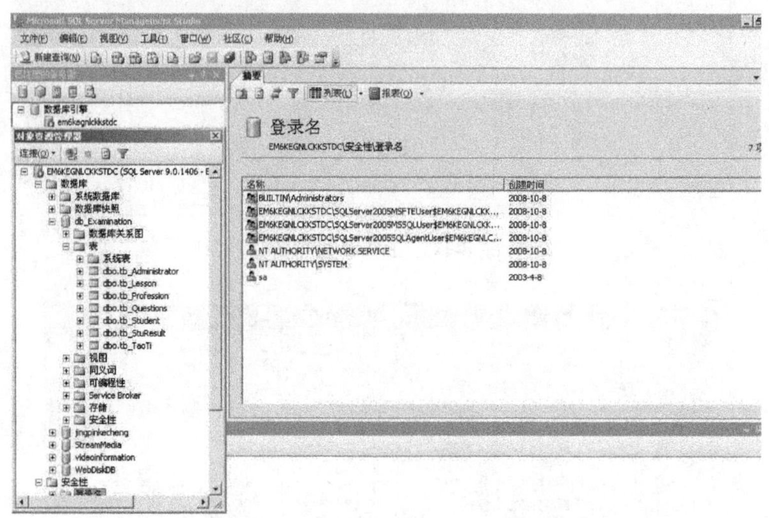

图 8-1-7　SQL Server 2005 管理参考界面

在如图 8-1-7 所示 SQL Server 2005 管理界面中，展开的最顶层的 EM6KEGNLCKKSTDC（数据库服务器名称），包括数据库、安全性等多项管理功能。

SQL Server 数据库主要由表、视图构成。如 db_Examination 为 EM6KEGNLCKKSTDC 数据库服务器下的一个数据库名称。该数据库展开后包括多个表，tb_Administrator 便是其中的一个表。

通过上面的结构可以看出，对用户而言，访问 SQL Server 数据库主要是指访问 SQL Server 数据库服务器下具体数据库中具体的表或视图，一般通过 SQL 语言实现对数据库的操作。具体实现上包括 3 个步骤。

（1）登录 SQL Server 数据库服务器并与该服务器下具体的数据库建立连接。

（2）通过 SQL 语言完成对建立连接的数据库下的表进行查询、更新等操作。

（3）关闭连接。

SQL Server 数据库服务器支持 Windows 身份与 SQL Server 身份两种登录连接模式，在 SQL 数据库服务器上操作数据库时，可用 Windows 身份登录数据库，动态网页只能以 SQL Server 身份登录。为确保动态网页能够访问 SQL Server 数据库，应在 SQL Server 数据库服务器中开启“SQL Server 身份验证”，允许并启用“sa”用户用于网页代码连接数据库，具体操作如下。

（1）先在 SQL Server 数据库服务器上用 Windows 身份登录数据库。将鼠标指向数据库服务器并右击鼠标选择“属性”，在随后出现的对话框中单击“安全性”，选择“SQL Server 与 Windows 身份验证模式”并确定。

（2）单击展开服务器下的“安全性”管理板块，进一步展开“登录名”，将鼠标指向“sa”用户，右击鼠标选择“属性”，在随后出现的对话框中单击“状态”，单击“启用”按钮并确定启用“sa”用户。

3．安装外部框架和基础服务软件

动态网站运行一般需要外部框架或基础服务软件支持，应相应安装这些软件。

8.1.4　动态网站的设计方法

有多种开发方法用于制作设计动态网站，可根据自己的喜好、网站的规模等选择适当的开发环境建设动态网站。下面介绍动态网站开发的主要方法。

1．PHP

PHP 原本为 Personal Home Page 的首字母缩写，1994 年由 Rasmus Lerdorf 创建。PHP 刚刚开始只是一个简单地用 Perl 语言编写的程序，用来统计他自己网站的访问者，后来又用 C 语言重新编写，提供了数据库访问功能，1995 年对外发布第一个版本（PHP 1.0）。

伴随着新的成员加入开发行列，PHP 迅速发展。1997 年 PHP 3.0 发布，PHP 也改称为“Hypertext Preprocessor”（超级文本预处理器），之后又推出了 PHP 4.0、PHP 5.0。

PHP 是一种 HTML 内嵌式语言，是一种在服务器端执行的嵌入 HTML 文档的脚本语言，语言的风格类似于 C 语言。PHP 是免费的，所有的 PHP 源代码均可以得到，是互联网络动态网站开发的流行方法之一。

2．ASP

ASP 是 Active Server Page 的首字母缩写，中文译为“动态服务器页面”，是微软公司开发的一种动态网站解决方案。ASP 没有提供自己专门的编程语言，默认使用 VBScript 脚本语言编写 ASP 的应用程序。

ASP 技术非常成熟，但由于 ASP 主要基于 Windows 操作系统平台，所以其主要工作环境是微软的 IIS 应用程序结构，跨平台工作性能弱。

3．ASP.NET

ASP.NET 把基于通用语言的程序在服务器上运行，没有采用 ASP 即时解释的程序运行方式，而是将程序在服务器端首次运行时进行编译，执行效果比一条条的解释强很多，执行效率大大提高，是全新一代的动态网页解决方案。

ASP.NET 可以运行在 Web 应用软件开发者的几乎全部的平台上，通用语言的基本库、消息机制、数据接口的处理都能无缝地整合到 ASP.NET 的 Web 应用中。ASP.NET 同时也是语言独立化的，所以，可以选择一种最合适的语言来编写程序，或者把程序用很多种语言来写。

ASP.NET 常用的开发语言主要有两种：VB.NET 和 C#。C#以 C 语言为基础，是.NET 独有的语言。VB.NET 则为以前 VB 程序设计，适合于以前 VB 程序员。

4．JSP

JSP（Java Server Pages）是由 Sun Microsystems 公司倡导、许多公司参与一起建立的

一种动态网页技术标准。JSP 是在传统的网页 HTML 文件（*.htm,*.html）中插入 Java 程序段（Scriptlet）和 JSP 标记（tag），从而形成 JSP 文件（*.jsp）。 JSP 应用程序是跨平台的，既能在 Linux 下运行，也能在其他操作系统上运行。

5. 基于 SharePoint 的动态网站构建

SharePoint 早期版本为 SharePoint Portal Server 2003，最新版本是 SharePoint Server 2010，目前常用的版本是 SharePoint Server 2007。

必须指出的是，如果准备为设计的动态网站制作自己的网络服务器，则可完全按照自己的思路设计动态网站。如果制作的动态网站需要在其他服务器上运行，则必须了解该服务器的运行环境，避免制作的网站最终不能运行。

8.2 ASP 动态网页设计

ASP 为一个服务器的脚本环境，在这里可以生成和运行动态的、交互的、高性能的 Web 服务器应用程序。就其本质而言，ASP 是一种技术框架，它把 HTML、脚本、组件等有机结合在一起，形成能在服务器上运行的应用程序，并能按照用户的请求转化成为标准的 HTML 代码回送到用户的浏览器。

本节实例效果浏览网址如下：http://dgdz.ccee.cqu.edu.cn/aspnet/8-2-1.asp~ 8-2-5.asp。

8.2.1 ASP 代码的编写方法

ASP 程序文件扩展名为.asp，也是一种纯文本形式，可用任何文本编辑器打开编辑它。由于 ASP 程序必须由 Web 服务器软件解释执行，因此，ASP 程序文件应放在 Web 服务器的站点目录（或子目录）下（该目录必须要有可执行权限），客户端浏览器通过 WWW 的方式访问该 ASP 程序。

ASP 没有定义专门的开发语言，默认采用 VBScript 编写程序，ASP 文件可以包括以下 3 个部分：

- 普通的 HTML 文件，也就是普通的 Web 页面内容。
- 服务器端的 Script 程序代码：位于<%…%>内的程序代码。
- 客户端的 Script 程序代码：位于<Script>…</Script>内的程序代码。

也就是说，ASP 文件中的所有服务器端的 Script 程序代码均须放在<%…%>符号之间，VBScript 程序编写方法请参考 7.4.2 节。

【例 8-2-1】 分析下面的 ASP 代码。

```
<html><head>
  <script language="JavaScript">
  function pushbutton()
     {document.write("我的第一个 JavaScript 程序");}
 </script></head><body><form>
<% aa="pushbutton()"%>
  <input type="button" name="Button1" value="单击此处打印字符串" onclick=
  <%=aa %>>
  </form></body></html>
```

解：

例 8-2-1 的 ASP 代码执行效果如图 7-4-2 所示。

对比例 8-2-1 与例 7-4-1，例 8-2-1 将例 7-4-1 中的“onclick="pushbutton()"”短句用阴影处的两段 ASP 代码实现。第 1 段定义了一个字符串变量 aa，第 2 段将变量 aa 的值嵌入到 HTML 代码中。因此，例 8-2-1 的 ASP 代码经 IIS 解释后与例 7-4-1 的代码完全相同。

通过例 8-2-1，可总结 ASP 代码编写方法如下：ASP 的默认脚本语言是 VBScript，字母不分大小写，所有标点符号均为英文状态下所输入的标点符号（字符串中的中文标点符号例外），凡是可出现 HTML 标记的地方均可用<%…%>完成，将相关代码插入到<%…%>之间即可。

8.2.2　ASP 内置对象与 ADO 对象

互联网络编程的脚本语言一般为面向对象的设计语言，可使用的对象主要包括语言自身的内置对象、浏览器内部对象。ASP 没有定义专门的编程语言，第 7 章介绍的 VBScript、JavaScript 均可用于编写 ASP 代码。

当上面的脚本语言用于 ASP 开发时，配合 ASP 内置对象和 ADO 对象，可方便实现基于数据库的 ASP 动态网站，了解、理解 ASP 内置对象与 ADO 对象是 ASP 动态网站开发的基础。

1．Application 对象

Application 对象是个应用程序级对象，用于在所有用户间共享信息，并可以在应用程序运行期间持久保持数据。

Application 对象没有内置的属性，可以使用以下句法设置用户定义的属性：

```
Application(" 属性 / 集合名称 ")= 值
```

Application 对象方法只有 2 个：Lock、Unlock，用于锁定或解锁 Application 对象。

【例 8-2-2】 分析下面的 ASP 代码。

```
<% Dim NumVisits
NumVisits=0
Application.Lock
Application("NumVisits") = Application("NumVisits") + 1
Application.Unlock %>
欢迎光临本网页，你是本页的第 <%= Application("NumVisits") %> 位访客 !
```

解：

该网页前 2 行定义了一个变量“NumVisits”，之后，利用 Application("NumVisits")定义成了一个持久有效的 Application 对象属性。当该页面被浏览时，该属性自动加 1，为一个简单的页面浏览计数器，浏览效果如图 8-2-1 所示。

欢迎光临本网页，你是本页的第 9 位访客 ！

图 8-2-1 例 8-2-2 的浏览效果

2．Request 对象

Request 对象的主要功能是从客户端取得信息，包括获取浏览器种类、用 POST 方法或 GET 方法传递表单中的数据、Cookies 中的数据和客户端认证等。

Request 对象拥有以下 5 个数据集合：

- Form 集合　取得客户端表单元素中所填入的信息。
- QueryString 集合　取得 URL 请求字符串。
- ServerVariables 集合　取得服务器端环境变量的值。
- ClientCertificate 集合　从客户端取得身份验证的信息。
- Cookies 集合　取得客户端浏览器的 Cookies 值。

例如，取得服务器主机名称的语句如下：

```
<%=Request.ServerVariables("server_name")%>
```

可参照上面的语句编写取得其他数据集合的语句。

3．Response 对象

Response 对象用于动态响应客户端请求，控制发送给用户的信息，并将动态生成响应，基本语法格式如下：

```
response.集合|属性|方法
```

Response 对象只提供了一个数据集合 cookie，但包括较多的属性和方法。常用方法主要有：

- Clear　删除缓冲区的所有 HTML 输出。
- End　强迫 Web 服务器停止执行更多的脚本。
- Redirect　重定向到一个新的 Internet 地址。
- Write　向浏览器发送字符串。

【例 8-2-3】 阅读下面的 2 个网页文件，写出其浏览效果。

文件 1：8-2-3.htm

```
<html><body>
<form action="8-2-3.asp" method=post>
<select name=status>
<option value="1">电工电子远程教育网</option>
<option value="2">多媒体技术精品课程</option>
</select>
<br><p>
<input type=submit value="进入" >
```

```
</body></html>
```

文件 2：8-2-3.asp

```
<% Dim address
address=Request.Form("status")
select case address
case "1" '电工电子远程教育网
Response.Redirect "http://dgdz.ccee.cqu.edu.cn"
case "2" '多媒体技术精品课程
Response.Redirect "http://dgdz.ccee.cqu.edu.cn/dmtjp"
end select %>
```

解：

文件 8-2-3.htm 浏览效果如图 8-2-2 所示。该网页定义了一个带“下拉列表框”的表单。单击“进入”按钮，将选择数据提交给服务器上的 8-2-3.asp 文件进行处理。

图 8-2-2　例 8-2-3 的图

8-2-3.asp 文件先利用“Request 对象”取得客户端表单中下拉列表框的选择数据的值，然后根据这个值利用“Response 对象”直接进入到相关页面。

4．Server 对象

Server 对象提供对服务器上的方法和属性的访问，利用它提供的一些方法，可以实现许多高级功能。Server 对象的属性和方法包括：

- ScriptTimeout 属性　规定了一个脚本文件执行的最长时间。
- CreateObject 方法　用于创建已经注册到服务器上的 ActiveX 组件实例。
- MapPath 方法　转换相对路径或虚拟路径。
- HTMLEncode 方法　对 ASP 文件中特定的字符串进行 HTML 编码。
- URLEncode 方法　根据 URL 规则对字符串进行编码。

5．Session 对象

可以使用 Session 对象存储特定的用户会话所需的信息。当用户在应用程序的页之间跳转时，存储在 Session 对象中的变量不会清除；而用户在应用程序中访问网页时，这些变量始终存在。

Session 对象与 Application 对象作用类似，但 Application 对象对所有用户均有效，而 Session 对象只对特定的用户有效。

6．ObjectContext 对象

可以使用 ObjectContext 对象提交或撤销由 ASP 脚本初始化的事务。

7．ADO 对象

微软公司的 ADO (ActiveX Data Objects) 是一个用于存取数据源的 COM 组件，提供了编程语言和统一数据访问方式的一个中间层，允许开发人员编写访问数据的代码而不用关心数据库是如何实现的，故只需关心到数据库的连接。

8.2.3　应用实例

【例 8-2-4】 分析基于 Access 数据库的登录系统。

解：

该登录系统包括 3 个文件，login.htm、stu.mdb、cofirm2.asp。

stu.mdb 为 Access 数据库，数据库中有一个名为 student 的数据表，表中有一条记录，具体如下：

ID	姓名	学号	密码	班级
1	1	1	1	1

login.htm 为登录系统交互界面，浏览效果如图 8-2-3 所示，其表单定义标记如下：

```
<form method="POST" action="cofirm2.asp" name=form1
onSubmit="returnValidationPassed">
   ……  </form>
```

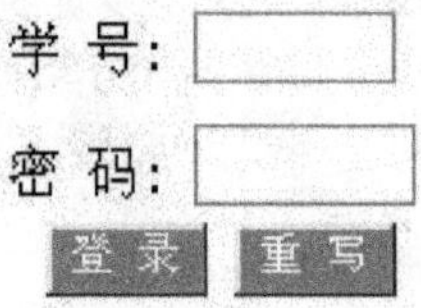

学号：
密 码：
登录 重写

图 8-2-3 例 8-2-4 的图 1

学号旁边的文本框变量名为：1Sno，密码旁边的文本框变量名为：lScode。

cofirm2.asp 为表单后台处理程序，具体代码如下：

```
<%@ LANGUAGE = VBScript.Encode %>
<%
dim connstr,CONN,SQL,RS
connstr="DBQ="+server.mappath("stu.mdb")+";DefaultDir=;DRIVER={Microsoft
Access Driver (*.mdb)};"
set conn=server.createobject("ADODB.CONNECTION")
conn.open connstr
Rem 上面代码为建立数据库连接   (1)
sql="select * from student where 学号='" & Request.Form("lSno")&"' and 密
码='" & Request.Form("lScode")&"'"
Set rs= conn.EXECUTE(sql)
Rem 上面代码为执行数据查询      (2)
If RS.EOF  Then   %>
  <b><p style="line-height: 200%"><font face="楷体_GB2312" size="3"
  color="#626bdf">
  <sub>指定的用户名不存在或密码错误，请核实后重新输入! </sub></font></b><% else   %>
    <b><p style="line-height: 200%"><font face="楷体_GB2312" size="3"
    color="#626bdf">
    <sub>你已经成功登录，谢谢! </sub></font></b>
 <%
  end if
  Rem 上面代码为查询结果判断    (3)
  set rs=nothing
   conn.close
   set conn=nothing
  Rem 上面代码为关闭数据库连接    (4)
%>
```

上面三个文件共同构成登录系统，具体实现方式如下：客户端通过互联网络访问 login.htm（http://dgdz.ccee.cqu.edu.cn/dmt/n8/login.htm），用户输入指定的学号、密码后确认。由于表单中指定 action="cofirm2.asp"，网络服务器将表单中的数据提交给 cofirm2.asp

文件进行处理。

cofirm2.asp 文件首先定义了登录系统使用的变量，之后建立了与 Access 数据库“stu.mdb”的连接；系统通过 Request.Form（"lSno"）、Request.Form（"lScode"）获取表单数据，之后利用 SQL 语句到数据库中查询指定的学号、密码是否存在。若存在，给出存在的提示；若不存在，给出不存在的提示。之后，关闭数据库连接。

【例 8-2-5】 分析基于 SQL Server 数据库的登录系统。

解：

该登录系统包括 4 个文件，8-2-5.htm、8-2-5.asp、8-2-5_log.ldf、8-2-5.mdf。

8-2-5.htm 与例 8-2-4 中的 login.htm 基本相同，主要区别是 8-2-5.htm 表单中指定的后台处理程序为 8-2-5.asp，其表单定义标记如下：

```
<FORM method="POST" action="8-2-5.asp" name=form1 onSubmit="return Valida-
tionPassed">
  ……  </form>
```

8-2-5.mdf、8-2-5_log.ldf 为 SQL Server 数据库文件和日志文件。该数据库也定义了一个与例 8-2-4 相同的 student 数据表。

8-2-5.asp 代码如下：

```
<%@ LANGUAGE = VBScript.Encode %>
<% Dim SqlDatabaseName,SqlPassword,
SqlUsername,SqlLocalName,ConnStr,Conn
SqlDatabaseName = "8-2-5"       'SQL 数据库名
SqlUsername = "sa"              'SQL 数据库用户名
SqlPassword = "1234567"         'SQL 数据库用户密码
SqlLocalName = "."    'SQL 数据库服务器（.表示本地主机）
ConnStr = "Provider = Sqloledb; User ID = " & SqlUsername & "; Password =
" & SqlPassword & "; Initial Catalog = " & SqlDatabaseName & "; Data Source
= " & SqlLocalName & ";"
Set conn = Server.CreateObject("ADODB.Connection")
conn.open ConnStr
Rem 上面代码为建立数据库连接   （1）
sql="select * from student where 学号='" & Request.Form("lSno")&"' and 密
码='" & Request.Form("lScode")&"'"
Set rs= conn.EXECUTE(sql)
  Rem 上面代码为执行数据查询       （2）
If RS.EOF  Then   %>
  <b><p style="line-height: 200%"><font face="楷体_GB2312" size="3" color
  ="#626bdf">
  <sub>指定的用户名不存在或密码错误，请核实后重新输入！</sub></font></b> <% else   %>
    <b><p style="line-height: 200%"><font face="楷体_GB2312" size="3"
    color="#626bdf">
    <sub>你已经成功登录，谢谢！</sub></font></b>
 <%   end if
  Rem 上面代码为查询结果判断   （3）
```

```
set rs=nothing
  conn.close
  set conn=nothing
 Rem 上面代码为关闭数据库联接     (4)
  %>
```

例 8-2-4、例 8-2-5 这两个实例的表单处理程序中，“Rem …（1）”前的代码为连接数据库的代码，代码显然不同，但连接原理是相同的。

连接数据库时应提供服务器名、数据库名、数据表名、登录密码等基本连接信息。

Access 数据库属于 Office 组件，没有专门的数据库服务器软件，每个文件对应一个数据库，单个数据库中可包括多个表和视图。例 8.2.4 中设置上面信息的代码如下：

```
connstr="DBQ="+server.mappath("stu.mdb")+";DefaultDir=;DRIVER={Microsoft
Access Driver (*.mdb)};"
```

要连接的数据库相应的信息如下：

当前 ASP 文件目录下的 stu.mdb 数据库，登录时不需要密码，利用操作系统自带的驱动组件访问数据库。

SQL Server 数据库提供了专门的数据库服务器，数据库文件被附加到服务器后可通过“sa”用户用 SQL 模式登录。例 8-2-5 中设置的连接 SQL Server 数据库信息为：本地 SQL 数据库服务器下的 8-2-5 数据库，登录账号：sa，密码：1234567，通过 sa 用户用“oledb”方式访问数据库。

数据库连接信息设置好后，利用 ADO 对象建立连接，具体代码如下：

```
Set conn = Server.CreateObject("ADODB.Connection")
conn.open ConnStr
```

数据库成功连接后，可利用 SQL 语言对数据表中的数据进行查询、更新等操作，操作完成后，关闭数据库连接即可。

8.3 ASP.NET 动态网页设计初步

ASP.NET 的前身是 ASP 技术，针对 ASP 直译式的 VBScript 或 JScript 语言运行方式效能有限、基础架构扩充性不足等不足而开发。2002 年，ASP.NET 1.0 亮相，目前最新版本为 ASP.NET 5.0 。

ASP.NET 程序采用基于通用语言的编译方式运行，将通用语言的基本库、消息机制、数据接口的处理都能无缝地整合到 ASP.NET 的 Web 应用中。目前，ASP.NET 常用的两种开发语言为：VB.NET 和 C#，本书以 C#为例介绍 ASP.NET 动态网页设计的初步知识。

本节实例效果浏览网址如下：http://dgdz.ccee.cqu.edu.cn/135/default.aspx~ default6.aspx。

8.3.1 运行开发环境

ASP.NET 的原始设计构想是让开发人员能够像使用 VB 开发工具那样用事件驱动式程序开发模式的方法来开发网页与应用程序，是一种建立在通用语言上的程序构架，能被用于一台 Web 服务器来建立强大的 Web 应用程序。

ASP.NET 程序运行除需要 IIS 支持外，还需要相应的.NET 框架（.NET Framework）支持。在利用 ASP.NET 开发动态网站前应先了解要运行的服务器上安装的.NET Framework 版本，以免设计好的网站无法运行。

开发时，可选择安装相应的 Visual Studio 版本。本书中的实例均是以 Visual Studio 2005 环境为基础展开的。

1. ASP.NET 窗体分析

Visual Studio 2005 安装配置好后（配置为 C#网站开发环境），启动 Visual Studio，新建或打开一个网站，选择“网站”→“添加新项”，将弹出“添加新项”对话框，参考界面如图 8-3-1 所示。

图 8-3-1　Visual Studio 2005“添加新项”对话框

ASP.NET 的目标是希望能像编写 Windows 窗口应用程序那样编写 Web 应用程序。Visual Studio 除能制作传统的 Web 应用程序（html、xml、JavaScript 等）外，最富吸引力之处便是可用拖动控件、设置代码的方法开发 Web 窗体应用程序。

【例 8-3-1】 ASP.NET 空白窗体分析。

解：

在如图 8-3-1 所示界面中，单击“添加”按钮，将添加一个新的 ASP.NET 空白窗体，包括 Default.aspx、Default.aspx.cs 两个文件。

Default.aspx 文件代码如下：

```
<%@ Page Language="C#" AutoEventWireup="true" CodeFile="Default.aspx.cs"
Inherits="Default" %>
<!DOCTYPE html PUBLIC "-//W3C//DTD XHTML 1.0 Transitional//EN" "http://www.
w3.org/TR/xhtml1/DTD/xhtml1-transitional.dtd">
<html xmlns="http://www.w3.org/1999/xhtml" >
<head runat="server"> <title>无标题页</title></head>
```

```
<body>
    <form id="form1" runat="server">
    <div>       </div>
    </form>
</body> </html>
```

Default.aspx.cs 文件代码如下：

```
using System;
using System.Data;
using System.Configuration;
using System.Collections;
using System.Web;
using System.Web.Security;
using System.Web.UI;
using System.Web.UI.WebControls;
using System.Web.UI.WebControls.WebParts;
using System.Web.UI.HtmlControls;
public partial class Default : System.Web.UI.Page
{    protected void Page_Load(object sender, EventArgs e)
    {    }
}
```

分析两个文件代码可知，Default.aspx 为“网页代码”文件，Default.aspx.cs 为“C#代码”文件。

“网页代码”文件中，阴影加粗处说明了该“网页代码”文件的“C#代码”文件名为 Default.aspx.cs，类名为 Default（“C#代码”文件中阴影加粗处）。

“网页代码”文件中，<form id="form1" runat="server">… </form>定义了一个空白窗体。

在 HTML 文档网页代码中，<form>… </form>为表单标记，用于实现网页文档与服务器的交互。

例 8-2-4 中 login.htm 文件表单定义语句如下：

```
<form … action="cofirm2.asp" …>     ……   </form>
```

定义了表单的后台处理程序文件为“cofirm2.asp”。

ASP.NET Web 窗体中，代码单独存放，每个 Web 窗体文件均有一个“C#代码”文件与其对应，该文件自然也就承当了传统表单的后台处理程序文件的作用。

“C#代码”文件 Default 类中，定义了一个空白的 Page_Load 函数，网页初始加载时的代码编写在此函数中。

通过上面的例子，可得出 Visual Studio C#环境动态网站设计的初步思路如下：利用 C#的 HTML 代码设计功能制作设计 Web 窗体外观，将动态网站中涉及的代码编写在“C#代码”文件定义的类中。

2．Visual Studio C#开发环境

Visual Studio C#开发环境工作界面如图 8-3-2 所示。

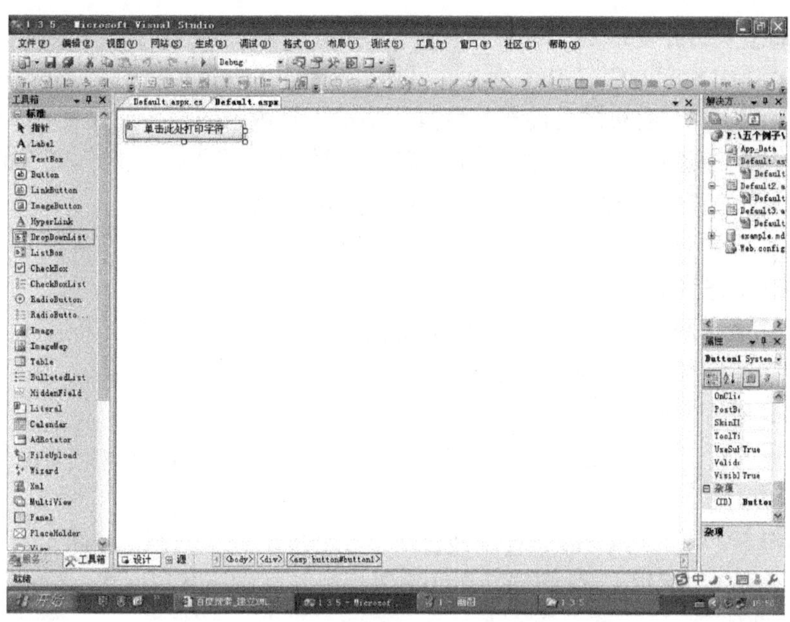

图 8-3-2　Visual Studio C#开发环境工作界面

在如图 8-3-2 所示的界面中，最上面为标题栏、菜单栏、快捷图标区。中间最大的设计区域默认情况下包括 3 部分，具体介绍如下。

1）工具箱视图

最左边区域为工具箱视图，是 C#中最常用的视图之一。可通过拖动工具箱中的控件到正在设计的窗体上将相应的功能增加到项目中，例如，可以通过将 ab Button 控件拖放到窗体上来实现按钮的功能。

可通过选择“视图”→“工具箱”命令来显示工具箱。工具箱只会显示当前文件可用的部分选项卡。如果没有可用选项卡，则显示空白面板并提示，可以通过选择右键菜单中的“显示所有”命令来显示所有选项卡，如果当前情况下控件不可用，则显示为灰色。

2）用户代码设计区

中间最大的区域为用户代码设计区。对 Web 窗体文件，有“设计”、“源”2 种设计方式。“设计”方式下，以可视方式设计 Web 窗体，可拖动工具箱中的控件到 Web 窗体中实现相应功能。可通过“布局”→“插入表格”等命令设计布局 Web 窗体。“源”方式下，以代码方式设计 Web 窗体。

3）解决方案资源管理器和属性视图

解决方案资源管理器列出了当前工程中涉及的所有文档，可双击具体的文档编辑该文档。

属性视图是另一个最常用的视图，负责对被选中元素的属性进行管理。这些属性通过<名称，值>成对方式进行编辑，根据被选择的元素不同，需要编辑的属性也会动态变动。可以编辑属性的元素包括解决方案、项目、项目中的文件、窗体、窗体上的控件等。最常用的是给窗体和控件设置属性或事件。

3．C#动态网站开发示例

了解了 Visual Studio C#工作界面后，可得出 Visual Studio C#环境动态网站设计的进一步思路如下：利用 C#的布局功能布局网页，拖动工具箱中的控件并设置其属性完成 Web 窗体的设计，通过定义控件的事件代码、属性设置代码完成“C#代码”文件的定义。

【例 8-3-2】 在 C#中实现例 8-2-1 中 ASP 文档的功能。

解：

（1）ASP 文档分析

例 8-2-1 中，ASP 文档包括 pushbutton()函数、变量 aa 的定义及通过变量 aa 调用 pushbutton()函数等脚本及按钮 Button1 网页元素。

（2）Web 窗体的设计

根据上面的设计思路，应将网页元素在 Web 窗体中实现，将脚本定义在“C#代码”文件中。

正常情况下，应运用 C#的布局功能将网页文档屏幕进行分割，使网页元素排列整齐，读者可参考例 7-3-1 运用 C#的布局功能结合属性视图制作一个与例 7-3-1 类似的网页来熟悉 C#的布局功能。

本例中只有一个网页元素，无所谓布局，Web 窗体的设计步骤如下。

① 选择“新建”→“网站”→“ASP.NET 网站”，系统将自动创建一个文件名为 Default.aspx 的默认主页。

② 打开该页面，在“设计”方式下拖动工具箱中的 ab Button 控件到窗体上。单击选中该控件，在“属性”视图中单击切换到属性设置面板，设置其“text”属性内容为“单击此处打印字符”。代码如下：

```
<%@ Page Language="C#" AutoEventWireup="true"  CodeFile="Default.aspx.cs"
Inherits="Default" %>
<!DOCTYPE html PUBLIC "-//W3C//DTD XHTML 1.0 Transitional//EN" "http://www.
w3.org/TR/xhtml1/DTD/xhtml1-transitional.dtd">
<html xmlns="http://www.w3.org/1999/xhtml" >
<head runat="server">
<title>无标题页</title></head>
<body>
   <form id="form1" runat="server">
   <div>  <asp:Button ID="Button1" runat="server" Text="单击此处打印字符"
   /></div>
   </form></body></html>
```

与例 8-3-1 的空白窗体相比，上面的代码多了一个 ID 为 Button1 的按钮。

（3）“C#代码”文件 Default.aspx.cs 的定义

根据 C#代码设计思路，例 8-2-1 中的 pushbutton()函数代码应编写在 Default.aspx.cs 文件中。依照要求的功能，当按钮被单击时，打印字符，可通过定义按钮 Button1 的鼠标单击事件代码来实现要求的功能，具体实现如下。

① 在 Default.aspx 页面的“设计”模式下双击 Button 控件（也可在“属性”视图中单击切换到事件定义面板，定义事件处理函数），系统将自动进入 Default.aspx.cs 代码编写

界面并自动定义一个空白的 Button1_Click 事件处理函数。

② 在该空白函数中添加打印字符串代码，具体如下：

```
Response.Write("我的第一个.net 程序");
```

Default.aspx.cs 文件代码如下：

```
using System;
using System.Data;
using System.Configuration;
using System.Web;
using System.Web.Security;
using System.Web.UI;
using System.Web.UI.WebControls;
using System.Web.UI.WebControls.WebParts;
using System.Web.UI.HtmlControls;
public partial class Default : System.Web.UI.Page
{    protected void Page_Load(object sender, EventArgs e)
    {    }
    protected void Button1_Click(object sender, EventArgs e)
    {        Response.Write("这是我的第一个.net 程序");    }
}
```

与例 8-3-1 空白窗体的“C#代码”文档相比，上面的代码多了一个名为 Button1_Click 的函数。

本例中的 Web 窗体浏览效果如图 8-3-3 所示。

单击此处打印字符

（a）初始效果

这是我的第一个.net程序

单击此处打印字符

（b）按钮被单击后的效果

图 8-3-3　例 8-3-3 的浏览效果

通过上面的效果图，读者可能有些疑问，如 Default.aspx.cs 文件中的 Button1_Click 的函数是怎么被调用的。上面给出的 Default.aspx 代码中并没有调用 Button1_Click 函数的短句。

再次查看 Default.aspx 代码，该文件中按钮 Button1 的代码已发生变化，具体如下：

```
<asp:Button ID="Button1" runat="server" OnClick="Button1_Click" Text="单击此处打印字符" /></div>
```

阴影加粗处为调用 Button1_Click 函数的短句，是前面双击按钮编写代码时自动添加的短句。

对照例 8-2-1 的浏览效果，例 8-2-1 中按钮被单击后只有文字出现，本例中按钮被单击后的浏览效果中按钮 Button1 依然被显示。

例 8-2-1 中使用的是浏览器对象 document 进行字符串写操作，该写操作是对整个网页文档的重写。该网页文档全部代码为“我的第一个 JavaScript 程序”。

本例中使用的是 ASP 内置对象 Response 进行字符串写操作，在网页文档的开始处写了字符串“我的第一个.net 程序”，其后是原先的网页文档代码。

当然，也可实现与例 8-2-1 同样的浏览效果。在 C#环境中，每一个通过控件实现的网页元素均是可用代码控制的。要实现按钮 Button1 不被显示，可在 Button1_Click 函数中设置按钮 Button1 的显示属性为 false，Button1_Click 函数代码如下：

```
protected void Button1_Click(object sender, EventArgs e)
    {   Response.Write("这是我的第一个.net 程序");
        this.Button1.Visible = false;    }
```

8.3.2 C#动态网站开发基础

C#动态网站开发首先需要掌握网页制作、面向对象程序设计等基础知识，但也具有其自身的一些语法特点。限于篇幅，本书仅通过实例讲解 C#动态网站开发的初步基础知识。读者在理解、掌握了 FrontPage 静态网页制作、JavaScript 脚本语言编写、ASP 网站开发、运行方法后，可通过下面的实例在实践中快速掌握 C#动态网站开发技术。

【例 8-3-3】 在 C#中实现例 8-2-2 中 ASP 文档的功能。

解：

（1）ASP 文档分析

例 8-2-2 中 ASP 文档主要是 Application 对象的应用。文档中通过 Application 对象定义了一个持久有效的属性 NumVisits，通过该属性自动加 1，实现了一个简单的页面浏览计数器。

（2）全局应用的定义

ASP 内置对象在 .NET 环境中依旧可以使用，但 ASP.NET 对 ASP 内置对象进行了扩充。Application 对象属性通过全局应用定义，具体实现如下：

打开例 8-3-2 创建的网站，选择“网站”→“添加新项”，选择“全局应用程序类”，使用其默认文件名（Global.asax）并确认。

系统将创建一个空白的“全局应用程序类”，包括 Application_Start（应用程序启动时的运行函数）、Application_End、Application_Error、Session_Start（新会话启动时的运行函数）、Session_End 等 5 个空白应用函数。

编辑全局应用程序文件 Global.asax，在 Application_Start 函数中利用 Application 对象定义一个全局应用属性 NumVisits，方法与例 8-2-2 类似。继续在 Session_Start 函数中编写属性 NumVisits 自动加 1 的代码，全局应用程序文件 Global.asax 的代码如下：

```
<%@ Application Language="C#" %>
<script runat="server">
void Application_Start(object sender, EventArgs e)
{   // 在应用程序启动时运行的代码
    Application.Lock();
    Application["NumVisits"] = 0;
    Application.UnLock();    }
```

```
void Application_End(object sender, EventArgs e)
 {        //  在应用程序关闭时运行的代码     }
void Application_Error(object sender, EventArgs e)
 {        // 在出现未处理的错误时运行的代码     }
void Session_Start(object sender, EventArgs e)
 {   // 在新会话启动时运行的代码
     Application.Lock();
    Application["NumVisits"] = Convert.ToInt32(Application"NumVisits"])+ 1;
     Application.UnLock();     }
 void Session_End(object sender, EventArgs e)
 {   // 在会话结束时运行的代码。
     // 注意: 只有在 Web.config 文件中的 sessionstate 模式设置为
     // InProc 时，才会引发 Session_End 事件。如果会话模式设置为 StateServer
     // 或 SQLServer，则不会引发该事件。     }
</script>
```

阴影加粗处为自己编写的代码。

（3）Web 窗体的设计

例 8-2-2 中 ASP 文档的网页元素主要是文字“欢迎光临本网页，您是本页第 n 位访客”。其中的“n”通过读取 NumVisits 的值来实现。

.NET 中网页元素和程序代码分开，可在 Web 窗体中输入文字“欢迎光临本网页，您是本页第　位访客”，然后在文字“第　位”之间放置 1 个 label 控件，用于实时显示网页浏览次数。

具体实现上，选择“网站”→“添加新项”，选择“Web 窗体”，命名文件为 Default2.aspx，在设计模式下拖动工具箱中的 label 控件（ID 号为“Label1”）到窗体中，在相应的位置输入相应的文字。该窗体的代码如下：

```
<%@ Page Language="C#" AutoEventWireup="true"  CodeFile="Default2.aspx.cs"
Inherits="Default2" %>
<html xmlns="http://www.w3.org/1999/xhtml" >
<head runat="server">    <title>无标题页</title></head>
<body>
   <form id="form1" runat="server">
   <div>
      欢迎光临本网页，您是本页第<asp:Label ID="Label1" runat="server" Text=
      "Label"></asp:Label>位访客!</div>
</form></body></html>
```

（4）“C# 代码”文件 Default2.aspx.cs 的定义

可在页面加载函数 Page_Load 中将控件 Label1 的“Text”属性修改为全局应用属性 NumVi-sits 的值。Default2.aspx.cs 的代码如下：

```
using System;
using System.Data;
using System.Configuration;
```

```
using System.Collections;
using System.Web;
using System.Web.Security;
using System.Web.UI;
using System.Web.UI.WebControls;
using System.Web.UI.WebControls.WebParts;
using System.Web.UI.HtmlControls;
public partial class Default2 : System.Web.UI.Page
{   protected void Page_Load(object sender, EventArgs e)
    {       this.Label1.Text = Application["NumVisits"].ToString();    }
}
```

通过上面的两个实例可总结 Visual Studio C#环境动态网站设计的一个基本技巧：可通过创建一个“全局应用程序类”为 Application 对象定义属性。在Web 窗体文件中放置相关控件，在代码文件中通过引用 Application 对象属性的值并修改 Web 窗体中控件的相关属性实现要求的功能。

【例 8-3-4】 在 C#中实现例 8-2-3 所示文档的功能。

解：

（1）例 8-2-3 所示文档的功能分析

例 8-2-3 中包括 8-2-3.htm、8-2-3.asp 两个网页文档。8-2-3.htm 包括具有 2 个选项的下拉列表框和 1 个按钮。8-2-3.asp 为网页文档 8-2-3.htm 中表单的后台处理程序。可利用 C#的网页设计功能设计一个 Web 窗体实现 8-2-3.htm 所示的网页，将 8-2-3.asp 中的代码编写在相应的代码文件中即可。

（2）Web 窗体的设计

① 选择“网站”→“添加新项”，选择“Web 窗体”，命名文件为 Default3.aspx，在设计模式下拖动工具箱中的 DropDownList 控件到窗体中，继续拖动 Button 控件到窗体中。

② 单击 DropDownList 控件右上方的三角，选择“编辑项”，添加两个项目，分别将其“text”属性设为“电工电子远程教育网”和“多媒体精品课程”。

③ 选择 Button 控件，在“属性”视图中设置其“text”属性内容为“进入”。

④ 选择“文件”→“在浏览器中预览效果”，参考效果如图 8-3-4 所示。

电工电子远程教育网 进入

图 8-3-4　例 8-3-4 的图

（3）“C#代码”文件 Default3.aspx.cs 的定义

① 在 Default3.aspx 页面的设计模式下双击 Button 控件，系统将自动进入 Default3.aspx.cs 代码编写界面并自动定义一个空白的 Button1_Click 事件处理函数。

② 在 Button1_Click 事件中添加代码，具体如下：

```
protected void Button1_Click(object sender, EventArgs e)
    {
        if (this.DropDownList1.SelectedValue =="电工电子远程教育网")
            Response.Redirect("http://dgdz.ccee.cqu.edu.cn");
```

```
        else if (this.DropDownList1.SelectedValue =="多媒体精品课程")
            Response.Redirect("http://dgdz.ccee.cqu.edu.cn/dmtjp");
    }
```

【例 8-3-5】 在 C#中实现一个基于 Access 数据库的登录系统（如例 8-2-4 所示文档的功能）。

解：

（1）数据库的创建

利用 Office 创建一个 Access 数据库，存储文件名为 stu1.mdb。数据库中有一个名为 student 的数据表，表中有一条记录，具体如下：

ID	姓名	学号	密码	班级
1	1	1	1	1

（2）Web 窗体的设计

① 选择“网站”→“添加新项”，选择“Web 窗体”，命名文件为 Default4.aspx。

② 本例中的窗体相对复杂，为求页面相对美观，应通过“布局”菜单插入一个 4 行、2 列的表格，设置表格对齐属性为居中。

③ 拖动 2 个 TextBox 控件到表格中的第 2 行第 2 列和第 3 行第 2 列，在其旁边输入学号、密码等相关提示文字。

④ 分别选择“学号”输入文本框和“密码”输入文本框，将其“ID”属性分别设为“lSno”和“lScode”。

⑤ 继续拖动 2 个 Button 控件到窗体中，将其“text”属性分别设为“登录”和“重置”，参考效果如图 8-3-5 所示。

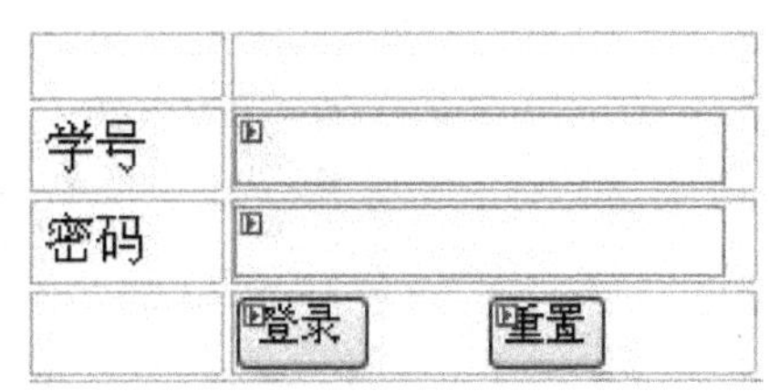

图 8-3-5　例 8-3-5 的图

（3）Web 配置文件的设计

在.NET 中，基于 Access 数据库的操作实现一般采用“oledb”方式用代码实现连接、查询操作。具体实现步骤如下。

① 定义“oledb”数据库连接字符串。

② 创建“oledb”数据库连接实例并连接数据库。

③ 定义数据库操作字符串。

④ 创建数据库操作实例并执行操作，操作完成后关闭数据库连接。

在上面的步骤中，针对不同的数据库，除连接字符串不同外，其他操作基本相同。

为方便更多的程序使用数据库，可创建一个 Web 配置文件，将数据库连接字符串定义在 Web 配置文件中。当其他程序需要访问数据库时，可读取 Web 配置文件中的字符串，之后按照第 2、3、4 步完成对数据库的操作。

Web 配置文件的设计实现如下：选择“网站”→“添加新项”，选择“Web 配置文件”，采用默认文件名“web.config”并确认，系统将自动创建一个空白的 Web 配置文件，具体内容如下：

```
<?xml version="1.0" encoding="utf-8"?>
<!--
注意：除了手动编辑此文件以外，您还可以使用 Web 管理工具来配置应用程序的设置。可以使用
Visual Studio 中的“网站”→“ASP.NET 配置”选项。设置和注释的完整列表在 machine.
config.comments 中，该文件通常位于\Windows\M-icrosoft.Net\Framework\v2.x\Config 中。
-->
<configuration>
    <connectionStrings/>
    <system.web>
        <!--
            设置 compilation debug="true" 将调试符号插入已编译的页面中。但由于这会
            影响性能，因此只在开发过程中将此值设置为 true。
        -->
        <compilation debug="true" />
        <!--
            通过 <authentication> 节可以配置 ASP.NET 使用的安全身份验证模式，以标
            识传入的用户。
        -->
        <authentication mode="Windows" />
        <!--
            如果在执行请求的过程中出现未处理的错误，则通过 <customErrors> 节可以配置
            相应的处理步骤。具体说来，开发人员通过该节可以配置要显示的 html 错误页，以
            代替错误堆栈跟踪。
       <customErrors mode="RemoteOnly" defaultRedirect="GenericErrorPage.htm">
            <error statusCode="403" redirect="NoAccess.htm" />
            <error statusCode="404" redirect="FileNotFound.htm" >
        </customErrors>
        -->
    </system.web>
</configuration>
```

采用手动编辑方式在文件中添加数据库连接字符串。添加字符串的短句放在<apSettings>…</appSettings>之间，具体如下：

```
<appSettings>
     <add key="accessCon" value="Provider=Microsoft.Jet.OLEDB.4.0; Data
     Source=|DataDirectory|stu1.mdb"/>
</appSettings>
```

以上代码定义了一个名称为 accessCon 的连接字符串，连接的数据库文件名为 stu1.mdb，位于网站的应用数据目录下（App_Data）。

将上面的代码插入到配置文件中<connectionStrings/>的前面即可。

（4）“C#代码”文件 Default4.aspx.cs 的定义

① 在 Default4.aspx 页面的设计模式下双击 Button1 控件（登录按钮），系统将自动进入 Default4.aspx.cs 代码编写界面并自动定义一个空白的 Button1_Click 事件处理函数。

② 在 Button1_Click 事件中添加代码，具体如下：

```
protected void Button1_Click(object sender, EventArgs e)
{
    OleDbConnection CONN = new OleDbConnection(ConfigurationManager.
    AppSettings["accessCon"]);
//读取Web配置文件中的字符串"accessCon"并创建连接实例
    CONN.Open();//连接数据库
string sqlstr = "select count(*) from student where 学号='"+this.lSno.
Text.Trim() +"' and 密码='"+this.lScode.Text.Trim() +"'";
    //定义数据库查询字符串
    OleDbCommand cmd = new OleDbCommand(sqlstr, CONN);
    cmd.CommandType = CommandType.Text;
    if (Convert.ToInt32(cmd.ExecuteScalar())>0)
    {Response.Write("<script lanuage=javascript>alert('您已
    成功登录，谢谢!');</script>");        }
    else        {
        Response.Write("<script lanuage=javascript>alert('指定的用户名不
        存在或密码错误，请核实后重新输入!');</script>");        }
    CONN.Close();//关闭数据库
}
```

双击 Button2 控件（“重置”按钮），添加将学号、密码文本框清空的代码，具体如下：

```
protected void Button2_Click(object sender, EventArgs e)
{   this.lSno.Text="";
    this.lScode.Text = "";    }
```

【例 8-3-6】 在 C#中实现一个基于 SQL Server 数据库的登录系统（如例 8-2-5 所示文档的功能）。

解：

（1）数据库的创建（以 SQL Server 2005 为例）

① 登录 SQL Server 管理界面，展开数据库服务器，将鼠标指向“数据库”，右击鼠标选择“新建数据库”，输入数据库名称“example”。

② 展开 example 数据库，将鼠标指向“数据表”，右击鼠标选择“新建表”，按下面的结构创建数据表，命名为 student，输入相关数据，完成数据表的创建。

ID	姓名	学号	密码	班级
1	1	1	1	1

（2）Web 窗体的设计

选择“网站”→“添加新项”，选择“Web 窗体”，命名文件为 Default5.aspx，按照例 8-3-5 的方法设计 Web 窗体。

（3）Web 配置文件的设计

在.NET 中，基于 SQL Server 数据库的操作实现一般采用“SQL Server 身份验证”方式用代码实现连接、查询操作。具体实现步骤如下：

① 定义“SQL Server 身份验证”连接字符串。

② 创建连接实例并连接数据库。

③ 定义数据库操作字符串。

④ 创建数据库操作实例，操作完成后关闭数据库连接。

在上面的步骤中，针对不同的数据库，除连接字符串不同外，其他操作基本相同。

参考例 8-3-5，可在上面定义的 Web 配置文件中添加一条“SQL Server 身份验证”连接字符串。

采用手动编辑方式在文件中添加数据库连接字符串。添加字符串的短句放在<appSettings>…</appSettings>之间，具体如下：

```
<appSettings>
    <add key="accessCon" value="Provider=Microsoft.Jet.OLEDB.4.0; Data
    Source=|DataDirectory|stu1.mdb"/>
    <add key="sqlCon" value="Data Source=(local); Database=example;Uid
    =sa;Pwd=×××"/>
</appSettings>
```

名称为 accessCon 的连接字符串为例 8-3-5 中使用的连接字符串，名称为 sqlCon 的连接字符串为本例中定义的“SQL Server 身份验证”连接字符串（代码中隐去了本书公开教学网站数据库的连接密码）。

（4）“C#代码”文件 Default5.aspx.cs 的定义

在 Default5.aspx 页面的设计模式下双击 Button1 控件(“登录”按钮)定义 Button1_Click 事件处理函数，具体如下：

```
protected void Button1_Click(object sender, EventArgs e)
{   string sqlstr = "select count(*) from stu where 学号=" + this.lSno.
    Text.Trim() + " and 密码=" + this.lScode.Text.Trim() + "";
    CONN = new SqlConnection(ConfigurationManager.AppSettings["sqlCon"]);
    SqlCommand comm=new SqlCommand(sqlstr,CONN);
    CONN.Open();
    if((int)comm.ExecuteScalar()>0)
    {Response.Write("<script lanuage=javascript>alert('您已
    成功登录，谢谢!');</script>");      }
    else        {
       Response.Write("<script lanuage=javascript>alert('指定的用户名不
       存在或密码错误，请核实后重新输入');</script>");        }
    CONN.Close();
}
```

【例 8-3-7】 在 C#中实现一个真正的页面计数器（如例 8-3-3 所示文档的功能）。

解：

（1）例 8-3-3 实现的页面计数器分析

例 8-3-3 创建了一个“全局应用程序类”，在 Application_Start 函数中利用 Application 对象定义了一个全局应用属性 NumVisits 并置零，并在 Session_Start 函数中编写属性

NumVisits 自动加 1 的代码，实现了一个简单的页面浏览计数器。

Application_Start 为应用程序启动时的运行函数，Session_Start 为新会话启动时的运行函数。Application 全局应用程序类只能创建 1 个，在整个应用程序运行过程中均有效。此处的“应用程序”可笼统地理解为.NET 网站（或虚拟目录）。“新会话”指客户端对应用程序提出的 1 次访问请求。

可见，例 8-3-3 中实现的页面浏览计数器只是.NET 网站（或虚拟目录）一次运行期间的页面浏览次数。而网络服务器环境下，系统的升级、配置的修改、进程的重启等操作均会导致.NET 网站（或虚拟目录）应用程序的重启，计数次数将从零开始重新计数。

（2）“全局应用程序类”的改进定义

可这样改进例 8-3-3 中创建的“全局应用程序类”。

① 在例 8-3-6 定义的 example 数据库中新建 1 个 SQL Server 的 visitnum 表，定义 1 个列“visitnum1”用于存储页面浏览次数，设置初始值为零。

② 在 Application_Start 函数中读取 visitnum 表中 visitnum1 列的值，将其值赋给新定义的属性 count，Application_Start 函数详细定义如下：

```
void Application_Start(object sender, EventArgs e)
{   // 在应用程序启动时运行的代码
    string strCon="Data Source=(local);Database=example;Uid=sa;Pwd=1234567";
    string sqlstr="select visitnum1 from visitnum where id=1";
    SqlConnection sqlcon=new SqlConnection(strCon);
    SqlCommand comm=new SqlCommand(sqlstr,sqlcon);
    sqlcon.Open();
    object i=comm.ExecuteScalar();
    sqlcon.Close();
    Application.Lock();
    Application["count"] =i;
    Application["NumVisits"] = 0;
    Application.UnLock();
}
```

在上面的代码中，阴影加粗处的语句为例 8-3-3 中定义的全局应用属性“NumVisits”（读者不要忘记全局应用程序类只能创建 1 个，在创建本例全局应用属性“count”定义的同时应保留其他程序定义的属性）。

在 Session_Start 函数中将属性“count”加 1 并将其值保存到 visitnum 表中 visitnum1 列，Session_Start 函数详细定义如下：

```
void Session_Start(object sender, EventArgs e)
   {   // 在新会话启动时运行的代码
     Application.Lock();
     Application["count"] = Convert.ToInt32(Application["count"]) + 1;
     Application["NumVisits"]=Convert.ToInt32(Application["NumVisits"])+1;
    string strCon = "Data Source=(local);Database=example;Uid=sa;Pwd=1234567";
    string sqlstr1 = "update visitnum set visitnum1='" + Application
```

```
        ["count"].ToString() + "'where id=1";
        SqlConnection sqlcon1 = new SqlConnection(strCon);
        SqlCommand comm1 = new SqlCommand(sqlstr1, sqlcon1);
        sqlcon1.Open();
        if (comm1.ExecuteNonQuery() > 0)
         {
          }
        else
        {  Response.Write("系统出错了！！！");         }
        sqlcon1.Close();
        Application.UnLock();
    }
```

阴影加粗处的语句为例 8-3-3 中定义的全局应用属性 NumVisits 自动加 1 的代码。

（3）Web 窗体 Default6.aspx、“C#代码”文件 Default6.aspx.cs 的设计

读者参考例 8-3-3 设计相关的窗体文件及代码文件。可通过不时浏览下面的两个网址理解例 8-3-3 与例 8-3-7 运行效果的区别。

http://dgdz.ccee.cqu.edu.cn/135/default2.aspx

http://dgdz.ccee.cqu.edu.cn/135/default6.aspx

习　题

8.1　填空题

1．静态网页的代码静止不变，在________的静态网页文档代码和________代码完全相同。动态网页可根据用户要求动态生成页面，在客户端浏览的文档代码和存储在该站点上的文档代码________。

2．静态网站有许多显著的不足，不能根据________生成页面。为了不断更新网页内容，必须不断地重复制作 HTML 文档，随着网站内容和信息量的日益扩增，其工作量大得出乎想象。

3．静态网页代码________，既可在服务器端运行，也可在________运行；动态网页必须________解释（如 IIS）后将________传给客户端浏览器才可浏览。

4．ASP 的默认脚本语言是________，字母不分大小写，凡是可出现 HTML 标记的地方均可用________完成，将相关代码插入到________即可。

5．ASP 中的 Response 对象用于动态响应客户端请求，其中的________方法用于重定向到一个新的 Internet 地址。

6．ASP 中的 Session 对象与 Application 对象作用类似，但 Application 对象________均有效，而 Session 对象只对________有效。

7．在 HTML 文档网页代码中，<form>… </form>为表单标记，用于实现网页文档与服务器的交互，需要定义________处理表单。ASP.NET 中，<form>… </form>定义的是________，代码________，每个 Web 窗体文件均有 1 个“C#代码”文件与其对应，该文件自然也就承当了传统表单的________文件的作用。

8. ASP 内置对象在 .NET 环境中________，但 ASP.NET 对 ASP 内置对象进行了扩充。Application 对象属性通过________定义，其默认文件名为________。

8.2　简答题

1．简述几种动态网站开发的方法。

2．简述 ASP Response 对象的方法。

3．简述.NET 中 Access 数据库的连接、查询操作。

8.3　分析题

1．分析下面的 2 个网页文件，写出其浏览效果。

文件 1：8-31.asp

```
<% Dim NumVisits
NumVisits=0
Application.Lock
Application("NumVisits") = Application("NumVisits") + 1
Application.Unlock  %>
欢迎光临本网页，你是本页的第 <%= Application("NumVisits") %> 位访客 !
```

文件 2：8-31.htm

```
 <html><head>
 </head><body>
<form action="8-31.asp" method=post>
  <input type="button" name="submit" value="打印浏览次数">
  </form></body></html>
```

2．阅读下面的 2 个网页文件，写出其浏览效果。

文件 1：8-32.htm

```
<html><body>
<form action="8-32.asp" method=post>
<select name=status>
<option value="1">电工电子远程教育网</option>
<option value="2">多媒体技术精品课程</option>
</select>
<br><p>
<input type=submit value="进入" >
</body></html>
```

文件 2：8-32.asp

```
<% Dim address
address=Request.Form("status")
select case address
case "1" '电工电子远程教育网  %>
<b><p style="line-height: 200%"><font face="楷体_GB2312" size="3"
```

```
color="#626bdf">
  <sub>你选择的是电工电子远程教育网！</sub></font></b>
<% case "2" '多媒体技术精品课程%>
<b><p style="line-height: 200%"><font face="楷体_GB2312" size="3"
color="#626bdf">
  <sub>你选择的是多媒体技术精品课程！</sub></font></b>
<% end select %>
```

3．阅读下面的3个文档，写出其在.NET环境下的浏览效果。

Default7.aspx代码如下：

```
<%@ Page Language="C#" AutoEventWireup="true"  CodeFile="Default7.aspx.cs"
Inherits="Default7" %>
<!DOCTYPE html PUBLIC "-//W3C//DTD XHTML 1.0 Transitional//EN" "http://www.
w3.org/TR/xhtml1/DTD/xhtml1-transitional.dtd">
<html xmlns="http://www.w3.org/1999/xhtml" >
<head runat="server">
    <title>无标题页</title>
</head>
<body>
    <form id="form1" runat="server">
    <div>
        <asp:Label runat="server" Text="Label" id="Label1">
    </asp:Label>
    <br />
        <asp:Button ID="Button1" runat="server" OnClick="Button1_Click"
       Text="显示浏览次数" /></div>
    </form>
</body>
</html>
```

Default7.aspx.cs代码如下：

```
using System;
using System.Data;
using System.Configuration;
using System.Collections;
using System.Web;
using System.Web.Security;
using System.Web.UI;
using System.Web.UI.WebControls;
using System.Web.UI.WebControls.WebParts;
using System.Web.UI.HtmlControls;
public partial class Default7: System.Web.UI.Page
{
    protected void Page_Load(object sender, EventArgs e)
```

```
    {
     this.Label1.Visible=false;
    }
    protected void Button1_Click(object sender, EventArgs e)
    {
        this.Label1.Text = Application["NumVisits"].ToString();
        this.Label1.Visible=true;
    }
}
```

全局应用程序类文件 Global.asax 代码如下:

```
    <%@ Application Language="C#" %>
<script runat="server">
    void Application_Start(object sender, EventArgs e)
    {
        Application.Lock();
        Application["NumVisits"] = 0;
        Application.UnLock();    }
   void Session_Start(object sender, EventArgs e)
    {
       Application.Lock();
       Application["NumVisits"] = Convert.ToInt32(Application["NumVisits"]) + 1;
        Application.UnLock();    }
    </script>
```

8.4　上机应用题

1．参考例 8-2-2、例 8-2-4，在 ASP 环境中实现一个真正的页面浏览计数器。
2．在.NET 环境中，利用 Web 窗体实现例 7-3-1 中的网页。
3．参考例 8-3-6、例 8-3-7，在.NET 环境中实现一个总登录次数计数器。

参考文献

[1] 陈新龙．多媒体技术与网页设计．北京：清华大学出版社，2006

[2] 陈新龙．多媒体技术原理与应用．北京：中国物资出版社，2001

[3] 钟玉琢，沈洪，冯伟铨 等．多媒体技术基础及应用（第2版）．北京：清华大学出版社，2005

[4] 林福宗．多媒体文化基础．北京：清华大学出版社，2010

[5] 林福宗．多媒体技术基础（第3版）．北京：清华大学出版社，2009

[6] （美）Tay Vaughan．多媒体技术及应用（第7版）．北京：清华大学出版社，2008

[7] 贺雪晨，杨平，高幼年．多媒体技术毕业设计与指导案例分析．北京：清华大学出版社，2005

[8] 贺雪晨．多媒体技术实用教程（第2版）．北京：清华大学出版社，2008

[9] 吴乐南．数据压缩的原理与应用．北京：电子工业出版社，1995